职业技能鉴定石油石化行业题库试题选编

化学水处理工

中国石油化工集团公司职业技能鉴定指导中心 编

中国石化出版社

·北京·

内 容 提 要

《化学水处理工》为《职业技能鉴定石油石化行业题库试题选编》丛书之一，由中国石油化工集团公司职业技能鉴定指导中心按照石油石化行业《化学水处理工职业资格等级标准》及《职业技能鉴定国家题库开发技术规程》组织编写。内容包括：化学水处理工初级工、中级工、高级工、技师的职业资格等级标准、鉴定要素细目表、理论知识试题和技能操作试题，是化学水处理工进行职业技能鉴定的必备学习资料。

图书在版编目(CIP)数据

化学水处理工/中国石油化工集团公司职业技能鉴定指导中心编.
—北京:中国石化出版社,2008(2023.11 重印)
(职业技能鉴定石油石化行业题库试题选编)
ISBN 978-7-80229-676-3

Ⅰ.化… Ⅱ.中… Ⅲ.水处理:化学处理-职业技能鉴定-习题
Ⅳ.TQ085-44

中国版本图书馆 CIP 数据核字(2008)第 106461 号

中国石化出版社出版发行
地址:北京市东城区安定门外大街 58 号
邮编:100011 电话:(010)57512500
发行部电话:(010)57512575
http://www.sinopec-press.com
E-mail:press@sinopec.com
北京艾普海德印刷有限公司印刷
全国各地新华书店经销
*
787 毫米×1092 毫米 16 开本 21.25 印张 510 千字
2008 年 9 月第 1 版 2023 年 11 月第 4 次印刷
定价：60.00 元

前　　言

为进一步加强石油石化行业技能操作队伍建设的基础工作，满足培训、鉴定工作需要，根据有关职业技能鉴定工作协议，中国石油化工集团公司职业技能鉴定指导中心和中国石油天然气集团公司职业技能鉴定指导中心共同组织，开发(修订)了167个工种的石油石化行业题库。其中，中国石油化工集团公司职业技能鉴定指导中心牵头组织了44个工种题库的开发(修订)，并于2008年6月正式启用。

为满足员工学习专业知识、提高操作技能的需要，我们选编了题库的部分试题，按职业(工种)出版《职业技能鉴定石油石化行业题库试题选编》丛书。该丛书内容包括石油石化行业职业资格等级标准、鉴定要素细目表、理论知识试题和技能操作试题等，其中，理论知识试题和技能操作试题各占总题量的70%左右。

《化学水处理工》分册由齐鲁石化主编，天津石化、广州石化、安庆石化、兰州石化等单位参编。主要执笔人：张辉俊、仲积军、顾明辉，参审人员：周传停、丛新泽、高万霞、谢左权、王绪军、王晓昕、滕永兰等。

由于水平有限，书中难免有遗漏或欠妥之处，敬请谅解并提宝贵意见。

中国石油化工集团公司职业技能鉴定指导中心

《职业技能鉴定石油石化行业题库试题选编》编委会名单

目录

第一部分　初级工

第二部分　中级工

第三部分　高级工

第四部分 技师

第一部分

初 级 工

一、石油石化职业资格等级标准（初级工工作要求）

<table>
<tr><th>职业功能</th><th colspan="2">工作内容</th><th>技能要求</th><th>相关知识</th></tr>
<tr><td rowspan="6">一、工艺操作</td><td colspan="2">（一）开车准备</td><td>1. 能根据指令改通简单开车流程
2. 能使用开车所需工器具
3. 能使用蒸汽、水和仪表风等介质
4. 能协助完成配药、装填树脂、滤料等操作
5. 能采样分析
6. 能准备分析用的药品</td><td>1. 装置流程
2. 原料、产品及公用工程介质的物理、化学性质
3. 岗位操作法
4. 装置开车水冲洗、吹扫方案
5. 采样注意事项
6. 分析药品的作用</td></tr>
<tr><td rowspan="5">（二）开车操作</td><td>预处理装置</td><td>1. 能协助投用沉淀池
2. 能协助投用澄清池
3. 能投用滤池
4. 能投用过滤器
5. 能在指导下配药
6. 能分析浊度</td><td>1. 预处理的概念和流程
2. 混凝澄清处理的影响因素
3. 常用混凝剂性质
4. 过滤基本概念
5. 预处理操作法
6. 浊度分析方法
7. 预处理水质指标</td></tr>
<tr><td>膜法处理装置</td><td>1. 能投用超滤单元
2. 能投用反渗透单元
3. 能投用加药单元
4. 能分析水质
5. 能配制药品</td><td>1. 超滤的概念
2. 反渗透除盐原理
3. 反渗透膜的种类
4. 电渗析概念
5. 常用药剂的作用
6. 岗位操作法</td></tr>
<tr><td>离子交换装置</td><td>1. 能完成酸碱介质的引入
2. 能投用一级除盐系统
3. 能投用混床
4. 能投用软化床
5. 能投运除碳器
6. 能分析酸碱浓度、硬度、碱度、酸度</td><td>1. 强酸、强碱的性质和保存
2. 常用离子交换树脂结构
3. 离子交换树脂分类、命名
4. 离子交换树脂型号
5. 离子交换树脂的结构
6. 离子交换树脂物理性质
7. 离子交换运行与再生基本原理
8. 有关分析方法
9. 交换器投用操作法</td></tr>
<tr><td>冷凝水处理装置</td><td>1. 能投用过滤器
2. 能投用混床
3. 能投用除油、除铁器</td><td>1. 凝汽器水系统流程
2. 凝结水中的杂质和除油、除铁原理
3. 凝结水处理操作法</td></tr>
<tr><td>炉内水处理</td><td>1. 能按指令配制炉内和给水加药药品
2. 能冲洗取样器
3. 能取水、汽样品
4. 能分析化验样品
5. 能完成汽机运行中的化学工作</td><td>1. 磷酸盐、氨水、联氨的性质
2. 配药操作法
3. 热力系统水质指标
4. 分析方法和仪器原理
5. 操作规程
6. 给水系统腐蚀和防护原理</td></tr>
</table>

续表

职业功能	工作内容		技能要求	相关知识
	（三）正常操作		1. 能完成日常的巡回检查 2. 能规范填写相关记录 3. 能发现异常工况并汇报处理 4. 能检查核对现场压力、温度、液位、阀位等 5. 能切换单元设备 6. 能分析监督水质指标	1. 巡检内容及制度 2. 工艺指标 3. 水质分析法
	（四）停车操作		1. 能按指令冲洗简单的工艺系统 2. 能停运单元设备 3. 能停运简单动、静设备 4. 能放空储罐和交换器内液体 5. 能使用装置配备的各类安全防护器材	1. 安全、环保、消防器材使用知识 2. 冲洗方案 3. “三废”排放标准 4. 停车操作法
二、设备使用与维护	（一）使用设备	共性要求	1. 能根据工艺要求调节阀门开度 2. 能操作换热器等换热设备 3. 能投用液位计、安全阀、压力表等 4. 能看懂设备铭牌 5. 能使用电导率仪、pH计、钠表 6. 能使用实验室常用玻璃器皿 7. 能投用拌热线 8. 能开、停、切换离心泵 9. 能开、停、切换罗茨风机 10. 能开、停、切换计量泵 11. 能开、停、切换离心风机	1. 不同型号阀门结构、性能、特点 2. 常用转机的类型结构、原理、性能 3. 液位计、安全阀、压力表等的使用方法 4. 电化学基础知识 5. 玻璃器皿使用方法 6. 机泵操作法
		预处理设备	1. 能根据指令调整预处理加药量 2. 能调整设备运行负荷 3. 能调整加药混合器	1. 滤料的种类性能 2. 活性炭的性质 3. 混合器类型、结构
		膜法处理设备	1. 能检查超滤装置运行状况 2. 能检查反渗透装置运行状况	1. 超滤装置结构特点 2. 反渗透装置结构特点
		离子交换设备	1. 能根据指令调整离子交换器运行负荷 2. 能调整除碳器运行状况	1. 固定床特点 2. 浮动床特点 3. 混床结构特点
		冷凝水处理设备	1. 能操作过滤器 2. 能操作混床	设备特点
		炉内水处理设备	能调整取样水温度	取样器结构

续表

<table>
<tr><th>职业功能</th><th>工作内容</th><th colspan="2">技能要求</th><th>相关知识</th></tr>
<tr><td></td><td>（二）维护设备</td><td colspan="2">1. 能完成机、泵的盘车操作
2. 能添加和更换机、泵的润滑油、润滑脂
3. 能完成设备、管线日常检修的隔离和监护工作
4. 能做好机泵、管线、水箱的防冻防凝工作
5. 能更换压力表、温度计等</td><td>1. 设备常用润滑油(脂)的规格、品种和使用规定
2. 机泵的润滑知识
3. 机泵盘车规定
4. 防冻防凝方案</td></tr>
<tr><td rowspan="7">三、事故判断与处理</td><td>（一）判断事故</td><td colspan="2">1. 能判断现场机泵、管线、法兰泄漏等一般事故
2. 能发现运行设备超温、超压、超电流等异常现象</td><td>1. 设备运行参数
2. 装置生产特点及危害</td></tr>
<tr><td rowspan="6">（二）处理事故</td><td>共性要求</td><td>1. 能使用消防器材扑灭初起火灾
2. 能处理酸、碱等化学品烧伤急救
3. 能处理简单跑、冒、滴、漏事故
4. 能报火警，打急救电话
5. 能协助处理装置停水、蒸汽、电、风等各类突发事故
6. 能处理普通离心泵的抽空、泄漏事故
7. 能处理液位仪表指示失灵事故</td><td>1. 跑、冒、滴、漏事故处理方法
2. 消防、气防知识
3. 消防、气防报警程序
4. 现场急救知识
5. 机泵密封知识
6. 液位计测量原理</td></tr>
<tr><td>预处理装置</td><td>1. 能处理滤池浊度超标事故
2. 能处理加药泵不上药事故
3. 能处理药品泄漏事故
4. 能处理澄清池翻池故障</td><td rowspan="5">事故处理预案</td></tr>
<tr><td>膜法处理装置</td><td>1. 能协助处理原水温度、污染指数超标事故
2. 能处理反渗透高低压保护事故</td></tr>
<tr><td>离子交换装置</td><td>1. 能处理现场酸碱烧伤事故
2. 能处理交换器运行失效事故</td></tr>
<tr><td>冷凝水处理装置</td><td>能处理高速混床出水水质不合格故障</td></tr>
<tr><td>炉内水处理</td><td>1. 能处理取样水中断事故
2. 能处理给水水质不合格事故</td></tr>
<tr><td rowspan="2">四、绘图与计算</td><td>（一）绘图</td><td colspan="2">1. 能绘制本岗位工艺流程图
2. 能识读水处理设备简图</td><td>绘图方法</td></tr>
<tr><td>（二）计算</td><td colspan="2">1. 能完成常用单位的换算
2. 能计算流量、流速
3. 能计算容积
4. 能计算水耗</td><td>计算方法</td></tr>
</table>

二、理论知识鉴定要素细目表

行业通用理论知识鉴定要素细目表

鉴定范围						鉴定点		
一级		二级		三级		代码	名称	重要程度
代码	名称	代码	名称	代码	名称			
A	基本要求	B	基础知识	A	记录填写基础知识	001	运行记录的种类	X
						002	运行记录的填写要求	X
				B	识图基础知识	001	工艺流程图管线的表示方法	X
						002	工艺流程图管件的表示方法	X
						003	工艺流程图阀门的表示方法	X
						004	工艺流程图仪表电气控制点的表示方法	X
				C	安全环保基础知识	001	石化行业生产的不安全因素	X
						002	国家安全生产的方针	X
						003	三级安全教育的内涵	X
						004	头部的防护	X
						005	眼睛和面部的防护	X
						006	脚部的防护	X
						007	手部的防护	X
						008	耳部的防护	X
						009	口鼻的防护	X
						010	皮肤的防护	X
						011	机械设备对人体伤害的防护	X
						012	厂内交通安全知识	X
						013	石化行业防火防爆十大禁令的内容	X
						014	尘毒物质的分类	X
						015	职业中毒的种类	X
						016	急性中毒的现场抢救	X
						017	高处作业的防护措施	X
						018	石化行业污染的来源	X
						019	石化行业污染的途径	X
						020	石化行业污染的特点	X
						021	清洁生产的定义	X
						022	清洁生产的内容	X
						023	燃烧的三要素	X
						024	干粉灭火器的适用范围	X
						025	泡沫灭火器的适用范围	X
						026	1211 灭火器的适用范围	X

续表

鉴定范围						鉴定点		
一级		二级		三级		代码	名称	重要程度
代码	名称	代码	名称	代码	名称			
						027	ISO 14000 系列标准的含义	X
						028	HSE 管理体系的概念	X
						029	建立 HSE 管理体系的意义	X
						030	石化行业事故处理的原则	X
				D	质量基础知识	001	标准化的概念	X
						002	标准等级划分的类别	X
						003	标准的使用范围	X
						004	ISO 9000 族标准的特点	X
				E	计算机基础知识	001	计算机硬件的组成	X
						002	计算机的安全防护	X
						003	Word 文档的录入与排版	X
						004	计算机浏览器的使用	X
						005	电子邮件的收发	X
				F	法律常识	001	《劳动法》关于劳动者权益的规定	X
						002	劳动合同包含的条款	X
						003	劳动争议解决的途径	X
						004	《劳动法》关于劳动者工作时间的规定	X
						005	《劳动法》关于劳动安全卫生的规定	X
						006	《产品质量法》关于生产者的产品质量责任	X
						007	《产品质量法》关于生产者的产品质量义务	X
						008	《安全生产法》对从业人员的规定	X
						009	《消防法》关于对公民责任的规定	X
B	相关知识	F	培训与指导	B	鉴定与考评	001	职业技能鉴定的定义	X
						002	职业技能鉴定的目的	X
						003	职业资格等级的划分	X
						004	职业资格证书的用途	X
						005	职业、岗位与工种的关系	X

职业通用理论知识鉴定要素细目表(供水生产工)

鉴定范围						鉴定点		
一级		二级		三级		代码	名称	重要程度
代码	名称	代码	名称	代码	名称			
A	基本要求	B	基础知识	G	石化基本常识	001	石油的一般性质	X
						002	石油的分类	Y

续表

鉴定范围						鉴定点		
一级		二级		三级		代码	名称	重要程度
代码	名称	代码	名称	代码	名称			
						003	石油中元素组成	Y
						004	石油中烃类组成	Z
						005	石油馏分的概念	X
						006	油品的燃烧性质	Y
						007	汽油的特性	Z
						008	柴油的特性	Z
				H	化学基础知识	001	元素符号	X
						002	元素周期表的组成	X
						003	元素化合价的概念	X
						004	溶解过程的特点	X
						005	饱和溶液的概念	X
						006	溶解度的概念	X
						007	氧气的基本性质	X
						008	空气的组成	X
						009	水分子的结构特点	X
						010	氧化反应的概念	X
						011	还原反应的概念	X
						012	分子的概念	X
						013	原子的概念	X
						014	元素的概念	X
						015	水的特性	X
						016	溶液的概念	X
						017	溶质的概念	X
						018	溶剂的概念	X
						019	氧化剂的概念	X
						020	还原剂的概念	X
						021	物质的量的概念	X
				I	水力学基础知识	001	流体的概念	X
						002	流体的密度	X
						003	流体的黏度	X
						004	流体的流量	X
						005	压强的概念	X
						006	真空的概念	X
						007	液体压强的特性	X
						008	流体的流动类型	X
						009	流动阻力的分类	X

续表

鉴定范围						鉴定点		
一级		二级		三级		代码	名称	重要程度
代码	名称	代码	名称	代码	名称			
				J	机械设备基础知识	001	常见泵的种类	X
						002	常见泵型号含义	Y
						003	常用管件的使用	X
						004	风机的种类	X
						005	压缩机的种类	Y
						006	常用阀门的种类	X
						007	常用阀门型号含义	Y
						008	常用法兰的类型	Z
						009	垫片的种类	Z
						010	螺栓的种类	Z
						011	常见管路连接方法	X
						012	密封的概念	Y
						013	润滑的概念	X
						014	常用润滑剂的种类	X
						015	静设备常见失效形式	Z
						016	常见金属材料的种类	Y
				K	电气基础知识	001	照明的基本常识	Y
						002	电流的常识	X
						003	直流电的概念	X
						004	交流电的概念	X
						005	电阻的概念	Y
						006	电压的概念	X
						007	串联电路的概念	X
						008	并联电路的概念	X
						009	防触电常识	X
						010	人工呼吸常识	X
						011	装置电器设备灭火常识	X
				L	仪表基础知识	001	常规控制的概念	X
						002	仪表误差的概念	Y
						003	简单调节系统的组成	X
						004	控制室常规仪表的种类	Y
						005	常用控制阀的分类	X
						006	压力测量仪表的分类	X
						007	流量测量仪表的分类	X

续表

鉴定范围						鉴定点		
一级		二级		三级		代码	名称	重要程度
代码	名称	代码	名称	代码	名称			
						008	常用液位计的种类	X
						009	温度测量仪表的分类	X
						010	控制阀的风开风关原则	Y
						011	DCS 系统的基本概念	X
						012	DCS 操作系统的组成	X
				M	计量基础知识	001	计量工作的作用	Y
						002	计量的特点	X
						003	法定计量单位的概念	X
						004	国际单位制的概念	X
						005	国际单位制的基本单位	X
						006	国际单位制的词头	X
						007	SI 词头的使用要求	X
						008	常用法定计量单位的使用要求	X
						009	单位的换算	X

工种理论知识鉴定要素细目表

鉴定范围						鉴定点		
一级		二级		三级		代码	名称	重要程度
代码	名称	代码	名称	代码	名称			
B	相关知识（通用模块）	A	工艺操作	A	基本知识	001	化学水处理的任务	X
						002	化学水处理系统的组成	X
						003	给水水源的分类	Z
						004	地下水的水质特点	X
						005	江河水的水质特点	X
						006	湖泊及水库水的特点	X
						007	水的用途	X
						008	工业用水的特点	X
						009	天然水中的碳酸化合物	X
						010	水中阴阳离子间的关系	X
						011	水的浑浊度概念	X
						012	水的色度概念	X
						013	水中二氧化硅含量	X
						014	水的含盐量概念	X
						015	水的硬度概念	X
						016	水的碱度概念	X
						017	水的 pH 值概念	X
						018	水的酸度概念	X
						019	水的电导率概念	X
						020	天然水中的杂质	X

续表

鉴定范围						鉴定点		
一级		二级		三级		代码	名称	重要程度
代码	名称	代码	名称	代码	名称			
		B	设备使用与维护	A	使用设备	001	射流器的结构	X
						002	柱塞式泵的结构	X
						003	隔膜式计量泵的结构	X
						004	管道连接的方法	X
						005	蝶阀的性能特点	X
						006	球阀的性能特点	X
						007	止回阀的结构特点	X
						008	阀门型号表示方法	Y
						009	水泵型号表示方法	X
						010	截止阀的性能特点	X
						011	安全阀的结构	Y
						012	罗茨风机的结构特点	X
						013	计量泵的工作原理	X
						014	射流器的工作原理	X
						015	罗茨风机的工作原理	X
				B	维护设备	001	盘根的种类与性能	X
						002	设备完好率的定义	X
						003	“五定”、“三级”的过滤内容	X
						004	机泵盘车操作注意事项	X
						005	动火作业许可证分级管理制度	Z
						006	动火监护人的职责	X
						007	用火现场应具备的条件	X
						008	润滑油的选择原则	Z
						009	润滑脂的选择原则	Z
		C	绘图与计算	A	绘图	001	图线的种类	X
						002	细实线的用途	Y
						003	图线的起止和交接处的画法	Y
						004	完整尺寸的组成	Z
						005	平面图形的尺寸的种类	Z
						006	尺寸基准的含义	Y
				B	计算	001	容积的计算	X
						002	药剂稀释计算	X
						003	常用单位的换算	X

续表

鉴定范围						鉴定点		
一级		二级		三级		代码	名称	重要程度
代码	名称	代码	名称	代码	名称			
C	相关知识（预处理模块）	A	工艺操作	A	基础知识	001	水的预处理基本概念	X
						002	水的预处理工艺流程	X
						003	混凝药剂的物理化学性质	X
						004	胶体的特点	X
						005	混凝的概念	Y
						006	混凝过程中混合的方式	X
						007	氯杀菌原理	Y
						008	滤料基本要求	X
						009	澄清器的工作分区	X
						010	澄清器的作用	X
						011	过滤的概念	X
						012	过滤的作用	X
						013	过滤周期的参数	X
						014	过滤设备的分类	X
				B	专业知识	001	脉冲澄清池的定义	X
						002	脉冲澄清池的分类	Y
						003	机械搅拌加速澄清池的概念	X
						004	机械搅拌加速澄清池的使用范围	Y
						005	无阀滤池的工作方式	X
						006	虹吸滤池的工作方式	X
						007	V 型滤池的工作方式	X
						008	压力式过滤器的分类	Y
						009	单流式压力式过滤器工作方式	X
						010	双流式压力式过滤器工作方式	Y
						011	盘片式压力式过滤器工作方式	Y
						012	活性炭压力式过滤器的作用	X
						013	纤维压力式过滤器的工作方式	X
						014	多介质压力式过滤器工作方式	X
		B	设备使用与维护	A	使用设备	001	水射器的结构	X
						002	斜管沉淀池的结构	X
						003	机械搅拌加速澄清池的结构	Y
						004	滤池的结构	X
						005	压力式过滤器的结构	X
				B	维护设备	001	压力式过滤器的运行维护	Y
						002	无阀滤池的现场维护	Y

续表

鉴定范围						鉴定点		
一级		二级		三级		代码	名称	重要程度
代码	名称	代码	名称	代码	名称			
		C	事故判断与处理	A	判断事故	001	澄清设备不起矾花的原因判断	Y
						002	过滤设备出水水质不合格的原因判断	Y
				B	处理事故	001	澄清设备翻池的处理	X
						002	过滤设备出水水质不合格的处理	X
						003	输水管道爆裂事故的处理	Y
D	相关知识（膜法处理模块）	A	工艺操作	A	原辅材料基础知识	001	反渗透膜的特性	X
						002	反渗透膜分离透过特性指标	X
						003	复合膜的结构特点	X
						004	反渗透膜元件的类型	Y
						005	阻垢剂的特性	X
						006	超滤膜材料的特性	X
				B	专业知识	001	半透膜的概念	X
						002	渗透的概念	X
						003	反渗透原理	X
						004	反渗透的运行条件	X
						005	去除胶体悬浮物的方法	X
						006	去除水中微生物的方法	X
						007	膜元件进水水质要求	X
		B	设备使用	A	使用设备	001	超滤膜元件的结构	Y
						002	卷式膜元件的结构	X
		C	事故判断与处理	A	判断事故	001	反渗透膜污染的症状	X
						002	反渗透膜污染的种类	X
E	相关知识（离子交换除盐模块）	A	工艺操作	A	原辅材料基础知识	001	离子交换树脂的分类	X
						002	离子交换树脂的物理性能	X
						003	硫酸的物理化学性质	X
						004	盐酸的物理化学性质	X
						005	氢氧化钠的物理化学性质	X
						006	氯化钠的物理化学性质	X
						007	离子交换剂的种类	Y
						008	离子交换树脂的组成	X
						009	离子交换树脂的结构	X
						010	离子交换树脂的型号	X
						011	离子交换树脂的交换容量	X
						012	除碳器的填料类型	Y

续表

鉴定范围						鉴定点		
一级		二级		三级		代码	名称	重要程度
代码	名称	代码	名称	代码	名称			
				B	离子交换除盐处理专业知识	001	锅炉用水的基本要求	X
						002	锅炉水质不良的危害	X
						003	低压锅炉水质标准要求	Y
						004	高压锅炉水质标准要求	Y
						005	工业水除盐的目的	X
						006	工业水除盐的方法	X
						007	工业水软化处理的目的	X
						008	工业水软化处理的方法	X
						009	离子交换软化处理工艺流程	X
						010	离子交换反应的可逆性	X
						011	强型树脂交换反应的特点	X
						012	弱型树脂交换反应的特点	X
						013	离子交换平衡的概念	X
						014	选择性系数的概念	X
						015	离子交换树脂层内的再生过程特点	X
						016	离子交换树脂层内的交换过程特点	X
						017	固定床离子交换的工艺特点	X
						018	离子交换再生的概念	X
						019	影响离子交换速度的因素	X
						020	离子交换软化水处理基本原理	X
						021	钠型离子交换软化法的处理特点	Y
						022	钠型离子交换软化系统的类型	Y
						023	氢型强酸性阳离子交换树脂的离子交换特点	X
						024	氢型弱酸性阳离子交换树脂的离子交换特点	X
						025	H离子交换系统运行注意事项	X
		B	设备使用与维护	A	使用设备	001	固定离子交换器的结构	X
						002	浮动床离子交换器的结构	X
						003	混床的结构	X
						004	鼓风式除碳器的结构	X
				B	维护设备	001	酸槽的维护保养要求	X
						002	碱槽的维护保养要求	X

续表

鉴定范围						鉴定点		
一级		二级		三级		代码	名称	重要程度
代码	名称	代码	名称	代码	名称			
		C	事故判断与处理	A	判断事故	001	除碳效果的影响因素	X
				B	处理事故	001	无阀滤池出水水质不合格的处理方法	X
F	相关知识（冷凝水处理模块）	A	工艺操作	A	基础知识	001	凝结水水质标准	X
						002	凝汽器泄漏的定义	X
						003	凝结水常见杂质	Y
						004	凝结水的回收流程	X
						005	凝结水的温度要求	X
				B	专业知识	001	覆盖过滤的定义	Z
						002	覆盖过滤器的工作方式	Z
						003	除铁原理	Z
						004	磁性分离器的工作方式	X
						005	微孔过滤的定义	X
						006	滤元的定义	X
		B	设备使用与维护	A	使用设备	001	蒸发器的结构	Y
						002	覆盖过滤器的运行步骤	X
						003	覆盖过滤器的结构	Z
						004	磁性分离器的结构	Y
				B	维护设备	001	磁性分离器的维护	Y
		C	事故判断与处理	A	判断事故	001	除盐混合床出水不合格的判断	Y
				B	处理事故	001	除盐混合床出水不合格的处理	X
G	相关知识（炉内处理模块）	A	工艺操作	A	基础理论	001	磷酸盐的性质	X
						002	联胺的性质	X
						003	氨水的性质	X
						004	电化学腐蚀原理	X
						005	给水溶解氧腐蚀原理	X
						006	给水游离二氧化碳腐蚀原理	X
						007	给水热力除氧原理	X
						008	给水化学除氧原理	X
						009	给水的 pH 值调节	X
				B	汽水监督	001	蒸汽品质标准	X
						002	锅炉水质标准	X
						003	给水水质标准	X

续表

鉴定范围						鉴定点		
一级		二级		三级		代码	名称	重要程度
代码	名称	代码	名称	代码	名称			
						004	汽水样品采集的要求	X
						005	磷酸盐的测定方法	X
						006	联胺的测定方法	X
						007	溶解氧的测定方法	X
		B	设备使用	A	使用设备	001	热力除氧器的基本结构	Y
						002	给水加药系统的组成	X
						003	给水取样点的要求	Y
						004	凝结水取样点的要求	Y
						005	汽水集中取样装置的特点	X
						006	汽水集中取样装置的部件	X
						007	汽水集中取样装置的主要技术指标	X
		C	事故判断与处理	A	判断事故	001	给水劣化的原因	X
				B	处理事故	001	给水硬度不合格或外状浑浊的处理	X
						002	给水溶解氧不合格的处理	X
						003	给水含钠量或含硅量不合格的处理	X
						004	给水含铁铜量不合格的处理	X
						005	凝结水不合格的处理	X

三、理论知识试题

行业通用理论知识试题

判断题

1. 岗位交接班记录不属于运行记录。 (√)

2. 填写记录要求及时、准确、客观真实、内容完整、字迹清晰。 (√)

3. 工艺流程图中，主要物料(介质)的流程线用细实线表示。 (×)

正确答案：工艺流程图中，主要物料(介质)的流程线用粗实线表示。

4. 在工艺流程图中，表示法兰堵盖的符号是。 (√)

5. 在工艺流程图中，符号表示的是减压阀。 (×)

正确答案：在工艺流程图中，符号表示的是减压阀。

6. 带控制点的工艺流程图中，表示压力调节阀的符号是。 (×)

正确答案：带控制点的工艺流程图中，表示压力调节阀的符号是。

7. 石化生产中存在诸多不安全因素。事故多，损失大。 (√)

8. 防护罩、安全阀等不属于安全防护装置。 (×)

正确答案：防护罩、安全阀等均属于安全防护装置。

9. 安全检查的任务是发现和查明各种危险和隐患，督促整改；监督各项安全管理规章制度的实施；制止违章指挥、违章作业。 (√)

10. 女工在从事转动设备作业时必须将长发或发辫盘卷在工作帽内。 (√)

11. 从事化工作业人员必须佩戴防护镜或防护面罩。 (×)

正确答案：从事对眼睛及面部有伤害危险作业时必须佩戴有关的防护镜或面罩。

12. 穿用防护鞋时应将裤脚插入鞋筒内。 (×)

正确答案：穿用防护鞋的职工禁止将裤脚插入鞋筒内。

13. 对于从事在生产过程中接触能通过皮肤侵入人体的有害尘毒作业人员，只需发放防护服。 (×)

正确答案：对于从事在生产过程中接触能通过皮肤侵入人体的有害尘毒作业人员，需发放防护服，并需有工业护肤用品，涂在手臂、脸部，以保护职工健康。

14. 在超过噪声标准的岗位工作的职工，要注意保护自己的听力，可戴上企业发给的各种耳塞、耳罩等。 (×)

正确答案：在超过噪声标准的岗位工作的职工，要注意保护自己的听力，一定要戴上企业发给的各种耳塞、耳罩等。

15. 口鼻的防护即口腔和鼻腔的防护。 (×)

正确答案：口鼻的防护即呼吸系统的防护。

16. 人体皮肤是化工生产中有毒有害物质侵入人体的主要途径。 (√)

17. 一般情况下，应将转动、传动部位用防护罩保护起来。 (√)

18. 在设备一侧的转动、传动部位要做好外侧及内侧的防护。 (×)

正确答案：在设备一侧的转动、传动部位要做好外侧及周边的防护。

19. 各种皮带运输机、链条机的转动部位，除装防护罩外，还应有安全防护绳。 (√)

20. 在传动设备的检修工作中，只需在电气开关上挂有“有人作业，禁止合闸”的安全警告牌。 (×)

正确答案：在传动设备的检修工作中，电气开关上应挂有“有人作业，禁止合闸”的安全警告牌，并设专人监护。

21. 限于厂内行驶的机动车不得用于载人。 (√)

22. 严禁在生产装置罐区及易燃易爆装置区内用有色金属工具进行敲打撞击作业。(×)

正确答案：严禁在生产装置罐区及易燃易爆装置区内用黑色金属工具进行敲打撞击作业。

23. 烟、雾、粉尘等物质是气体，易进入呼吸系统，危害人体健康。 (×)

正确答案：烟、雾、粉尘等物质是气溶胶，易进入呼吸系统，危害人体健康。

24. 烟尘的颗粒直径在 0.1μm 以下。 (√)

25. 职业中毒是指在生产过程中使用的有毒物质或有毒产品，以及生产中产生的有毒废气、废液、废渣引起的中毒。 (√)

26. 毒物进入人体就叫中毒。 (×)

正确答案：毒物对有机体的毒害作用叫中毒。

27. 低毒物质进入人体所引发的病变称慢性中毒。 (×)

正确答案：低浓度的毒物长期作用于人体所引发的病变称慢性中毒。

28. 急性中毒患者呼吸困难时应立即吸氧。停止呼吸时，立即做人工呼吸，气管内插管给氧，维持呼吸通畅并使用兴奋剂药物。 (√)

29. 急性中毒患者心跳骤停应立即做胸外挤压术，每分钟30~40次。 (×)

正确答案：急性中毒患者心跳骤停应立即做胸外挤压术，每分钟60~70次。

30. 休克病人应平卧位，头部稍高。昏迷病人应保持呼吸道畅通，防止咽下呕吐物。 (×)

正确答案：休克病人应平卧位，头部稍低。昏迷病人应保持呼吸道畅通，防止咽下呕吐物。

31. 高处作业人员应系用与作业内容相适应的安全带，安全带应系挂在施工作业处上方的牢固挂件上，不得系挂在有尖锐的棱角部位。 (√)

32. 高处作业可以上下投掷工具和材料，所用材料应堆放平稳，必要时应设安全警戒区，并设专人监护。 (×)

正确答案：高处作业严禁上下投掷工具和材料，所用材料应堆放平稳，必要时应设安全警戒区，并设专人监护。

33. 高处作业人员不得站在不牢固的结构物上进行作业，可以在高处休息。 (×)

正确答案：高处作业人员不得站在不牢固的结构物上进行作业，不得在高处休息。

34. 燃烧产生的废气是石化行业污染的主要来源之一。 (√)

35. 工艺过程排放是造成石化行业污染的主要途径。 (√)

36. 成品或副产品不会造成石化行业的污染。 (×)

正确答案：成品或副产品的夹带也会造成石化行业的污染。

37. 石化行业污染的特点之一是污染物种类多、危害大。 (√)

38. 清洁生产通过末端治理污染来实现。 (×)

正确答案：清洁生产通过应用专门技术，改进工艺、设备和改变管理态度来实现。

39. 清洁的服务不属于清洁生产的内容。 (×)

正确答案：清洁的服务属于清洁生产的内容之一。

40. 引起闪燃的最高温度称为闪点。 (×)

正确答案：引起闪燃的最低温度称为闪点。

41. 燃点是指可燃物质在空气充足条件下，达到某一温度时与火源接触即行着火，并在移去火源后继续燃烧的最低温度。 (√)

42. 自燃点是指可燃物在没有火焰、电火花等火源直接作用下，在空气或氧气中被加热而引起燃烧的最高温度。 (×)

正确答案：自燃点是指可燃物在没有火焰、电火花等火源直接作用下，在空气或氧气中被加热而引起燃烧的最低温度。

43. 干粉灭火器能迅速扑灭液体火焰，同时泡沫能起到及时冷却作用。 (√)

44. 抗溶性泡沫灭火剂可以扑灭一般烃类液体火焰，但不能扑救水溶性有机溶剂的火灾。 (×)

正确答案：抗溶性泡沫灭火剂可以扑灭一般烃类液体火焰，同时能扑救水溶性有机溶剂的火灾。

45. 1211 灭火器仅适用于扑灭易燃、可燃气体或液体，不适用于扑灭一般易燃固体物质的火灾。（×）

正确答案： 1211 灭火器不仅适用于扑灭易燃、可燃气体或液体，也适用于扑灭一般易燃固体物质的火灾。

46. ISO 14000 系列环境管理标准是国际标准化组织（ISO）第 207 技术委员会（ISO/TC207）组织制订的环境管理体系标准，其标准号从 14001 到 14100，共 100 个标准号，统称为 ISO 14000 系列标准。（√）

47. HSE 管理体系是指实施安全、环境与健康管理的组织机构、职责、做法、程序、过程和资源等而构成的整体。（√）

48. HSE 中的 S（安全）是指在劳动生产过程中，努力改善劳动条件、克服安全因素，使劳动生产在保证劳动者健康、企业财产不受损失、人民生命安全的前提下顺利进行。（×）

正确答案： HSE 中的 S（安全）是指在劳动生产过程中，努力改善劳动条件、克服不安全因素，使劳动生产在保证劳动者健康、企业财产不受损失、人民生命安全的前提下顺利进行。

49. 建立 HSE 管理体系可改善企业形象，取得经济效益和社会效益。（√）

50. 建立 HSE 管理体系不能控制 HSE 风险和环境影响。（×）

正确答案： 建立 HSE 管理体系可有效控制 HSE 风险和环境影响。

51. 对工作不负责任，不严格执行各项规章制度，违反劳动纪律造成事故的主要责任者应严肃处理。（√）

52. 标准化是指在经济、技术、科学及管理等社会实践中，对事物和概念通过制订、发布和实施标准达到统一，以获最佳秩序和社会效益。（×）

正确答案： 标准化是指在经济、技术、科学及管理等社会实践中，对重复性事物和概念通过制订、发布和实施标准达到统一，以获最佳秩序和社会效益。

53. 任何标准，都是在一定条件下的"统一规定"，标准化的统一是相对的。（√）

54. 对已有国家标准、行业标准或地方标准的，鼓励企业制订低于国家标准、行业标准或地方标准要求的企业标准。（×）

正确答案： 对已有国家标准、行业标准或地方标准的，鼓励企业制订高于国家标准、行业标准或地方标准要求的企业标准。

55. 按约束力分，国家标准、行业标准可分为强制性标准、推荐性标准和指导性技术文件。（√）

56. 只要企业活动和要素具有"重复性"，都可以进行标准化。（√）

57. 2000 版 ISO 9000 族标准可适用于所有产品类型、不同规模和各种类型的组织，并可根据实际需要增加某些质量管理要求。（×）

正确答案： 2000 版 ISO 9000 族标准可适用于所有产品类型、不同规模和各种类型的组织，并可根据实际需要减少某些质量管理要求。

58. ISO 9000 族标准是质量保证模式标准之一，用于合同环境下的外部质量保证。可作为供方质量保证工作的依据，也是评价供方质量体系的依据。（√）

59. 计算机内存是可以由 CPU 直接存取数据的地方。（√）

60. 杀毒软件对于病毒来说永远是落后的，也就是说，只有当一种病毒出现后，才能产

生针对这种病毒的消除办法。（√）

61. 在计算机应用软件 Word 中输入文字，当打满一行时，必须按一下 Enter 键换到下一行继续输入。（×）

正确答案：在 Word 中输入文字，当打满一行时，不需按一下 Enter 键，系统可自动换到下一行继续输入。

62. 中国大陆地区的顶级域名是“cn”。（√）

63. 使用应用程序 Outlook Express 可以同时向多个地址发送电子邮件，也可以把收到的邮件转发给第三者。（√）

64.《劳动法》规定，对劳动者基本利益的保护是最基本的保护，不应由于用人单位所有制的不同或组织形式不同而有所差异。（√）

65. 依据《劳动法》的规定，劳动争议当事人对仲裁裁决不服的，可以自收到仲裁裁决书之日起三十日内向人民法院提起诉讼。一方当事人在法定期限内不起诉又不履行仲裁裁决的，另一方当事人可申请人民法院强制执行。（√）

66. 劳动安全卫生工作“三同时”是指：新建工程的劳动安全卫生设施必须与主体工程同时设计、同时施工、同时投入生产和使用。（×）

正确答案：劳动安全卫生工作“三同时”是指：新建、改建或扩建工程的劳动安全卫生设施必须与主体工程同时设计、同时施工、同时投入生产和使用。

67.《产品质量法》规定，生产者不得生产国家明令淘汰的产品；不得伪造或者冒用认证标志等质量标志。（√）

68. 产品质量义务分为积极义务和消极义务，“生产者不得伪造产地，不得伪造或者冒用他人的厂名、厂址”属于产品生产者的积极义务。（×）

正确答案：产品质量义务分为积极义务和消极义务，“生产者不得伪造产地，不得伪造或者冒用他人的厂名、厂址”属于产品生产者的消极义务。

69. 从业人员在发现直接危及人身安全的紧急情况时，有权停止作业或者在采取可能的应急措施后撤离作业场所。（√）

70.《消防法》第四十八条规定：埋压、圈占消火栓或者占用防火间距、堵塞消防通道的，或者损坏和擅自挪用、拆除、停用消防设施、器材的，处警告、罚款或者十日以下拘留。（×）

正确答案：《消防法》第四十八条规定：埋压、圈占消火栓或者占用防火间距、堵塞消防通道的，或者损坏和擅自挪用、拆除、停用消防设施、器材的，处警告或者罚款。

71. 职业技能鉴定是按照国家规定的职业标准，通过政府授权的考核鉴定机构对劳动者的专业知识和技能水平进行客观、公正、科学规范地评价与认证的活动。（√）

72. 职业技能鉴定是为劳动者颁发职业资格证书。（×）

正确答案：职业技能鉴定是为劳动者持证上岗和用人单位就业准入提供资格认证的活动。

73. 职业技能鉴定考试是以社会劳动者的职业技能为对象，以规定的职业标准为参照系统，通过相关知识和实际操作的考核作为综合手段，为劳动者持证上岗和用人单位就业准入提供资格认证的活动。（√）

74. 职业资格证书分一级、二级、三级、四级、五级五个级别。（√）

75. 职业资格证书是劳动者的专业知识和职业技能水平的证明。 (√)

76. 职业资格证书是劳动者持证上岗和用人单位录用员工的资格认证。 (√)

77. 职业是指从业人员为获取主要生活来源所从事的社会工作类别。 (√)

78. 一个职业可以包括一个或几个工种，一个工种又可以包括一个或几个岗位，它们是一种包含与被包含的关系。 (√)

单选题

1. 运行记录填写错误需要更正时，必须采用(C)。

A. 撕页重写　　B. 用刀片刮去重写　　C. 划改　　D. 涂改

2. 化工管路图中，表示蒸汽伴热管道的规定线型是(C)。

A. 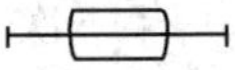　B. 　C. 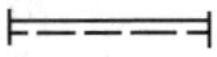　D. 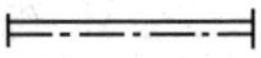

3. 化工管路图中，表示热保温管道的规定线型是(A)。

A. 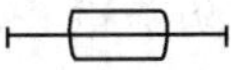　B. 　C. 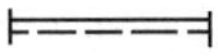　D. 

4. 在工艺流程图中，下列符号表示活接头的是(C)。

A. 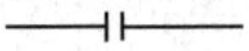　B. 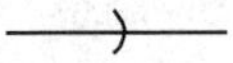　C. 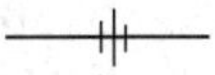　D. 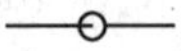

5. 在工艺流程图中，表示法兰连接的符号是(D)。

A. 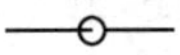　B. 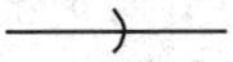　C. 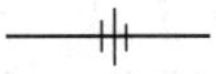　D. 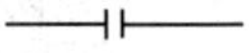

6. 在工艺流程图中，表示闸阀的符号是(B)。

A. 　B. 　C. 　D. 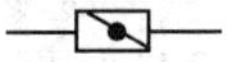

7. 在工艺流程图中，表示球阀的符号是(D)。

A. 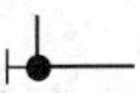　B. 　C. 

D. 

8. 在工艺流程图中，表示截止阀的符号是(A)。

A. 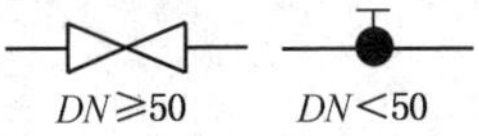

B. 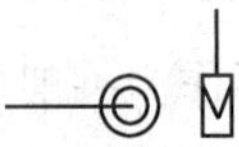

C. 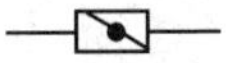
D. 

9. 带控制点的工艺流程图中，仪表控制点以(A)在相应的管路上用代号、符号画出。

A. 细实线　　B. 粗实线　　C. 虚线　　D. 点划线

10. 带控制点的工艺流程图中，表示指示的功能代号是(C)。

A. T　　B. J　　C. Z　　D. X

11. 带控制点的工艺流程图中，表示电磁流量计的符号是(B)。

A. 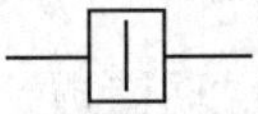　B. 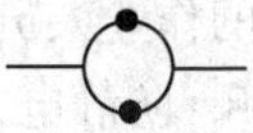

C. 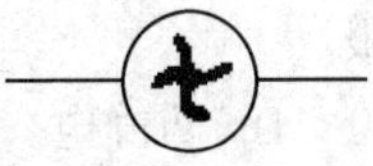　D. 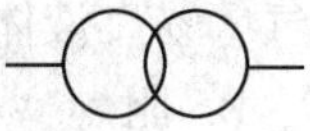

12. 石化生产存在许多不安全因素，其中易燃、易爆、有毒、有(A)的物质较多是主要的不安全因素之一。

A. 腐蚀性　　B. 异味　　C. 挥发性　　D. 放射性

13. 石化生产的显著特点是工艺复杂、(C)要求严格。

A. 产品　B. 原料　C. 操作　D. 温度

14. 我国安全生产的方针是“(C)第一，预防为主”。

A. 管理　B. 效益　C. 安全　D. 质量

15. “防消结合，以(D)为主”。

A. 管　B. 消　C. 人　D. 防

16. “三级安全教育”即厂级教育、车间级教育、(A)级教育。

A. 班组　B. 分厂　C. 处　D. 工段

17. 工人的日常安全教育应以“周安全活动”为主要阵地进行，并对其进行(B)的安全教育考核。

A. 每季一次　B. 每月一次　C. 每半年一次　D. 一年一次

18. 为保护头部不因重物坠落或其他物件碰撞而伤害头部的防护用品是(A)。

A. 安全帽　B. 防护网　C. 安全带　D. 防护罩

19. 从事(B)作业时，作业人员必须穿好专用的工作服。

A. 电焊　B. 酸碱　C. 高空　D. 气焊

20. 从事计算机、焊接及切割作业、光或其他各种射线作业时，需佩戴专用(C)。

A. 防护罩　B. 防护网　C. 防护镜　D. 防护服

21. 从事有(B)、热水、热地作业时应穿相应胶鞋。

A. 硬地　B. 腐蚀性　C. 检修作业　D. 机床作业

22. 从事(A)作业时应穿耐油胶鞋。

A. 各种油类　B. 酸碱类　C. 机加工　D. 检查维护

23. 从事酸碱作业时，作业人员需戴(C)手套。

A. 布　B. 皮

C. 耐酸碱各种橡胶　D. 塑料

24. 线手套或(B)手套只可作为一般的劳动防护用品。

A. 皮　B. 布　C. 橡胶　D. 塑料

25. 耳的防护即(A)的保护。

A. 听力　B. 耳廓　C. 头部　D. 面部

26. 工作地点有有毒的气体、粉尘、雾滴时，为保护呼吸系统，作业人员应按规定携带戴好(A)。

A. 过滤式防毒面具　B. 防护服

C. 口罩　D. 防护面罩

27. 从事易燃、易爆岗位的作业人员应穿(B)工作服。

A. 腈纶　B. 防静电　C. 涤纶　D. 防渗透

28. 从事苯、石油液化气等易燃液体作业人员应穿(D)工作服。

A. 耐腐蚀　B. 阻燃　C. 隔热　D. 防静电

29. 各种皮带运输机、链条机的转动部位，除安装防护罩外，还应有(A)。

A. 安全防护绳　B. 防护线

C. 防护人　D. 防护网

30. 厂内行人要注意风向及风力，以防在突发事故中被有毒气体侵害。遇到情况时要绕行、停行、(C)。

A. 顺风而行　B. 穿行　C. 逆风而行　D. 快行

31. 不能用于擦洗设备的是(D)。

A. 肥皂　B. 洗衣粉　C. 洗洁精　D. 汽油

32. 不属于有毒气体的是(C)。

A. 氯气　B. 硫化氢　C. 二氧化碳　D. 一氧化碳

33. 属于气体物质的是(A)。

A. 氯气　B. 烟气　C. 盐酸雾滴　D. 粉尘

34. 引起慢性中毒的毒物绝大部分具有(A)。

A. 蓄积作用　B. 强毒性　C. 弱毒性　D. 中强毒性

35. 急性中毒现场抢救的第一步是(C)。

A. 迅速报警　B. 迅速拨打 120 急救

C. 迅速将患者转移到空气新鲜处　D. 迅速做人工呼吸

36. 酸烧伤时，应用(B)溶液冲洗。

A. 5%碳酸钠　B. 5%碳酸氢钠　C. 清水　D. 5%硼酸

37. 高处作业是指在坠落高度基准面(含)(A)m 以上，有坠落可能的位置进行的作业。

A. 2　B. 2.5　C. 3　D. 5

38. 一般不会造成环境污染的是(B)。

A. 化学反应不完全　B. 化学反应完全

C. 装置的泄漏　D. 化学反应中的副反应

39. 不属于石化行业污染主要途径的是(C)。

A. 工艺过程的排放　B. 设备和管线的滴漏

C. 成品运输　D. 催化剂、助剂等的弃用

40. 不属于石化行业污染特点的是(B)。

A. 毒性大　B. 毒性小　C. 有刺激性　D. 有腐蚀性

41. 清洁生产是指在生产过程、产品寿命和(A)领域持续地应用整体预防的环境保护战略，增加生态效率，减少对人类和环境的危害。

A. 服务　B. 能源　C. 资源　D. 管理

42. 清洁生产的内容包括清洁的能源、(D)、清洁的产品、清洁的服务。

A. 清洁的原材料　B. 清洁的资源

C. 清洁的工艺　D. 清洁的生产过程

43. 不属于燃烧三要素的是(C)。

A. 点火源　B. 可燃性物质

C. 阻燃性物质　D. 助燃性物质

44. 气体测爆仪测定的是可燃气体的(D)。

A. 爆炸下限　B. 爆炸上限　C. 爆炸极限范围　D. 浓度

45. MF4 型手提式干粉灭火器的灭火参考面积是(B)m^2。

A. 1.5　B. 1.8　C. 2.0　D. 2.5

46. MF8 型手提式干粉灭火器的喷射距离大于等于(B)m。

A. 3　B. 5　C. 6　D. 7

47. MFT70 型推车式干粉灭火器的灭火射程在(D)m。

A. 8~10　B. 17~20　C. 30~35　D. 10~13

48. MPT100 型推车式干粉灭火器的灭火射程在(A)m。

A. 16~18　B. 14~16　C. 12~14　D. 18~20

49. MY2 型手提式 1211 灭火器的灭火射程是(C)m。

A. 1　B. 2　C. 3　D. 4

50. MY0.5 型手提式 1211 灭火器的灭火射程在(D)m。

A. 3　B. 4.5　C. 2.5　D. 2

51. ISO 14000 系列标准的核心是(B)标准。

A. ISO 14000　B. ISO 14001　C. ISO 14010　D. ISO 14100

52. HSE 管理体系是指实施安全、环境与(C)管理的组织机构、职责、做法、程序、过程和资源等而构成的整体。

A. 生命　B. 过程　C. 健康　D. 资源

53. 建立 HSE 管理体系可提高企业安全、环境和健康(A)。

A. 管理水平　B. 操作水平　C. 使用水平　D. 能源水平

54. 事故处理要坚持(C)不放过的原则。

A. 二　B. 三　C. 四　D. 五

55. 违章作业、违反纪律等造成的一般事故，对责任者应给予(D)。

A. 警告处分　B. 记过处分　C. 行政处分　D. 处罚

56. 标准化包括(C)的过程。

A. 研究、制订及颁布标准　B. 制订、修改及使用标准

C. 制订、发布及实施标准　D. 研究、公认及发布标准

57. 根据《中华人民共和国标准化法》的规定，我国的标准分为(B)四级。

A. 国际标准、国家标准、地方标准和企业标准

B. 国家标准、行业标准、地方标准和企业标准

C. 国家标准、地方标准、行业标准和企业标准

D. 国际标准、国家标准、行业标准和地方标准

58. 我国在国家标准管理办法中规定国家标准的有效期一般为(C)年。

A. 3　B. 4　C. 5　D. 7

59. 2000 版 ISO 9000 族标准适用的范围是(D)。

A. 小企业　B. 大中型企业

C. 制造业　D. 所有行业和各种规模的组织

60. 在电脑的存储设备中，数据存取速度从快到慢的顺序是(B)。

A. 软盘、硬盘、光盘、内存　B. 内存、硬盘、光盘、软盘

C. 软盘、硬盘、内存、光盘　D. 光盘、软盘、内存、硬盘

61. 计算机硬件系统最核心的部件是(C)。

A. 内存储器　B. 主机　C. CPU　D. 主板

62. 键盘是计算机的一种(D)设备。

A. 控制　B. 存储　C. 输出　D. 输入

63. 计算机病毒会给计算机造成的损坏是(B)。

A. 只损坏软件　B. 损坏硬件、软件或数据

C. 只损坏硬件　D. 只损坏数据

64. 一张加了写保护的软磁盘(C)。

A. 不会向外传染病毒，但是会感染病毒

B. 不会向外传染病毒，也不会感染病毒

C. 不会再感染病毒，但是会向外传染病毒

D. 既向外传染病毒，又会感染病毒

65. 计算机防病毒软件可(B)。

A. 永远免除计算机病毒对计算机的侵害

B. 具有查病毒、杀病毒、防病毒的功能

C. 消除全部已发现的计算机病毒

D. 对已知病毒产生免疫力

66. 在计算机应用软件 Word 编辑中，以下键盘命令中执行复制操作的命令是(B)。

A. Ctrl+A　B. Ctrl+C　C. Ctrl+X　D. Ctrl+V

67. 在计算机应用软件 Word 中常用工具栏中的“格式刷”用于复制文本和段落的格式，若要将选中的文本或段落格式重复用多次，应进行(A)操作。

A. 双击格式刷　B. 拖动格式刷

C. 右击格式刷　D. 单击格式刷

68. 使用 IE 浏览某网站时，出现的第一个页面称为网站的(C)。

A. WEB 页　B. 网址　C. 主页　D. 网页

69. 在浏览 WEB 网页的过程中，如果你发现自己喜欢的网页并希望以后多次访问，应当使用的方法是(A)。

A. 放到收藏夹中　B. 建立浏览

C. 建立地址簿　D. 用笔抄写到笔记本上

70. 发送电子邮件时，不可作为附件内容的是(B)。

A. 可执行文件　B. 文件夹　C. 压缩文件　D. 图像文件

71. 某电子邮件地址为 new@ public. bta. net. cn，其中 new 代表(A)。

A. 用户名　B. 主机名　C. 本机域名　D. 密码

72.《劳动法》规定，所有劳动者的合法权益一律平等地受我国劳动法的保护，不应有任何歧视或差异。这体现了对劳动者权益(B)的保护。

A. 最基本　B. 平等　C. 侧重　D. 全面

73.《劳动法》规定，(A)的保护是对劳动者的最低限度保护，是对劳动者基本利益的保护，对劳动者的意义最重要。

A. 最基本　B. 全面　C. 侧重　D. 平等

74. 依据《劳动法》规定，劳动合同可以约定试用期。试用期最长不超过(C)个月。

A. 12　B. 10　C. 6　D. 3

75. 能够认定劳动合同无效的机构是(B)。

A. 各级人民政府　　B. 劳动争议仲裁委员会

C. 各级劳动行政部门　　D. 工商行政管理部门

76. 我国劳动法律规定，集体协商职工一方代表在劳动合同期内，自担任代表之日起(A)年以内，除个人严重过失外，用人单位不得与其解除劳动合同。

A. 5　　B. 4　　C. 3　　D. 2

77. 依据《劳动法》的规定，发生劳动争议时，提出仲裁要求的一方应当自劳动争议发生之日起(D)日内向劳动争议仲裁委员会提出书面申请。

A. 三十　　B. 四十　　C. 五十　　D. 六十

78. 依据《劳动法》的规定，用人单位与劳动者发生劳动争议，当事人可以依法(B)，也可以协商解决。

A. 提起诉讼　　B. 申请调解、仲裁、提起诉讼

C. 申请仲裁　　D. 申请调解

79. 我国《劳动法》规定，安排劳动者延长劳动时间的，用人单位应支付不低于劳动者正常工作时间工资的(B)的工资报酬。

A. 100%　　B. 150%　　C. 200%　　D. 300%

80. 我国劳动法律规定的最低就业年龄是(C)周岁。

A. 18　　B. 17　　C. 16　　D. 15

81. 依据《劳动法》的规定，用人单位必须为劳动者提供符合国家规定的劳动安全卫生条件和必要的劳动防护用品，对从事有(B)危害作业的劳动者应当定期进行健康检查。

A. 身体　　B. 职业　　C. 潜在　　D. 健康

82.《产品质量法》规定，因产品存在缺陷造成人身、缺陷产品以外的其他财产损害的，应当由(D)承担赔偿责任。

A. 生产者和销售者共同　　B. 销售者

C. 消费者　　D. 生产者

83. 产品质量义务中的行为人必须为一定质量行为或不为一定质量行为的(C)性，是义务区别于权利的质的差异和主要特征。

A. 必然　　B. 重要　　C. 必要　　D. 强制

84.《安全生产法》规定，从业人员有获得符合(A)的劳动防护用品的权利。

A. 国家标准、行业标准　　B. 行业标准、企业标准

C. 国家标准、地方标准　　D. 企业标准、地方标准

85. 不属于《安全生产法》规定的从业人员安全生产保障知情权的一项是(D)。

A. 有权了解其作业场所和工作岗位存在的危险因素

B. 有权了解防范措施

C. 有权了解事故应急措施

D. 有权了解事故后赔偿情况

86. 下列说法不正确的是(C)。

A. 任何单位和个人不得损坏或者擅自挪用、拆除、停用消防设备、器材

B. 任何单位和个人不得占有防火间距、不得堵塞消防通道

C. 营业性场所不能保障疏散通道、安全出口畅通的，责令限期改正；逾期不改正

的，对其直接负责的主管人员和其他直接责任人员依法给予行政处分或者处警告

D. 阻拦报火警或者谎报火警的，处警告、罚款或者十日以下拘留

87. 以机动车驾驶技能为例，个人日常生活中驾驶是属于(B)。

A. 职业技能　　B. 生活技能　　C. 操作技能　　D. 肢体技能

88. 职业技能鉴定考试的主要目的是(A)。

A. 为劳动者持证上岗和用人单位就业准入资格提供依据

B. 为劳动者提供就业证书

C. 检验劳动者的技能水平

D. 测量劳动者职业技能的等级

89. 职业技能鉴定考试属于(D)。

A. 常模参照考试　　B. 上岗考试

C. 取证考试　　D. 标准参照考试

90. 职业资格证书初级、中级、高级、技师、高级技师对应的级别分别是(A)。

A. 五、四、三、二、一　　B. 一、二、三、四、五

C. 二、三、四、五、六　　D. 六、五、四、三、二

91. 职业资格证书是由(B)机构印制。

A. 各级教育部门　　B. 劳动保障部门

C. 劳动者所在的劳资部门　　D. 职业技能鉴定部门

92. 可以作为劳动者就业上岗和用人单位准入就业的主要依据是(C)。

A. 毕业证书　　B. 介绍信

C. 职业资格证书　　D. 成绩单

93. 职业具有社会性、稳定性、规范性、群体性和(A)等特点。

A. 目的性　　B. 开放性　　C. 先进性　　D. 实用性

职业通用理论知识试题(供水生产工)

判断题

1. 石油通常是一种易流动的液体。 (×)

正确答案：石油通常是一种流动或半流动的黏稠液体。

2. 硫含量低于1.0%的原油为低硫原油。 (×)

正确答案：硫含量低于0.5%的原油为低硫原油。

3. 石油是由烷烃、环烷烃、芳香烃等各种烃类组成的复杂混合物，含有少量硫、氮、氧等有机化合物和微量金属。 (√)

4. 在一定条件下，石油中芳香烃上的侧链会被氧化成有机酸，这是油品氧化变质的重要原因之一。 (√)

5. 石油馏分将直接成为石油产品。 (×)

正确答案：石油馏分并不就是石油产品，需要将各馏分进行进一步加工才能成为石油产品。

6. 通常轻质油品测定其开口闪点，重质油和润滑油多测定其闭口闪点。 (×)

正确答案：通常轻质油品测定其闭口闪点，重质油和润滑油多测定其开口闪点。

7. 卤族元素包括氧、氯、溴、碘，它们的原子最外层有 6 个电子。（×）

正确答案： 卤族元素包括氟、氯、溴、碘，它们的原子最外层有 7 个电子。

8. 元素化合价与其价电子构型有关，价电子构型的周期性变化决定了元素化合价的周期性变化。（✓）

9. 物质在溶解过程中，有的会放热，使溶液温度升高，有的会吸热，使溶液温度降低。（✓）

10. 在水溶液中电离度大的物质溶解度不一定大。（✓）

11. 空气是由 O_2 和 N_2 两种气体组成的混合物。（×）

正确答案： 空气是由 O_2、N_2、CO_2、H_2O 等多种物质组成的混合物。

12. 水分子是很强的极性分子。（✓）

13. 将氯气通入溴化钠溶液，溴被置换是还原。（×）

正确答案： 将氯气通入溴化钠溶液，溴被置换是氧化。

14. 原子是由居于原子中心的带正电的原子核和核外带负电的电子构成的。（✓）

15. 元素只分种类，不讲个数；而原子既讲种类又讲个数。（✓）

16. 水分子间因为有氢键，使分子间产生较强的结合力。（✓）

17. 一种以分子、原子或离子状态分散于另一种物质中构成的均匀而又稳定体系叫溶液。（✓）

18. 固体、气体溶于液体时，固体、气体是溶质，液体是溶剂。（✓）

19. 溶剂可以是气体或液体，但不可能是固体。（×）

正确答案： 溶剂可以是气体、液体或固体。

20. 卤原子具有很强的得电子特性，所以在化学反应中卤素单质一律是氧化剂。（×）

正确答案： 卤原子具有很强的得电子特性，但在与水的反应中，除氟只做氧化剂外，其余卤素既做氧化剂又做还原剂。

21. 氧化剂越容易接受电子，其氧化能力越强。（✓）

22. 在 $C+H_2O(气) = CO\uparrow + H_2\uparrow$ 反应中，C 是还原剂。（✓）

23. 1mol 水含有少于 6.023×10^{23} 个水分子。（×）

正确答案： 1mol 水含有 6.023×10^{23} 个水分子。

24. 流体的抗剪和抗张能力大。（×）

正确答案： 流体的抗剪和抗张能力小。

25. 单位体积流体所具有的质量称为流体的密度。（✓）

26. 流体的运动黏度与密度有关。（✓）

27. 体积流量一定时，流速与管径的平方成正比。（×）

正确答案： 体积流量一定时，流速与管径的平方成反比。

28. 压力表上的读数表示被测流体的绝对压强比大气压小的数值。（×）

正确答案： 压力表上的读数表示被测流体的绝对压比大气压大的数值。

29. 真空度越高，则其绝对压力越高。（×）

正确答案： 真空度越高，则其绝对压力越低。

30. 一正方体悬浮于某种液体中，上表面与液体平行，则其上表面受到的液体压强小于下表面受到的液体压强。（✓）

31. 流体的流动类型分为层流和紊流。（√）

32. 流体在管路中的流动阻力分为直管阻力和局部阻力。（√）

33. 螺杆泵是依靠螺杆旋转产生的离心力而输送液体的泵，故属叶片式泵。（×）

正确答案：螺杆泵是依靠螺杆旋转将封闭容积内液体进行挤压而提高压力的泵，故属容积式泵。

34. 往复泵是依靠泵内工作容积周期性变化来提高液体压力的泵。（√）

35. 压缩机因压力变化大、温升高，应考虑气体的压缩性，因此需要装配冷却设备。（√）

36. 螺杆压缩机是依靠螺杆旋转产生的离心力对气体进行压缩，故属离心式压缩机。（×）

正确答案：螺杆压缩机是利用阴阳螺杆的相互填塞，使齿容积发生周期性变化对气体进行压缩，故属容积式压缩机。

37. 动力驱动阀只有电动阀和气动阀。（×）

正确答案：动力驱动阀包括电动阀、气动阀和液动阀等。

38. Q21F-40P 型球阀为电动、外螺纹连接，其公称压力为 40MPa。（×）

正确答案：Q21F-40P 型球阀为手动、外螺纹连接，其公称压力为 4MPa。

39. 平焊钢法兰可用于高温高压管道的连接。（×）

正确答案：平焊钢法兰不能用于高温高压管道的连接。

40. 垫片可分为软质垫片、硬质垫片、液体密封垫片和填料四类。（×）

正确答案：垫片可分为软质垫片、硬质垫片、液体密封垫片三类。

41. 在水处理装置中，用得最多的螺栓是方头螺栓。（×）

正确答案：在水处理装置中，用得最多的螺栓是六角头螺栓。

42. 地脚螺栓是用于固定设备基础的。（√）

43. 螺纹连接又叫丝扣连接，常用来连接天然气、炼厂气、低压蒸汽、水和压缩空气的大直径管路。（×）

正确答案：螺纹连接又叫丝扣连接，只能用于小直径管路的连接。

44. 在各种压力管道中，由于生产工艺的要求或考虑制造、运输、安装、检修的方便，常采用可拆的结构。常见的可拆结构有法兰连接、螺纹连接和插套连接。（√）

45. 密封是防止工作介质从机器和设备中泄漏或防止外界杂质侵入机器和设备内部的一种装置或措施。（√）

46. 流体动压润滑的润滑膜较厚，能形成流体动压力完全将金属表面分隔开，支承物体的接触面不弹性变形。（√）

47. 容器破坏时器壁平均压力远低于材料的抗拉强度、甚至屈服强度，这种破坏形式属于脆性破坏。（×）

正确答案：容器破坏时器壁平均压力远低于材料的抗拉强度、甚至屈服强度，这种破坏形式属于腐蚀破坏。

48. 钢按化学成分可分为碳素钢和合金钢。（√）

49. 正电荷的运动方向为电流方向。（√）

50. 我国的交流电频率是 60Hz。（×）

正确答案：我国的交流电频率是 50Hz。

51. 如果交流电的频率是 50Hz，则该电流的方向每秒改变 100 次。（√）

52. 已知 a 点的电位 $U_a=5V$，b 点的电位 $U_b=3V$，则电压 $U_{ab}=2V$。 （√）

53. 在串联电路中，总电压等于各串联导体分电阻的端电压，即 $U=U_1=U_2$。 （×）

正确答案：在串联电路中，总电压等于各串联导体分电阻的端电压之和。

54. R_1 和 R_2 两电阻接成并联电路，其总电阻应为 $R=\frac{R_1R_2}{R_1+R_2}$。 （√）

55. 有人低压触电时，应立即将他拉开。 （×）

正确答案：首先要使他脱离电源，可用绝缘物使他和电源分离。

56. 对于呼吸和心跳都停止的触电人员，应立即实施胸外心脏挤压法抢救。 （×）

正确答案：应同时实施人工呼吸法和胸外心脏挤压法抢救。

57. 电动机容易起火的部位是大盖和小盖。 （×）

正确答案：电动机容易起火的部位是定子绕组和转子绕组。

58. 当用仪表对被测参数进行测量时，仪表指示值总要经过一段时间才能显示出来，这段时间称为仪表的反应时间。 （√）

59. 有一台温度变送器，其测量范围是 0~400℃，精度等级是 1 级，误差为 3℃。 （×）

正确答案：温度变送器其测量范围是 0~400℃，精度等级是 1 级，则其误差为±4℃。

60. 简单控制系统由被控对象、测量变送单元和调节器组成。 （×）

正确答案：简单控制系统由被控对象、测量变送单元、调节器和执行器组成。

61. 安全栅的作用是为变送器供电。 （×）

正确答案：安全栅的作用是限制能量。

62. 偏心阀特别适用于低压差、大口径、大流量的气体和浆状液体。 （×）

正确答案：偏心阀特别适用于高黏度、高压差、流通能力大以及调节系统要求密封和可调范围宽的场合。

63. 单管压力计同 U 形管压力计相比，其读数误差不变。 （×）

正确答案：单管压力计同 U 形管压力计相比，其读数误差减少一半。

64. 转子流量计对上游侧的直管要求不高。 （√）

65. 测量液位用的差压计，其差压量程由介质密度和封液高度决定。 （×）

正确答案：测量液位用的差压计，其差压量程由介质密度和取压点垂直高度决定，和封液高度无关。

66. 在热电偶测温回路中，只要显示仪表和连接导线两端温度相同，热电偶总电动势值不会因它们的接入而改变，这是根据中间导体定律而得出的结论。 （√）

67. 储罐液位调节系统，当调节阀装在入口管线上时，应选风关式调节阀。 （√）

68. DCS 系统是（Distributed Control System）集散控制系统的简称。 （√）

69. DCS 操作站中过程报警和系统报警的意义是一样的，都是由于工艺参数超过设定的报警值而产生。 （×）

正确答案：DCS 操作站中过程报警和系统报警的意义是不一样的，过程报警是由于工艺参数超过设定的报警值而产生，系统报警是由于系统本身报警而产生的。

70. 保证测量器具的正确使用是计量工作的任务之一。 （√）

71. 只有量值而无准确程度的结果，不是计量结果。 （√）

72. 企业内部可以允许使用非法定计量单位。 （×）

正确答案：企业内部不允许使用非法定计量单位。

73. “国际单位制(SI)”起源于法文，取其前两词的首位字母 S 和 I 构成它的国际简称“SI”。 (✓)

74. 开尔文是热力学温度单位，等于水的三相点热力学温度的 1/273.16。 (✓)

75. 在国际单位制中，词头都有特定的含义，可以单独使用。 (×)

正确答案：在国际单位制中，词头都有特定的含义，但不能单独使用。

单选题

1. 石油的相对密度一般介于(C)之间。

A. 0.45~0.65　　B. 0.6~0.88　　C. 0.80~0.98　　D. 0.90~1.10

2. 原油按密度进行分类，其中密度(15℃)在 0.855~0.934g/cm^3 之间的称为(B)。

A. 轻质原油　　B. 中质原油　　C. 重质原油　　D. 特稠原油

3. 根据原油的特性因素分类，特性因素(A)为石蜡基原油。

A. 大于 12.1　　B. 11.5~12.1　　C. 10.5~11.5　　D. 小于 10.5

4. 石油组成非常复杂，主要是由(C)两种元素组成的各种烃类。

A. 氮和氢　　B. 氢和氧　　C. 碳和氢　　D. 碳和氧

5. 石油中，碳的平均含量一般为(D)。

A. 69%~74%　　B. 74%~79%　　C. 79%~83%　　D. 83%~87%

6. 石油主要由各种不同的烃类组成的，其主要类型为(B)。

A. 烷烃、环烷烃、脂肪烃　　B. 烷烃、环烷烃、芳香烃

C. 烷烃、芳香烃、脂肪烃　　D. 脂肪烃、环烷烃、芳香烃

7. 烷烃是石油的主要组分，在常温常压下，C_1~C_4(即分子中含有 1~4 个碳原子)的烷烃为(C)。

A. 固体　　B. 液体　　C. 气体　　D. 无法确定

8. 通常把沸点小于(C)℃的馏分称为汽油馏分。

A. 150　　B. 180　　C. 200　　D. 250

9. 石油馏分是指原油蒸馏时分离出的具有一定馏程的组分，其中馏程指的是(A)。

A. 沸点范围　　B. 压力范围　　C. 密度范围　　D. 闪点范围

10. 在规定条件下，当火焰靠近油品表面的油气和空气混合物时即着火并持续燃烧至规定时间所需的最低温度，称为(A)。

A. 燃点　　B. 自燃点　　C. 闪点　　D. 沸点

11. 汽油的闪点约为(A)℃。

A. -50~30　　B. 28~60　　C. 50~120　　D. 130~325

12. 下列选项中，(C)表示汽油在汽油机中燃烧时的抗震性指标。

A. 异辛烷值　　B. 正庚烷值　　C. 辛烷值　　D. 十六烷值

13. 在测定车用汽油的辛烷值时，人为地选择了标准物，其中一种为(B)，规定其辛烷值为 100，它的抗暴性好。

A. 正辛烷　　B. 异辛烷　　C. 正己烷　　D. 正庚烷

14. 国产 0#柴油表示其(D)不高于 0℃。

A. 浊点　　B. 结晶点　　C. 冰点　　D. 凝点

15. 测定柴油的十六烷值时，人为地选择了标准物，其中一种为(B)，它的抗暴性好，规定其十六烷值为100。

A. 异十六烷　　B. 正十六烷　　C. 异辛烷　　D. α-甲基萘

16. 钙元素的符号是(A)。

A. Ca　　B. Cr　　C. Co　　D. Cl

17. Hg为(D)元素的符号。

A. 铂　　B. 银　　C. 金　　D. 汞

18. 在元素周期表中，除第一、第七周期外，其他周期都是从(D)元素开始。

A. 非金属　　B. 惰性气体　　C. 卤素　　D. 碱金属

19. 镁元素的核外电子排布正确的是(A)。

A. $1S^22S^22P^63S^2$　　B. $1S^22S^22P^63S^1$　　C. $1S^22S^22P^63S^3$　　D. $1S^22S^22P^63S^4$

20. H_2SO_4中硫元素的化合价为(C)。

A. +2　　B. +4　　C. +5　　D. +6

21. 在一定温度下，将固体物质放入水中，溶质表面的分子或离子由于本身的运动和受到水分子的吸引，克服固体物质分子间的引力，逐渐分散到水中，这个过程叫作(C)。

A. 熔化　　B. 稀释　　C. 溶解　　D. 分解

22. 在常温下，在100g溶剂中，能溶解(C)g以上的物质称为易溶物质。

A. 1　　B. 5　　C. 10　　D. 100

23. 饱和溶液在(C)情况下会向不饱和溶液转化。

A. 冷却　　B. 增加溶质　　C. 增加溶剂　　D. 增加压力

24. 在一定条件下溶液达到饱和状态，下列说法错误的是(D)。

A. 溶解速度等于结晶速度　　B. 溶液的浓度不变

C. 溶液中存在动态平衡　　D. 溶液速度等于零

25. 溶解度的定义中，一定量的溶剂是指(C)g溶剂的饱和溶液。

A. 1　　B. 10　　C. 100　　D. 1000

26. 液态氧为(C)，透明且易于流动。

A. 无色　　B. 蓝色　　C. 淡蓝色　　D. 白色

27. 在$2H_2+O_2 = 2H_2O$中，O_2是被(B)。

A. 氧化　　B. 还原　　C. 置换　　D. 非氧化还原

28. 空气中的氮气体积含量为(B)。

A. 75%　　B. 79%　　C. 85%　　D. 70%

29. 水分子中，∠HOH角度为(C)。

A. 102°40′　　B. 103°40′　　C. 104°40′　　D. 105°40′

30. 下列关于氧化-还原反应的说法中，正确的是(C)。

A. 分解反应都是氧化-还原反应

B. 化合反应都是氧化-还原反应

C. 置换反应一定是氧化-还原反应

D. 复分解反应中，有一部分属于氧化-还原反应

31. 下列物质中，只具有氧化性的是(B)。

A. 氯酸钾　B. 氢离子　C. 氯气　D. 浓硝酸

32. 下列物质在高温时发生分解反应，但不属于氧化-还原反应的是(B)。

A. 碘化氢　B. 碳酸钙　C. 氯酸钾　D. 高锰酸钾

33. 下列微粒中，还原性最强的是(A)。

A. 碘离子　B. 氟离子　C. 氯原子　D. 碘原子

34. 能够独立存在并保持原物质化学性质的最小微粒的是(D)。

A. 原子　B. 质子　C. 电子　D. 分子

35. 将100mL水与100mL酒精混合后，总体积将(B)mL。

A. 大于200　B. 小于200　C. 等于200　D. 等于180

36. 下列物质各取10g时，其中所含原子最多的是(A)。

A. 钠　B. 镁　C. 铝　D. 铜

37. 化学上将众多原子划分为不同元素的依据是(C)。

A. 原子核的大小　B. 核内中子数　C. 核电荷数　D. 核外电子数

38. 地壳中含量最多的三种元素是(C)。

A. C、H、O　B. N、O、S　C. O、Si、Al　D. Fe、Al、Cu

39. 水在(B)℃时密度最大。

A. 0　B. 3.98　C. 14.98　D. 25

40. 分散相的粒子直径在(B)nm的分散体系称为胶体溶液。

A. ≥1　B. 1~100　C. 10~1000　D. ≤100

41. 在氯化钠水溶液中，溶质是(C)。

A. 氯　B. 钠　C. 氯化钠　D. 水

42. 在氯化钠水溶液中，溶剂是(D)。

A. 氯　B. 钠　C. 氯化钠　D. 水

43. 实现下列变化，需要加入氧化剂的有(A)。

A. $HCl \rightarrow Cl_2$　B. $NaCl \rightarrow HCl$　C. $HCl \rightarrow H_2$　D. $CaCO_3 \rightarrow CO_2$

44. 在 $3Fe+4H_2O \xlongequal{\triangle} Fe_3O_4+4H_2$ 反应中，铁是(B)。

A. 氧化剂　B. 还原剂　C. 催化剂　D. 脱水剂

45. 下列卤单质中，不具有还原性的是(A)。

A. F_2　B. Cl_2　C. Br_2　D. I_2

46. 物质的量是表示组成物质的(B)多少的物理量。

A. 单元数目　B. 基本单元数目

C. 所有单元数目　D. 阿伏加德罗常数

47. 下列流体的特点中，错误的是(B)。

A. 在外力作用下其内部发生相对运动　B. 流体是不可压缩的

C. 在运动状态下，流体具有黏性　D. 无固定形状，随容器的形状而变化

48. 在一定条件下，理想气体的密度(B)。

A. 与温度成正比　B. 与温度成反比

C. 与温度的平方成正比　D. 与温度的平方成反比

49. 液体的黏度随温度升高而(A)。

A. 减小　　B. 不变　　C. 增大　　D. 无法确定

50. 体积流量(V_s)和质量流量(ω_s)的关系为(B)，其中 u 表示流体流速，ρ 表示流体的密度。

A. $\omega_s=V_s u$　　B. $\omega_s=V_s\rho$　　C. $\omega_s=V_s/\rho$　　D. $\omega_s=V_s/u$

51. 表压应等于(B)。

A. 真空度减去大气压　　B. 绝对压力减去大气压

C. 真空度减去绝对压力　　D. 大气压减去真空度

52. 下列压强的单位换算中，错误的是(C)。

A. $1atm=1.0133\times10^5Pa$　　B. $1kgf/cm^2=735.6mmHg$

C. $1kgf/cm^2=1.0133\times10^5Pa$　　D. $1atm=760mmHg$

53. 真空度为 66.7kPa 时，则表压为(C)kPa。

A. 66.7　　B. 34.63　　C. −66.7　　D. −34.63

54. 关于液体压强的说法，正确的是(D)。

A. 液体只对容器的底和侧壁有压强

B. 液体的质量、体积越大，液体的压强越大

C. 液体的密度越大，液体的压强越大

D. 同一种液体的压强只与深度成正比

55. 流体的流动类型是用(D)来判断。

A. 流速　　B. 黏度　　C. 密度　　D. 雷诺数

56. 下列因素是流动阻力产生的根本原因为(A)。

A. 流体具有黏性　　B. 管壁的粗糙

C. 流量大小　　D. 流动方向的改变

57. 下列各种类型泵中，(B)属于叶片式泵。

A. 齿轮泵　　B. 离心泵　　C. 往复泵　　D. 射流泵

58. 某泵型号为 10Sh−6，则该泵应为(A)。

A. 离心泵　　B. 往复泵　　C. 真空泵　　D. 轴流泵

59. 250JQ140 9 型潜水泵“JQ”表示(D)。

A. 浅井提水，电动机不潜入水中运行　　B. 浅井提水，电动机潜入水中运行

C. 深井提水，电动机不潜入水中运行　　D. 深井提水，电动机潜入水中运行

60. 当管道系统因温差所引起的自由膨胀(或收缩)量过大，但由于结构原因而不能自由膨胀，以致引起过大的温差应力或温差应力和由内压引起的机械应力之和的总应力过大时，应设置(D)以起缓解作用，从而降低管道的轴向应力。

A. 活接头　　B. 弯头　　C. 异径管　　D. 膨胀节

61. 若两条垂直的管道需要连接时，应采用(C)。

A. 三通　　B. 45°弯头　　C. 90°弯头　　D. 活接头

62. 某两个长 6m 管径 25mm 的镀锌钢管需要延长使用，应采用(B)连接。

A. 外丝　　B. 内丝　　C. 异径管　　D. 弯头

63. 在设计条件下，出口风压小于(C)Pa 的风机叫通风机。

A. 3000　　B. 9000　　C. 15000　　D. 300000

64. 鼓风机按工作原理可分为(D)。

A. 混流式鼓风机、回转式鼓风机、轴流式鼓风机

B. 混流式鼓风机、离心式鼓风机、回转式鼓风机

C. 离心式鼓风机、轴流式鼓风机、混流式鼓风机

D. 离心式鼓风机、回转式鼓风机、轴流式鼓风机

65. 按结构形式分，属于容积式压缩机的是(A)。

A. 螺杆压缩机　　B. 罗茨风机

C. 离心式压缩机　　D. 轴流压缩机

66. 阀瓣在阀杆的带动下，沿阀座密封面的轴线作升降运动而达到启闭目的的阀门，称为(D)。

A. 闸阀　　B. 隔膜阀　　C. 旋塞阀　　D. 截止阀

67. 低压阀是指公称压力(B)MPa 的阀门。

A. ≤1.0　　B. ≤1.6　　C. 1.0~3.0　　D. 1.0~5.0

68. 在阀门型号表示方法中，一般不包含(D)要素。

A. 驱动方式　　B. 连接形式　　C. 密封面材料　　D. 介质类型

69. 下列各种法兰中，(D)通常用于铜、铝等有色金属及不锈耐酸钢容器和管线连接上。

A. 平焊法兰　　B. 对焊法兰　　C. 螺纹法兰　　D. 活套法兰

70. 下列垫片中，具有密封性好，密封面结构简单、耐腐蚀，涂敷方便，成本低，适用面广等优点的是(C)。

A. 软质垫片　　B. 硬质垫片　　C. 液体密封垫片　　D. 填料

71. 钢管、铜管以及塑料管，通常使用的连接方式为(D)，该方式不适用于铸铁管。

A. 螺纹连接　　B. 法兰连接　　C. 插套连接　　D. 焊接连接

72. 下列密封中，(A)属于接触型动密封。

A. 机械密封　　B. 迷宫密封　　C. O 形环密封　　D. 液体密封

73. 下列密封形式中，(D)为非接触式密封。

A. 填料密封和普通机械密封　　B. 干气密封和“O”形圈密封

C. 浮环密封和泵耐磨环密封　　D. 浮环密封和迷宫密封

74. 滑动轴承的润滑主要为(A)。

A. 流体润滑　　B. 边界润滑　　C. 间隙润滑　　D. 混合润滑

75. 下列轴承中，一般使用石墨润滑脂润滑的是(A)。

A. 外露重载滑动轴承　　B. 滚动轴承

C. 高速运转滑动轴承　　D. 高温重载轴承

76. 金属材料在断裂前产生了明显塑性变形的破坏形式叫做(A)。

A. 韧性破坏　　B. 脆性破坏　　C. 腐蚀破坏　　D. 疲劳破坏

77. 20R 是(D)。

A. 低合金高强度钢　　B. 奥氏体不锈钢

C. 耐热钢　　D. 优质碳素结构钢

78. 普通钢含杂质元素较多，其中规定(B)，S、P 分别表示磷、硫含量。

A. $S \leq 0.030\%$、$P \leq 0.035\%$　　B. $S \leq 0.045\%$、$P \leq 0.055\%$

C. $S \leq 0.040\%$、$P \leq 0.040\%$　　D. $S \leq 0.035\%$、$P \leq 0.035\%$

79. 下列荧光灯的特点中，错误的是(D)。

A. 效率高　B. 亮度高　C. 寿命长　D. 发光热量高

80. 下述各种照明灯，(D)的效率最高。

A. 白炽灯　B. 荧光灯　C. 高压汞灯　D. 钠灯

81. 下列电流强度的说法中，正确的是(C)。

A. 通过导线横截面的电量越多，电流强度越大

B. 电子运动的速率越大，电流强度越大

C. 单位时间内通过导体横截面的电量越多，导体中的电流强度越大

D. 因为电流有方向，所以电流强度是矢量

82. 设在时间 t 内通过导体截面 S 的电量为 Q，已知导体电阻为 R，电压为 U，则电流强度 I 应为(B)。

A. $I=\frac{Q}{S}$　B. $I=\frac{Q}{t}$　C. $I=\frac{U}{t}$　D. $I=\frac{Q}{R}$

83. 下列直流电的概念中，正确的说法为(B)。

A. 方向和强弱随时间而改变的电流　B. 方向不随时间改变的电流

C. 强弱不随时间改变的电流　D. 方向随时间改变的电流

84. 下列装置和设备中，不可以作为直流电的负载的是(A)。

A. 变压器　B. 白炽灯　C. 电炉丝　D. 直流电动机

85. 交流电的有效值是根据(D)来规定的。

A. 电流的数值大小　B. 电压的数值大小

C. 电阻的数值大小　D. 电流的热效应

86. 某手电筒的电池电压为 3V，通过电珠的电流为 150mA，则该电珠的电阻应为(C)Ω。

A. 2　B. 5　C. 20　D. 50

87. 当温度一定时，导体的电阻是由(D)决定的。

A. $R=\frac{L}{S}$　B. $R=\rho \cdot L \cdot S$

C. $R=\frac{\rho}{L \cdot S}$　D. $R=\rho \frac{L}{S}$

88. 下列电压的概念中，错误的说法是(B)。

A. 电路中两点间的电势差，叫做电压

B. 电流是产生电压的条件

C. 电压可视为描述电场力做功大小的物理量

D. 电压越高，移动单位电荷做功越多

89. 在国际单位制中，电压的单位是(C)。

A. A　B. Ω　C. V　D. W

90. 下列电路图中，(A)是串联电路。

A. 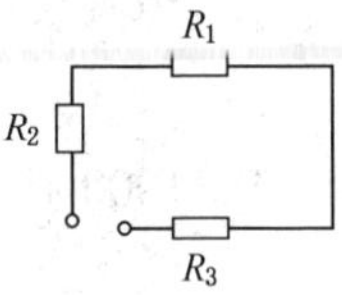

B. 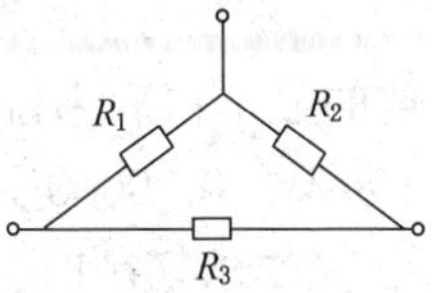

C. 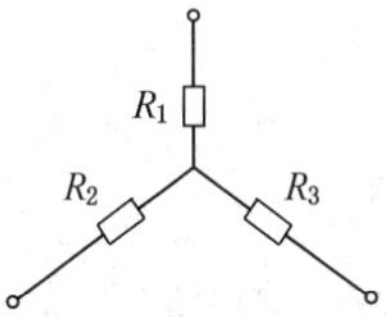

D. 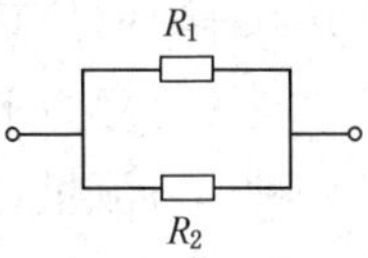

91. 关于串联电路的说法，错误的是(C)。
   A. 在串联电路中，流过各串联导体的电流是相同的
   B. 串联电路的总电压等于各串联导体电压之和
   C. 在串联电路中，各串联导体的电压也是相同的
   D. 在串联电路中，串联导体的电阻越大，该串联导体分电压越高
92. 下列电路图中，(C)是并联电路。

A. 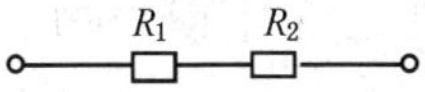

B. 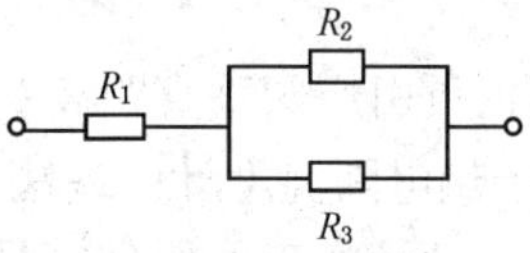

C. 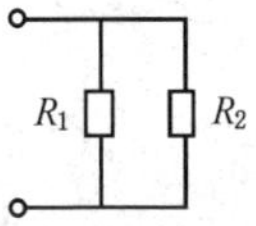

D. 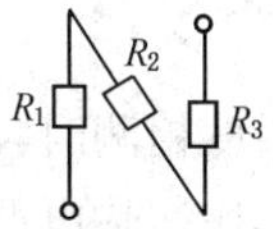

93. 国际规定，电压在(C)V 以下不必考虑防止电击的危险。
   A. 36　　B. 65　　C. 25　　D. 110
94. 如果工作场所潮湿，为避免触电，使用手持电动工具的人应(C)。
   A. 站在木板上操作　　B. 穿布鞋操作
   C. 站在绝缘胶板上操作　　D. 穿防静电鞋操作
95. 口对口(鼻)吹气法的吹气和换气时间分别为(B)s
   A. 1，2　　B. 2，3　　C. 3，4　　D. 4，5
96. 若电气设备发生火灾，在许可的情况下应首先(D)。
   A. 大声喊叫　　B. 打报警电话
   C. 寻找合适的灭火器灭火　　D. 切断电源
97. 化工生产中要求保持的工艺指标称为(B)。
   A. 测量值　　B. 给定值　　C. 输出值　　D. 偏差值
98. 自动调节对象应具备(A)。
   A. 连续可测量　　B. 不断变化　　C. 不可测量　　D. 可以估算
99. 仪表的零点准确但终点不准确的误差称(A)。
   A. 量程误差　　B. 基本误差　　C. 允许误差　　D. 零点误差
100. 自动控制系统是一个(B)。

A. 开环系统　B. 闭环系统　C. 定值系统　D. 程序系统

101. 对一个 $3_{1/2}$位的显示仪表来说，其显示数(A)。

A. 0000 到 1999　B. 0000 到 9999　C. 1000 到 1999　D. 1000 到 9999

102. 既要求调节，又要求切断时，可选用(C)。

A. 单座阀　B. 隔膜阀　C. 偏心旋转阀　D. 蝶阀

103. 液柱式压力计是基于(A)原理工作的。

A. 液体静力学　B. 静力平衡　C. 霍尔效应　D. 力平衡

104. 椭圆流量计是一种(D)流量计。

A. 速度式　B. 质量　C. 差压式　D. 容积式

105. 用差压法测量容器液位时，显示液位的高低取决于(C)。

A. 容器上、下两点的压力差和容器截面

B. 压力差、容器截面和介质密度

C. 压力差、介质密度和取压位置

D. 容器高度和介质密度

106. 浮筒式液位计测量液位的最大测量范围就是(A)长度。

A. 浮筒　B. 玻璃液位计

C. 浮筒正负引压阀垂直距离　D. 玻璃液位计正负引压阀垂直距离

107. 下列关于热电阻温度计的说法中，错误的是(D)。

A. 电阻温度计的工作原理，是利用金属线(例如铂线)的电阻随温度作近于线性的变化

B. 电阻温度计在温度检测时，有时间延迟的缺点

C. 与电阻温度计相比，热电偶温度计能测更高的温度

D. 因为电阻体的电阻丝是用较粗的线作成的，所以有较强的耐振性能

108. 控制阀风开风关的选定原则应根据(A)。

A. 工艺生产的安全要求　B. 控制闭环的要求

C. 现场安装的要求　D. 操作的方便性

109. 在 DCS 系统的控制面板中，如果回路在“MAN”时，改变输出将直接影响(B)参数。

A. 给定值　B. 输出值　C. 测量值　D. 偏差值

110. DCS 系统的硬件包括(B)。

A. 显示器、鼠标、键盘等

B. 操作站、工程师站、控制站、通讯单元等

C. 流程图画面、报警画面、报表画面、控制组画面等

D. 调节单元、显示单元、运算单元、报警单元等

111. 在操作 DCS 系统时，操作工无法改变(C)。

A. PID 参数　B. 阀位值　C. 正反作用　D. 给定值

112. 保证(D)的一致、准确是计量工作的任务之一。

A. 质量　B. 数字　C. 数值　D. 量值

113. 下列选项中，(D)表示计量结果与被测量的真值的接近程度。

A. 可靠性　　B. 经济性　　C. 精密性　　D. 准确性

114. 任何一个计量结果都能通过连续的比较链溯源到(C)。

A. 计量误差　　B. 计量单位　　C. 计量基准　　D. 真值

115. 国务院于(B)年2月27日发布了《关于在我国统一实行法定计量单位的命令》。

A. 1983　　B. 1984　　C. 1985　　D. 1986

116. 国务院颁布的《关于在我国统一实行法定计量单位的命令》要求，我国的计量单位一律采用以(C)单位为基础的法定计量单位。

A. 市制　　B. 米制　　C. 国际单位制　　D. 基本单位制

117. 国际单位制是在1960年第(C)届国际计量大会(CGPM)上正式通过并被命名，它简称为"SI"。

A. 九　　B. 十　　C. 十一　　D. 十二

118. m是国际单位制基本单位，1m是光在真空中于(B)s时间间隔内所经路程的长度。

A. 1/299458792　　B. 1/299792458　　C. 1/299692458　　D. 1/299692458

119. 在真空中，截面积可忽略的两根相距1m的无限长平行圆直导线内通以等量恒定电流时，若导线间相互作用力在每米长度上为(B)N，则每根导线中的电流为1A。

A. 1×10^{-7}　　B. 2×10^{-7}　　C. 3×10^{-7}　　D. 4×10^{-7}

120. 在国际单位制中，词头"兆"表示的因数为(B)。

A. 10^4　　B. 10^6　　C. 10^8　　D. 10^9

121. 在国际单位制中，词头"千"的符号为(A)。

A. k　　B. c　　C. n　　D. d

122. 下列选项中，(D)不是国际单位制规定的词头。

A. 十　　B. 百　　C. 千　　D. 万

123. 下列SI词头用法中，正确的是(D)。

A. 力矩的单位N km　　B. 电场强度单位kV/mm

C. 长度单位mμm　　D. 质量单位Mg

124. 下列质量单位中，(D)是法定计量单位。

A. 盎司(oz)　　B. 两　　C. 斤　　D. 吨(t)

125. 下列压强单位中，(C)是法定计量单位。

A. 巴(bar)　　B. 毫米汞柱(mmHg)

C. 百帕(hPa)　　D. 标准大气压(atm)

126. 下列能量单位中，(B)是法定计量单位。

A. 卡(cal)　　B. 千瓦时(kW·h)

C. 马力小时　　D. 千克力米(kgf·m)

127. 1卡(cal)等于(B)焦耳(J)。

A. 4.1686　　B. 4.1816　　C. 4.1818　　D. 4.1826

128. 1磅(lb)等于(C)千克(kg)。

A. 0.453259　　B. 0.453295　　C. 0.453592　　D. 0.453925

129. 1英寸(in)等于(A)毫米(mm)。

A. 25.4　　B. 25.5　　C. 25.6　　D. 50

工种理论知识试题

判断题

1. 化学水处理的任务是通过必要的技术措施和工艺过程对不符合用户水质要求的水，进行水质改善处理，以达到符合饮用要求。（×）

正确答案： 化学水处理的任务是通过必要的技术措施和工艺过程对不符合用户水质要求的水，进行水质改善处理，以达到符合用户要求的水质标准。

2. 化学水处理的水源必须是同一水源。（×）

正确答案： 化学水处理的水源可以是不同水源。

3. 炉外水处理包括水的预处理和软化、除盐处理。（√）

4. 一般情况下，地下水径流量较小，硬度高，但矿化度低。（×）

正确答案： 一般情况下，地下水径流量较小，硬度高，矿化度也高。

5. 地下水中上层滞水的补给源主要是降雨，其水量随季节变化大，不稳定。（√）

6. 由于江河水长期暴露在空气中，水中溶解氧的含量较高，稀释和净化能力都较强。（√）

7. 锅炉用水的水质，随锅炉的工作压力和温度的不同而不同。（√）

8. 在天然水中，特别是在低含盐量的水中，碳酸化合物是主要成分，是造成锅炉结垢和腐蚀的主要因素。（√）

9. 碳酸是二元弱酸，它和它的盐类统称碳酸化合物。（√）

10. 水中阳离子和阴离子是由各种盐类溶解于水中电离而形成的。（√）

11. 浊度的测定值与水中悬浮物的含量有关，但与悬浮物微粒的大小、形状等因素无关。（×）

正确答案： 浊度的测定值不仅与水中悬浮物的含量有关，而且与悬浮物微粒的大小、形状等因素有关。

12. 真色是指未除去水中悬浮物时的颜色，是由于水中溶解性物质引起的。（×）

正确答案： 真色是指除去水中悬浮物后的颜色，是由于水中溶解性物质引起的。

13. 水的 pH 值越低离子态的硅酸化合物越多，而胶体硅却越少。（×）

正确答案： 水的 pH 值越低离子态的硅酸化合物越少，而胶体硅却越多

14. 在天然水中，硅酸呈溶解状态和胶体(硅酸)两种形式，不同形式硅酸的比例与水的 pH 值有关。（√）

15. 原水的含盐量与其矿化度相等。（×）

正确答案： 原水的含盐量要大于其矿化度。

16. 永久硬度主要由钙镁的硫酸盐、氯化物和硝酸盐等盐类所形成的硬度，它不能用加热分解的方法除去。（√）

17. 水的碱度是指水中能够与强碱进行中和反应的物质含量。（×）

正确答案： 水的碱度是指水中能够与强酸进行中和反应的物质含量。

18. 水的 pH 值是指水中 H^+浓度的对数。（×）

正确答案： 水的 pH 值是指水中 H^+浓度的负对数。

19. 水的酸度是指水中能够与强酸进行中和反应的物质含量。（×）

正确答案：水的酸度是指水中能够与强碱进行中和反应的物质含量。

20. 水的总酸度测定是用甲基橙指示剂指示滴定的终点。（×）

正确答案：水的总酸度测定是用酚酞指示剂指示滴定的终点。

21. 水越纯净，其含盐量越少，电阻越小，电导率越大。（×）

正确答案：水越纯净，其含盐量越少，电阻越大，电导率越小。

22. 水中的悬浮物是指颗粒直径在 10^{-4} mm 以上的微粒，它是造成浊度、色度、气味的主要来源。（√）

23. 在水处理工艺中，一般是用水力喷射器稀释和输送酸、碱或食盐再生液，它是由喷嘴、混合室、喉管和扩散管几部分组成。（√）

24. 柱塞式计量泵是容量泵的一种，它是依靠柱塞在泵缸中往复运动，使泵缸工作容量周期性的扩大与缩小来吸排液体。（√）

25. 焊接钢管按照焊缝形式分为直缝焊管和螺旋缝焊管。一般情况下大口径的焊管大都采用直缝，小口径焊管则采用螺旋缝。（×）

正确答案：焊接钢管按照焊缝形式分为直缝焊管和螺旋缝焊管。一般情况下小口径的焊管大都采用直缝，大口径焊管则采用螺旋缝。

26. 蝶阀与同管径的闸阀相比，其外形尺寸小，重量轻，结构简单。（√）

27. 止回阀是指依靠介质本身流动而自动开、闭阀瓣，用来防止介质倒流的阀门。（√）

28. 型号为 4B35A 的水泵，字母“B”表示单级单吸直联式离心泵。（×）

正确答案：型号为 4B35A 的水泵，字母“B”表示单级单吸悬臂式离心泵。

29. 安全阀是防止介质压力超过规定数值起安全作用的阀门。（√）

30. 计量泵常用旁路回流来调节流量。（×）

正确答案：计量泵用调节行程或改变转速来调节流量。

31. 喷射泵的抽吸能力与动力源的压力及流量有关，而与喷嘴的尺寸关系不大。（×）

正确答案：喷射泵的抽吸能力与喷嘴的尺寸、动力源的压力及流量等有关。

32. 罗茨鼓风机的两转子的旋转方向相同。（×）

正确答案：罗茨鼓风机的两转子的旋转方向相反。

33. 水泵盘根是用压盖来调整松紧度的，一般以水封管内水能够通过盘根缝隙呈细线状漏出为宜。（×）

正确答案：水泵盘根是用压盖来调整松紧度的，一般以水封管内水能够通过盘根缝隙呈滴状渗出为宜。

34. 离心水泵常用浸油、浸石墨的石棉绳填料，断面一般为菱形。（×）

正确答案：离心水泵常用浸油、浸石墨的石棉绳填料，断面一般为方形。

35. 水泵可以使用启动方式盘车。（×）

正确答案：水泵严禁使用启动方式盘车。

36. 用火监护人在用火过程中不得离开现场。（√）

37. 在用火作业过程中，当作业内容和条件发生变更时，应立即停止作业，“用火作业许可证”同时废止。（√）

38. 冬季应选用黏度小、凝固点低的润滑油，夏季应选用黏度大的润滑油。（√）

39. 针入度表示润滑脂软硬的程度，针入度越大则润滑脂越硬。（×）

正确答案：针入度表示润滑脂软硬的程度，针入度越小则润滑脂越硬。

40. 制图中，粗线一般用于轴线和可见轮廓线。 （×）

正确答案：制图中，粗线一般用于可见轮廓线。

41. 制图中，绘制重合剖面的轮廓线使用细实线。 （√）

42. 在制图中，虚线与虚线或其他图线相交时，可以留有空隙。 （×）

正确答案：虚线与虚线或其他图线相交时，应以线段相交，不留空隙。

43. 确定平面图形中各几何元素位置的尺寸称为定形尺寸。 （×）

正确答案：确定平面图形中各几何元素位置的尺寸称为定位尺寸。

44. 预处理能将水的悬浮物、胶体、有机物、永久硬度及铁、锰等杂质除去或降至一定程度。 （×）

正确答案：工业水预处理能将水的悬浮物、胶体、有机物、暂时硬度及铁、锰等杂质除去或降至一定程度。

45. 应用于水处理的混凝剂应符合混凝效果好、对人体无害、使用方便、货源充足、价格低廉等基本要求。 （√）

46. 源水产生浑浊现象的根源是水中含有悬浮物、胶体、溶解物。 （×）

正确答案：源水产生浑浊现象的根源是水中含有悬浮物、胶体。

47. 源水中胶体的尺寸很小，在水中长期静置也不会下沉。 （√）

48. 生产实践证实，电中性及负电荷有机高分子物质对水中负电荷胶体具有吸附作用。 （√）

49. 混凝阶段所处理的对象，主要是水中的悬浮物。 （×）

正确答案：混凝阶段所处理的对象，主要是水中的悬浮物和胶体杂质。

50. 胶体吸附层和扩散层电位差越小，胶粒越稳定越不易沉降。 （×）

正确答案：胶体的吸附层和扩散层电位差越大，则胶粒越稳定越不易沉降。

51. 水射器投加混凝剂是利用高压水在水射器喷嘴处形成的压力将药液射入压力管。 （×）

正确答案：水射器投加是利用高压水在水射器喷嘴处形成的负压将药液射入压力管。

52. 水处理中，氯气消毒的最佳 pH 值范围为 7~9。 （×）

正确答案：水处理中，氯气消毒的最佳 pH 值范围为 2~7。

53. 用石英砂作为滤料，滤料的粒径一般为 0.5~1.0mm。 （√）

54. 加入混凝剂量过少，会造成澄清器清水区内有大的絮状物上升，出水浑浊。 （×）

正确答案：加入混凝剂量过多，会造成澄清器清水区内有大的絮状物上升，出水浑浊。

55. 澄清器的工作分区为混合区、反应区、清水区和出水区。 （×）

正确答案：澄清器的工作分区为混合区、反应区、过渡区、清水区和出水区。

56. 机械加速澄清池是按照驱动回流泥渣所用动力的不同而细分的悬浮泥渣型澄清池。 （×）

正确答案：机械加速澄清池是按照驱动回流泥渣所用动力的不同而细分的循环泥渣型澄清池。

57. 过滤的作用仅仅在于进一步降低水的浊度。 （×）

正确答案：过滤的作用不仅仅在于进一步降低水的浊度，而且要为滤后消毒创造良好条件。

58. 在一个过滤周期中，普通快滤池的滤速随时间的增加而逐渐减小。 (√)

59. 在快滤池中，滤速是指单位时间的过滤水量，单位是 m^3/h。 (×)

正确答案：在快滤池中，滤速是指单位时间单位过滤面积上的过滤水量，单位是 m/h。

60. 在反向流滤池中，过滤水流是沿着滤料粒径由小到大的方向流动的。 (×)

正确答案：在反向流滤池中，过滤水流是沿着滤料粒径由大到小的方向流动的。

61. 快滤池按过滤流向可分为上向流滤池、下向流滤池、双向流滤池等。 (√)

62. 脉冲澄清池可用于石灰沉淀软化。 (×)

正确答案：石灰的特点和投加方式不适应脉冲澄清池的结构特点，不适宜采用。

63. 脉冲澄清池可用于镁剂除硅。 (×)

正确答案：镁剂除硅不适宜采用脉冲澄清池。

64. 机械搅拌加速澄清池是单一功能的净水设备。 (×)

正确答案：机械搅拌加速澄清池是综合性功能的净水设备，可联合进行水的混凝和石灰软化处理。

65. 重力式无阀滤池进水通过 U 形管进入滤水室。 (√)

66. 无阀滤池双层滤料在上层的为密度大而粒径小的。 (×)

正确答案：无阀滤池双层滤料的装入，应使密度大而粒径小的在底层。

67. 重力式无阀滤池虹吸上升管较反洗水室的水位高 200~500mm。 (√)

68. 虹吸滤池是一种重力式快滤池。 (√)

69. V 型滤池在反冲洗时滤料发生了水力分级现象。 (×)

正确答案：V 型滤池在反冲洗时滤料不发生水力分级现象。

70. 双流式过滤器属于压力式过滤器。 (√)

71. 压力滤池一般不采用压缩空气辅助冲洗。 (×)

正确答案：压力滤池宜采用压缩空气辅助冲洗。

72. 双流式压力式过滤器中自上、下进水通过过滤介质，从中部出水。 (√)

73. 使用活性炭压力式过滤器去除水中的余氯，对防止离子交换树脂或反渗透膜的氧化是有利的。 (√)

74. 在保证水质的前提下三层滤料的滤速应比双层滤料的滤速低。 (×)

正确答案：在保证水质的前提下三层滤料的滤速应比双层滤料的滤速高。

75. 使用同种类的滤料，粒径大的滤料比粒径小的滤料截污能力大，出水质量好。 (×)

正确答案：使用同种类的滤料，粒径大的滤料比粒径小的滤料截污能力大，出水质量差。

76. 为避免翻池，水力循环澄清池的混合区，5min 沉降比一般控制在 5%~20% 范围内。 (√)

77. 反渗透膜的脱盐率为给水中总溶解固体物中的未透过膜部分的百分率。 (√)

78. 超滤膜元件可分为中空纤维超滤膜元件和涡卷式超滤膜元件。 (√)

79. 内压式中空纤维超滤膜元件的过滤方式是由外向内。 (×)

正确答案：内压式中空纤维超滤膜元件的过滤方式是由内向外。

80. 为了便于水在膜元件膜袋中流动，膜袋内有一层产品水导流的织物支撑层。 (√)

81. 反渗透膜污染能够导致进水与浓水间压差减小。（×）

正确答案： 反渗透膜污染能够导致进水与浓水间压差增加。

82. 反渗透膜污染能够导致反渗透进水压力发生变化。（√）

83. D001 离子交换树脂为大孔丙烯酸系列弱酸性阳离子交换树脂。（×）

正确答案： D001 离子交换树脂为大孔苯乙烯系列强酸性阳离子交换树脂。

84. 离子交换树脂由酸性变为碱性或者离子交换树脂由碱性变为酸性，称为树脂转型。（×）

正确答案： 离子交换基团中反离子的变换，称为树脂转型。

85. 弱性树脂的密度通常比强性树脂大。（×）

正确答案： 弱性树脂的密度通常比强性树脂小。

86. 当强碱溅入眼睛时，应立即送医院急救。（×）

正确答案： 当强碱溅入眼睛时，应立即用大量流动清水冲洗，再用 2%稀硼酸溶液清洗。

87. 离子交换基团即为树脂的可交换离子。（×）

正确答案： 离子交换基团包含固定离子和可交换离子。

88. 离子交换基团的活动部分，是与固定离子以离子键结合的符号相反的离子。（√）

89. 对于装有一定量树脂的交换器，其树脂工作交换容量保持不变。（×）

正确答案： 树脂工作交换容量随条件而变化。

90. 除碳器填料的比表面积越大，除碳效果越好。（√）

91. 锅炉发生汽水共腾现象，会影响锅炉安全运行，但不会影响蒸汽品质。（×）

正确答案： 锅炉发生汽水共腾现象，会影响锅炉安全运行，且影响蒸汽品质。

92. 1.6~2.5MPa 蒸汽汽包锅炉的给水含氧量应不大于 0.05mg/L。（√）

93. 蒸汽锅炉额定蒸发量不大于 2t/h，可以采用锅内水处理。（√）

94. 在锅炉水处理中，一级化学除盐系统出水硬度含量应小于 0.5μmol/L。（×）

正确答案： 在锅炉水处理中，一级化学除盐系统出水硬度含量应≈0μmol/L。

95. 在锅炉水处理中，一级化学除盐+混床系统出水二氧化硅含量应不大于 20μg/L。（√）

96. 化学除盐是指水中所含的各种离子和离子交换树脂进行离子反应而被除去的过程。（√）

97. 膜分离技术是最常用的深度化学除盐方法。（×）

正确答案： 膜分离技术尚不是最常用的深度化学除盐方法。

98. 化学除盐水处理工艺是根据原水水质确定的。（×）

正确答案： 化学除盐水处理工艺的确定是根据原水的含盐量及对除盐水的含盐量的要求。

99. 软化处理是将水中碳酸盐硬度除去，使水软化。（×）

正确答案： 软化处理是将水中钙、镁离子除去，使水软化。

100. 双级钠离子交换软化主要优点是提高交换器的交换能力，降低耗盐量。（√）

101. 离子交换软化水处理是利用阳离子交换树脂中可交换的阳离子把水中钙、镁离子交换出来。（√）

102. 氢-钠离子交换处理，只能采用串联方式运行。（×）

正确答案： 氢-钠离子交换处理，既可采用串联方式也可采用并联方式运行。

103. 离子交换可逆反应实质上是化学平衡的移动。（√）

104. 强酸性 H 型交换剂在水中电离出 H^+的能力较大，故它很容易和水中其他各种阳离子进行交换反应。（√）

105. 强碱性 OH 型交换剂在水中电离出 OH^-的能力较大，故它很容易和水中其他各种阴离子进行交换反应。（√）

106. 用弱碱性 OH 型离子交换剂不能除去水中的碱度。（√）

107. 弱碱性 OH 型树脂不具有分解中性盐的能力。（√）

108. 在水处理离子交换工作中，反复应用离子交换平衡的移动来除去水中有害离子。（√）

109. 不等价离子间交换，其选择性系数与树脂全交换容量和溶液中两种交换离子的总浓度有关。（√）

110. 树脂工作交换容量与再生剂的比耗成正比。（×）

正确答案：树脂工作交换容量与再生剂的比耗成反比。

111. 在树脂的离子交换过程中，水溶液的离子浓度大小对扩散速度影响不大。（×）

正确答案：在树脂的离子交换过程中，水溶液的离子浓度大小是影响扩散速度的重要因素。

112. 离子交换处理导致水质改善，而离子交换剂的结构不发生实质性变化。（√）

113. 对于硬度、碱度较高的原水，单独钠离子交换处理会使水的含盐量降低。（×）

正确答案：对于硬度、碱度较高的原水，单独钠离子交换处理不会降低水的含盐量。

114. 采用双级钠离子交换，再生一级钠离子树脂的盐耗比二级高。（×）

正确答案：采用双级钠离子交换，再生一级钠离子树脂的盐耗比二级低。

115. 当原水总硬度大于碳酸盐硬度时，则氢型强酸性阳离子交换出水的周期平均水质是碱性。（×）

正确答案：当原水总硬度大于碳酸盐硬度，则氢型强酸碱性阳离子交换出水的周期平均水质是酸性。

116. 与氢型强酸性阳树脂相比，氢型弱酸性阳树脂对中性盐的分解能力差。（√）

117. 浮动床的上部配水装置作用有在运行做排水作用和再生液向下分配作用。（√）

118. 对于锅炉补给水处理的混合床，常用的树脂的体积比为：阴树脂：阳树脂等于2∶1。（√）

119. 在天然水的离子交换过程中，使用鼓风式除碳器能大幅减轻阴离子交换树脂的负担。（√）

120. 在碱槽检修中，树脂胶泥在施工或固化期间，严禁与水或水蒸气接触，并尽量多晒太阳。（×）

正确答案：树脂胶泥在施工或固化期间应防止暴晒。

121. 检修后的无阀滤池，关闭底部放水阀后，即可正式进水投用。（×）

正确答案：检修后的无阀滤池，关闭底部放水阀后，应先从反洗水室倒灌进水至滤水室满，再正式进水投用。

122. 根据《GBT 12145—1999 火力发电机组及蒸汽动力设备水汽质量》要求规定，凝结水经过氢型混床处理后，硬度指标为接近 0μmol/L。（√）

123. 凝汽器因制造和安装质量较好，不会发生严密性降低，渗入冷却水。（×）

正确答案：凝汽器虽说制造和安装质量较好，也会发生严密性降低，渗入冷却水。

124. 严密性好的凝汽器可以做到渗入的冷却水量为汽轮机额定负荷时凝结水量的0.005%~0.02%。（√）

125. 保证凝结水和补给水的水质是使锅炉给水水质良好的前提。（√）

126. 凝结水中的金属腐蚀产物只来源于凝汽器。（×）

正确答案：凝结水中的金属腐蚀产物来源于凝汽器、透平机、回水管网、疏水系统等各个环节。

127. 对于凝结水处理流程的要求，是按照实际情况设计的。如对于超高压汽包锅炉，汽轮机凝结水一般是不进行净化处理的，但要防止凝汽器泄漏。（√）

128. 为保证凝结水水质，凝结水处理流程一般需使用过滤工艺。（√）

129. 生产回水可直接进入凝结水除盐系统。（×）

正确答案：生产回水不能直接进入凝结水除盐系统，需进行换热、除铁、除油等步骤方可进入凝结水除盐系统。

130. 对于凝结水温度的要求，主要是取决于凝结水处理流程中设备内工作介质的要求。（√）

131. 在正常工艺条件下，凝结水换热至越低温度越好。（×）

正确答案：在正常工艺条件下，凝结水换热至设计温度较好，以提高离子交换反映的速度和系统热效率。

132. 为保证凝结水处理可行性，凝结水都需换热后才能进行处理。（×）

正确答案：对于不需要凝结水精处理的凝结水（如超高压汽包锅炉汽轮机的凝结水）或不需换热，以提高锅炉热效率。

133. 凝结水过滤采用极细的粉状滤料的原因为：凝结水所含的杂质都是微小的悬浮物和胶体。（√）

134. 凝结水过滤采用的粉状滤料是堆放在过滤器本体内的。（×）

正确答案：凝结水过滤采用的粉状滤料是随进水流一起进入过滤器内的。

135. 多孔板将覆盖过滤器分为下部出水区、上部进水区。（×）

正确答案：多孔板将覆盖过滤器分为上部出水区、下部进水区。

136. 在磁场中，不同的物质可分为铁磁性物质、顺磁性物质和抗磁性物质。（√）

137. 在凝结水中，Fe_2O_3 的形态为 α-Fe_2O_3 和 γ-Fe_2O_3。（√）

138. 铁磁性物质的导磁系数 μ 接近1。（×）

正确答案：铁磁性物质的导磁系数 μ 远大于1，达到几千以上。

139. 在理论上，励磁线圈产生的磁场中磁力线是均匀的。（√）

140. 磁性分离器是用磁力来去除水中铁的腐蚀产物。（√）

141. 永磁分离器内起除铁作用的部件是永久磁铁。（√）

142. 微孔过滤是利用过滤介质的微孔把水中的悬浮物截留下来的水处理工艺。（√）

143. 微孔过滤设备的结构与覆盖过滤器相似。（√）

144. 扩容蒸发器内水的输送是采用在隔板上开适当大小的孔洞办法来实现的。（√）

145. 管式覆盖过滤器的铺膜时水流速的大小与滤料的干视密度有关。（√）

146. 管式覆盖过滤器的运行步骤分为铺膜、过滤和去膜三个步骤。 (√)

147. 覆盖过滤器中的滤元的材质可选择为不锈钢或工程塑料。 (√)

148. 覆盖过滤器的滤元的形状只能设计为管式。 (×)

正确答案：覆盖过滤器的滤元的形状也可设计为其他形式，如水平叶片式。

149. 永磁分离器是由许多放射形排列的磁棒组成。 (√)

150. 高梯度磁性分离器的设备本体材质为非磁性材料。 (√)

151. 常用小球型高梯度磁性分离器达到运行终点后先停止进水，进行复原。 (×)

正确答案：磁性分离器清洗时，停止进水后，应切断向线圈供电的直流电后进行复原。

152. 磁性分离器复原时需启用备用设备。 (×)

正确答案：磁性分离器复原时间很短，一般不考虑设计备用量。

153. H-OH 混床用于凝结水处理中，其运行特点是高速运行。 (√)

154. 在凝结水处理中，H-OH 混床出水电导率超标后应立即停运再生。 (√)

155. 磷酸三钠的水溶液显碱性。 (√)

156. 磷酸二氢钠的饱和水溶液显碱性。 (×)

正确答案：磷酸二氢钠的饱和水溶液显酸性。

157. 联氨吸水性很强，它易溶于水，不溶于乙醇。 (×)

正确答案：联氨吸水性很强，易溶于水和乙醇。

158. 水合联氨是无色液体，凝固点低于-40℃。 (√)

159. 为了提高给水的 pH 值，最实用的是往水中加氨水，因为氨有不会受热分解和易挥发的性能。 (√)

160. 因为 NH_3 的分配系数比 CO_2 大，所以，所以凝结水的 pH 值要比过热蒸汽的低。 (×)

正确答案：因为 NH_3 的分配系数比 CO_2 小，所以，所以凝结水的 pH 值要比过热蒸汽的高。

161. 金属在电化学腐蚀过程中有电流产生。 (√)

162. 根据金属腐蚀电池的原理可知，在其两个电极上的金属都会遭到腐蚀。 (×)

正确答案：根据金属腐蚀电池的原理可知，在其两个电极中，只有阳极上的金属会遭到腐蚀.

163. 溶解氧腐蚀产物其表面层为黄褐色到砖红色，是各种形态的氧化铁。 (√)

164. 游离 CO_2 腐蚀，从腐蚀电池的观点来说，就是水中含有的酸性物质而引起的氢去极化腐蚀。 (√)

165. 热力除氧器只能去除水中的溶解氧，不能去除水中的其他溶解气体。 (×)

正确答案：热力除氧器不仅能去除水中的溶解氧，而且可除去水中其他各种溶解气体。

166. 热力除氧器是按照将水加热至沸点和使水流分散两个原则设计的一种设备。 (√)

167. 随着给水的 pH 值的增大，钢铁的腐蚀明显减少。 (√)

168. 由于 NH_3 为挥发性物质，因此不论在热力系统的哪一部位加药，都可以使整个汽水系统都有 NH_3。 (√)

169. 我国引进的重油部分氧化造气装置废热锅炉、大型化肥装置转化气废热锅炉、大型乙烯装置裂解气急冷废热锅炉的给水溶解氧含量应<0.007mg/L。 (√)

170. 给水、炉水和蒸汽样品，原则上应保持长流水。 (√)

171. 测定水中某些不稳定成分(如：溶解氧)，应在现场取样，回化验室测定。 (×)

正确答案：测定水中某些不稳定成分(如：溶解氧)，应在现场取样测定。

172. 在0.3mol/L的硫酸酸度下，磷酸盐与钼酸盐和偏钒酸盐形成黄色的磷钒钼酸。磷钒钼酸可在420nm的波长下，用分光光度计测定。 (√)

173. 含有联氨的50mL水样，准确加入对5mL二甲氨基苯甲醛溶液显色后，应该立即测定吸光度。 (×)

正确答案：含有联氨的50mL水样，准确加入对5mL二甲氨基苯甲醛溶液显色后，应该混匀后放置3min，测定吸光度。

174. 淋水盘式除氧器的主要构成部分为除氧头和储水箱。 (√)

175. 除氧器的结构主要应能使水和汽在除氧器内分布均匀、流动通畅以及水汽之间有足够的接触空间。 (√)

176. 给水加药系统一般包括配药箱和加药泵。 (√)

177. 给水加药系统的配药箱一般采用喷射器抽真空的办法输送工业联氨，这种加药系统基本上是密闭的，防止联氨大量挥发到空气中。 (√)

178. 锅炉给水系统省煤器前设有取样点，因此除氧器出口不需要再设取样点。 (×)

正确答案：给水系统为了监督除氧器的运行情况，除氧器出口也应设取样点。

179. 凝结水取样点一般设在凝汽器后，给水泵前的管路上。 (×)

正确答案：凝结水取样点一般设在凝结水泵出口端的凝结水管路上。

180. 为保证凝结水样温度合格，必须设置取样冷却器。 (×)

正确答案：凝结水温度较低，不需设置取样冷却器。

181. 为提高集中取样装置在线监测仪表的准确度，可以对进入在线仪表的水样提供恒温装置。 (√)

182. 热力系统汽水集中取样装置可以不设人取样盘。 (×)

正确答案：集中取样装置应该设人工取样盘，作人工取样分析之用。

183. 凝汽器泄漏不会造成给水pH值不合格。 (×)

正确答案：凝汽器泄漏会造成给水pH值不合格。

184. 给水联氨处理量不足，也会造成给水溶解氧超标。 (√)

185. 水处理阴床漏硅，会造成混床出水劣化，从而造成给水含硅量超标。 (√)

186. 对于有铜系统来说，锅炉给水进行加氨处理时，应确保汽水系统中含氨量非常低，加氨量不宜过多，否则有引起黄铜腐蚀的可能。 (√)

单选题

1. 没有经过净化处理的天然水中含有许多杂质，这种水直接进入汽水循环系统(锅炉、汽机)会引起以下危害，其中叙述不正确的是(C)。

A. 热力设备的结垢　　B. 热力设备的腐蚀

C. 过热器和汽轮机的积盐　　D. 节约燃料

2. 下面不属于化学水处理工作的主要内容是(A)。

A. 生活用水制取　　B. 凝结水处理、炉内水处理

C. 净化原水(炉外水处理)、给水处理　　D. 返回凝结水和疏水处理、汽水监督保证

3. 根据锅炉类型、原水条件和现场条件，化学水处理系统的组成主要分为炉内水处理

和(D)两类。

A. 杀菌处理　B. 过滤处理　C. 沉淀处理　D. 炉外水处理

4. 与地表水相比，地下水的水温变化幅度(B)。

A. 大　B. 小　C. 冬季小夏季大　D. 冬季大夏季小

5. 地表水是较方便的给水水源，其主要补给源是(C)。

A. 降雨　B. 地表径流　C. 降雨和地表径流　D. 渗入补给

6. 一般情况下，湖泊和水库水的水质特点为(B)。

A. 悬浮物含量高　B. 有机物含量高　C. 含盐量　D. 色度低

7. 在锅炉等热力设备的工业用水中，水的硬度过高会使热力设备(A)。

A. 结垢和腐蚀　B. 缓蚀　C. 防腐　D. 保温

8. 在电子工业中，零件的清洗及药液的配置需要(D)。

A. 澄清水　B. 自来水　C. 软化水　D. 纯水

9. 天然水中，碳酸盐化合物主要以(C)形态存在。

A. CO_2　B. H_2CO_3　C. HCO_3^-　D. CO_3^{2-}

10. 根据化合物的电中性原则，水中各阳离子摩尔浓度之和各阴离子摩尔浓度之和应该(A)。(这里所说的摩尔浓度即是原先当量浓度)

A. 相等　B. 前者大于后者　C. 后者大于前者　D. 不能确定

11. 在某些水质指标之间存在一定的相互制约关系，掌握这些关系，不能解决的问题是(D)。

A. 可以审核水质分析结果是否合理

B. 推测溶液中阴、阳离子间可能形成的假想化合物

C. 推算溶液中某种成分的含量

D. 审核水的浊度

12. 浑浊度的测定方法很多，国标 GB/T 15893. 1—1995 所采用的检测方法是(C)。

A. 透明度试管法　B. 分光光度计测定法

C. 散射光测定法　D. 辐射通量衰减法

13. 散射浊度仪的标准浊度液由(B)配成。

A. 福尔马林　B. 福尔马肼　C. 二氧化硅　D. 硅藻土

14. 水的色度测定是采用(A)标准比色法。

A. 铂钴　B. 钠铂　C. 钴钾　D. 铂镁

15. 通过强碱性阴离子交换树脂可除去水中的(A)。

A. 硅酸　B. 胶体硅　C. 有机硅　D. 非活性硅

16. 以下表示水中杂质含量的概念中，含量最大是(C)。

A. 无机物　B. 含盐量　C. 总固体　D. 有机物

17. 在天然水中，形成水的硬度的最常见金属离子是(B)。

A. Ca^{2+}、Fe^{3+}　B. Ca^{2+}、Mg^{2+}　C. Ca^{2+}、Mn^{2+}　D. Ca^{2+}、Zn^{2+}

18. 暂时硬度是指由钙镁的(D)所引起的。

A. 碳酸盐　B. 硝酸盐　C. 硫酸盐　D. 碳酸氢盐

19. 在天然水中，水的碱度主要是由(C)的盐类所组成。

A. CO_3^{2-}　　B. OH^-　　C. HCO_3^-　　D. HSO_4^-

20. 滴定碱度的标准溶液，一般用(A)配制。

A. H_2SO_4　　B. HCl　　C. $NaHCO_3$　　D. NaOH

21. 在采用酚酞指示剂滴定水的碱度时，滴定的终点 pH 值为(D)，该碱度称为酚酞碱度或 P 碱度。

A. 4.1~4.3　　B. 7.6~7.8　　C. 7.9~8.1　　D. 8.2~8.4

22. pH 值(D)时，溶液呈碱性。

A. ≤7　　B. <7　　C. ≥7　　D. >7

23. 酸度是用(C)的标准溶液滴定测得。

A. 强酸　　B. 弱酸　　C. 强碱　　D. 弱碱

24. 滴定酸度的标准溶液，一般用(D)配制。

A. $Ca(OH)_2$　　B. HCl　　C. KOH　　D. NaOH

25. 电导率反映水中(C)的多少，是水的纯净程度的一个重要指标。

A. 悬浮物　　B. 有机物　　C. 含盐量　　D. 杂质

26. 当电极常数 $Q=$(B)时，电导率等于电导。

A. 0.1　　B. 1　　C. 10　　D. 100

27. 通常天然水中含量较高的阴离子有四种，分别为(A)。

A. HCO_3^-、Cl^-、SO_4^{2-}、$HSiO_3^-$　　B. HCO_3^-、Cl^-、SO_4^{2-}、CO_3^{2-}

C. HCO_3^-、CO_3^{2-}、Cl^-、NO_3^-　　D. HCO_3^-、CO_3^{2-}、SO_4^{2-}、$HSiO_3^-$

28. 在下列天然水中的杂质中，颗粒最大的是(A)。

A. 悬浮物　　B. 胶体　　C. 溶解物质　　D. 有机物

29. 一般情况下，水射器喷嘴与混合管的间距取喷嘴直径的(A)倍较为适宜。

A. 1~2　　B. 2~3　　C. 3~4　　D. 4~5

30. 柱塞式计量泵的液缸部分由(A)部分组成。

A. 吸入阀、排出阀、活塞　　B. 涡轮传动、吸入罐、排出罐

C. 隔膜、吸入阀、排出阀　　D. 油室、隔膜、活塞

31. 隔膜式计量泵在单位时间内隔膜的往复次数一定时，则泵的流量与(A)成正比。

A. 行程大小和容积　　B. 出口压力

C. 隔膜的质量　　D. 液体温度

32. 一般情况下，大口径给水钢管采用的接头形式为(C)。

A. 承插式和法兰式　　B. 承插式和焊接

C. 法兰式和焊接　　D. 承插式、法兰式和焊接

33. 金属密封的蝶阀由于密封件的弹性较小，一般采用(D)结构提高密封效果。

A. 旋转　　B. 伸缩　　C. 球形　　D. 偏心

34. 球阀按其通道位置可分为(B)。

A. 直通式、四通式和直角式　　B. 直通式、三通式和直角式

C. 直通式、三通式和斜角式　　D. 直通式、三通式和四角式

35. 升降式止回阀是阀瓣沿着阀体垂直中心线滑动的止回阀，它只能安装在(D)

管道上。

A. 弯曲　B. 倾斜　C. 竖直　D. 水平

36. 当出口压力高于入口时，升降式止回阀的阀瓣沿着阀体垂直中心线(A)。

A. 下降关闭　B. 上升打开　C. 下降打开　D. 上升关闭

37. 型号为 Z941T-10 的阀门，其中数字“9”表示(D)驱动方式。

A. 蜗轮　B. 气动　C. 液动　D. 电动

38. 型号为 Z941T-10 的阀门，其中数字“4”表示(B)连接方式。

A. 外螺纹　B. 法兰　C. 对夹式　D. 焊接

39. 型号为 Z941T-10 的阀门，其中第一个数字“1”表示(C)。

A. 驱动方式　B. 连接方式　C. 结构形式　D. 公称压力

40. 型号为 12Sh-28A 的水泵，其中数字“12”表示水泵的(A)。

A. 吸水口直径　B. 出水口直径　C. 扬程　D. 比转数

41. 截止阀的阀门代号为(A)。

A. J　B. H　C. Z　D. L

42. 利用压缩弹簧的力来平衡阀瓣的压力并使之密封的安全阀叫做(C)。

A. 重锤式安全阀　B. 脉冲式安全阀

C. 弹簧式安全阀　D. 杠杆式安全阀

43. 在转速不变的情况下，罗茨鼓风机的风量随工艺系统阻力的增大而(B)。

A. 增加　B. 大体不变　C. 减小　D. 先增加后减少

44. 射流器以(D)工作原理。

A. 动量守恒原理　B. 热力学第二定律

C. 热力学第一定律　D. 伯努利方程

45. 关于罗茨鼓风机的使用要求，不正确的是(C)。

A. 出口压力高，可安装安全阀　B. 流量可使用支路调节

C. 出口阀能随意调整　D. 操作温度不宜超过 60℃

46. 罗茨鼓风机的出口表压应控制在(A)Pa 以内。

A. 8×10^4　B. 1×10^5　C. 6×10^5　D. 8×10^5

47. 在水泵中，盘根用于密封(D)之间间隙的材料。

A. 叶轮与泵轴　B. 叶轮与泵壳　C. 泵轴与轴承　D. 泵轴与泵壳

48. 在用设备完好率是指(A)之比的百分数。

A. 在用设备完好台数与在用设备总台数　B. 在用设备完好台数与所有设备总台数

C. 所有设备完好台数与所有设备总台数　D. 所有设备完好台数与在用设备总台数

49. 设备管理制度要求，润滑管理应做到“五定”、“三级过滤”。其中“三级过滤”中的第一级过滤是指(C)。

A. 从储油罐到领油大桶　B. 从储油罐到岗位储油桶

C. 从领油大桶到岗位储油桶　D. 从岗位储油桶到油壶

50. 下列各项因素中，(D)不会影响水泵盘车。

A. 更换新盘根　B. 轴承损坏　C. 泵轴弯曲　D. 进水阀关闭

51. 用火分析中，当可燃气体爆炸下限大于 4%时，分析检测数据(D)为合格。

A. <4.0%　　B. <2.0%　　C. <1.0%　　D. <0.5%

52. 液态的润滑剂称为润滑油，通常以(B)来划分牌号。

A. 闪点　　B. 黏度　　C. 凝固点　　D. 密度

53. 半固态的润滑剂称为润滑脂，它是根据(C)来划分牌号。

A. 滴点　　B. 黏度　　C. 针入度　　D. 皂分

54. 在潮湿或与水直接接触条件下工作应选用(B)。

A. 钠基脂　　B. 钙基脂　　C. 二硫化钼润滑脂　　D. 工业重油

55. 制图中，粗线的宽度应按图的大小和复杂程度，在(B)mm 之间选取。

A. 0.1~0.5　　B. 0.5~2　　C. 1.5~2.5　　D. 2~3

56. 下列图线中，(C)不是 GB 4457.4—1984 中确定的图线型式。

A. 虚线　　B. 双折线　　C. 曲线　　D. 波浪线

57. 下列图线绘制时，(A)使用细实线。

A. 剖面线　　B. 轴线　　C. 不可见轮廓线　　D. 轨迹线

58. 在制图中，一个完整的尺寸一般应由(D)组成。

A. 尺寸界限、尺寸线　　B. 尺寸线、尺寸数字

C. 尺寸界限、尺寸数字　　D. 尺寸界限、尺寸线、尺寸数字

59. 平面图形中的尺寸按其作用可分为(B)等两类。

A. 定形尺寸和定量尺寸　　B. 定形尺寸和定位尺寸

C. 定量尺寸和定位尺寸　　D. 定性尺寸和定量尺寸

60. 在平面图形中，直线的长度、圆及圆弧的直径等应为(A)尺寸。

A. 定形　　B. 定位　　C. 定性　　D. 定型

61. 已知某水厂设计流量为 $1m^3/s$，其沉淀池的停留时间为 1.5h，则沉淀池的有效容积应为(C)m^3。

A. 2400　　B. 3600　　C. 5400　　D. 8640

62. 已知某离子交换器直径为 3200mm，设计离子交换树脂填装堆积体积为 $19.3m^3$，则其填装高度为(B)mm。

A. 3600　　B. 2400　　C. 1800　　D. 320

63. 已知某除盐水箱直径为 12m，高度为 10m，现在水箱满液位，有效供水高度为 8m，若供水负荷为 $200m^3/h$，则能保证供水为(A)小时。

A. 4.52　　B. 5.65　　C. 6　　D. 7

64. 用纯度为 40%的固体聚合铝配制溶液，现加入固体聚合铝 1000kg、水 10t，则溶解后的聚合铝溶液质量分数等于(A)。

A. 3.64%　　B. 4%　　C. 9.09%　　D. 10%

65. pNa=4.0 的定位液用无钠除盐水稀释 10 倍，则钠离子浓度为(D)mol/L。

A. 4.0×10^{-4}　　B. 1.0×10^{-4}　　C. 5.0×10^{-5}　　D. 1.0×10^{-5}

66. 取 1.0μg/mL 二氧化硅工作液 1.0mL，用高纯无硅水稀释到 10mL，则二氧化硅浓度为(A)μg/L。

A. 100　　B. 50　　C. 20　　D. 10

67. pNa=4.0 的定位液的钠离子浓度为(A)μg/L。

A. 2.3×10^{-3} B. 23×10^{-3} C. 4.0×10^{-3} D. 40×10^{-3}

68. 760mm 汞柱等于(B)大气压。

A. 2.0 B. 1.0 C. 0.5 D. 0.1

69. 1 个工程大气压等于(A)Pa。

A. 1.013×10^5 B. 1.013×10^4 C. 1.013×10^3 D. 1.013×10^2

70. 40g NaOH 溶解在 1000mL 除盐水中，则此溶液的 NaOH 浓度为(D)mol/L。

A. 10.0 B. 3.0 C. 2.0 D. 1.0

71. 通常化学水处理预处理水源中含量较高的阳离子有四种，分别为(B)。

A. Na^+、Fe^{2+}、Ca^{2+}、Mg^{2+} B. Na^+、K^+、Ca^{2+}、Mg^{2+}

C. Na^+、K^+、Fe^{2+}、Ca^{2+} D. Na^+、K^+、Ca^{2+}、Cu^{2+}

72. 水的预处理中，常规的工艺流程是(A)。

A. 混凝、沉淀、过滤 B. 澄清、过滤、软化

C. 预沉、澄清、过滤 D. 沉淀、过滤、消毒

73. 当原水浊度和含砂量较高时，为减轻后续净水处理的负担，可增加(B)处理，以除去水中粗大颗粒。

A. 混凝 B. 预沉 C. 澄清 D. 过滤

74. 水预处理中，絮凝和沉淀两个过程同时完成的处理单元是(C)。

A. 沉砂池 B. 斜管沉淀池 C. 澄清池 D. 絮凝反应池

75. 下列化工原材料中，不作为工业助凝剂使用的是(D)。

A. 骨胶 B. 聚丙烯酰胺 C. 活化硅胶 D. 明矾

76. 氯化铁晶体的分子式为(A)。

A. $FeCl_3\cdot8H_2O$ B. $FeCl_3\cdot6H_2O$

C. $FeCl_3\cdot4H_2O$ D. $FeCl_3\cdot2H_2O$

77. 下列药剂中，(B)属于无机高分子混凝剂。

A. 硫酸铝 B. 聚合铝 C. 硫酸亚铁 D. 聚丙烯酰胺

78. 氯化铁作为混凝剂和铝盐相比，其特点为(C)。

A. 腐蚀性弱 B. 固体不易吸水潮解

C. 处理低温低浊水效果好 D. 难溶解

79. 在低温时，铝盐混凝剂作为混凝特点为(C)。

A. 水解容易，混凝形成的絮体较为密实

B. 水解容易，但混凝形成的絮体较为松散

C. 水解困难，混凝形成的絮体较为松散

D. 水解困难，但混凝形成的絮体较为密实

80. 下列措施中，(D)不能使胶体颗粒产生脱稳作用。

A. 加入带相反电荷的胶体

B. 加入与水中胶体颗粒电荷相反符号的高价离子

C. 增加水中盐类浓度

D. 改变水的 pH 值

81. 为了提高混凝效果，根据原水水质选用性能良好的药剂，创造适宜的化学和(C)条

件，是混凝工艺上的技术关键。

A. 反应　B. 沉淀　C. 水力　D. 混合

82. 混凝剂的投加设备除了提升设备和注入设备，还包括(A)。

A. 计量设备　B. 反应设备　C. 混合设备　D. 搅拌设备

83. 下列水处理消毒方法中，(B)属于物理消毒法。

A. 氯气消毒　B. 紫外线消毒　C. 二氧化氯消毒　D. 臭氧消毒

84. 下列选项中，(D)不是影响氯气消毒效果的主要因素。

A. 水温　B. pH 值　C. 接触时间　D. 水量

85. 过滤设备滤池滤料的选择原则错误的有(C)。

A. 足够的机械强度　B. 足够的化学稳定性

C. 科技含量高，价格贵　D. 颗粒均匀，粒度适当

86. 滤料级配是指滤料中各种粒径的颗粒所占的(A)比例。

A. 质量　B. 尺寸　C. 体积　D. 物质的量

87. 下列澄清池中，(D)属于循环泥渣型澄清池。

A. 脉冲澄清池　B. 机械加速澄清池

C. 双层水力循环悬浮澄清池　D. 单层锥底悬浮澄清池

88. 过滤是通过(C)截留水中悬浮杂质，从而使水获得进一步澄清的工艺过程。

A. 承托层　B. 胶体　C. 滤料层　D. 颗粒

89. 在水预处理工艺中，过滤是(A)的净化工序，是保证水处理装置用水安全的重要措施。

A. 不可缺少　B. 必须与沉淀工艺配套

C. 设计时可选用　D. 可有可无

90. 滤池出水的浊度要求为(C) FTU。

A. ≤10　B. ≤5　C. ≤3　D. ≤1

91. 通常，虹吸管式双阀滤池是将普通快滤池四阀中的(C)用两个虹吸管代替。

A. 进水阀和清水出水阀　B. 反冲洗进水阀和反冲洗排水阀

C. 进水阀和反冲洗排水阀　D. 清水出水阀和反冲洗排水阀

92. 按照阀门的设置，滤池可分为四阀滤池、双阀滤池、单阀滤池、无阀滤池和(A)等。

A. 虹吸滤池　B. 三阀滤池　C. 五阀滤池　D. V 型滤池

93. 下列滤池中，(B)是等速过滤。

A. 普通快滤池　B. 虹吸滤池　C. 压力滤池　D. 移动冲洗罩滤池

94. 钟罩式脉冲澄清池是按照(C)方式不同来区分的。

A. 真空　B. 间歇运作　C. 虹吸　D. 连续运作

95. 机械搅拌加速澄清池属于(A)型澄清池。

A. 循环泥渣　B. 水力循环　C. 悬浮泥渣　D. 锥底悬浮

96. 重力式无阀滤池，虹吸辅助管高度反映的是(C)。

A. 反冲洗强度　B. 反冲洗水量　C. 运行终期压降　D. 最大产水量

97. 虹吸滤池虹应采用(C)配水系统。

A. 大阻力　　B. 中阻力　　C. 小阻力　　D. 无阻力

98. 虹吸滤池各单元滤池水位随着滤料阻力加大而上升，以保持(C)工况。

A. 快速过滤　　B. 变速过滤　　C. 等速过滤　　D. 随机过滤

99. V 型滤池冲洗的程序一般为(A)。

A. 先气冲，后气水同冲，最后水冲　　B. 先水冲，后气冲，最后气水同冲

C. 先水冲，后气水同冲　　D. 先气冲，后水冲

100. V 型滤池通常使用(C)。

A. 匀质滤料　　B. 双层滤料(上层粒径大、下层粒径小)

C. 双层滤料(上层粒径小、下层粒径大)　　D. 三层滤料

101. 活性炭过滤器去除异味、有机物的过程是(B)作用的结果。

A. 氧化　　B. 吸附　　C. 筛滤　　D. 架桥

102. 以下不有利于活性炭过滤器工作的主要因素是(A)。

A. 水温较高　　B. 活性炭颗粒较小

C. 与水接触的时间较长　　D. 水质较好

103. 纤维压力式过滤器作用方式有(D)。

A. 机械筛分　　B. 薄膜过滤　　C. 接触凝聚　　D. 以上均有

104. 水射器工作时，基本构造中(B)内将形成真空。

A. 喷嘴　　B. 吸入室　　C. 混合管　　D. 扩散管

105. 在离心泵的吸水管末端安装(D)，利用离心泵的出水作为动力，可以使离心泵从深井中取水，这种联合装置适用于地下水位较深的地区。

A. 潜水泵　　B. 压缩空气喷嘴　　C. 导流管　　D. 射流泵

106. 上向流式斜管沉淀池斜管倾角最适宜采用(B)。

A. 75°　　B. 60°　　C. 45°　　D. 30°

107. 斜管沉淀池的斜管管径通常采用(C)mm。

A. 10~15　　B. 15~25　　C. 25~35　　D. 35~45

108. 机械搅拌澄清池是用(D)来提升夹带泥渣的水。

A. 喷嘴　　B. 升压泵　　C. 配水系统　　D. 叶片

109. 机械搅拌澄清池导流板的主要作用为(B)。

A. 加快涡流　　B. 减轻水流扰动

C. 阻截泥渣　　D. 促进泥渣回流

110. 下列选项中，(A)属于普通快滤池的过滤系统。

A. 承托层　　B. 清水总管　　C. 配水管　　D. 进水阀门

111. 下列选项中，(C)属于普通快滤池的反洗系统。

A. 承托层　　B. 清水总管　　C. 配水管　　D. 进水阀门

112. 双流式过滤器的滤料有效粒径与单流式过滤器的滤料有效粒径相比，其结果为(A)。

A. 双流式过滤器的大　　B. 双流式过滤器的小

C. 两者基本相同　　D. 无法确定

113. 在普通过滤器中，使用(C)水帽既能送水，又能送入反洗压缩空气。

A. 缝隙式水帽　B. 迭片式水帽　C. 长柄式水帽　D. 塔式水帽

114. 在双流式过滤器反洗时，出入口压差超过0.1MPa，有可能是(A)所造成。

A. 滤层结块　B. 滤层较低　C. 滤料粒径过大　D. 反洗水量不足

115. 压力式过滤器运行流量开不大，且出入口压力较高、压差很小，有可能是(D)所造成。

A. 滤料粒径过小　B. 滤料粒径过大　C. 滤层较高　D. 集水装置污堵

116. 重力式无阀滤池不能自动反洗，应首先检查(C)。

A. 进口的流量大小　B. 冲洗水箱的水位高低

C. 虹吸系统的严密性　D. 锥形挡板的位置

117. 重力式无阀滤池在运行中，从虹吸管中大量溢水的原因有可能是(C)。

A. 进口的流量过大　B. 冲洗水箱的水位过低

C. 虹吸系统漏气　D. 锥形挡板的位置不当

118. 泥渣循环式澄清池，通常采用测(C)的方法判断悬浮泥渣量。

A. 出水浊度　B. 泥渣层高度　C. 沉降比　D. 排泥浓度

119. 在反洗强度不变条件下，水温升高则滤料的膨胀率(B)。

A. 增高　B. 降低　C. 不变　D. 无法确定

120. 在过滤过程中(A)，则悬浮颗粒的穿透深度愈大。

A. 进水浊度、滤料粒径愈大　B. 进水浊度愈大、滤料粒径愈小

C. 进水浊度愈小、滤料粒径愈大　D. 进水浊度、滤料粒径愈小

121. 在重力式无阀滤池的小修中，若出现滤料和承托层结块，则应(D)。

A. 进行强制反洗处理　B. 人工在池内清理结块

C. 挖出结块滤料进行处理　D. 挖出所有滤料进行处理

122. 在水力循环澄清池的运行过程中，若提高进水压力，则泥渣回流量(A)，会导致翻池。

A. 增多　B. 减少　C. 不变　D. 无法确定

123. 为保证水力循环澄清池工作时的出水水质，一般控制其夹带有泥渣的回流水量为进水量的(B)。

A. 1~2倍　B. 2~4倍　C. 1/2~1/3　D. 1/2~1/4

124. 重力式无阀滤池在运行中，出水水质不合格起因是从虹吸下降管管口经常溢出空气，处理方法是检查(D)，并消缺。

A. 冲洗水箱的水位过高　B. 冲洗水箱的水位过低

C. 虹吸系统是否漏气　D. 进口管中是否带气

125. 反渗透膜的(A)与给水接触，才能达到脱盐效果。

A. 致密层　B. 多孔层　C. 支撑层　D. 格网层

126. 一般来说，反渗透膜一价离子的透过率(C)二价离子的透过率。

A. 等于　B. 小于　C. 大于　D. 类似

127. 反渗透膜的产水率为产水流量与(D)之比。

A. 清洗流量　B. 冲洗流量　C. 浓水流量　D. 给水流量

128. 反渗透复合膜的脱盐层的材质是(A)。

A. 聚酰胺　　B. 聚砜　　C. 聚酯　　D. 聚氯乙烯

129. 反渗透卷式膜元件所用的膜形态是(A)。

A. 平面膜　　B. 纤维束　　C. 管式膜　　D. 板框膜

130. 反渗透卷式膜元件的给水沿着与膜表面(A)的方向流动。

A. 垂直　　B. 平行　　C. 倾斜　　D. 不确定

131. 中空纤维膜元件的每根纤维丝束在压力容器内呈(C)形。

A. 直线　　B. O　　C. U　　D. 螺旋

132. 反渗透系统给水加入阻垢剂后，对于浓水区 *LSI* 指数说法正确的是(D)。

A. 必须小于 0，否则有结垢倾向　　B. 必须大于 0，否则有结垢倾向

C. 必须小于 1，否则有结垢倾向　　D. 允许适度大于 0

133. 超滤膜的进水压力一般为(D)MPa。

A. 4.0~4.5　　B. 2.0~4.0　　C. 1.0~2.0　　D. 0.2~0.4

134. 能透过超滤膜的物质一般为(C)。

A. 胶体　　B. 蛋白质　　C. 溶解盐类　　D. 微生物

135. 理想的半透膜能够允许溶液中的(B)透过。

A. 溶质　　B. 溶剂　　C. 盐类　　D. 高分子

136. 半透膜在自然界中(A)。

A. 广泛存在　　B. 不存在，需要人工制造

C. 仅存在于动物体内　　D. 仅存在于植物体内

137. 当纯水和盐水被理想的半透膜隔开，(A)侧的水会自发的流向另一侧，这种现象称为渗透。

A. 盐水　　B. 纯水　　C. 温度较高　　D. 温度较低

138. 当纯水和盐水被理想的半透膜隔开，在盐水侧施加压力到某一数值，水通过膜的流量(A)，这个压力称为渗透压。

A. 降为 0　　B. 开始上升　　C. 开始下降　　D. 不变化

139. 当纯水和盐水被理想的半透膜隔开，施加在盐水侧的外压力(C)渗透压时，盐水侧的水将流入纯水侧，这种现象称为反渗透。

A. 等于　　B. 小于　　C. 大于　　D. 接近

140. 渗透压是溶液的一种特性，一定温度下，它随溶液浓度的增加而(C)。

A. 不变　　B. 减小　　C. 增大　　D. 先增大后减小

141. 反渗透在提高给水温度，而其他条件不变时，以下说法正确的是(C)。

A. 水通量增加，盐透过量下降　　B. 水通量下降，盐透过量也下降

C. 水通量增加，盐透过量也增加　　D. 水通量下降，盐透过量增加

142. 反渗透在给水含盐量增加，而其他条件不变时，以下说法正确的是(D)。

A. 水通量增加，盐透过量下降　　B. 水通量下降，盐透过量也下降

C. 水通量增加，盐透过量也增加　　D. 水通量下降，盐透过量增加

143. 反渗透的给水处理中，通过(A)工艺去除水中的胶体和悬浮物。

A. 混凝过滤　　B. 加酸　　C. 吸附　　D. 气浮

144. 反渗透的给水处理中，为去除水中的胶体和悬浮物，需要加入的药剂是(D)。

A. 阻垢剂　B. 硫酸　C. 盐酸　D. PAC

145. 反渗透的给水处理中，为去除水中的微生物，需要加入的药剂是(C)。

A. 阻垢剂　B. 硫酸　C. 次氯酸钠　D. PAC 和 PAM

146. 反渗透的给水处理中，为监测去除水中的微生物的效果，需要分析的项目是(C)。

A. *SDI*　B. pH 值　C. 细菌数　D. *COD*

147. 反渗透的给水处理中，卷式复合膜对给水 pH 值的要求范围是(B)。

A. 4~6　B. 2~11　C. 0~7　D. 7~8

148. 反渗透的给水处理中，复合膜对给水余氯的要求是(B)mg/L。

A. 小于 1　B. 小于 0.1　C. 小于 10　D. 小于 0.3

149. 反渗透的膜降解是由于膜的水解、氧化以及(A)原因造成的。

A. 机械损伤　B. 结垢　C. 胶体污染　D. 有机物

150. 丙烯酸系羧酸树脂是(B)交换剂。

A. 强酸性　B. 弱酸性　C. 两性　D. 弱碱性

151. 离子交换树脂的含水率一般在(C)之间。

A. 20%~40%　B. 30%~50%　C. 40%~60%　D. 60%~80%

152. 用于交换柱水处理工艺的树脂，其圆球率应在(C)以上。

A. 80%　B. 85%　C. 90%　D. 95%

153. 保留(C)树脂样品的筛孔孔径，称为离子交换树脂的有效粒径。

A. 80%　B. 85%　C. 90%　D. 95%

154. 工业盐酸显淡黄色主要因为含有(A)。

A. 铁离子　B. 钙离子　C. 悬浮物　D. 胶体

155. 能使甲基橙指示剂变红，酚酞指示剂不显色的溶液是(A)。

A. 盐酸　B. 氢氧化钠　C. 氯化钠　D. 碳酸氢钠

156. 在锅炉清洗中，盐酸不能用来清洗(C)材料制成的设备。

A. 低合金钢　B. 碳钢　C. 奥氏体钢　D. 马氏体

157. 氯化钠的溶解度随温度的升高而(A)。

A. 缓缓上升　B. 快速上升　C. 缓缓下降　D. 快速下降

158. 根据(B)的不同，可将离子交换树脂分为阳离子交换树脂和阴离子交换树脂。

A. 可交换离子　B. 交换基团性质　C. 单体性质　D. 制造工艺

159. 根据(C)的不同，可将阴离子交换树脂分为强碱性树脂和弱碱性树脂。

A. 反应速度　B. 交换能力　C. 电离度　D. pH 值

160. 离子交换树脂，根据其(B)，可分为苯乙烯系、酚醛系和丙烯酸系等。

A. 酸碱性　B. 单体的种类　C. 交换基团的性质　D. 交联剂的种类

161. 离子交换树脂的组成有(A)三部分。

A. 单体、交联剂、交换基团　B. 单体、交换基团、孔道

C. 孔道、毛细孔道、单体　D. 交联剂、反离子、固定离子

162. 001×7 氢型树脂的交换基团是(A)。

A. $—SO_3H$　B. —COOH　C. ═ NHOH　D. 季铵基

163. 化学水处理中应用的离子交换树脂，交联度一般在(B)范围内。

A. 3%~10%　　B. 7%~12%　　C. 10%~15%　　D. 12%~20%

164. 凝胶型离子交换树脂的产品型号主要由三位数字组成，其第二位数字表示(C)。

A. 交联度　　B. 顺序号　　C. 骨架代号　　D. 活性基团代号

165. 201×7 型树脂是(C)离子交换树脂。

A. 强酸性　　B. 弱酸性　　C. 强碱性　　D. 弱碱性

166. 下列型号树脂中，(A)为环氧系树脂。

A. D331　　B. D111　　C. D202　　D. D301

167. 离子交换树脂的全交换容量与(D)有关。

A. 进水的流速　　B. 树脂层高度　　C. 进水中离子浓度　　D. 树脂的类型

168. 影响离子交换树脂周期制水量最重要的性能指标是(B)。

A. 圆球率　　B. 交换容量　　C. 选择性　　D. 机械强度

169. 离子交换树脂的工作交换容量，随进水中离子浓度的增大而(A)。

A. 增大　　B. 减小　　C. 不变　　D. 无法判断

170. 下列说法中，正确的是(D)。

A. 饱和蒸气与过热蒸汽的温度是相同的　　B. 过热蒸汽与炉水的温度是相同的

C. 炉水与补给水的温度是相同的　　D. 饱和蒸气与炉水的温度是相同的

171. 下列选项中，导热性能最差的是(D)。

A. 硅酸盐水垢　　B. 碳酸盐水垢　　C. 硫酸盐水垢　　D. 混合水垢

172. 蒸汽压力≤2.5MPa 蒸汽锅炉的锅水 PO_4^{3-} 浓度应控制在(D)mg/L。

A. 5~10　　B. 10~15　　C. 10~20　　D. 10~30

173. 3.8~5.8MPa 蒸汽汽包锅炉的给水硬度应(C)μmol/L。

A. ≤0.5　　B. ≤1　　C. ≤2　　D. ≤5

174. 随着锅炉参数提高，锅炉给水水质要求更加严格，需将水中所有(D)几乎除尽。

A. 碱度　　B. 悬浮物　　C. 硬度　　D. 盐类

175. 采用(A)水处理可使水的含盐量达到几乎不含离子的程度。

A. 离子交换除盐　　B. 软化　　C. 蒸馏法　　D. 炉内加药

176. 下列属永久硬度的是(D)。

A. $Ca(HCO_3)_2$　　B. $Mg(HCO_3)_2$　　C. Na_2CO_3　　D. $CaSO_4$

177. 在锅炉水处理中，若原水碱度低，但对软水水质要求高时，应选择(B)方法处理。

A. 单级钠离子交换　　B. 双级钠离子交换

C. 石灰软化　　D. 炉内加药

178. 下列软化处理工艺中，不能降低水中碱度的工艺是(A)。

A. 双级钠交换　　B. 氢钠并联交换

C. 氢钠串联交换　　D. 钠交换后加酸

179. 在锅炉水处理中，对于碳酸盐硬度较低的原水的软化，宜采用(A)处理。

A. 钠型离子交换　　B. 铵-钠型离子交换

C. 氢-钠型离子交换　　D. 石灰

180. 在稀溶液中，强酸性阳离子交换剂对下列离子选择性弱的是(B)。

A. K^+　　B. Na^+　　C. Ca^{2+}　　D. Fe^{3+}

181. 弱碱性阴离子交换树脂不能吸着的酸根是(D)。

A. SO_4^{2-}　　B. NO_3^-　　C. HCO_3^-　　D. $HSiO_3^-$

182. 能与弱酸性 H 型离子交换剂起反应的是(C)组成的盐。

A. SO_4^{2-}　　B. NO_3^-　　C. HCO_3^-　　D. Cl^-

183. 离子交换平衡是在一定(B)下，经过一定时间，离子交换体系中固态的树脂相和液相之间的离子交换反应达到的平衡。

A. 压力　　B. 温度　　C. 树脂密度　　D. 重量

184. 根据离子交换平衡原理，$ROH+NaHSiO_3 \longrightarrow RHSiO_3+NaOH$ 和 $ROH+H_2SiO_3 \longrightarrow RHSiO_3+H_2O$ 相比，除二氧化硅彻底的是(B)。

A. 前者　　B. 后者　　C. 二者相等　　D. 不能确定

185. 对于两种离子的交换，其离子交换的选择性系数是平衡时液相和树脂相中两种(C)比值的函数。

A. 相对分子质量　　B. 物质量　　C. 离子量　　D. 相对原子质量

186. 选择性系数能(A)表示离子交换选择性的大小。

A. 定量地　　B. 定性地　　C. 定时地　　D. 大概地

187. 选择性系数 $K_H^{Li}=0.8$ 表明(A)。

A. 离子交换树脂对 Li^+的选择性小于对 H^+的选择性，称不利平衡

B. 离子交换树脂对 Li^+的选择性大于对 H^+的选择性，称有利平衡

C. 离子交换树脂对 Li^+的选择性等于对 H^+的选择性，称线平衡

D. 离子交换树脂对 Li^+的选择性小于对 H^+的选择性，称有利平衡

188. 表示离子交换树脂工作交换容量的单位是(C)。

A. t/m^3　　B. kg/m^3　　C. mol/m^3　　D. g/m^3

189. RH 型强酸性离子交换树脂处理含有钙镁钠钾离子的天然水失效后，用盐酸再生液逆流再生时，首先洗脱出来的阳离子是(A)。

A. 钙离子　　B. 镁离子　　C. 钠离子　　D. 钾离子

190. 离子交换过程中树脂层的变化阶段有三个，下面叙述不正确的是(B)。

A. 交换带的形成阶段　　B. 交换带的交换阶段

C. 交换带的移动阶段　　D. 交换带的消失阶段

191. 离子交换处于交换带的移动阶段中，树脂层形成的三层中不存在(A)。

A. 再生层　　B. 失效层　　C. 工作层　　D. 未交换层

192. 不影响交换带宽度的是(D)。

A. 离子交换树脂的性能　　B. 离子交换器的结构

C. 离子交换的运行条件　　D. 离子交换树脂的装填高度

193. RH 型的强酸性离子交换柱中，自上而下地通过含有 Ca^{2+}的水时，交换带内越往下，水中的 Ca^{2+}浓度越(A)。

A. 小　　B. 大　　C. 不变　　D. 不好确定

194. 在顺流式固定床工作过程中，不包含(B)的步骤。

A. 运行　　B. 小反洗　　C. 再生　　D. 正洗

195. 逆流式固定床和顺流式固定床相比较(B)。

A. 前者出水水质差，再生剂用量大　　B. 后者出水水质差，再生剂用量大

C. 前者出水水质好，再生剂用量大　　D. 后者出水水质差，再生剂用量小

196. 离子交换树脂再生目的是恢复离子交换树脂的(C)。

A. 制水量　　B. 全交换容量　　C. 工作交换容量　　D. 平衡交换容量

197. 钠离子交换顺流式固定床进再生剂氯化钠的浓度宜控制在(D)。

A. 0.1%~1%　　B. 2%~4%　　C. 4%~6%　　D. 8%~10%

198. 强酸氢离子交换浮动床进再生剂盐酸的浓度宜控制在(B)。

A. 0.5%~1%　　B. 2%~4%　　C. 10%~12%　　D. 8%~10%

199. 强碱性阴离子交换顺流式固定床进再生剂氢氧化钠的浓度宜控制在(B)。

A. 0.5%~1%　　B. 2%~4%　　C. 8%~10%　　D. 6%~8%

200. 在树脂的离子交换过程中，离子水合半径越大或所带(A)越多，液膜扩散速度就越慢。

A. 电荷　　B. 电子　　C. 电离子　　D. 原子

201. 在树脂的离子交换过程中，合适的水温有利于离子交换速度提高，一般将水温保持在(C)℃最佳。

A. 5~10　　B. 10~20　　C. 20~40　　D. 40~60

202. 树脂粒径大小，影响离子交换速度，这是由于孔道距离和液膜扩散(B)的不同造成的。

A. 面积　　B. 表面积　　C. 体积　　D. 截面积

203. 离子交换软化处理是利用阳离子交换树脂中可交换离子把水中(B)交换出来。

A. Ca^{2+}、Na^{+}　　B. Ca^{2+}、Mg^{2+}　　C. Mg^{2+}、Na^{+}　　D. Ca^{2+}、H^{+}

204. 在软化处理中最常用的是(A)离子交换树脂。

A. 钠型强酸性　　B. 氢型强酸性　　C. 氯型弱酸性　　D. 氢型弱酸性

205. 经钠离子交换后，水中碳酸盐硬度按照等物质量规则转变为(C)。

A. $NaOH$　　B. Na_2CO_3　　C. $NaHCO_3$　　D. $NaCl$

206. 非碳酸盐硬度经钠离子交换后生成物为(C)。

A. 碱性盐　　B. 酸性盐　　C. 中性盐　　D. 碱

207. 经钠离子交换后，水的(D)将会有所增加。

A. 含碱量　　B. 阳离子物质的量　　C. 含酸量　　D. 溶解固形物

208. 双级钠离子交换处理，当原水硬度小于5mmol/L和进水碱度较低时，出水残余硬度小于(D)μmol/L。

A. 15　　B. 10　　C. 8　　D. 5

209. 钠离子交换器再生时，所用再生剂通常是(C)溶液。

A. $NaNO_3$　　B. Na_2CO_3　　C. $NaCl$　　D. Na_3PO_4

210. 非碳酸盐硬度经氢型强酸性阳离子交换后生成物为(D)。

A. 盐　　B. 强碱　　C. 弱酸　　D. 强酸

211. 氢-钠串联离子交换软化和除碱中，在钠离子交换前一定要先除去水中CO_2，否则

经钠离子交换后仍会出现(C)。

A. 酸度　B. 硬度　C. 碱度　D. 盐

212. 氢型弱酸性阳树脂使用的有效 pH 范围为(B)。

A. 0~14　B. 4~14　C. 6~10　D. 0~7

213. 氢型弱酸性阳树脂主要是和水中的(D)进行交换反应。

A. 硫酸盐　B. 硅酸盐　C. 硝酸盐　D. 碳酸盐硬度

214. 在软化和脱碱的联合水处理中，比较理想的离子交换组合系统是(A)。

A. 弱酸性氢-钠串联　B. 强酸性氢-钠串联

C. 双级钠串联　D. 单级钠加酸处理

215. 天然水经过氢离子交换柱失效后，最先泄漏出来的离子是(A)。

A. Na^{+}　B. Ca^{2+}　C. Mg^{2+}　D. Fe^{3+}

216. 水源水质一定，氢型强酸性交换柱失效后，用盐酸再生液再生，如果再生液中的钠离子含量越高，则再生后交换器出水中的钠离子泄漏浓度(A)。

A. 越大　B. 越小　C. 不变　D. 忽大忽小

217. 当天然水的碱度大于硬度，则氢型强酸性阳离子交换柱的整个周期内出水的平均水质呈(C)。

A. 酸性　B. 中性　C. 碱性　D. 先碱性后酸性

218. 顺流式和逆流式固定床进再生液装置的作用是(D)。

A. 防止液流对树脂的冲击　B. 收集反洗排水

C. 防止树脂乱层　D. 使再生液均匀分布

219. 顺流式固定床内部没有(D)装置。

A. 进水分配　B. 集水　C. 再生液分配　D. 中间排水

220. 顺流式固定床的十字支管式进水装置，若支管外包网，则其孔的总截面应为进水管截面的(A)倍以上。

A. 2　B. 3　C. 4　D. 5

221. 顺流式固定床漏斗式进水装置，其大口面积约为交换器截面的(A)。

A. 2%　B. 5%　C. 8%　D. 10%

222. 浮动床树脂层上面为惰性树脂层，其高度一般为(C)mm。

A. 50　B. 100　C. 200　D. 400

223. 关于浮动床内惰性树脂的作用，下面叙述错误的是(D)。

A. 防止碎树脂堵塞水帽或滤网

B. 提高水流分配的均匀性

C. 上部配水装置可以选用网目较大的滤网或缝隙较大的水帽，减少设备的运行阻力

D. 可以进行离子交换

224. 关于浮动床内的水垫层叙述错误的是(D)。

A. 作为离子交换树脂床层体积变化的缓冲高度

B. 运行时，保证水流向上分配均匀

C. 再生时保证再生液分配均匀

D. 运行时，水垫层在床体上部；再生时，在床体下部

225. 混床一般有上中下三个视镜，下部视镜的作用是(A)。

A. 再生时，观看阴阳树脂反洗分层的效果

B. 运行时，观看树脂高度的

C. 反洗时，观看树脂高度的

D. 再生时，观看进酸碱情况的

226. 混床底部进压缩空气装置的作用是(C)。

A. 擦洗树脂使用　　B. 反洗分层使用

C. 再生后，混合阴阳树脂使用　　D. 再生时，顶压使用

227. 混床的再生进碱装置在混床的(C)。

A. 下部

B. 顶部

C. 中部，反洗分层后阴树脂的上部 100~200mm 处

D. 和中间的排水装置在一起

228. 氢离子交换器的出水，经除碳器除气后，可使水中残留 CO_2降至(B)mg/L 以下。

A. 3　　B. 5　　C. 10　　D. 15

229. 鼓风式除碳器可除去水中(A)。

A. HCO_3^-和 CO_2　　B. O_2和 CO　　C. CO 和 HCO_3^-　　D. O_2和 CO_2

230. 在酸槽检修中，砖、板衬里工程的施工环境温度低于(C)℃时，应采取加热保温措施。

A. 0　　B. 5　　C. 10　　D. 20

231. 环氧呋喃玻璃钢的抗拉强度不得小于(B)MPa。

A. 60　　B. 100　　C. 200　　D. 250

232. 环氧呋喃树脂胶泥，自加入固化剂起应在(D)min 内用完。

A. 30　　B. 40　　C. 45　　D. 60

233. 环氧呋喃玻璃钢衬里的常温固化时间，应不少于(D)天。

A. 15　　B. 20　　C. 25　　D. 30

234. 在盛过酸、氨水和油的储罐上进行焊接作业，下列说法错误的是(C)。

A. 要用热碱水将罐体冲洗干净

B. 它们的残留物在高温下可以分解，能与罐中的空气形成可燃爆混合气体

C. 可以直接焊接

D. 不处理干净不能焊接

235. 下列各种因素中，使得除碳风机出口风压增加的是(C)。

A. 入口设置气体过滤器　　B. 叶轮与轴松动

C. 清洗叶片　　D. 反接电机电源线

236. 若提高水温，除碳器的除碳效果将(A)。

A. 提高　　B. 降低　　C. 基本不变　　D. 无法确定

237. 无阀滤池的进水水质恶化，会使自动运行的周期制水量(D)，出水的浊度(D)。

A. 不变，不变　　B. 不变，变大　　C. 变小，不变　　D. 变小，变大

238. 在重力式无阀滤池的小修中，若出现滤料和支承结块，则应(D)。

A. 进行强制反洗处理　　B. 人工在池内清理结块
C. 挖出结块滤料进行处理　　D. 挖出所有滤料进行处理

239. 重力式无阀滤池的反洗不能形成，则其出水量会(B)。
A. 增大　B. 减小　C. 不变　D. 增大或减小

240. 重力式无阀滤池不能自动反洗，应首先检查(C)。
A. 进口的流量大小　　B. 冲洗水箱的水位高低
C. 虹吸系统的严密性　　D. 锥形挡板的位置

241. 根据《GBT 12145—1999 火力发电机组及蒸汽动力设备水汽质量》要求规定，凝结水经过氢型混床处理后，电导率(25℃)标准指标为(C)μS/cm。
A. ≤0　B. ≤0.1　C. ≤0.2　D. ≤0.3

242. 根据《GBT 12145—1999 火力发电机组及蒸汽动力设备水汽质量》要求规定，凝结水经过氢型混床处理后，二氧化硅指标为(B)μg/L。
A. ≤10　B. ≤15　C. ≤20　D. ≤30

243. 根据《GBT 12145—1999 火力发电机组及蒸汽动力设备水汽质量》要求规定，凝结水经过氢型混床处理后，钠通用性指标为(B)μg/L。
A. ≤0　B. ≤5　C. ≤8　D. ≤10

244. 在凝结水精处理流程中一般不含有(A)工艺。
A. 絮凝　B. 过滤　C. 除油、除铁　D. 除盐

245. 在正常工艺条件下，为满足离子交换树脂的要求，凝结水需换热至(D)℃以下。
A. 30　B. 40　C. 50　D. 60

246. 为使用粉状过滤介质而设计的过滤设备是(C)。
A. 压力过滤器　B. 电磁过滤器　C. 覆盖过滤器　D. 微孔过滤器

247. 覆盖过滤器中，粉状滤料覆盖的多孔管件称做(A)。
A. 滤元　B. 吸附管　C. 滤膜　D. 电解管

248. 在扩容蒸发器内，扩容室上部装有(A)，以改善水质。
A. 汽水分离器　B. 隔板　C. 喷嘴　D. 水位计

249. 覆盖过滤器工作过程中，空气会聚集在集水漏斗与封头之间，此空间称做(A)。
A. 上气室　B. 下气室　C. 左气室　D. 右气室

250. 为保证运行时滤元间水流均匀通畅，覆盖滤料后的滤元管间净距不小于(C)mm。
A. 15　B. 20　C. 25　D. 30

251. 在凝结水中，Fe_3O_4是属于(A)物质。
A. 铁磁性　B. 顺磁性　C. 抗磁性　D. 逆磁性

252. 在凝结水中，α-Fe_2O_3是属于(B)物质。
A. 铁磁性　B. 顺磁性　C. 抗磁性　D. 逆磁性

253. 在高梯度磁性分离器内，能产生的磁力的是(C)。
A. 磁力线　B. 磁场　C. 磁性材料　D. 磁场梯度

254. 凝结水微孔过滤通常应用于除去凝结水中的(A)。
A. 悬浮物　B. 铁　C. 油　D. 盐类

255. 下列选项中，不属于微孔过滤的滤元是(D)。

A. 聚丙烯绕线丝滤元　　　　B. 塑料烧结管滤元
C. 过氯乙烯超细纤维滤布　　　　D. 生物过滤器纤维填料

256. 微孔过滤的滤元作用与普通过滤设备中的(D)部件一样。
A. 承托层　　B. 配水系统　　C. 反洗系统　　D. 滤料

257. 管式覆盖过滤器的去膜，通常采用(A)。
A. 机械清除法　　　　B. 水力冲洗法
C. 自压缩空气膨胀法　　　　D. 引压缩空气吹扫法

258. 管式覆盖过滤器铺膜前，须将水和滤料循环搅拌成悬浊液，并保证其(D)持续稳定。
A. 进入量　　B. 排出量　　C. 浊度　　D. 浓度

259. 管式覆盖过滤器的滤元齿槽中开孔直径一般为(C)mm。
A. 1　　B. 2　　C. 3　　D. 5

260. 管式覆盖过滤器的滤元上缠绕的不锈钢丝直径一般为(D)mm。
A. 0.1~0.2　　B. 0.2~0.3　　C. 0.3~0.4　　D. 0.4~0.5

261. H-OH 混床用于凝结水处理，出水电导率(25℃)通常控制在(A)μS/cm 以内。
A. 0.10　　B. 0.20　　C. 0.30　　D. 0.50

262. 通常(A)是反映凝结水处理中 H-OH 混床控制失效的指标。
A. 电导率　　B. 硬度　　C. 二氧化硅　　D. 碱度

263. 凝结水除盐一般多采用(C)的处理方法。
A. 反渗透　　B. 蒸馏　　C. 混床　　D. 电渗析器

264. 在凝结水处理中，H-OH 混床出水中含有树脂，通常处理方法为(C)。
A. 降低水流速度　　　　B. 增加再生剂量
C. 检修排水装置　　　　D. 反洗交换器中树脂

265. 下列叙述中，(A)不会造成 H-OH 混床出水电导率超标。
A. H-OH 混床出水阀泄漏　　　　B. H-OH 混床失效
C. H-OH 混床工作不正常　　　　D. H-OH 混床反洗进水阀渗漏

266. 下列叙述中，(C)可造成 H-OH 混床出水二氧化硅正常而电导率超标。
A. H-OH 混床内阳树脂失效　　　　B. H-OH 混床进碱阀漏入碱液
C. H-OH 混床运行流速过高　　　　D. H-OH 混床反洗进水阀渗漏

267. 在 0~110℃范围内，磷酸盐在水中的溶解度随温度上升而(A)。
A. 增加　　B. 减少　　C. 不变　　D. 先增加后减少

268. 联氨(N_2H_4)又叫肼，在常温时，是一种无色(B)。
A. 气体　　B. 液体　　C. 固体　　D. 不确定

269. 联氨对呼吸系统及皮肤有侵害作用，故空气中联氨蒸气量不能太大，最高不允许超过(D)mg/L。
A. 10　　B. 2　　C. 20　　D. 1

270. 联氨在碱性水溶液中，是一种很强的(C)剂。
A. 吸水　　B. 分解　　C. 还原　　D. 氧化

271. 氨在常温下是气体，易溶于水，其水溶液显(A)性。

A. 碱　　B. 酸　　C. 还原　　D. 氧化

272. 金属腐蚀电池的极化现象，可以使金属的腐蚀速度(B)。

A. 增大　　B. 减小　　C. 不变　　D. 不能确定

273. 在稀盐酸溶液中，水中的(A)离子是去极化剂。

A. H^+　　B. Cl^-　　C. OH^-　　D. Na^+

274. 给水系统的溶解氧腐蚀是一种电化学腐蚀，(D)形成两个电极，组成腐蚀电池。

A. 铁和氢　　B. 碳和氧　　C. 铁和碳　　D. 铁和氧

275. 锅炉系统最易发生溶解氧腐蚀的部位是(A)。

A. 给水管道和省煤器　　B. 汽包

C. 下降管和下联箱　　D. 过热器和蒸汽管道

276. 游离 CO_2腐蚀受温度影响较大，温度升高时会(B)腐蚀。

A. 延缓　　B. 促进　　C. 消除　　D. 影响

277. 游离 CO_2腐蚀产生的腐蚀产物是(A)。

A. 易溶的　　B. 难溶的　　C. 酸性的　　D. 碱性的

278. 在热力系统中，最容易发生游离 CO_2腐蚀的部位是(C)。

A. 省煤器　　B. 锅炉汽包　　C. 凝结水系统　　D. 除氧器

279. 任何气体在水中的溶解度与该气体在气水界面上的分压成(A)关系。

A. 正比　　B. 反比　　C. 指数函数　　D. 对数函数

280. 在敞口设备中，当水温升高时，各种气体在水中的溶解度将(C)。

A. 不变　　B. 上升　　C. 下降　　D. 不确定

281. 当水温达到沸点时，对其溶解气体的能力表述，正确的是(D)。

A. 溶解气体的能力增大　　B. 溶解气体的能力减小

C. 有的气体溶解能力增大、有的减小　　D. 没有溶解气体的能力

282. 联氨和水中溶解氧的反应速度不受(D)的影响。

A. 温度　　B. pH 值　　C. 联氨过剩量　　D. 给水压力

283. 给水温度和联氨除氧反应速度有密切关系，温度越高，反应速度越(B)。

A. 减慢　　B. 加快　　C. 先升高后降低　　D. 先降低后升高

284. 给水 pH 值和联氨除氧反应速度有密切关系，pH 值在(C)范围内反应速度最大。

A. 4~6　　B. 6~8　　C. 9~11　　D. 大于 11

285. 给水温度和联氨除氧反应速度有密切关系，温度越高，反应速度越(B)。

A. 减慢　　B. 加快

C. 先升高后降低　　D. 先降低后升高

286. 在给水 pH 值和温度相同的情况下，联氨过剩量越大，除氧所需的时间越(A)。

A. 少　　B. 多

C. 完全无影响　　D. 影响轻微

287. 通常用加氨的方法调节给水的 pH 值，加氨量使给水 pH 值调节到(C)为宜。

A. 7.5~8.2　　B. 8.6~9.0　　C. 8.8~9.3　　D. 9.0~9.3

288. 对压力大于 3.8MPa 的锅炉，其蒸汽中二氧化硅含量应该不高于(C)μg/kg。

A. 5　　B. 10　　C. 20　　D. 100

289. 对压力大于 5.9MPa 的锅炉，其电导率(氢离子交换后)一般应不高于(A)μS/cm。

A. 0.3　　B. 1.0　　C. 3.0　　D. 10

290. 单段蒸发、蒸汽压力为 5.9~12.6MPa 的汽包锅炉采用磷酸盐处理时，其炉水磷酸根含量应控制在(B)mg/L。

A. 5~10　　B. 2~10　　C. 2~15　　D. 1~2

291. 高温高压汽包锅炉采用磷酸盐处理时，其炉水 pH 值应控制在(A)。

A. 9~10　　B. 8.8~9.3　　C. 小于 9　　D. 大于 11

292. 用除盐水作补给水的锅炉，锅炉压力在 5.9~15.6MPa，其炉水氯离子含量应不高于(C)mg/L。

A. 10　　B. 9　　C. 4　　D. 2

293. 3.8~5.8MPa 蒸汽汽包锅炉的给水硬度应该(C)μmol/L。

A. ≤0.5　　B. ≤1　　C. ≤2　　D. ≤5

294. 3.8~5.8MPa 蒸汽汽包锅炉给水的 pH 值(25℃)应为(A)。

A. 8.8~9.2　　B. 8.5~9.2　　C. 8.2~9.0　　D. 8.0~9.5

295. 废热锅炉的给水和锅水水质应根据炉型、蒸汽参数、蒸汽用途以及局部最高(B)的情况而定。

A. 热量　　B. 热负荷　　C. 热能　　D. 负荷

296. 随着锅炉参数提高，锅炉给水水质要求更加严格，需将水中所有(D)几乎除尽。

A. 碱度　　B. 悬浮物　　C. 硬度　　D. 盐类

297. 分析含微量钠成分的水样，必须使用(A)采集。

A. 塑料瓶　　B. 白色玻璃瓶

C. 锥形瓶　　D. 棕色玻璃瓶

298. 磷钒钼黄分光光度法测定水中磷酸盐含量时，应选择(C)nm 波长。

A. 520　　B. 455　　C. 420　　D. 400

299. 磷钼兰比色法测定水中磷酸盐浓度时，加入 1%氯化亚锡溶液所起的作用是(B)。

A. 氧化剂　　B. 还原剂　　C. 稳定剂　　D. 萃取剂

300. 在酸性溶液中，联氨与对二甲氨基苯甲醛反应生成棕檬黄色的偶氮化合物，该化合物最大吸收波长为(B)nm。

A. 520　　B. 455　　C. 420　　D. 400

301. 在(A)溶液中，联氨与对二甲氨基苯甲醛反应生成棕檬黄色的偶氮化合物。

A. 酸性　　B. 碱性　　C. 中性　　D. 弱碱性

302. 在使用分光光度计时，灵敏度挡选择的原则是(D)。

A. 越大越好

B. 越小越好

C. 保证空白时的透光率能调到 100%的低灵敏度挡

D. 保证空白时的透光率能调到 100%的高灵敏度挡

303. 测定溶解氧的氨性靛蓝二磺酸钠缓冲溶液放置时间不得超过(C)h，否则应重新配制。

A. 24　　B. 12　　C. 8　　D. 2

304. 测定水中溶解氧所用酸性靛蓝二磺酸钠溶液的 pH 值应为(B)。

A. 9.0　　B. 8.5　　C. 7.0　　D. 3.0

305. 淋水盘式除氧器的加热蒸汽是从除氧头的(B)引入。

A. 上部　　B. 下部　　C. 中部　　D. 水箱

306. 给水加药点通常设在(B)位置。

A. 除氧器入口　　B. 除氧器后、给水泵前

C. 给水泵后　　D. 凝结水泵后

307. 在集中取样装置中，氢离子交换柱的出水应该进入(A)在线仪表。

A. 电导率仪　　B. 钠离子浓度计

C. 磷表　　D. 硅表

308. 集中取样装置停运时，在线仪表的玻璃电极应该(B)。

A. 擦干放置　　B. 浸在水中　　C. 拆下放置　　D. 烘干放置

309. 下列叙述中，不会导致给水溶解氧不合格的是(C)。

A. 除氧器运行工况不良　　B. 除氧器内部装置缺陷

C. 给水加氨量过高　　D. 联氨处理剂量不够

310. 下列叙述中，不会导致给水硬度高的是(A)。

A. 炉水浑浊　　B. 凝汽器泄漏

C. 疏水硬度大　　D. 除盐水有硬度

311. 凝汽器泄漏造成给水硬度超标，必须采取的处理方式是(B)。

A. 排放疏水　　B. 联系汽机查漏、堵漏

C. 加强加氨处理　　D. 联系水处理消除故障

312. 除氧器运行工况不良造成给水溶解氧超标，必须采取的处理方式是(C)。

A. 安排除氧器检修　　B. 联系汽机查漏、堵漏

C. 调节除氧器运行工况　　D. 联系水处理消除故障

313. 锅炉给水含铁量超标时，应该采取的措施是(C)。

A. 减少加氨量，降低给水 pH 值。　　B. 减少联氨处理量

C. 增加加氨量，提高给水 pH 值　　D. 降低除氧器运行温度

314. 汽轮机启动时，凝结水浑浊，应该采取的处理方式是(A)。

A. 排放掉凝结水　　B. 部分回收凝结水

C. 增加给水加氨量，提高给水 pH 值　　D. 降低除氧器运行温度

315. 汽轮机运行时，凝结水硬度超过一级处理值，应该在(D)h 内恢复正常，否则应该停机处理。

A. 8　　B. 24　　C. 36　　D. 72

316. 汽轮机运行时，凝结水硬度超过三级处理值，应该在(A)h 内恢复正常，否则应该停机处理。

A. 8　　B. 24　　C. 36　　D. 72

四、技能操作鉴定要素细目表

鉴定范围						鉴定点	
一级		二级		三级		代码	名称
代码	名称	代码	名称	代码	名称		
A	操作要求	A	工艺操作	A	开车准备	001	无阀滤池投运前的检查
						002	固定式阳床投运前的检查
						003	混床投运前的检查
						004	加药系统投运前的检查
				B	开车操作	001	无阀滤池的投运操作
						002	活性炭过滤器的投运操作
						003	反渗透的投运操作
						004	固定式阴床的投运操作
						005	一级复床除盐系统的投运操作
						006	钠离子交换器的投运操作
						007	运行式浮动床的投运操作
				C	正常操作	001	污染指数(SDI)的测定
						002	工业水硬度的测定
						003	工业水碱度的测定
						004	阳床出水酸度的测定
						005	氯离子的测定
						006	混床的切换操作
				D	停车操作	001	无阀滤池的停用操作
						002	钠离子交换器的停运操作
						003	阳固定床的停运操作
						004	预处理加药系统的停运操作
		B	设备使用与维护	A	使用设备	001	离心泵启动前的检查
						002	离心泵的启动操作
						003	离心泵的停运操作
						004	离心泵的切换操作
						005	计量泵投运前的检查
						006	计量泵的投运操作
						007	计量泵的停运操作
						008	潜水泵的投运操作
						009	浊度的测定步骤
						010	电导率仪的使用
				B	维护设备	001	更换压力表的操作
						002	离心泵的运行维护
						003	计量泵的运行维护
						004	玻璃分析仪器的洗涤
						005	离心泵润滑油的更换操作
						006	无阀滤池的日常维护

续表

鉴定范围						鉴定点	
一级		二级		三级		代码	名称
代码	名称	代码	名称	代码	名称		
		C	事故判断与处理	A	判断事故	001	柱塞式计量泵完全不排液的原因分析
						002	滤池浊度超标的原因分析
						003	固定床离子交换器出力不足的原因分析
				B	处理事故	001	离心泵不上量的处理
						002	离心泵填料发热的处理
						003	浓盐酸烧伤的现场急救处理
		D	绘图	A	绘图	001	绘制固定床一级除盐系统工艺流程图
						002	绘制混床系统工艺流程图

五、技能操作试题

试题1：无阀滤池投运前的检查(现场模拟)

(考核时间：10min)

序号	考核内容	考核要点	配分	评分标准	检测结果	扣分	得分	备注
1	准备工作	穿戴劳保用品	3	穿戴不规范扣3分				
		工具用具准备	2	工具选择不正确扣2分				
2	检查池体	检查确认滤池本体完好，检查确认滤池人孔门、管路、阀门完好	40	未检查人孔门扣10分				
				未检查池体扣10分				
				未检查管路扣10分				
				未检查排空阀扣10分				
3	检查虹吸系统	检查确认虹吸系统严密性	25	未检查强迫反洗阀、反洗破坏阀，每项扣10分				
				未检查虹吸管扣5分				
4	检查澄清池	检查澄清池运转正常	30	未检查澄清池运转扣20分				
				未检查澄清池出水水质扣10分				
5	安全及其他	按国家法规或企业规定		违规一次总分扣5分；严重违规停止操作			—	
		在规定时间内完成操作		每超时1min总分扣5分，超时3min停止操作			—	
合计			100					

试题 2：固定式阳床投运前的检查(现场模拟)

（考核时间：10min）

序号	考核内容	考核要点	配分	评分标准	检测结果	扣分	得分	备注
1	准备工作	穿戴劳保用品	3	劳保用品穿戴不规范扣 3 分				
		工具用具准备	2	工具选择不正确扣 2 分				
2	检查床体	检查确认阳床本体完好，树脂正常、检查确认阳床人孔、视镜、压力表、管路完好	40	未检查树脂状况扣 10 分				
				未检查床体、视镜、人孔扣 10 分				
				未检查管路扣 10 分				
				未检查压力表扣 10 分				
3	检查阀门系统	检查确认阀门完好、各阀门开闭准确	30	未检查进酸门、空气门阀位，每项扣 10 分				
				未检查出、入口门、中排门、正排门开闭扣 10 分				
4	检查原水泵	检查原水泵运转正常	25	未检查原水泵运转扣 20 分				
				未检查原水泵出口压力扣 5 分				
5	安全及其他	按国家法规或企业规定		违规一次总分扣 5 分；严重违规停止操作			—	
		在规定时间内完成操作		每超时 1min 总分扣 5 分，超时 3min 停止操作			—	
合计			100					

试题 3：混床投运前的检查(现场模拟)

（考核时间：10min）

序号	考核内容	考核要点	配分	评分标准	检测结果	扣分	得分	备注
1	准备工作	穿戴劳保用品	3	劳保用品穿戴不规范扣 3 分				
		工具用具准备	2	工具选择不正确扣 2 分				
2	检查床体	检查确认混床本体完好、树脂正常，检查确认混床人孔、视镜、压力表、管路完好	40	未检查树脂状况扣 10 分				
				未检查床体、视镜、人孔扣 10 分				
				未检查管路扣 10 分				
				未检查压力表扣 10 分				
3	检查阀门系统	检查确认阀门完好、各阀门开闭准确	30	未检查进酸门、进碱门、空气门阀位，每项扣 5 分				
				未检查出、入口门、中排门、正排门、混脂门开闭，每项扣 3 分				

续表

序号	考核内容	考核要点	配分	评分标准	检测结果	扣分	得分	备注
4	检查一级泵	检查一级泵运转正常	25	未检查一级泵运转扣20分				
				未检查一级泵出口压力扣5分				
5	安全及其他	按国家法规或企业规定		违规一次总分扣5分；严重违规停止操作			—	
		在规定时间内完成操作		每超时1min总分扣5分，超时3min停止操作			—	
合　计			100					

试题4：混床投运前的检查(现场模拟)

(考核时间：20min)

序号	考核内容	考核要点	配分	评分标准	检测结果	扣分	得分	备注
1	准备工作	穿戴劳保用品	3	劳保用品穿戴不规范扣3分				
		工具、用具准备	2	工具选择不正确扣2分				
2	检查滤池	检查滤池是否放空，若空池投用，引水入冲洗水箱，让水自下而上浸润滤料	15	未检查滤池扣15分				
				不清楚灌水方法扣10分				
3	进水	开启滤池进水阀，向池中上水	20	操作漏项扣20分				
4	强迫反洗	滤池出水后，若水质浑浊，开强迫反洗阀，待虹吸形成，关强迫反洗阀	20	未检查出水水质扣10分				
				强迫反洗操作漏项，每项扣10分				
5	调节反洗强度	滤池初次反洗时，逐步调节锥形挡板与虹吸下降管管口之间的距离，调整反洗强度合适后，固定锥形挡板开度	15	操作漏项扣10分				
				不清楚反洗强度扣10分				
6	向系统供水	至出水达到标准，向清水池送水	20	不清楚出水标准扣20分				
7	使用工具	使用工具	2	工具使用不正确扣2分				
		维护工具	3	工具乱摆乱放扣3分				
8	安全及其他	按国家法规或企业规定		违规一次总分扣5分；严重违规停止操作			—	
		在规定时间内完成操作		每超时1min总分扣5分，超时3min停止操作			—	
合　计			100					

试题5：反渗透单元投运操作(现场模拟)

(考核时间：20min)

序号	考核内容	考核要点	配分	评分标准	检测结果	扣分	得分	备注
1	准备工作	穿戴劳保用品	3	劳保用品穿戴不规范扣3分				
		工具、用具准备	2	工具选择不正确扣2分				
2	投用保安过滤器	按规定的步骤投用保安过滤器	20	未投用保安过滤器扣15分				
				操作步骤不规范扣10分				
3	进水排气	开高压泵出口阀、慢开电动阀、产水阀、产水排放阀、浓水排放手动调节法，进水排气1min	30	未开开高压泵出口阀、慢开电动阀，扣10分				
				未开产水阀、产水排放阀、浓水排放手动调节法，扣10分				
				排气时间控制不正确，扣10分				
4	预冲洗	启动高压泵，计量泵对反渗透预冲洗，检测产水电导率，冲洗至电导率合格	20	未启高压泵，扣20分				
				未启计量泵，扣10分				
				未检测出水电导率，扣10分				
5	投运	待产水电导率合格后，关产水排放阀。仔细调节高压泵出口阀、浓水排放手动阀。至反渗透额定负荷和回收率	20	未关产水排放阀，扣10分				
				未调解流量、回收率，每项扣10分				
6	使用工具	使用工具	2	工具使用不正确扣2分				
		维护工具	3	工具乱摆乱放扣3分				
7	安全及其他	按国家法规或企业规定		违规一次总分扣5分；严重违规停止操作			—	
		在规定时间内完成操作		每超时1min总分扣5分，超时3min停止操作			—	
	合计		100					

试题6：阴固定床、混固定床投运操作(现场模拟)

(考核时间：25min)

序号	考核内容	考核要点	配分	评分标准	检测结果	扣分	得分	备注
1	准备工作	穿戴劳保用品	3	劳保用品穿戴不规范扣3分				
		工具、用具准备	2	工具选择不正确扣2分				
2	阴床进水排气	开阴床空气阀、正洗进水阀。投运中间水泵，向阴床供水	25	打开阀门操作漏项，每项扣5分				
				操作顺序不当，每项扣3分				
				投用中间水泵操作漏项，每项扣5分				
				投用中间水泵操作不规范，每项扣3分				

续表

序号	考核内容	考核要点	配分	评分标准	检测结果	扣分	得分	备注
3	阴床正洗	待阴床内空气排尽，开阴床正洗排水阀，关空气阀，调节正洗流量在额定出力内。5min 后开阴床在线电导率表样水阀，投用在线电导率表	20	未按顺序操作，每项扣 3 分				
				操作漏项，每项扣 5 分				
				未调整正洗流量扣 3 分				
4	阴床投运	待阴床正洗合格后，开混床空气阀、正洗进水阀。开阴床出水阀，关正洗排水阀	15	未按顺序操作，每项扣 3 分				
				操作漏项，每项扣 5 分				
				未监测阴床正洗排水是否合格扣 3 分				
5	混床正洗	待混床内空气排尽，开混床正洗排水阀、关空气阀，调节正洗流量在额定出力内。5min 后开混床在线电导率表、硅表样水阀，投用在线电导率表、硅表	20	未按顺序操作，每项扣 3 分				
				操作漏项，每项扣 5 分				
				未调整正洗流量扣 3 分				
6	混床投运	待正洗合格后，开混床出水阀，关正洗排水阀，向除盐水箱送水	10	操作漏项，每项扣 5 分				
				未监测混床正洗排水是否合格扣 10 分				
7	使用工具	使用工具	2	工具使用不正确扣 2 分				
		维护工具	3	工具乱摆乱放扣 3 分				
8	安全及其他	按国家法规或企业规定		违规一次总分扣 5 分；严重违规停止操作			—	
		在规定时间内完成操作		每超时 1min 总分扣 5 分，超时 3min 停止操作			—	
合　计			100					

试题 7：一级复床除盐系统的投运操作(现场模拟)

（考核时间：30min）

序号	考核内容	考核要点	配分	评分标准	检测结果	扣分	得分	备注
1	准备工作	穿戴劳保用品	3	劳保用品穿戴不规范扣 3 分				
		工具、用具准备	2	工具选择不正确扣 2 分				
2	投运除碳器	按规定的步骤投用除碳器	10	操作错误，每项扣 5 分				
3	投运清水泵	开阳床排空气阀、正洗进水阀。投用清水泵，向阳床供水	20	操作顺序错误，每项扣 5 分				
				操作漏项，每项扣 10 分				
				投用清水泵操作不规范，每项扣 3 分				

续表

序号	考核内容	考核要点	配分	评分标准	检测结果	扣分	得分	备注
4	投运阳床	待床内空气排尽，开正洗排水阀，关排空气阀。待阳床正洗合格后，开出水阀，关正洗排水阀，向除碳器送水	20	操作顺序错误，每项扣5分				
				操作漏项，每项扣10分				
				未监测正洗排水是否合格扣5分				
5	投运中间水泵	开阴床空气阀、正洗进水阀。投用中间水泵，向阴床供水	20	未按顺序操作，每项扣5分				
				操作漏项，每项扣10分				
				投用中间水泵操作不规范，每项扣3分				
6	投运阴床	待阴床内空气排尽，开阴床正洗排水阀，关空气阀。待阴床正洗合格后，开阴床出水阀，关正洗排水阀。向除盐水箱送水	20	操作顺序错误，每项扣5分				
				操作漏项，每项扣10分				
				未监测正洗排水是否合格扣5分				
7	使用工具	使用工具	2	工具使用不正确扣2分				
		维护工具	3	工具乱摆乱放扣3分				
8	安全及其他	按国家法规或企业规定		违规一次总分扣5分；严重违规停止操作			—	
		在规定时间内完成操作		每超时1min总分扣5分，超时3min停止操作			—	
	合计		100					

试题8：运行式浮动床投运操作(现场模拟)

(考核时间：15min)

序号	考核内容	考核要点	配分	评分标准	检测结果	扣分	得分	备注
1	准备工作	穿戴劳保用品	3	劳保用品穿戴不规范扣3分				
		工具、用具准备	2	工具选择不正确扣2分				
2	成床	检查浮床内应充满水。全开向上清洗排水阀，快开入口阀至所需流速，一般以20~30m/h为宜	40	未按顺序操作，每项扣10分				
				入口阀开启缓慢扣10分				
				成床流速过小或过大扣20分				
				操作漏项，每项扣10分				
3	投用在线仪表	开在线仪表样水阀，投用在线仪表	20	操作漏项，每项扣10分				
4	投运浮动床	待正洗排水合格后，开出口阀，关向上清洗排水阀。调节至所需流量向系统供水	30	未按顺序操作，每项扣10分				
				操作漏项，每项扣10分				
				未监测正洗排水是否合格扣10分				

续表

序号	考核内容	考核要点	配分	评分标准	检测结果	扣分	得分	备注
5	使用工具	使用工具	2	工具使用不正确扣 2 分				
		维护工具	3	工具乱摆乱放扣 3 分				
6	安全及其他	按国家法规或企业规定		违规一次总分扣 5 分；严重违规停止操作			—	
		在规定时间内完成操作		每超时 1min 总分扣 5 分，超时 3min 停止操作			—	
合　计			100					

试题 9：SDI_{15} 值的测定操作（现场模拟）

（考核时间：30min）

序号	考核内容	考核要点	配分	评分标准	检测结果	扣分	得分	备注
1	准备工作	穿戴劳保用品	3	劳保用品穿戴不规范扣 3 分				
		工具、用具准备	2	工具选择不正确扣 2 分				
2	操作程序	开启 *SDI* 仪供水泵，打开过水阀门，将管线冲洗 1～2min	10	未开供水泵扣 5 分				
				未打开过水阀门扣 5 分				
				未冲洗管线或冲洗时间不正确扣 5 分				
		关闭过水阀门，用小镊子将膜片放入 *SDI* 仪中	5	未关闭过水阀门扣 3 分				
				操作不到位扣 3 分				
		打开过水阀门，将 *SDI* 仪的测量压力调整到 0.21MPa（30Psi），关闭过水阀门	10	未打开过水阀门扣 5 分				
				未调整测量压力扣 5 分				
				未及时关闭过水阀门扣 5 分				
		将出水软管放入 500mL 量筒中，打开过水阀门，同时按下秒表计时	10	少一项操作扣 5 分				
				操作不到位扣 5 分				
		将流满第一个 500mL 的时间记做 T_1，倒空量筒	5	不操作不得分				
				未记时间 T_1 扣 3 分				
				未倒空量筒扣 5 分				
		第 15min 时，再次将软管放入量筒，将流满第二个 500mL 的时间记做 T_2	5	不操作不得分				
				操作不到位扣 5 分				
		停泵，关阀，用小镊子取出膜片，放在滤纸中保留	10	少一项操作扣 5 分				
				操作不到位扣 5 分				
		用公式（$SDI_{15}=(1-T_1/T_2)\times100/15$）计算 SDI_{15} 值	5	不计算不得分				
				计算不到位扣 5 分				

续表

序号	考核内容	考核要点	配分	评分标准	检测结果	扣分	得分	备注
3	注意事项	计算时，T_1、T_2的单位统一用秒	5	时间单位不对扣5分				
		T_1所用的时间包含在15min之内	5	T_1未包含在15min之内扣5分				
		当浊度超过1.50时，测定出的数值无效	5	未按要求操作扣5分				
		当T_1超过1min或T_2超过3min时，应终止测定过程	5	未按要求操作扣5分				
		T_1正常，但在等待15min的过程中出水呈滴水状，应终止测定过程	5	未按要求操作扣5分				
		测定过程中*SDI*仪要始终保持垂直状态	5	*SDI*仪未保持垂直状态扣5分				
4	使用工具	使用工具	2	工具使用不正确扣2分				
		维护工具	3	工具乱摆乱放扣3分				
5	安全及其他	按国家法规或企业规定		违规一次总分扣5分；严重违规停止操作			—	
		在规定时间内完成操作		每超时1min总分扣5分，超时3min停止操作			—	
合计			100					

试题10：未知水样硬度的测定操作（现场模拟）

（考核时间：15min）

序号	考核内容	考核要点	配分	评分标准	检测结果	扣分	得分	备注
1	准备工作	穿戴劳保用品	3	劳保用品穿戴不规范扣3分				
		实验仪器、试剂准备	7	仪器、试剂选择不正确扣7分				
2	理论	实验原理	10	实验原理叙述不清扣10分				
		实验条件	10	不能掌握实验条件扣10分				
3	规范操作	玻璃仪器清洗标准	5	清洗不标准、不洁净扣5分				
		试剂装入移液管正确	5	装液不正确扣5分				
		读数方法正确	10	读数方法不正确扣10分				
		做空白及平行样	10	未做空白或平行样各扣5分				
		滴定终点判断准确	10	过滴或未到终点扣10分				

续表

序号	考核内容	考核要点	配分	评分标准	检测结果	扣分	得分	备注
4	分析结果	计算正确	10	计算错误扣10分				
		结果在允许误差之内	10	实验超差扣10分				
5	整理	清理实验现场	10	实验完毕未对实验仪器及现场进行清理10分				
6	安全及其他	按国家法规或企业规定		违规一次总分扣5分；严重违规停止操作			—	
		在规定时间内完成操作		每超时1min总分扣5分，超时3min停止操作			—	
合　计			100					

试题11：混床的切换操作(现场模拟)

（考核时间：15min）

序号	考核内容	考核要点	配分	评分标准	检测结果	扣分	得分	备注
1	准备工作	穿戴劳保用品	3	劳保用品穿戴不规范扣3分				
		工具、用具准备	2	工具选择不正确扣2分				
2	判断混床失效	运行中混床出水二氧化硅含量或电导率，接近或达到控制指标时，投备用混床	10	不清楚混床出水控制指标扣10分				
3	备用混床进水排气	开备用混床的空气阀、正洗进水阀	10	操作漏项，每项扣5分				
4	备用混床正洗	待床内空气排尽，开正洗排水阀，关空气阀，调节正洗流量在额定出力内。5min后开投用混床的在线电导率表、硅表样水阀，投用在线电导率表	25	未按顺序操作，每项扣5分				
				操作漏项，每项扣10分				
				未调整正洗流量扣5分				
5	备用混床投运	待正洗合格后，开出水阀、关正洗排水阀，向系统送水	25	未按顺序操作，每项扣5分				
				操作漏项，每项扣10分				
				未监测正洗排水是否合格扣10分				
6	解失效床	关失效混床正洗进水阀、出水阀、在线电导率表样水阀、在线硅表样水阀。开空气阀，放水消压后关空气阀。停失效混床的在线电导率表	20	未按顺序操作，每项扣3分				
				操作漏项，每项扣5分				

续表

序号	考核内容	考核要点	配分	评分标准	检测结果	扣分	得分	备注
7	使用工具	使用工具	2	工具使用不正确扣 2 分				
		维护工具	3	工具乱摆乱放扣 3 分				
8	安全及其他	按国家法规或企业规定		违规一次总分扣 5 分；严重违规停止操作			—	
		在规定时间内完成操作		每超时 1min 总分扣 5 分，超时 3min 停止操作			—	
合计			100					

试题 12：固定式阳床的停运操作（现场模拟）

（考核时间：15min）

序号	考核内容	考核要点	配分	评分标准	检测结果	扣分	得分	备注
1	准备工作	穿戴劳保用品	3	劳保用品穿戴不规范扣 3 分				
		工具、用具准备	2	工具选择不正确扣 2 分				
2	停清水泵	停运清水泵	30	未按规范操作，每项扣 5 分				
				操作漏项，每项扣 10 分				
3	停阳床	关阳床正洗进水阀、出水阀、在线 pNa 表样水阀。开排气阀，放水消压后关排气阀。停阳床的在线 pNa 表	40	未按顺序操作，每项扣 3 分				
				操作漏项，每项扣 10 分				
4	停除碳器	按规定的步骤停运除碳器	20	操作漏项扣 20 分				
5	使用工具	使用工具	2	工具使用不正确扣 2 分				
		维护工具	3	工具乱摆乱放扣 3 分				
6	安全及其他	按国家法规或企业规定		违规一次总分扣 5 分；严重违规停止操作			—	
		在规定时间内完成操作		每超时 1min 总分扣 5 分，超时 3min 停止操作			—	
合计			100					

试题 13：预处理加药系统的停运操作（现场模拟）

（考核时间：15min）

序号	考核内容	考核要点	配分	评分标准	检测结果	扣分	得分	备注
1	准备工作	穿戴劳保用品	3	劳保用品穿戴不规范扣 3 分				
		工具、用具准备	2	工具选择不正确扣 2 分				
2	停运加药泵	按运行加药泵的“停运”按钮，该泵停止运行	30	操作漏项扣 30 分				

续表

序号	考核内容	考核要点	配分	评分标准	检测结果	扣分	得分	备注
3	关闭阀门	关加药泵进口阀、出口阀、出口二次阀，关混凝剂溶液池出口阀	40	操作漏项，每项扣10分				
4	停运搅拌机	停运溶液池搅拌机	20	操作漏项扣20分				
5	使用工具	使用工具	2	工具使用不正确扣2分				
		维护工具	3	工具乱摆乱放扣3分				
6	安全及其他	按国家法规或企业规定		违规一次总分扣2分；严重违规停止操作			—	
		在规定时间内完成操作		每超时1min总分扣3分，超时3min停止操作			—	
合　计			100					

试题14：离心泵启动前的检查(现场模拟)

(考核时间：15min)

序号	考核内容	考核要点	配分	评分标准	检测结果	扣分	得分	备注
1	准备工作	穿戴劳保用品	3	劳保用品穿戴不规范扣3分				
		工具、用具准备	2	工具选择不正确扣2分				
2	检查进出水条件	检查进、出水阀是否完好	10	未检查进水阀扣5分				
				未检查出水阀扣5分				
		检查吸水井水位是否满足要求	10	未检查水位扣10分				
				水位未满足要求扣5分				
		检查出水条件，确保满足供水要求	10	未检查出水扣10分				
				出水条件未满足要求扣5分				
3	检查机泵本体	检查机泵是否完好，地脚螺栓及其他连接部件是否牢固	10	未检查电机扣5分				
				未检查离心泵扣5分				
				未检查机泵的牢固性扣5分				
4	检查润滑系统	检查润滑油(脂)量、油(脂)质是否满足要求	8	未检查油(脂)量扣5分				
				未检查油质扣5分				
5	检查仪表情况	检查真空表、压力表是否完好，打开真空表的控制阀，关闭出口压力表的控制阀	7	未检查仪表扣3分				
				未打开真空表的控制阀扣2分				
				未关闭压力表的控制阀扣2分				
		检查电压、电流表是否完好	5	未检查电压表扣3分				
				未检查电流表扣3分				

续表

序号	考核内容	考核要点	配分	评分标准	检测结果	扣分	得分	备注
6	测量绝缘	联系测电机绝缘是否符合要求，低压电机不小于0.5MΩ	10	未测量绝缘扣10分				
				判断错误扣5分				
7	灌水排气	打开泵壳排气阀，排尽空气后关闭	10	未操作扣10分				
				排气不彻底扣5分				
8	盘车	盘车，转动灵活，无异常声音	10	盘车方向错误扣10分				
				盘车未达2圈以上扣5分				
9	使用工具	使用工具	2	工具使用不正确扣2分				
		维护工具	3	工具乱摆乱放扣3分				
10	安全及其他	按国家法规或企业规定		违规一次总分扣5分；严重违规停止操作			—	
		在规定时间内完成操作		每超时1min总分扣5分，超时3min停止操作			—	
合　计			100					

试题15：离心泵的启动操作(现场模拟)

(考核时间：15min)

序号	考核内容	考核要点	配分	评分标准	检测结果	扣分	得分	备注
1	准备工作	穿戴劳保用品	2	劳保用品穿戴不规范扣2分				
		工具、用具准备	3	工具选择不正确扣3分				
2	启动前操作	检查轴承油(脂)质量	3	未检查扣3分				
		检查进、出口阀是否完好	3	未检查扣3分				
		检查压力仪表是否处于备用状态	4	未检查扣4分				
		灌水排气	10	未排气操作扣10分				
				灌水排气不彻底扣5分				
		盘车	10	未盘车扣10分				
				盘车未达2圈以上扣5分				
3	启动操作	启动离心泵，打开出口压力表的控制阀；检查电流，缓缓开启出口阀，同时观察出水压力变化	20	启动操作不正确扣5分				
				未打开压力表阀门扣4分				
				未检查电流扣3分				
				开启出口阀过快扣5分				
				未根据出水压力开启出口阀扣3分				

续表

序号	考核内容	考核要点	配分	评分标准	检测结果	扣分	得分	备注
4	启动后检查	调整出口阀，使出水压力达到生产要求	10	未调整操作扣10分				
				调整压力未达到要求扣5分				
		检查电机温度、振动是否正常	10	未检查电机温度扣5分				
				未检查电机振动扣5分				
				未检查电机轴承温度扣5分				
		检查离心泵轴承温度、振动是否正常	10	未检查泵轴承温度扣5分				
				未检查泵振动扣5分				
		检查并调整填料密封滴水，保证滴水满足要求	10	未检查填料处滴水扣10分				
				滴水不满足要求，未调整扣5分				
5	使用工具	使用工具	2	工具使用不正确扣2分				
		维护工具	3	工具乱摆乱放扣3分				
6	安全及其他	按国家法规或企业规定		违规一次总分扣5分；严重违规停止操作			—	
		在规定时间内完成操作		每超时1min总分扣5分，超时3min停止操作			—	
合计			100					

试题16：离心泵的停运操作(现场模拟)

(考核时间：10min)

序号	考核内容	考核要点	配分	评分标准	检测结果	扣分	得分	备注
1	准备工作	穿戴劳保用品	2	劳保用品穿戴不规范扣2分				
		工具、用具准备	3	工具选择不正确扣3分				
2	停运步骤	关闭出口阀	30	未关闭出口阀扣30分				
				操作不规范扣10分				
		按泵的停运按钮	30	操作漏项扣30分				
				操作迟缓扣20分				
3	调整及检查	根据需要调整泵进口阀、出口阀开启或关闭；长时间停用应关闭泵冷却用水	30	不清楚泵在连锁、备用、检修条件下阀门启闭情况，每项扣10分				
				操作漏项，每项扣10分				
4	使用工具	使用工具	2	工具使用不正确扣2分				
		维护工具	3	工具乱摆乱放扣3分				

续表

序号	考核内容	考核要点	配分	评分标准	检测结果	扣分	得分	备注
5	安全及其他	按国家法规或企业规定		违规一次总分扣5分；严重违规停止操作			—	
		在规定时间内完成操作		每超时1min总分扣5分，超时3min停止操作			—	
		合　计	100					

试题17：离心泵的切换操作(现场模拟)

(考核时间：10min)

序号	考核内容	考核要点	配分	评分标准	检测结果	扣分	得分	备注
1	准备工作	穿戴劳保用品	2	劳保用品穿戴不规范扣2分				
		工具、用具准备	3	工具选择不正确扣3分				
2	启动前操作	检查备用离心泵组轴承润滑油(脂)质量，检查备用机组的进出口阀，真空表、压力表的控制阀应置于关闭状态	10	未检查润滑油(脂)扣3分				
				未检查进口阀扣3分				
				未检查出口阀扣3分				
				压力仪表的控制阀状态错误扣3分				
		对备用机组灌水排气、盘车	15	未排气操作扣5分				
				灌水排气不彻底扣3分				
				未盘车扣5分				
				盘车未达2圈以上扣3分				
3	切换操作程序	启动备用离心泵，投用出口压力表，检查电流，缓缓开启出口阀，同时观察出水压力变化	15	启动操作不正确扣5分				
				未投用出口压力表扣3分				
				未检查电流扣2分				
				开启操作过快扣5分				
		根据管网压力变化，缓慢关闭运行泵出口阀，同时缓慢增开备用泵的出口阀，保证管网压力平稳	20	操作顺序不正确扣10分				
				未根据管网压力操作阀门扣5分				
				操作过快扣5分				
				管网压力波动大扣5分				
		待运行泵出口阀完全关闭时，停运机组；调整备用泵出口阀，使管网压力满足生产要求	10	停运操作不正确扣5分				
				管网压力未达到要求扣5分				

续表

序号	考核内容	考核要点	配分	评分标准	检测结果	扣分	得分	备注
4	切换后检查及调整	检查电机温度、振动是否正常	4	未检查电机温度扣2分				
				未检查电机振动扣2分				
		检查离心泵轴承温度、振动是否正常	4	未检查泵轴承温度扣2分				
				未检查泵振动扣2分				
		检查并调整填料密封滴水	6	未检查填料处滴水扣3分				
				未调整密封扣3分				
		关闭停运机组压力仪表控制阀，置机组于备用状态	6	未关闭压力表控制阀扣3分				
				未确认停运机组备用扣3分				
5	使用工具	使用工具	2	工具使用不正确扣2分				
		维护工具	3	工具乱摆乱放扣3分				
6	安全及其他	按国家法规或企业规定		违规一次总分扣5分；严重违规停止操作			—	
		在规定时间内完成操作		每超时1min总分扣5分，超时3min停止操作			—	
合　计			100					

试题18：计量泵投运前的检查(现场模拟)

(考核时间：10min)

序号	考核内容	考核要点	配分	评分标准	检测结果	扣分	得分	备注
1	准备工作	穿戴劳保用品	3	劳保用品穿戴不规范扣3分				
		工具、用具准备	2	工具选择不正确扣2分				
2	检查进出液条件	检查进、出水管阀是否完好	10	未检查进水管阀扣5分				
				未检查出水管阀扣5分				
		检查吸入槽液位是否满足要求	10	未检查液位扣10分				
				不清楚液位要求扣5分				
		检查出液管路应畅通	10	未检查扣10分				
3	检查仪表	检查压力表等是否完好	5	未检查扣5分				
4	检查泵本体	检查油量、油质是否满足要求	15	未检查油量扣10分				
				不清楚油位要求扣5分				
				未检查油质扣5分				
		地脚螺栓是否拧紧	10	未检查地脚螺栓扣10分				
		盘动联轴器，使柱塞前后移动数次，应运转灵活	15	未盘车扣15分				
				盘车不规范扣5分				
		机泵周围无妨碍运转的杂物	5	未检查周围的杂物扣5分				

续表

序号	考核内容	考核要点	配分	评分标准	检测结果	扣分	得分	备注
5	检查电机	电机接线连接良好	5	未检查扣5分				
		电机绝缘应符合要求	5	未检查绝缘扣5分				
6	使用工具	使用工具	2	工具使用不正确扣2分				
		维护工具	3	工具乱摆乱放扣3分				
7	安全及其他	按国家法规或企业规定		违规一次总分扣5分；严重违规停止操作			—	
		在规定时间内完成操作		每超时1min总分扣5分，超时3min停止操作			—	
合计			100					

试题19：计量泵的投运操作(现场模拟)

（考核时间：15min）

序号	考核内容	考核要点	配分	评分标准	检测结果	扣分	得分	备注
1	准备工作	穿戴劳保用品	2	劳保用品穿戴不规范扣2分				
		工具、用具准备	3	工具选择不正确扣3分				
2	确认进出液条件	开启进口阀，确认进口管路畅通	15	未开进口阀扣15分				
				未检查进口管路扣5分				
		开启出口阀，确认出口管路畅通	15	未开出口阀扣15分				
				未检查出口管路扣5分				
3	盘车	盘动联轴器，使柱塞前后移动数次，应运转灵活	10	未盘车扣10分				
				盘车不规范扣5分				
4	启动	按泵的启动按钮	20	启动前未开进、出口阀门扣20分				
5	检查调整	缓慢调节行程将流量调整至需要范围内	10	未调节行程扣10分				
				调节方法错误扣10分				
		检查并调整柱塞填料密封处的漏损及温度	10	未检查柱塞填料密封处的漏损扣5分				
				不清楚正常漏损量的范围扣3分				
				未检查柱塞填料密封处的温度扣5分				
		检查计量泵有无异常声音，温度是否正常	10	未检查声音扣5分				
				未检查温度扣5分				
				不清楚正常温度范围扣3分				

续表

序号	考核内容	考核要点	配分	评分标准	检测结果	扣分	得分	备注
6	使用工具	使用工具	2	工具使用不正确扣 2 分				
		维护工具	3	工具乱摆乱放扣 3 分				
7	安全及其他	按国家法规或企业规定		违规一次总分扣 5 分；严重违规停止操作			—	
		在规定时间内完成操作		每超时 1min 总分扣 5 分，超时 3min 停止操作			—	
合计			100					

试题 20：计量泵的停运操作（现场模拟）

（考核时间：10min）

序号	考核内容	考核要点	配分	评分标准	检测结果	扣分	得分	备注
1	准备工作	穿戴劳保用品	3	劳保用品穿戴不规范扣 3 分				
		工具、用具准备	2	工具选择不正确扣 2 分				
2	停运前的检查	确认计量泵的负荷，检查其工作情况	20	未确认负荷扣 10 分				
				未检查工作情况扣 10 分				
3	停运操作程序	调整冲程，减小计量泵流量；按计量泵停运按钮，停计量泵	20	未调小冲程扣 10 分				
				操作不正确扣 10 分				
		关闭投加系统的进口阀	10	未关闭进口阀扣 10 分				
		关闭投加系统的出口阀	10	未关闭出口阀扣 10 分				
4	停运后的检查	切断计量泵电源	10	未切断电源扣 10 分				
		根据工艺需要开启系统排放阀，排除剩余液体	10	未排空扣 10 分				
		关闭加注点的控制阀	10	未关闭扣 10 分				
5	使用工具	使用工具	2	工具使用不正确扣 2 分				
		维护工具	3	工具乱摆乱放扣 3 分				
6	安全及其他	按国家法规或企业规定		违规一次总分扣 5 分；严重违规停止操作			—	
		在规定时间内完成操作		每超时 1min 总分扣 5 分，超时 3min 停止操作			—	
合计			100					

否定项说明：若出现先关闭泵进出口阀、后停泵情况，该题为零分。

试题 21：电导率的测定操作(现场模拟)

(考核时间：30min)

序号	考核内容	考核要点	配分	评分标准	检测结果	扣分	得分	备注
1	准备工作	穿戴劳保用品	5	劳保用品穿戴不规范扣 5 分				
2	仪器校正	按仪器说明书的要求进行校正	10	操作漏项扣 10 分				
				操作不规范，每项扣 3 分				
3	标定电导池常数	用未知电导池常数的电极来测定已知电导率的氯化钾标准溶液的电导，然后按所测结果算出该电极的电导池常数。为了减少标定的误差，应选用电导率与待测水样相近的氯化钾标准溶液来进行标定	15	氯化钾标准溶液选用不当扣 5 分				
				操作漏项扣 10 分				
				电导池常数的计算方法错误扣 5 分				
4	选用电极	实验室测量电导率的电极，通常都使用铂电极。其中，光亮电极适用于测量电导率较低的水样，而铂黑电极适用于测量中、高电导率的水样	10	操作漏项扣 10 分				
				电极选择不当扣 5 分				
		电导池常数的选用应满足所用测试仪表对被测水样的要求。通常电导池常数较小的电极适于测定低电导率的水样，而电导池常数大的电极适于测定高电导率的水样	10	电导池常数的选用错误扣 10 分				
5	选择频率	若测定电导率大于 100μS/cm 的水样时，应选用频率为 1000Hz 以上的高频率；测定电导率小于 100μS/cm 的水样时，则可用 50Hz 的低频率	10	选用错误扣 10 分				
6	电极导线容抗的补偿	在选用高频率以及测定电导率小于 1μS/cm 的纯水或高纯水时，应考虑到电极导线容抗的补偿问题。补偿的方法是将干燥的电导电极连同导线接在仪表上，将电导率仪的选择开关放在最小一挡测量。如此时电导仪的读数不是“零”，则应用补偿电容器将读数调整为零。补偿完毕后即可进行测量	15	未考虑补偿问题扣 15 分				
				操作错误，每项扣 5 分				
				补偿调节不对扣 10 分				

续表

序号	考核内容	考核要点	配分	评分标准	检测结果	扣分	得分	备注
7	测定电导率	按照电导率仪的操作方法，在水温为10~30℃的条件下，测出水样的电导率，并记录水样的温度，将测得的结果换算到25℃时的电导率	25	操作方法不当扣10分				
				未记录水样温度扣10分				
				电导率换算错误扣5分				
8	安全及其他	按国家法规或企业规定		违规一次总分扣5分；严重违规停止操作			—	
		在规定时间内完成操作		每超时1min总分扣5分，超时3min停止操作			—	
合　计			100					

试题22：更换压力表的操作(现场模拟)

（考核时间：10min）

序号	考核内容	考核要点	配分	评分标准	检测结果	扣分	得分	备注
1	准备工作	穿戴劳保用品	2	劳保用品穿戴不规范扣2分				
		工具、用具准备	3	工具选择不正确扣3分				
2	拆旧压力表	拆旧表前，必须关闭表前阀门	15	未关阀门扣15分				
		拆压力表时，不能用手代替扳手直接扳动压力表。拆卸时，不能用力过猛	15	操作过猛扣5分				
				旧垫片未取出扣10分				
3	装新压力表	选择量程合适的压力表	15	选错扣15分				
		更换垫片，检查丝扣，安装时，位置要正确	15	操作不当扣15分				
		安装位置要便于观察仪表刻度	15	不便于观察扣15分				
4	试用压力表	安装完，要检查压力表指示是否正常，有无泄漏	15	安装后不检查扣15分				
				不正常时未能处理扣10分				
5	使用工具	使用工具	2	工具使用不正确扣2分				
		维护工具	3	工具乱摆乱放扣3分				
6	安全及其他	按国家法规或企业规定		违规一次总分扣5分；严重违规停止操作			—	
		在规定时间内完成操作		每超时1min总分扣5分，超时3min停止操作			—	
合　计			100					

试题23：离心泵运行维护注意事项(现场模拟)

(考核时间：15min)

序号	考核内容	考核要点	配分	评分标准	检测结果	扣分	得分	备注
1	准备工作	穿戴劳保用品	2	劳保用品穿戴不规范扣2分				
		工具、用具准备	3	工具选择不正确扣3分				
2	操作程序	检查机泵的压力、电流是否平稳	15	未检查泵出口压力扣10分				
				未检查电机电流扣10分				
		检查振动情况	10	未检查电机振动扣5分				
				未检查泵振动扣5分				
		检查轴承温度	10	未检查电机轴承温度扣5分				
				未检查泵轴承温度扣5分				
		检查动、静密封点是否泄漏	10	未检查扣10分				
		检查润滑部位的油质是否变质、乳化，及时更换机油，液面保持在1/2~2/3处	10	未检查油质扣10分，				
				未检查油位扣5分				
		打开润滑油箱堵头，检查带油环是否带油，对其他部位定时加油或脂	15	未检查扣10分				
				未及时加油或脂扣10分				
		检查冷却水情况	10	未检查扣10分				
		备用泵定时盘车	10	未执行扣10分				
3	使用工具	使用工具	2	使用不正确扣2分				
		维护工具	3	工具乱摆乱放扣3分				
4	安全及其他	按国家法规或企业规定		违规一次总分扣5分；严重违规停止操作			—	
		在规定时间内完成操作		每超时1min总分扣5分，超时3min停止操作			—	
		合　计	100					

试题24：玻璃分析仪器的洗涤(现场操作)

(考核时间：15min)

序号	考核内容	考核要点	配分	评分标准	检测结果	扣分	得分	备注
1	准备工作	穿戴劳保用品	2	劳保用品穿戴不规范扣2分				
		工具、用具准备	3	工具选择不正确扣3分				
2	用水刷洗	用自来水刷洗3遍，正确选用刷子	30	选用水源错误扣10分				
				选用刷子错误扣10分				
				刷洗次数不够扣10分				

续表

序号	考核内容	考核要点	配分	评分标准	检测结果	扣分	得分	备注
3	用洗涤剂刷洗	用自来水配合洗涤剂刷洗，然后用自来水冲洗	25	未用洗涤剂刷洗扣 15 分				
				未用自来水冲洗扣 10 分				
4	用除盐水冲洗	用少量除盐水冲洗干净	15	未用除盐水冲洗扣 15 分				
				使用除盐水过多扣 5 分				
5	检查洗涤效果	检查洗涤效果，观察洗后挂在玻璃壁上余水均匀，做到既不成束流下，也不凝聚成滴	20	检查洗涤效果，如不达标扣 20 分				
				没有检查洗涤效果，扣 20 分				
6	使用工具	使用工具	2	使用不正确扣 2 分				
		维护工具	3	工具乱摆乱放扣 3 分				
7	安全及其他	按国家法规或企业规定		违规一次总分扣 5 分；严重违规停止操作			—	
		在规定时间内完成操作		每超时 1min 总分扣 5 分，超时 3min 停止操作			—	
合　计			100					

试题 25：离心泵润滑油的更换操作(现场模拟)

(考核时间：15min)

序号	考核内容	考核要点	配分	评分标准	检测结果	扣分	得分	备注
1	准备工作	穿戴劳保用品	2	劳保用品穿戴不规范扣 2 分				
		工具、用具准备	3	工具选择不正确扣 3 分				
2	放油及清洗	拧开润滑油箱上加油丝堵	5	操作漏项扣 5 分				
		放油丝堵正下方放接油工具	5	操作漏项扣 5 分				
		拧开放油孔丝堵	5	操作漏项扣 5 分				
		油放尽后拧上放油孔丝堵	5	操作漏项扣 5 分				
		将筛子插入平放在轴承箱上	5	操作漏项扣 5 分				
		手拿润滑油壶将油倒至筛子内冲洗轴箱，边加边洗	5	操作漏项扣 5 分				
		在冲洗轴承箱的同时盘车	5	操作漏项扣 5 分				
		冲洗干净后，拧开放油孔丝堵	5	操作漏项扣 5 分				
		将轴承箱的油放尽后，拧紧放油孔丝堵	5	操作漏项扣 5 分				

续表

序号	考核内容	考核要点	配分	评分标准	检测结果	扣分	得分	备注
3	加油及检查	将油加至1/2~2/3处	10	加油量过多或过少扣10分				
		取下筛子	5	操作漏项扣5分				
		拧上加油丝堵	5	操作漏项扣5分				
		检查放油孔丝堵，若渗漏应处理至不渗漏	10	检查处理漏项扣10分				
		将废油倒至指定回收处	5	乱倒废油扣5分				
		将泵、筛子、工具等清洁	10	清洁漏项，每项扣5分				
4	使用工具	使用工具	2	使用不正确扣2分				
		维护工具	3	工具乱摆乱放扣3分				
5	安全及其他	按国家法规或企业规定		违规一次总分扣5分；严重违规停止操作			—	
		在规定时间内完成操作		每超时1min总分扣5分，超时3min停止操作			—	
合计			100					

试题26：柱塞式计量泵的完全不排液原因分析(现场模拟)

(考核时间：10min)

序号	考核内容	考核要点	配分	评分标准	检测结果	扣分	得分	备注
1	准备工作	穿戴劳保用品	5	劳保用品穿戴不规范扣5分				
2	吸入高度原因	吸入高度太高	20	未检查扣20分				
3	吸入管道原因	吸入管道漏气	25	未检查扣25分				
		吸入管道阻塞	25	未检查扣25分				
4	进液阀原因	进液阀未开	25	未检查扣25分				
5	安全及其他	按国家法规或企业规定		违规一次总分扣5分；严重违规停止操作			—	
		在规定时间内完成操作		每超时1min总分扣5分，超时3min停止操作			—	
合计			100					

试题27：无阀滤池出水水质下降原因分析(现场模拟)

(考核时间：10min)

序号	考核内容	考核要点	配分	评分标准	检测结果	扣分	得分	备注
1	准备工作	穿戴劳保用品	5	劳保用品穿戴不规范扣5分				
2	进水原因	无阀滤池进水水质下降引起出水水质下降	20	未检查扣20分				
				不清楚进水浊度要求扣10分				

续表

序号	考核内容	考核要点	配分	评分标准	检测结果	扣分	得分	备注
3	负荷原因	流量超出额定值引起出水水质下降	15	未检查扣 15 分				
				不清楚额定流量扣 10 分				
4	反洗原因	反洗强度不够引起出水水质下降	10	未指出扣 10 分				
		反洗水量不足引起出水水质下降	10	未指出扣 10 分				
		小流量运行导致反洗周期过长引起出水水质下降	10	未检查扣 10 分				
5	滤层原因	滤层高度不够	5	未指出扣 5 分				
		滤料粒径过大	5	未指出扣 5 分				
		滤料乱层	5	未指出扣 5 分				
		滤料结块	5	未指出扣 5 分				
		过滤水室锥体顶盖开焊裂缝	5	未指出扣 5 分				
		滤层裂缝而短路，并形成泥沟	5	未指出扣 5 分				
6	安全及其他	按国家法规或企业规定		违规一次总分扣 5 分；严重违规停止操作			—	
		在规定时间内完成操作		每超时 1min 总分扣 5 分，超时 3min 停止操作			—	
合　计			100					

试题 28：离心泵填料发热的处理(现场模拟)

（考核时间：15min）

序号	考核内容	考核要点	配分	评分标准	检测结果	扣分	得分	备注
1	准备工作	穿戴劳保用品	2	劳保用品穿戴不规范扣 2 分				
		工具、用具准备	3	工具选择不正确扣 3 分				
2	调整冷却水量	水封管堵塞的，疏通水封管；冷却水中断或不足的，恢复冷却水正常水量	30	检查漏项扣 15 分				
				处理不当，每项扣 5 分				
3	调整压盖	填料压得太紧的，调整松紧度，使泄漏量符合规定	30	检查漏项扣 30 分				
				不清楚泄漏量规定扣 10 分				
				处理不当扣 10 分				

续表

序号	考核内容	考核要点	配分	评分标准	检测结果	扣分	得分	备注
4	检修处理	填料环安装位置不对的，调整填料环位置使其对准水封管口	20	未指出扣20分				
		填料盒与泵不同心的，检修改正不不同心的地方	10	未指出扣10分				
5	使用工具	使用工具	2	使用不正确扣2分				
		维护工具	3	工具乱摆乱放扣3分				
6	安全及其他	按国家法规或企业规定		违规一次总分扣5分；严重违规停止操作			—	
		在规定时间内完成操作		每超时1min总分扣5分，超时3min停止操作			—	
合计			100					

试题29：盐酸烧伤的现场急救处理(现场模拟)

(考核时间：15min)

序号	考核内容	考核要点	配分	评分标准	检测结果	扣分	得分	备注
1	准备工作	穿戴劳保用品	2	劳保用品穿戴不规范扣2分				
		工具、用具准备	3	工具选择不正确扣3分				
2	浓盐酸性质和危害	陈述浓盐酸的化学性质，陈述浓盐酸对身体的危害分为吸入、食入、和皮肤接触	30	不清楚浓盐酸性质扣15分				
				不清楚浓盐酸对人体的危害，每项扣5分				
3	皮肤接触的处理	立即用大量流动清水冲洗，脱去受污染的衣物、鞋袜等，然后送医院急救	30	不清楚用大量清水冲洗，扣30分				
				不清楚需脱去受污染的鞋袜，扣10分				
				处理程序不当扣10分				
4	眼睛接触的处理	翻开眼睑，用大量流动清水彻底冲洗，立即送医院急救	30	不清楚翻开眼睑扣20分				
				不清楚用大量流动清水冲洗扣30分				
5	使用工具	使用工具	2	喷淋器使用不正确扣2分				
			3	洗眼器使用不正确扣3分				
6	安全及其他	按国家法规或企业规定		违规一次总分扣5分；严重违规停止操作			—	
		在规定时间内完成操作		每超时1min总分扣5分，超时3min停止操作			—	
合计			100					

试题30：绘制混床除盐系统工艺流程图(笔试)

（考核时间：60min）

序号	考核内容	考核要点	配分	评分标准	检测结果	扣分	得分	备注
1	准备工作	工具、用具准备	5	未自带工具扣5分				
2	图形绘制	图纸幅面选择正确	5	图纸幅面选择错误扣5分				
		绘图比例准确	5	绘图比例错误扣5分				
		图面布置完好	5	图面布置不匀称、美观扣5分				
		工艺流程走向正确，排布合理，构筑物排布符合实际情况，设备位置准确并整齐	30	工艺流程排布不合理扣5分				
				流程连接画错一处扣2分				
				漏画设备或构筑物一处扣3分				
				设备或构筑物画错一处扣3分				
3	绘图标注	构筑物、设备的标注符合要求	15	设备位号和名称标注错一处扣2分				
				构筑物标注错误一处扣2分				
		管路流程线标注符合要求	15	管路流程线上缺介质流向、来源或去向一处扣2分				
				管径标注错误一处扣2分				
4	图例	图例要求完整	10	缺图例扣10分				
				图例错一处扣2分				
5	标题栏	标题栏要求完整	5	缺标题栏扣5分				
				标题栏错一处扣2分				
6	卷面情况	绘图卷面清晰、整洁	5	卷面不整洁扣5分				
7	安全及其他	按国家法规或企业规定		违规一次总分扣5分；严重违规停止操作			—	
		在规定时间内完成操作		每超时1min总分扣5分，超时3min停止操作			—	
合计			100					

第二部分

中 级 工

一、石油石化职业资格等级标准(中级工工作要求)

职业功能	工作内容	技能要求		相关知识
一、工艺操作	(一)开车准备	1. 能引水、蒸汽、仪表风等介质进装置 2. 能改开车流程 3. 能投运仪表风系统 4. 能完成预处理设备水冲洗操作 5. 能投换热器 6. 能配合仪表工对连锁、控制阀阀位进行确认 7. 能看懂原水全分析内容		1. 全装置工艺流程 2. 开车方案 3. 仪表风系统投用方法 4. 一般工艺、设备连锁知识 5. 水质全分析内容
	(二)开车操作	预处理装置	1. 能反洗滤池 2. 能反洗活性炭过滤器 3. 能反洗纤维过滤器 4. 能投用澄清池 5. 能投用常用沉淀池 6. 能调整预处理加药	1. 反洗操作法 2. 加药操作法 3. 混凝澄清机理 4. 滤池反洗的周期、强度 5. 过滤原理 6. 影响活性炭吸附性能的因素 7. 镁剂除硅原理
		膜法处理装置	1. 能反洗超滤装置 2. 能冲洗反渗透装置 3. 能投运连续电去离子混床	1. 超滤反洗方法 2. 反渗透污染种类 3. EDI 原理
		离子交换装置	1. 能再生各类一级除盐系统 2. 能再生软化床 3. 能再生混床 4. 能配合再生调整实验 5. 能中和排放废水	1. 再生操作法 2. 一级复床除盐原理 3. 混床除盐原理 4. 离子交换树脂化学性质 5. 离子交换平衡和速度 6. 固定床除盐原理 7. 离子交换软化和除碱原理 8. 中和原理 9. 常见离子交换器运行和再生的特点
		冷凝水处理设备	能投运整套冷凝水回收系统	1. 凝结水污染原因 2. 覆盖过滤器原理
		炉内水处理	1. 能完成配药工作 2. 能根据炉水水质调整炉内加药 3. 能根据水质指导锅炉排污 4. 能完成锅炉点炉中的化学工作	1. 加药操作法 2. 锅炉基本结构 3. 给水系统简单流程 4. 热力除氧原理 5. 炉内的腐蚀、结垢和防止原理

续表

职业功能	工作内容	技能要求		相关知识
	（三）正常操作	1. 能配制与加入常用药剂 2. 能完成产品水质量的控制 3. 能运用常规仪表、PLC 操作站对工艺参数进行常规调节 4. 能改动常用工艺流程		1. 常规仪表知识 2. PLC 操作一般知识 3. 常用药剂的性质与作用
	（四）停车操作	1. 能停运换热设备 2. 能停用机泵 3. 能置换、退净设备、管道内的物料并完成冲洗工作		停车方案
二、设备使用与维护	（一）使用设备	共性要求	1. 能进行集控室监盘工作 2. 能使用测速、测振、测温等仪器 3. 能操作压缩风系统 4. 能使用分光光度计、硅表及在线仪表 5. 能投用水箱、贮罐	1. PLC 工作站操作法 2. 动设备基本结构和工作原理 3. 测振、测温等仪器使用方法 4. 空压机操作法 5. 分光光度计、硅表使用方法 6. 水箱、贮罐结构
		预处理设备	1. 能协助完成滤料更换 2. 能调节澄清池流量 3. 能根据水质调整加药量	滤池、过滤器、澄清池的工艺控制项目
		膜法处理设备	1. 能完成保安过滤器滤芯更换 2. 能协助完成反渗透膜元件更换 3. 能协助完成超滤清洗	1. 保安过滤器结构 2. 反渗透压力容器结构 3. 超滤装置结构
		离子交换设备	1. 能调节离子交换器制水负荷 2. 能反洗树脂 3. 能调整再生系统 4. 能使用废水中和设备	1. 树脂反洗操作法 2. 再生系统流程 3. 中和设备特点
		冷凝水处理设备	能调整各类过滤器正常运行	工艺控制项目
		炉内水处理	能操作集中取样装置	集中取样装置主要组成
	（二）维护设备	1. 能完成一般的更换垫片、堵漏、拆装盲板等操作 2. 能判断机泵运行故障并作相应的处理 3. 能做好设备的润滑工作 4. 能对机泵、阀门等进行常规的维护保养 5. 能更换阀门盘根		1. 设备完好标准 2. 设备密封知识 3. 润滑油管理制度

续表

<table>
<tr><th>职业功能</th><th>工作内容</th><th colspan="2">技 能 要 求</th><th>相 关 知 识</th></tr>
<tr><td rowspan="7">三、事故判断与处理</td><td>（一）判断事故</td><td colspan="2">1. 能现场判断阀门、机泵等运行常见故障
2. 能判断水箱、贮罐、离子交换器等设备的泄漏事故
3. 能判断串酸碱、跑树脂等常见故障
4. 能判断一般性着火事故的原因
5. 能判断各工段水质超标事故
6. 能判断机泵震动、杂音等异常</td><td>1. 各类贮罐的结构及使用条件
2. 阀门、机泵常见故障判断方法
3. 机泵杂音的特征</td></tr>
<tr><td rowspan="6">（二）处理事故</td><td>共性要求</td><td>1. 能按指令处理装置停原水、电、风、蒸汽等突发事故
2. 能处理机泵等常见设备故障
3. 能完成紧急停单元设备操作
4. 能处理化学药品泄漏等事故
5. 能处理装置一般性着火事故
6. 能协助处理仪表、电气事故
7. 能处理一般产水超标事故
8. 能排除一般分析仪器故障</td><td rowspan="6">1. 事故应急预案
2. 仪表、电气一般知识
3. 紧急停车方案</td></tr>
<tr><td>预处理装置</td><td>1. 能处理澄清设备积泥故障
2. 能处理过滤设备反洗效果差故障</td></tr>
<tr><td>反渗透装置</td><td>能协助处理污染指数超标事故</td></tr>
<tr><td>离子交换装置</td><td>1. 能处理除盐水箱水质超标事故
2. 能处理周期制水量低故障</td></tr>
<tr><td>冷凝水处理设备</td><td>能处理过滤器出水超标故障</td></tr>
<tr><td>炉内水处理</td><td>1. 能处理炉水劣化事故
2. 能处理取样器冷却水中断事故</td></tr>
<tr><td rowspan="2">四、绘图与计算</td><td>（一）绘图</td><td colspan="2">1. 能绘制装置工艺流程图
2. 能看懂设备结构图</td><td>设备简图知识</td></tr>
<tr><td>（二）计算</td><td colspan="2">1. 能计算配药浓度、加药量
2. 能计算水的 pH 值
3. 能计算离子交换树脂装填量
4. 能计算碱度、硬度、离子总量</td><td>计算方法</td></tr>
</table>

二、理论知识鉴定要素细目表

行业通用理论知识鉴定要素细目表

鉴定范围						鉴定点		
一级		二级		三级		代码	名称	重要程度
代码	名称	代码	名称	代码	名称			
A	基本要求	B	基础知识	A	记录填写基础知识	001	岗位交接班记录的填写要求	X
						002	关键设备巡检记录的填写要求	X
				B	识图基础知识	001	正投影的特点	X
						002	三视图的特点	X
						003	三视图的作图方法	X
						004	零件图的作用	X
				C	安全环保基础知识	001	石化行业安全检查的内容	X
						002	尘毒物质危害人体的主要因素	X
						003	化工污染的控制方法	X
						004	清洁生产的理论基础	X
						005	清洁生产审计的目的	X
						006	灭火的机理	X
						007	ISO 14001 标准的特点	X
						008	ISO 14001 环境因素识别的状态、时态和类型	X
						009	ISO 14001 环境因素识别的步骤	X
						010	ISO 14001 识别环境因素的方法	X
						011	HSE 审核的概念	X
						012	HSE 审核的目的	X
						013	HSE 危害的概念	X
						014	废水治理的常识	X
						015	废气治理的常识	X
						016	废渣处理的常识	X
						017	防冻防凝的知识	X
						018	夏季四防的知识	X
						019	职业病的概念	X
						020	职业病的种类	X
						021	石化行业事故的分类	X
						022	石化行业事故分级的规定	X
						023	HSE 不符合的概念	X
						024	HSE 事故的定义	X
				D	质量基础知识	001	标准化的意义	X
						002	质量认证的概念	X
						003	全面质量管理的特点	X
						004	ISO 9000 质量管理体系基础的内容	X
						005	质量管理 PDCA 动态循环的意义	X
						006	ISO 9000 族标准的核心标准	X

续表

鉴定范围						鉴定点		
一级		二级		三级		代码	名称	重要程度
代码	名称	代码	名称	代码	名称			
						007	ISO 9000 族标准"质量"的意义	X
						008	ISO 9001 标准的八项管理原则	X
				E	计算机基础知识	001	Word 文字处理软件基础知识	X
						002	Word 表格处理知识	X
						003	Excel 工作表的建立	X
						004	Excel 的排版	X
				F	法律常识	001	合同的形式	X
						002	合同法关于无效合同的规定	X

职业通用理论知识鉴定要素细目表(供水生产工)

鉴定范围						鉴定点		
一级		二级		三级		代码	名称	重要程度
代码	名称	代码	名称	代码	名称			
A	基本要求	B	基础知识	G	石油化工基本常识	001	石油产品的物理性质	Z
						002	石油产品的分类	Y
						003	石油化工生产的特点	X
						004	石油化工基础原料的类型	Z
						005	炼油的主要设备类型	Y
				H	化学基础知识	001	物质的分子式	X
						002	可逆反应的特点	X
						003	化学平衡的特点	X
						004	酸的概念	X
						005	碱的概念	X
						006	盐的概念	X
						007	单质的概念	X
						008	化合物的概念	X
						009	无机化合物的特点	X
						010	化学方程式的概念	X
						011	化学平衡的特征	X
						012	电离平衡的概念	X
						013	化学平衡常数的概念	X
						014	化学反应速率的概念	X
						015	浓度的概念	X
				I	水力学基础知识	001	雷诺数的含义	X
						002	流动类型的判断	X
						003	流体的压缩性概念	X
						004	表面张力的概念	X
						005	测压管的原理	X
						006	潜体的特点	Y

续表

鉴定范围						鉴定点		
一级		二级		三级		代码	名　　称	重要程度
代码	名　称	代码	名　称	代码	名　称			
				J	机械设备基础知识	001	泵的结构特点	X
						002	离心泵零部件的作用	X
						003	机械密封的特点	Y
						004	机械密封工作原理	Z
						005	机械密封的冲洗	Y
						006	闸阀的结构特点	X
						007	化学腐蚀的概念	X
						008	压力容器的概念	X
						009	压力管道的概念	X
						010	压力试验的作用	X
						011	离心泵气蚀的特点	X
						012	减速器的种类	Y
						013	轴承的类型	X
				K	电气基础知识	001	现场控制开关的使用常识	X
						002	正弦交流电的概念	X
						003	并联电路电阻简化计算方法	Y
						004	串联电路电阻简化计算方法	Y
						005	用电设备维修安全常识	X
						006	装置设备接地线的常识	X
						007	防雷防静电的常识	Y
						008	常用电机的类型	X
						009	常用电机型号含义	X
						010	跨步电的概念	Z
				L	仪表基础知识	001	串级控制的特点	Y
						002	分程控制的特点	Y
						003	连锁的基本概念	X
						004	控制阀的附件种类	Z
						005	化工自动化仪表的种类	X
						006	压力仪表的特点	X
						007	温度仪表的特点	X
						008	流量仪表的特点	X
						009	差压式流量计的特点	X
						010	物位仪表的特点	X
				M	计量基础知识	001	法定计量单位的组成	X
						002	计量器具的概念	Y
						003	计量器具的管理	Z
						004	计量检定的概念	Y
						005	量值传递的概念	Z
						006	计量检定印证的形式	Y

工种理论知识鉴定要素细目表

鉴定范围						鉴定点		
一级		二级		三级		代码	名称	重要程度
代码	名称	代码	名称	代码	名称			
B	相关知识(通用模块)	A	工艺操作	A	基本知识	001	工业给水系统的类型	Y
						002	天然水中二氧化碳的来源	X
						003	石化行业生产用水的特点	X
						004	化学需氧量的概念	X
						005	水的纯度概念	X
						006	水的溶解氧概念	X
						007	化学平衡的概念	X
						008	电离平衡概念	X
						009	天然水硬度和碱度的关系	X
						010	酚酞碱度和甲基橙碱度	X
						011	天然水中的碳酸平衡	X
		B	设备使用与维护	A	使用设备	001	活塞式压缩机的结构	Y
						002	螺杆式压缩机的结构	X
						003	法兰的规格	X
						004	阀门的识别	X
						005	气动阀的工作原理	X
						006	单吸式离心泵的性能特点	X
						007	干燥器工作原理	X
						008	联轴器的使用方法	X
						009	加热器的结构	X
						010	离心泵的切换操作要点	X
						011	离心泵的结构特点	X
						012	轴承的类型	X
						013	压力容器的特点	Y
						014	机械密封的工作原理	X
						015	常用电机的类型	X
						016	测温仪的特点	X
				B	维护设备	001	机械设备的配件知识	X
						002	离心泵的维护保养	X
						003	动设备日常维护内容	X
						004	设备管理基本要求	X
						005	设备润滑加油标准	X
						006	给水管道防止腐蚀的方法	X
						007	异步电机运行注意事项	X
						008	离心泵运行注意事项	X

续表

鉴定范围						鉴定点		
一级		二级		三级		代码	名称	重要程度
代码	名称	代码	名称	代码	名称			
		C	绘图与计算	A	绘图	001	投影法的分类	Y
						002	工程图样中常用的投影图类型	X
						003	三视图的概念	X
						004	三视图的位置关系	Y
						005	点的投影规律	Z
						006	直线的投影特性	Z
						007	平面的投影特性	Z
				B	计算	001	流量的计算	X
						002	流速的计算	X
						003	水的 pH 值计算	X
C	相关知识（预处理模块）	A	工艺操作	A	基本知识	001	混凝的原理	Y
						002	混凝过程的影响因素	Y
						003	石灰沉淀过程的调节措施	X
						004	澄清器的工作原理	X
						005	过滤的基本原理	Y
						006	过滤工艺的影响因素	Y
						007	过滤设备的适用范围	Y
						008	镁剂除硅的原理	X
						009	镁剂除硅的工艺操作条件	X
				B	专业知识	001	静态混合器的工作原理	X
						002	水力循环澄清池的特点	X
						003	机械搅拌加速澄清池的运用特点	Z
						004	无阀滤池的运用特点	X
						005	虹吸滤池的运用特点	X
						006	V 型滤池的运用特点	X
						007	单流式压力式过滤器的运用特点	X
		B	设备使用与维护	A	使用设备	001	斜管沉淀池工艺控制项目	Y
						002	无阀滤池的工艺控制项目	X
						003	虹吸滤池的工艺控制项目	X
						004	V 型滤池的工艺控制项目	X
						005	单流式压力式过滤器的工艺控制项目	Y
				B	维护设备	001	澄清设备斜管的保养	Y
						002	滤料的保养和维护	X

续表

鉴定范围						鉴定点		
一级		二级		三级		代码	名称	重要程度
代码	名称	代码	名称	代码	名称			
		C	事故判断与处理	A	判断事故	001	澄清设备积泥的影响因素	X
						002	澄清设备反池的故障判断	X
						003	滤池反洗效果差的影响因素	Y
				B	处理事故	001	澄清设备积泥的处理方法	Y
						002	滤池反洗效果差的处理方法	Y
D	相关知识（膜法水处理）	A	工艺操作	A	原辅材料基础知识	001	膜的稳定性	X
				B	专业知识	001	反渗透给水预处理的作用	X
						002	反渗透给水预处理的方法	X
						003	反渗透给水标准	X
						004	电去离子装置基本原理	X
						005	电去离子装置应用参数	X
						006	胶体与悬浮物对膜的危害	X
						007	微生物对膜的危害	X
		B	设备使用	A	使用设备	001	电去离子装置结构	Y
						002	保安过滤器的材质	X
						003	反渗透压力容器的结构	Y
						004	超滤装置的结构	Y
		C	事故判断与处理	A	判断事故	001	微生物的膜污染的判断	X
				B	处理事故	001	超滤膜污染和浓差极化的控制方法	X
E	相关知识（离子交换水处理模块）	A	工艺操作	A	原辅材料基础知识	001	离子交换树脂的酸碱性	X
						002	离子交换树脂的选择性	X
						003	离子交换树脂的热稳定性	Z
						004	大孔型离子交换树脂的特点	X
						005	凝胶型离子交换树脂的特点	X
						006	离子交换树脂的交联度概念	X
						007	苯乙烯系离子交换树脂的特性	X
						008	离子交换器的再生剂用量表示方法	X
						009	再生剂硫酸的技术要求	X
						010	再生剂盐酸的技术要求	X
						011	再生剂氢氧化钠的技术要求	X
						012	酸碱液再生系统的构成	X
						013	盐液再生系统的构成	X
						014	离子交换树脂的保管要求	Y

续表

鉴定范围						鉴定点		
一级		二级		三级		代码	名称	重要程度
代码	名称	代码	名称	代码	名称			
				B	离子交换除盐处理专业知识	001	离子交换除盐水处理原理	X
						002	阳床交换反应的特点	X
						003	阴床交换反应的特点	X
						004	混合床中离子交换反应特点	X
						005	一级复床离子交换除盐系统的构成	X
						006	一级复床除盐的原理	X
						007	一级复床除盐的出水水质要求	X
						008	混合床离子交换除盐系统的特点	X
						009	一级复床加混床除盐系统的构成	X
						010	常用的离子交换除盐水处理系统	X
						011	母管制离子交换除盐系统失效的控制	X
						012	单元制离子交换除盐系统失效的控制	X
						013	混床失效的控制	X
						014	离子交换器的类型	X
						015	逆流再生离子交换器的工作过程	X
						016	逆流再生离子交换器的特点	X
						017	离子交换器的再生方式及其特点	X
						018	除碳器的工作原理	X
						019	除碳器的分类及特点	X
						020	小反洗的概念及作用	X
						021	顶压的概念及注意事项	X
						022	小正洗的概念及作用	X
						023	离子交换比耗的概念	X
						024	废再生液和清洗水的中和处理方法	X
		B	设备使用与维护	A	设备使用	001	逆流再生离子交换器的构造特点	X
						002	逆流再生固定床的工艺特点	X
						003	一级复床除盐系统的组成	X
						004	一级复床加混床除盐系统的组成	X
				B	设备维护	001	阳离子交换器的维护保养	X
						002	阴离子交换器的维护保养	X
						003	混合离子交换器的维护保养	X

续表

鉴定范围						鉴定点		
一级		二级		三级		代码	名称	重要程度
代码	名称	代码	名称	代码	名称			
		C	事故判断与处理	A	事故判断	001	失效终点的概念	X
						002	离子交换软化系统处理效果的影响因素	X
						003	再生效果的影响因素	X
						004	阴阳床制水量的影响因素	X
						005	离子交换树脂的鉴别方法	X
						006	使用浓硫酸作再生剂时的注意事项	X
				B	事故处理	001	阴、阳离子交换树脂混杂后的分离方法	X
						002	离子交换器再生不合格的处理方法	X
						003	阴阳床制水量下降的处理方法	X
						004	离子交换器出水不合格的处理方法	X
F	相关知识（冷凝水处理模块）	A	工艺知识	A	基础知识	001	凝结水污染的原因	X
						002	凝汽器泄漏的常见部位	X
						003	凝结水中金属腐蚀产物的形态	X
						004	凝结水过滤的形式	Y
				B	专业知识	001	蒸发器的原理	X
						002	覆盖过滤器的滤料特点	Z
						003	覆盖过滤器的常用助滤剂	Y
						004	磁性分离器的运用特点	X
		B	设备使用与维护	A	使用设备	001	磁性分离器的工艺控制项目	Y
						002	除油用覆盖过滤器的工艺控制项目	X
				B	维护设备	001	凝结水除盐混合床的树脂维护	Y
		C	事故判断与处理	A	判断事故	001	微孔过滤的故障判断方法	Z
				B	处理事故	001	磁性分离器的出水超标处理	Z
G	相关知识（炉内水处理模块）	A	工艺操作	A	基本理论	001	锅炉氧腐蚀的特点	Y
						002	锅炉沉积物下酸性腐蚀原理	X
						003	锅炉沉积物下碱性腐蚀原理	X
						004	沉积物下腐蚀的运行条件和防护	X
						005	水蒸气腐蚀原理和防止	Y
						006	苛性脆化原理和防止	X
						007	锅内水垢的特性与危害	X
						008	锅内水渣的特型与危害	X
						009	磷酸盐消失现象原因和危害	X
						010	磷酸盐防垢处理原理	X
						011	协调 pH-磷酸盐处理原理	X

续表

鉴定范围						鉴定点		
一级		二级		三级		代码	名称	重要程度
代码	名称	代码	名称	代码	名称			
				B	汽水监督与调整	001	锅炉给水的组成	X
						002	锅炉水取样的方法	X
						003	锅炉启动中的化学工作内容	X
		B	设备使用与维护	A	使用设备	001	磷酸盐加药系统的组成	X
						002	锅炉汽水系统的基本结构	Y
						003	取样装置在线仪表的特点	X
						004	取样装置的温度和流量调整	X
				B	维护设备	001	取样装置的日常维护	X
		C	事故判断与处理	A	事故判断	001	取样装置冷却水中断现象的判断	X
				B	事故处理	001	取样装置冷却水中断的处理要点	X
						002	炉水磷酸根不合格的处理	X
						003	炉水 pH 超标的处理	X

三、理论知识试题

行业通用理论知识试题

判断题

1. 交接班记录需要领导审阅签字。 (√)

2. 设备巡检包括设备停机过程中的检查。 (√)

3. 投影线都相互平行的投影称为中心投影。 (×)

正确答案：投影线都相互平行的投影称为平行投影。

4. 在三视图中，能够反映物体上下、左右位置关系的视图为俯视图。 (×)

正确答案：在三视图中，能够反映物体上下、左右位置关系的视图为主视图。

5. 画三视图时，左视图和俯视图的关系是长对正。 (×)

正确答案：画三视图时，左视图和俯视图的关系是宽相等。

6. 零件图的作用是读零件图与装配图关系。 (×)

正确答案：零件图的作用是直接指导制造零件和检验零件的图样。

7. 零件图是直接指导制造零件和检验零件的图样。 (√)

8. 综合性季度检查中，安全生产不仅是重要内容，还实行一票否决权。 (√)

9. 尘毒物质对人体的危害与个人体质因素无关。 (×)

正确答案：尘毒物质对人体的危害与个人年龄、身体健康状况等因素有关。

10. 因为环境有自净能力，所以轻度污染物可以直接排放。 (×)

正确答案：虽然环境有自净能力，轻度污染物也不可以直接排放。

11. 目前清洁生产审计中应用的理论主要是物料平衡和能量守恒原理。 (√)

12. 清洁生产审计的目的是：通过清洁生产审计判定生产过程中不合理的废物流和物、

能耗部位，进而分析其原因，提出削减它的可行方案并组织实施，从而减少废弃物的产生和排放，达到实现本轮清洁生产目标。（√）

13. 根据燃烧三要素，采取除掉可燃物、隔绝氧气(助燃物)、将可燃物冷却至燃点以下等措施均可灭火。（√）

14. 在HSE管理体系中，评审是高层管理者对安全、环境与健康管理体系的适应性及其执行情况进行正式评审。（√）

15. 第二方审核是直属企业作为受审方，由取得相应资格的单位进行HSE体系审核。（×）

正确答案：第三方审核是直属企业作为受审方，由取得相应资格的单位进行HSE体系审核。

16. 含汞、铬、铅等的工业废水不能用化学沉淀法治理。（×）

正确答案：含汞、铬、铅等的工业废水可以用化学沉淀法治理。

17. 一级除尘又叫机械除尘。（√）

18. 废渣处理首先考虑综合利用的途径。（√）

19. 陆地填筑法可避免造成火灾或爆炸。（×）

正确答案：陆地填筑法有可能造成火灾或爆炸。

20. 在防冻防凝工作中，严禁用高压蒸汽取暖、严防高压蒸汽窜入低压系统。（√）

21. 对已冻结的铸铁管线、阀门等可以用高温蒸汽迅速解冻。（×）

正确答案：对已冻结的铸铁管线、阀门等不得急剧加热，只允许温水或少量蒸汽缓慢解冻，以防骤然受热损坏。

22. 进入夏季，工业园区应对所有地沟、排水设施进行检查，清除排水障碍。备足防汛物资，遇到险情时能满足需求。（√）

23. 从事办公室工作的人员不会形成职业病。（×）

正确答案：从事办公室工作的人员也会形成相应的职业病。

24. 职业中毒不属于职业病。（×）

正确答案：职业中毒属于职业病之一。

25. 急慢性中毒皆属于人身事故。（×）

正确答案：急性中毒属于人身事故。

26. 在HSE管理体系中，一般不符合项是指能使体系运行出现系统性失效或区域性失效的问题。（×）

正确答案：在HSE管理体系中，一般不符合项是指个别的、偶然的、孤立的、性质轻微的问题或者是不影响体系有效性的局部问题。

27. HSE管理体系规定，公司应建立事故报告、调查和处理管理程序，所制定的管理程序应保证能及时地调查、确认事故(未遂事故)发生的根本原因。（√）

28. 标准化的重要意义是提高产品、过程或服务的质量，防止贸易壁垒，并促进技术合作。（×）

正确答案：标准化的重要意义是改进产品、过程或服务的适用性，防止贸易壁垒，并促进技术合作。

29. 企业应当具备法人的资格或是法人的一部分，才可以申请质量体系认证。（√）

30. 全面质量管理的核心是强调提高产品质量。（×）

正确答案：全面质量管理的核心是强调提高工作质量。

31. 生产制造过程的质量管理是全面质量管理的中心环节。（√）

32. 质量管理体系是指在质量方面指挥和控制组织的管理体系，它是组织若干管理体系的一个。（√）

33. PDCA 循环是全面质量管理的科学方法，可用于企业各个方面、各个环节的质量管理活动。（√）

34. ISO 9004：2000 标准是“指南”，可供组织作为内部审核的依据，也可用于认证和合同目的。（×）

正确答案：ISO 9004：2000 标准提供了超出 ISO 9001 要求的指南和建议，不用于认证或合同的目的。

35. ISO 9000 族标准中，质量仅指产品质量。（√）

36. ISO 9000 族标准质量管理八项原则是一个组织在质量管理方面的总体原则。（√）

37. 计算机应用软件 Word 字处理软件不仅可以进行文字处理，还可以插入图片、声音等，但不能输入数学公式。（×）

正确答案：Word 字处理软件不仅可以进行文字处理，还可以插入图片、声音等，也能输入数学公式。

38. 在应用软件 Word 表格操作中选定整个表格后，按格式工具栏上的左、右、居中对齐等按钮则单元格中的文字内容进行左、右、居中对齐。（×）

正确答案：选定整个表格后，按格式工具栏上的左、右、居中对齐等按钮则单元格中的文字内容不会进行左、右、居中对齐，整个工作表整体在页面中进行左、右、居中对齐。

39. 在应用软件 Word 表格操作中利用表格工作栏还可对表格内容进行垂直对齐。（√）

40. 在计算机应用软件 Excel 中选中不连续单元格的功能键是 Alt。（×）

正确答案：在计算机应用软件 Excel 中选中不连续单元格的功能键是 Ctrl。

41. 在计算机应用软件 Excel 中清除合并居中的格式可以通过键盘的删除（Delete）键来实现。（×）

正确答案：在计算机应用软件 Excel 中清除合并居中的格式可以通过编辑菜单中的清除格式来实现。

42. 在计算机应用软件 Excel 中的打印可实现放大或缩小比例打印。（√）

43. 不动产的买卖合同一般采用登记形式。（√）

44. 在实践中，口头形式是当事人最为普遍采用的一种合同约定形式。（×）

正确答案：在实践中，书面形式是当事人最为普遍采用的一种合同约定形式。

单选题

1. 不允许在岗位交接班记录中出现（C）。

A. 凭旧换新　B. 划改内容　C. 撕页重写　D. 双方签字

2. 投影线都通过中心的投影称为（A）投影法。

A. 中心　B. 平行　C. 斜　D. 正

3. 在工程制图中应用较多的投影法是(D)投影法。

A. 中心　　B. 平行　　C. 斜　　D. 正

4. 剖视图的剖切符号为断开的(D)线。

A. 细实　　B. 点划　　C. 虚　　D. 粗实

5. 在三视图中，反映物体前后、左右位置关系的视图为(B)。

A. 主视图　　B. 俯视图

C. 左视图　　D. 在三个视图中都有可能

6. 在三视图中，反映物体前后、上下位置关系的视图为(C)。

A. 主视图　　B. 俯视图

C. 左视图　　D. 在三个视图中都有可能

7. 画三视图时，主视图和俯视图的关系是(A)。

A. 长对正　　B. 高平齐　　C. 宽相等　　D. 无关系

8. 零件图的主要作用之一是(B)。

A. 指导读零件的结构　　B. 直接指导制造零件

C. 读零件图与装配图关系　　D. 读零件之间的配合情况

9. 毒物的沸点是(C)。

A. 越低毒性越小　　B. 越高毒性越大

C. 越低毒性越大　　D. 与毒性无关

10. 污染物的回收方法包括(D)。

A. 蒸发　　B. 干燥　　C. 排放　　D. 吸收

11. 清洁生产涵盖有深厚的理论基础，但其实质是(A)。

A. 最优化理论　　B. 测量学基本理论

C. 环境经济学基本理论　　D. 资源经济学基本理论

12. 液体有机物的燃烧可以采用(C)灭火。

A. 水　　B. 沙土　　C. 泡沫　　D. 以上均可

13. ISO 14001 标准其主要特点有强调(D)，强调法律、法规的符合性，强调系统化管理，强调文件化，强调相关方的观点。

A. 污染预防　　B. 持续改进

C. 末端治理　　D. 污染预防、持续改进

14. 在 ISO 14001 标准体系中，为了确保环境因素评价的准确性，在识别环境因素时应考虑的三种状态是(C)。

A. 开车、停机和检修状态　　B. 连续、间歇和半连续状态

C. 正常、异常和紧急状态　　D. 上升、下降和停止状态

15. 公司 HSE 管理体系的审核分为内部审核、(C)。

A. 第一方审核　　B. 第二方审核

C. 第三方审核　　D. 第四方审核

16. HSE 评审的目的是检验 HSE 管理体系的适宜性、(B)和有效性。

A. 充分性　　B. 公平性　　C. 权威性　　D. 必要性

17. 废水治理的方法有物理法、(A)法和生物化学法等。

A. 化学　　B. 过滤　　C. 沉淀　　D. 结晶

18. 可直接用碱液吸收处理的废气是(A)。

A. 二氧化硫　　B. 甲烷　　C. 氨气　　D. 一氧化氮

19. 废渣的处理大致采用(D)、固化、陆地填筑等方法。

A. 溶解　　B. 吸收　　C. 粉碎　　D. 焚烧

20. 为了做好防冻防凝工作，停用的设备、管线与生产系统连接处要加好(B)，并把积水排放吹扫干净。

A. 阀门　　B. 盲板　　C. 法兰　　D. 保温层

21. “夏季四防”包括防暑降温、防汛、(A)、防倒塌。

A. 防雷电　　B. 防霉变　　C. 防跌滑　　D. 防干旱

22. 属于石化行业职业病的是(B)。

A. 近视　　B. 尘肺病　　C. 肩周炎　　D. 哮喘

23. 与化工生产密切相关的职业病是(B)。

A. 耳聋　　B. 职业性皮肤病　　C. 关节炎　　D. 眼炎

24. 在 HSE 管理体系中，(A)是指组织在职业健康安全绩效方面所达到的目的。

A. 目标　　B. 事件　　C. 不合格　　D. 不符合

25. 在 HSE 管理体系中，(B)是指与组织的职业健康安全绩效有关的或受其职业健康安全绩效影响的个人或团体。

A. 目标　　B. 相关方　　C. 事件　　D. 不符合

26. 在 HSE 管理体系中，造成死亡、职业病、伤害、财产损失或环境破坏的事件称为(C)。

A. 灾害　　B. 毁坏　　C. 事故　　D. 不符合

27. 标准化的重要意义是改进产品、过程或服务的(C)，防止贸易壁垒，并促进技术合作。

A. 品质　　B. 性能　　C. 适用性　　D. 功能性

28. 产品质量认证活动是(D)开展的活动。

A. 生产方　　B. 购买方

C. 生产和购买双方　　D. 独立于生产方和购买方之外的第三方机构

29. 全面质量管理强调以(B)质量为重点的观点。

A. 产品　　B. 工作　　C. 服务　　D. 工程

30. 质量管理体系要求企业除应有(A)上的保证能力以外，还应有资源上的保证能力。

A. 管理　　B. 质量计划

C. 质量政策与程序　　D. 质量文件

31. 企业的质量方针是由(D)决策的。

A. 全体员工　　B. 基层管理人员

C. 中层管理人员　　D. 最高管理层人员

32. PDCA 循环的四个阶段八个步骤的第四个步骤是(B)。

A. 总结　　B. 拟订对策并实施

C. 分析问题原因　　D. 效果的确认

33. ISO 9001 和 ISO 9004 的区别在于(D)。
    A. 采用以过程为基础的质量管理体系模式
    B. 建立在质量管理八项原则的基础之上
    C. 强调与其他管理标准的相容性
    D. 用于审核和认证

34. 下列各项中属于产品固有特性的是(B)。
    A. 价格　B. 噪音　C. 保修期　D. 礼貌

35. PDCA 循环是实施 ISO 9000 族标准(B)原则的方法。
    A. 系统管理　B. 持续改进　C. 过程方法　D. 以事实为决策依据

36. 在计算机应用软件 Word 中，不能进行的字体格式设置是(C)。
    A. 文字的缩放　B. 文字的下划线　C. 文字的旋转　D. 文字的颜色

37. 计算机应用软件 Word 的菜单中，经常有一些命令是灰色的，这表示(B)。
    A. 应用程序本身有故障　B. 这些命令在当前状态不起作用
    C. 系统运行故障　D. 这些命令在当前状态下有特殊的效果

38. 在计算机应用软件 Word 中，可用于计算表格中某一数值列平均值的函数是(C)。
    A. Abs(　)　B. Count(　)　C. Average(　)　D. Total(　)

39. 在计算机应用软件 Excel 工作表中，可按需拆分窗口，一张工作表最多拆分为(B)个窗口。
    A. 3　B. 4　C. 5　D. 任意多

40. 在计算机应用软件 Excel 中如图所示页面中的斜杠是通过(B)菜单中单元格里的边框来实现。

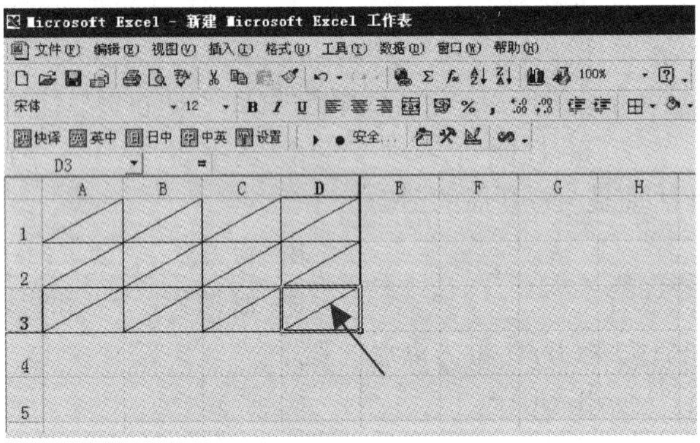

    A. 编辑　B. 格式　C. 工具　D. 窗口

41. 当事人采用合同书形式订立合同的，自双方当事人(C)时合同成立。
    A. 制作合同书　B. 表示受合同约束
    C. 签字或者盖章　D. 达成一致意见

42. 下列各种合同中，必须采取书面形式的是(D)合同。
    A. 保管　B. 买卖　C. 租赁　D. 技术转让

多选题

1. 设备巡检时域分为(A，B，C，D)等检查。
    A. 设备运行期间　B. 设备停机过程中
    C. 设备停运期间　D. 设备开机过程中

2. 在三视图中，能够反映物体前后位置关系的视图为(B，C)。

A. 主视图　B. 俯视图

C. 左视图　D. 在三个视图中都有可能

3. 在三视图中，能够反映物体上下位置关系的视图为(A，C)。

A. 主视图　B. 俯视图

C. 左视图　D. 在三个视图中都有可能

4. 在三视图中，与高度有关的视图是(A，C)。

A. 主视图　B. 俯视图　C. 左视图　D. 三个视图都有关系

5. 在三视图中，与宽度有关的视图是(B，C)。

A. 主视图　B. 俯视图　C. 左视图　D. 三个视图都有关系

6. 零件图的主要作用是(A，C)。

A. 直接指导制造零件　B. 指导读零件的结构

C. 检验零件的图样　D. 读零件图与装配图关系

7. 安全检查中的"月查"由车间领导组织职能人员进行月安全检查，查领导、查思想、(A，B，D)。

A. 查隐患　B. 查纪律　C. 查产量　D. 查制度

8. 尘毒物质对人体的危害与工作环境的(A，B，C)等条件有关。

A. 温度　B. 湿度　C. 气压　D. 高度

9. 改革生产工艺是控制化工污染的主要方法，包括(A，B，C)等。

A. 改革工艺　B. 改变流程

C. 选用新型催化剂　D. 更新设备

10. 着火点较大时，有利于灭火措施的是(A，C，D)。

A. 抑制反应量　B. 用衣服、扫帚等扑打着火点

C. 减少可燃物浓度　D. 减少氧气浓度

11. 在 ISO 14001 标准体系中，为了确保环境因素评价的准确性，在识别环境因素时应考虑土地污染、对社区的影响、原材料与自然资源的使用、其他地方性环境问题外，还应考虑(A，B，C)问题。

A. 大气排放　B. 水体排放　C. 废物管理　D. 材料的利用

12. 在 ISO 14001 标准体系中，环境因素识别的步骤包括(A，B，D)。

A. 划分和选择组织过程　B. 确定选定过程中存在的环境因素

C. 初始环境评审　D. 明确每一环境因素对应的环境影响

13. 在 ISO 14001 标准体系中，识别环境因素的方法除问卷调查、专家咨询、现场观察和面谈、头脑风暴、查阅文件及记录、测量、水平对比、纵向对比等方法外，还有(A，B，C)方法。

A. 过程分析法　B. 物料衡算

C. 产品生命周期　D. 最优化理论

14. 在 HSE 管理体系中，审核是判别管理活动和有关的过程(A，B)，并系统地验证企业实施安全、环境与健康方针和战略目标的过程。

A. 是否符合计划安排　B. 是否得到有效实施

C. 是否已经完成　D. 是否符合标准

15. HSE 管理体系中，危害主要包括(A，B，C，D)等方面。

A. 物的不安全状态　　B. 人的不安全行为

C. 有害的作业环境　　D. 安全管理缺陷

16. 工业废水的生物处理法包括(B，D)法。

A. 过滤　　B. 好氧　　C. 结晶　　D. 厌氧

17. 对气态污染物的治理主要采取(B，C)法。

A. 蒸馏　　B. 吸附　　C. 吸收　　D. 过滤

18. 可用于废渣处理方法的是(A，B，C)。

A. 陆地填筑　　B. 固化　　C. 焚烧　　D. 粉碎

19. 为了做好防冻防凝工作，应注意(A，B，C)。

A. 加强报告制度　　B. 加强巡检力度

C. 有情况向上级或领导汇报　　D. 独立解决问题

20. 不属于夏季四防范畴的是(A，B，D)。

A. 防滑　　B. 防冰雹　　C. 防雷电　　D. 防干旱

21. HSE 管理体系规定，事故的报告、(A，B，C)、事故的调查、责任划分、处理等程序应按国家的有关规定执行。

A. 事故的分类　　B. 事故的等级　　C. 损失计算　　D. 事故的赔偿

22. 标准化的重要意义可概括为(A，B，C，D)。

A. 改进产品、过程或服务的适用性

B. 防止贸易壁垒，促进技术合作

C. 在一定范围内获得最佳秩序

D. 有一个或多个特定目的，以适应某种需要

23. 企业质量体系认证(A，C，D)。

A. 是一种独立的认证制度

B. 依据的标准是产品标准

C. 依据的标准是质量管理标准

D. 是第三方对企业的质量保证和质量管理能力依据标准所做的综合评价

24. 产品的质量特性包括(A，B，C，D)。

A. 性能　　B. 寿命　　C. 可靠性　　D. 安全性

25. PDCA 循环中，处置阶段的主要任务是(B，D)。

A. 明确目标并制订实现目标的行动方案

B. 总结成功经验

C. 对计划实施过程进行各种检查

D. 对质量问题进行原因分析，采取措施予以纠正

26. 下列哪些标准应用了以过程为基础的质量管理体系模式的结构(B，C)。

A. ISO 9000：2000《质量管理体系基础和术语》

B. ISO 9001：2000《质量管理体系要求》

C. ISO 9004：2000《质量管理体系业绩改进指南》

D. ISO 19011：2002《质量和环境管理体系审核指南》

27. ISO 9000族标准中，质量具有(B，C)性等性质。

A. 适用　B. 广义　C. 相对　D. 标准

28. 在计算机应用软件Word的“页面设置”对话框中，可以设置的选项为(B，C，D)。

A. 字体　B. 位置　C. 纸型　D. 纸张大小

29. 在计算机应用软件Word表格中，关于数据排序的叙述，不正确的是(A，B，C)。

A. 表格中数据的排序只能按升序进行

B. 表格中数据的排序只能按降序进行

C. 表格中数据的排序依据只能是行

D. 表格中数据的排序依据可以是列

30. 在计算机应用软件Excel工作表中，选定某单元格，单击“编辑”菜单下的“删除”选项，可能完成的操作是(A，B，C)。

A. 删除该行　B. 右侧单元格左移

C. 删除该列　D. 左侧单元格右移

31. 在Excel工作簿中，对工作表可以进行的打印设置是(A，B，D)。

A. 打印区域　B. 打印标题　C. 打印讲义　D. 打印顺序

32. 合同可以以(A，B，C，D)形式存在。

A. 口头　B. 批准　C. 登记　D. 公正

33. 下列说法中属于无效合同特征的有(A，B，C，D)。

A. 无效合同自合同被确认无效时起无效

B. 对无效合同要进行国家干预

C. 无效合同具有不得履行性

D. 无效合同的违法性

职业通用理论知识试题(供水生产工)

判断题

1. 一般而言石油馏分愈重、沸点愈高，其黏度愈大。(√)

2. 从数量上比较，燃料占石油产品的比例最高，其中以锅炉燃料油消耗为主。(×)

正确答案： 从数量上比较，燃料占石油产品的比例最高，其中以发动机燃料为主。

3. 根据作用的不同，炼油设备一般可分为流体输送设备、加热设备、换热设备、传质设备、反应设备和容器六种类型。(√)

4. 小苏打的化学名称是碳酸钠，分子式为Na_2CO_3。(×)

正确答案： 小苏打的化学名称是碳酸氢钠，分子式为$NaHCO_3$。

5. 化学平衡是有条件的、相对的和可改变的，当维持平衡的条件改变时，体系内各物质的浓度将要发生改变，原化学平衡遭到破坏。(√)

6. 碱能使酚酞由红色变成无色。(×)

正确答案： 碱能使酚酞由无色变成红色。

7. 在常温下盐大都是晶体。(√)

8. 含一种元素的物质肯定是单质。(×)

正确答案： 含一种元素的物质不一定是单质，如红磷和白磷混合只含一种磷元素；金刚石和石墨混合只含一种碳元素。

9. 氧化物是指氧与另一种元素组成的化合物。 (√)

10. 有机化合物可以用无机化合物为原料来合成。 (√)

11. 当化学反应处于平衡状态下，如果温度改变，仍能保持平衡。 (×)

正确答案：当化学反应处于平衡状态下，如果温度改变，平衡就发生变化。

12. 只有弱电解质溶液才有电离平衡。 (√)

13. 在不同的可逆反应中，因其反应物的性质不同，所以平衡常数也不同。 (√)

14. 雷诺数是一个无因次数群，无论采用何种单位制，只要数群中各物理量的单位一致，算出的雷诺数应相等。 (√)

15. 试验证明圆管中液流的下临界雷诺数是一个比较稳定的数值，约为2000。 (√)

16. 液体不能承受拉力，但可以承受压力。 (√)

17. 表面张力存在于整个液体内部。 (×)

正确答案：表面张力仅存在于液体的自由表面，其内部并不存在。

18. 在盛有两种液体的连通容器中，位于同一水平面的各点压强一定相等。 (×)

正确答案：在盛有两种液体的连通容器中，位于同一水平面的各点压强不一定相等。

19. 潜体可以潜没于水中的任何位置而保持平衡。 (√)

20. 旋转的泵轴与固定的泵壳之间的密封称为轴套。 (×)

正确答案：旋转的泵轴与固定的泵壳之间的密封称为轴封。

21. 离心泵叶轮的主要作用是对液体做功增加液体的压力能。 (×)

正确答案：离心泵叶轮的主要作用是对液体做功增加液体的动能和压力能。

22. 介质泄漏方向与离心力方向相反的机械密封为内流型机械密封，介质泄漏方向与离心力方向相同的机械密封为外流型机械密封。 (√)

23. 接触式机械密封是依靠密封室中液体压力和压紧元件的压力压紧在静环端面上，并在两环形端面上产生适当的压力和保持一层极薄的液体膜，而达到密封的目的。 (√)

24. *PV* 值是指机械密封端面比压 *P* 与密封面的内径周速的积。 (×)

正确答案：*PV* 值是指机械密封端面比压 *P* 与密封面的中径周速的积。

25. 机械密封的冲洗目的是隔离介质、冷却和改善润滑。 (√)

26. 根据阀杆螺纹的位置，闸阀可分成明杆闸阀和暗杆闸阀。 (√)

27. 电化学腐蚀是指金属和外部介质发生了电化学反应，电子由阴极区流向阳极区。 (×)

正确答案：电化学腐蚀是指金属和外部介质发生了电化学反应，电子由阳极区流向阴极区。

28. 按压力容器生产工艺过程的作用原理可分为反应容器、换热容器、分离容器和储运容器。 (√)

29. 耐压试验的主要目的是检验容器受压部件的结构强度，验证其是否具有在设计压力下安全运行所需的承载能力。 (√)

30. 离心泵的实际气蚀余量 NPSH 是指泵入口处，单位重量液体扣除输送温度下的液体饱和蒸汽压力后的富余能量头，它只与吸入系统有关，而与泵本身无关。 (√)

31. 减速器是原动机和工作机之间的独立闭式传动装置，用来降低转速和减小转矩，以满足工作需要。 (×)

正确答案：减速器是原动机和工作机之间的独立的闭式传动装置，用来降低转速和增大转矩，以满足工作需要。

32. 轴承是支撑轴的零件，根据轴承工作的摩擦性质，可分为滑动摩擦轴承和滚动摩擦轴承。 (√)

33. 现场操作台红色信号灯亮时说明电机正在运行，绿灯说明电机处于停机备用状态。(√)

34. 把“220V，40W”的白炽灯和“220V，60W”的白炽灯并联接到直流220V的电源上，“220V，40W”的白炽灯流过的电流大。 (×)

正确答案：“220V，40W”的白炽灯流过的电流小。

35. 把额定值为“220V，40W”的灯泡和“220V，100W”的灯泡串联接入220V的电源，通电后发现，40W的灯泡比100W的灯泡亮。 (√)

36. 在湿度较大的地方，容易产生静电。 (×)

正确答案：在湿度较大的地方，不容易产生静电。

37. 不管何种类型的电动机都有转子和定子这两大部件。 (√)

38. 在工程上规定以0.8m作为跨步的距离。 (√)

39. 串级控制系统是一个单纯的定值控制系统。 (×)

正确答案：串级控制系统主回路是定值控制系统，但副回路是一个随动系统。

40. 分程控制系统是由一个调节器的输出带动两个以上工作范围不同的调节阀的控制系统。 (√)

41. 当压力开关的被测压力超过额定值时，弹性元件的自由端产生位移直接或经过比较后推动开关元件，改变开关元件的通断状态。 (√)

42. 气动单元组合仪表由六类单元组成，即变送单元、调节单元、显示单元、计算单元、给定单元和执行单元。 (×)

正确答案：气动单元组合仪表由七类单元组成，即变送单元、调节单元、显示单元、计算单元、给定单元、辅助单元和转换单元。

43. 使用U形管压力计测得的表压值与玻璃管断面面积大小有关。 (×)

正确答案：使用U形管压力计测得的表压值与玻璃管断面面积大小无关。

44. 玻璃温度计是利用气体、液体或蒸汽的体积或压力随温度变化性质设计制成。(×)

正确答案：玻璃温度计是利用感温液体受热膨胀原理工作的。

45. 涡轮流量变送器输出信号的频率与流量成正比。 (√)

46. 在用差压变送器测量液体的液面时，差压计的安装高度一般不作要求，只要维护方便就行。 (×)

正确答案：在用差压变送器测量液体的液面时，差压计的安装高度不可高于下面的取压口。

47. 实际用以检定计量标准的计量器具是国家副计量基准。 (×)

正确答案：实际用以检定计量标准的计量器具是工作计量基准。

48. 对于在连续运转装置上的B级计量器具，应根据国家检定规程的要求安排周期进行检定。 (×)

正确答案：对于在连续运转装置上的B级计量器具，可根据国家有关检定规程的要求，按企业设备大检修的自然周期安排检定。

49. 计量检定工作的开展限制于行政区划和部门管辖的范围。 (×)

正确答案：计量检定工作应当按照经济合理的原则，就地就近进行，不受行政区划和部门管辖范围的限制。

50. 计量检定合格印证是对被检计量器具计量性能认可的最终体现，是具有权威性和法制性的一种标志和证明。 （✓）

单选题

1. 关于油品的比热与密度、温度的关系，正确的表述是(D)。

A. 油品的比热随密度增加、温度升高而增大

B. 油品的比热随密度增加、温度升高而减小

C. 油品的比热随密度增加而增大，随温度升高而减小

D. 油品的比热随密度增加而减小，随温度升高而增大

2. 燃料油主要用作各种锅炉和工业炉燃料，一般是由(D)和裂化残油等制成的。

A. 低沸馏分　　B. 中间馏分　　C. 减压馏分　　D. 直馏渣油

3. 电器用油包括变压器油、开关油等，其主要作用是(C)。

A. 润滑和绝缘　　B. 润滑和导热　　C. 绝缘和导热　　D. 润滑和密封

4. 用(C)作为原料生产化工产品的工业，称为石油化工工业。

A. 石油　　B. 石油气　　C. 石油和石油气　　D. 有机物

5. 在石油化工基础原料中，常把(B)的产量作为衡量石油化工发展水平的标志。

A. 苯　　B. 乙烯　　C. 乙炔　　D. 乙醇

6. 下列选项中，(D)是石油化工的基础原料。

A. 甲醇　　B. 丙酮　　C. 乙酸　　D. 乙炔

7. 炼油装置中，为了把原油加热到一定温度，使油品汽化，需要采用加热设备，常用的是(B)。

A. 低压锅炉　　B. 管式加热炉　　C. 换热器　　D. 蒸汽加热器

8. 草酸的分子式为(C)。

A. $H_2C_2O_2 \cdot H_2O$　　B. $H_2C_4O_2 \cdot 2H_2O$

C. $H_2C_2O_4 \cdot 2H_2O$　　D. $H_2C_2O_2 \cdot 2H_2O$

9. $Na_2S_2O_3$ 的名称为(C)。

A. 硫酸钠　　B. 亚硫酸钠

C. 硫代硫酸钠　　D. 硫代二硫酸钠

10. 在一定条件下，可逆反应 $N_2+3H_2 \rightleftharpoons 2NH_3$+热达到化学平衡。若降低温度，而保持其他条件不变，则(B)，平衡右移。

A. 正、逆反应速度均加快　　B. 正、逆反应速度均降低

C. 正反应速度加快，逆反应速度变慢　　D. 正反应速度变慢，逆反应速度加快

11. 在一定条件下，密闭容器中，当可逆反应的(C)，反应物和生成物的浓度恒定时，反应体系所处的状态称为化学平衡。

A. 反应速度不变　　B. 正、逆反应速度不变

C. 正、逆反应速度相等　　D. 正、逆反应速度等于零

12. 酸雨会造成严重的环境污染，形成酸雨的主要原因是人类活动向大气中排放了大量的(D)。

A. 一氧化碳　　B. 二氧化碳　　C. 三氧化硫　　D. 二氧化硫

13. 下列酸中，酸性最强的是(A)。

A. 盐酸　B. 草酸　C. 醋酸　D. 碳酸

14. 电解质电离时(C)的化合物叫做碱。

A. 所生成的阳离子全部是氢离子　B. 所生成的阳离子含有氢离子

C. 所生成的阴离子全部是氢氧根离子　D. 所生成的阴离子含有氢氧根离子

15. 下列碱中，属于有机碱的是(B)。

A. 联氨　B. 甲胺　C. 烧碱　D. 氢氧化镁

16. 盐类的分子里含有(B)的，叫做碱式盐。

A. H^+　B. OH^-　C. CO_3^{2-}　D. HCO_3^-

17. 金刚石和石墨的物理性质有很大差异的原因是(B)。

A. 金刚石不含杂质，而石墨含杂质　B. 金刚石和石墨里碳原子的排列不同

C. 金刚石和石墨是由不同种元素组成的　D. 金刚石和石墨含碳量不同

18. 下列化合物中，碳元素化合价不同的一组是(B)。

A. CS_2 和 CO_2　B. CH_4 和 CO

C. H_2CO_3 和 CCl_4　D. $Ca(HCO_3)_2$ 和 $CaCO_3$

19. 在一切化学反应中，反应前后的(C)不变。

A. 体积　B. 形态　C. 原子数　D. 分子数

20. 在平衡系统中增大反应物浓度，平衡向(B)移动。

A. 左　B. 右　C. 先左后右　D. 先右后左

21. 下列关于化学平衡的说法中，正确的是(B)。

A. 不同的可逆反应，反应物的性质不同，平衡常数是相同的

B. 对可逆反应来说，平衡常数越大，表示反应达到平衡时生成物浓度和反应物浓度的比值越大

C. 对于同一个可逆反应，在不同温度下，平衡常数有相同的数值

D. 对可逆反应来说，平衡常数越大，也就是反应完成的程度越小，物质的转化率越大

22. 可燃物在氧气中燃烧比在空气中的燃烧速度快，其原因为(B)。

A. 反应温度不同　B. 反应物浓度不同　C. 反应压力不同　D. 生成物不同

23. 1L 溶液中所含(B)的物质的量就是溶液的物质的量浓度。

A. 溶液　B. 溶质　C. 溶剂　D. 物质

24. 用管道输送清水，当流速一定，若增大管径，则其雷诺数(A)。

A. 增大　B. 减小　C. 不变　D. 无法确定

25. 圆管流体流态的判别准则为，实际雷诺数 *Re* 大于(B)时就是紊流，而小于该值一定为层流。

A. 1000　B. 2000　C. 3000　D. 4000

26. 平行固体壁之间的流体流态的判别准则为，实际雷诺数 *Re* 大于(B)时就是紊流，而小于该值一定为层流。

A. 500　B. 1000　C. 2000　D. 4000

27. 液体的体积压缩系数是(C)之比。

A. 液体体积的相对缩小值与压强

B. 液体体积与压强的增值弹性

C. 液体体积的相对缩小值与压强的增值

D. 液体体积与压强

28. 自由表面上液体分子由于受两侧分子引力不平衡，使自由面上液体分子受到极其微小的拉力，这种拉力称为(B)。

A. 表面拉力　　B. 表面张力　　C. 表面引力　　D. 表面压力

29. 某静止水体自由面与大气相通，已知某点在自由水面下的淹没深度为 h，则该点的静水压强应为(C)。设水的密度为 ρ，大气压强为 P_a。

A. 1　　B. ρgh　　C. $P_a+\rho gh$　　D. $P_a+\rho gh$

30. 漂浮在液面上的物体，受到的浮力大小应(B)。

A. 大于物体所受的重力　　B. 等于物体所受的重力

C. 小于物体所受的重力　　D. 无法确定

31. 离心式清水泵叶轮中的叶片数通常采用(C)片。

A. 2~4　　B. 4~6　　C. 6~8　　D. 8~10

32. 若增加离心泵叶轮叶片数量，扬程将(A)，液体的水力损失增大。

A. 增加　　B. 减少　　C. 不变　　D. 无法确定

33. 介质作用在动环上的有效面积(C)动静环端面接触面积的机械密封为平衡型机械密封。

A. 大于　　B. 等于　　C. 小于　　D. 不小于

34. 设计机械密封摩擦副的 *PV* 值应(B)它的许用 *PV* 值。

A. 等于　　B. 小于　　C. 大于　　D. 不大于

35. 将密封腔中介质引出到泵进口端，使腔中介质不断更新，这种机械密封的冲洗叫做(D)。

A. 自身冲洗　　B. 外部冲洗　　C. 循环冲洗　　D. 反向冲洗

36. 下列各部件中，(A)是闸阀的主体，是安装阀盖、连接管道的重要零件。

A. 阀体　　B. 阀杆　　C. 传动装置　　D. 闸板

37. 化学腐蚀是指金属与介质之间发生(A)作用而引起的破坏。

A. 纯化学　　B. 物理化学　　C. 电化学　　D. 纯物理

38. 输送流体介质，设计压力<10.0MPa，并且设计温度<400℃的工业管道属于(B)级工业管道。

A. GC1　　B. GC2　　C. GC3　　D. GC4

39. 钢制固定式压力容器的液压试验压力为设计压力的(C)倍。

A. 1.0　　B. 1.15　　C. 1.25　　D. 1.50

40. 减速器主要由传动零件(齿轮或蜗杆)、轴、(A)、箱体及其附件所组成。

A. 轴承　　B. 皮带　　C. 密封环　　D. 联轴器

41. 同时承受径向力和轴向力的轴承是(C)。

A. 推力轴承　　B. 向心轴承　　C. 向心推力轴承　　D. 滚针轴承

42. 在石油化工生产装置中，现场照明线路控制通常使用(D)。

A. 拉线开关　　B. 空气开关　　C. 胶盒开关　　D. 防爆开关

43. 正弦交流电的三要素是指(C)。

A. 频率、有效值、相位角　　B. 幅值、周期、初相角

C. 幅值、角频率、初相角　　D. 有效值、幅值、相位角

44. 已知 $R_1=10\Omega$，$R_2=10\Omega$，把两个电阻并联起来，其总电阻为(D)。

A. $R=10\Omega$　　B. $R=20\Omega$　　C. $R=15\Omega$　　D. $R=5\Omega$

45. 已知 $R_1=5\Omega$，$R_2=10\Omega$，把 R_1 和 R_2 串联后接入 220V 电源，R_1 上的分压应为(A)。

A. $U_1=73.3$V　　B. $U_1=60.3$V　　C. $U_1=110$V　　D. $U_1=30.3$V

46. 根据有关防火规定，电动机在热状态不能连续启动(C)次。

A. 6　　B. 4　　C. 2　　D. 5

47. 电气设备金属外壳应有(D)保护。

A. 防雷接地保护　　B. 防静电接地保护

C. 防过电压保护　　D. 可靠的接地或接零保护

48. 独立避雷针一般由(D)组成。

A. 避雷针、避雷线　　B. 避雷针、铁塔

C. 避雷塔、接地极　　D. 接闪器、引下线、接地体

49. 异步电动机按其结构可分为(A)。

A. 开启式　　B. 防护式　　C. 封闭式　　D. 防爆式

50. 人体能承受的跨步电压约为(D)之间。

A. 110~220V　　B. 6~10kV　　C. 20~35kV　　D. 90~110kV

51. 下列关于串级控制系统的说法中，错误的是(C)。

A. 是由主、副两个调节器串接工作

B. 主调节器的输出作为副调节器的给定值

C. 目的是实现对副变量的定值控制

D. 副调节器的输出去操纵调节阀

52. 下列选项中，(D)不是串级调节系统调节器的型号选择依据。

A. 工艺要求　　B. 对象特性　　C. 干扰性质　　D. 安全要求

53. 有两个调节阀，其可调比 $R_1=R_2=30$，第一个阀最大流量 $Q_{1max}=100m^3/h$，第二个阀最大流量 $Q_{2max}=4m^3/h$，采用分程调节时，可调比达到(C)。

A. 60　　B. 300　　C. 780　　D. 900

54. 下列各种阀门中，(A)不需要进行流向选择。

A. 球阀　　B. 单座阀　　C. 高压阀　　D. 套筒阀

55. 下列各种自动化仪表中，(A)把变送、调节、显示等部分装在一个表壳内，形成一个整体。

A. 基地式仪表　　B. 单元组合仪表

C. QDZ 仪表　　D. DDZ 仪表

56. 热电偶产生热电势的条件是(C)。

A. 两热电极材料相同，两接点温度相同　　B. 两热电极粗细不同，两接点温度相异

C. 两热电极材料相异，两接点温度相异　　D. 两热电极长短不同，两接点温度相异

57. 当热电阻或信号线断路时，显示仪表的示值为(C)。

A. 零　B. 室温　C. 最大值　D. 无法确定

58. 转子流量计中转子上下的压差由(C)决定。

A. 流体的流速　B. 流体的压力　C. 转子的重量　D. 流体的方向

59. 下列关于电磁流量计的说法，错误的是(B)。

A. 电磁流量计是不能测量气体介质流量

B. 电磁流量变送器地线接在公用地线、上下水管道就能满足要求

C. 电磁流量计的输出电流与介质流量有线性关系

D. 电磁流量变送器和工艺管道紧固在一起，可以不必再接地线

60. 用于测量流量的导压管线中，当正压侧导压管发生泄漏时，仪表指示(A)。

A. 偏低　B. 偏高　C. 超量程　D. 跑零下

61. 在管道上安装孔板时，若方向装反，将造成(C)。

A. 差压计倒指示　B. 差压计指示变小

C. 差压计指示变大　D. 对差压计无影响

62. 沉筒式液位计是利用悬挂在容器中的沉筒，由于被浸没高度不同，以致所受的(B)来测量液位的高度。

A. 拉力不同　B. 浮力不同　C. 压力不同　D. 重力不同

63. 应用声波测量物位，是根据声波从发射至接收到反射回波的时间间隔与物位成比例的关系。下列声波传播特点中，正确的是(B)。

A. 声波不能在固体中传播　B. 声波穿过气体介质时吸收最强

C. 声波穿过液体介质时吸收最强　D. 声波穿过固体介质时吸收最强

64. 我国的法定计量单位，除目前国家选定的(C)个非国际单位制单位外，其余的均与国际单位制单位及其组成原则是一致的。

A. 7　B. 10　C. 15　D. 18

65. 我国的法定计量单位中，压强的单位帕斯卡(Pa)是SI导出单位，用SI基本单位表达应为(A)。

A. $kg/(m \cdot s^2)$　B. N/m^2　C. kg/m^2　D. kg/cm^2

66. 按计量学用途，计量器具可以分为(D)等类型。

A. 计量基准器具、计量标准器具、计量装置

B. 计量标准器具、计量装置、计量标准物质

C. 计量基准器具、工作计量器具、计量标准物质

D. 计量基准器具、计量标准器具、工作计量器具

67. 用于贸易结算，安全防护、环境监测、医疗卫生方面属于强制管理的计量器具应属于(A)级计量器具管理范围。

A. A　B. B　C. C　D. D

68. 按照管理环节的不同，计量检定可以分为(D)等类型。

A. 周期检定、出厂检定、修后检定、在线检定、仲裁检定

B. 周期检定、出厂检定、在线检定、进口检定、仲裁检定

C. 周期检定、出厂检定、修后检定、进口检定、在线检定

D. 周期检定、出厂检定、修后检定、进口检定、仲裁检定

69. 量值传递是通过检定或其他传递形式，将国家计量基准所复现的计量单位量值通过各级计量标准逐级传递到(B)，以保证被测对象测得的量值准确和一致的过程。

A. 工作基准　　B. 工作计量器具

C. 计量仪表　　D. 社会公用计量标准器具

70. 我国现行采用的计量印证分为(B)。

A. 检定证书、检定合格印、检定合格证、检定结果通知书和检定不合格印五种类型

B. 检定证书、检定合格印、检定合格证、检定结果通知书和注销印五种类型

C. 检定证书、检定合格印、检定合格证、检定不合格印和注销印五种类型

D. 检定证书、检定合格印、检定不合格印、检定结果通知书和注销印五种类型

多选题

1. 石油化工生产的特点为(A，B，C)。

A. 原料来源较稳定　　B. 易于实现自动化

C. 适合大规模生产　　D. 加工过程简单便捷

2. 通常，石油化工基础原料中“三烯”是指(A，B，D)。

A. 乙烯　　B. 丙烯　　C. 丁烯　　D. 丁二烯

3. 在石油化工工业中，根据使用目的的不同，可将换热设备分为(A，B，C，D)等类型。

A. 冷却器　　B. 冷凝器　　C. 换热器　　D. 重沸器

4. 关于可逆反应的说法，正确的是(A，C，D)。

A. 在同一条件下，既能向正反应方向进行，同时又能向逆反应方向进行的反应，叫可逆反应

B. 所有的化学反应都是可逆的

C. 有气体参加的反应或有气体生成的反应，一定要在密闭体系的条件下才能是可逆反应

D. 可逆反应中，正反应和逆反应是相对的

5. 反应体系的化学平衡状态具有(A，B，C，D)的特点。

A. 反应速度为零　　B. 有条件的动态平衡

C. 反应物和生成物的浓度恒定　　D. 正、逆反应速度相等

6. 在无机酸中，俗称“三大强酸”是指(A，B，C)。

A. 盐酸　　B. 硫酸　　C. 硝酸　　D. 磷酸

7. 下列说法中，正确的是(A，C)。

A. 根据组成不同，盐可分为正盐、酸式盐、碱式盐等

B. 有两种以上金属离子和酸根离子形成的盐叫复盐

C. 根据盐中酸根离子不同，可分为硫酸盐、碳酸盐、氯化物等

D. 当酸中的氢离子被金属置换时，所生成的盐叫做酸式盐

8. 下列化合物中，(B，C)属有机物。

A. NH_3　　B. CH_4　　C. C_2H_4　　D. CO_2

9. 下列化合物中，(A，C)属无机物。

A. CO_2　　B. CH_4　　C. H_2SO_4　　D. CH_3COOH

10. 在某化学反应中，下列说法正确的是(C，D)。
   A. 参加化学反应的各种物质，等于反应后生成的各种物质
   B. 参加化学反应的反应物，等于反应后生成的生成物
   C. 参加化学反应的各种物质质量之和，等于反应后生成的各种物质质量之和
   D. 参加化学反应的各种反应物质量之和，等于反应后生成的各种生成物质量之和

11. 下列关于电解质电离的说法中，正确的是(A，B，D)。
   A. 强电解质是因其具有强极性键
   B. 弱电解质中键的极性弱
   C. 具有强极性键的化合物，溶于水时只有部分分子电离，大部分仍是呈分子状态
   D. 在弱电解质溶液中，始终存在着分子电离成离子和离子结合成分子的两个过程，即其电离过程是可逆的

12. 化学反应速度的影响因素为(A，B，C，D)。
   A. 温度　　B. 压力　　C. 反应物浓度　　D. 催化剂

13. 下列关于物质的量浓度的说法中，正确的是(B，C)。
   A. 一定体积的溶液里所含溶剂的物质的量来表示溶液的浓度，就是溶液的物质的量浓度
   B. 一定体积溶液里所含溶质的物质的量来表示的浓度，就是溶液的物质的量浓度
   C. 配制 500mL 的 0.5mol/L 的氢氧化钠溶液，需固体氢氧化钠 10g
   D. 配制 500mL 的 0.5mol/L 的氢氧化钠溶液，需固体氢氧化钠 20g

工种理论知识试题

判断题

1. 如果脱盐水中进入 CO_2，水的电导率即会上升，腐蚀性增大。(√)

2. 天然水体中的化学需氧量越大，说明其受到无机物污染越严重。(×)

正确答案：水体中的化学需氧量越大，说明其受到有机物污染越严重。

3. 所谓水的纯度是指水的洁净程度，可用水中各种悬浮物质和胶体等杂质的总含量来衡量。(×)

正确答案：所谓水的纯度是指水的洁净程度，可用水中各种溶解物及不溶物等杂质的总含量来衡量。

4. 天然水中氧的主要来源是大气溶于水中的氧，其溶解量不随温度和压力变化。(×)

5. 化学平衡是一种动态平衡，只要温度、浓度等反应条件改变，这种平衡就会被破坏，而建立新条件下的平衡。(√)

6. 对于弱电解质，其平衡常数随浓度改变而改变，但不随温度改变而改变。(×)

正确答案：对于弱电解质，其平衡常数随温度改变而改变，但不因浓度改变而改变。

7. 不同弱电解质的电离平衡常数 K 不同，K 值愈大，电解质愈易电离。(√)

8. 根据水中假想化合物的组合原则，天然水中阳离子组合假想化合物的顺序是：Ca^{2+} 优先组合，Mg^{2+} 次之，Na^{+} 最后组合。(√)

9. 天然水中的碱度主要是由 HCO_3^- 组成的，其酚酞碱度的量等于[HCO_3^-]的量。(×)

正确答案：天然水中的碱度主要是由 HCO_3^- 组成的，所以，几乎没有酚酞碱度，只有甲

基橙碱度，其量等于[HCO_3^-]的量。

10. 碳酸盐系统是天然水中优良的缓冲系统，它对避免天然水 pH 值急剧变化起缓冲作用。（√）

11. 无油润滑活塞式空压机主要特征是气缸内的活塞环及活塞杆上的填料均采用无润滑材料作为密封件，所以气缸及填料内需要润滑油润滑。（×）

正确答案：无油润滑活塞式空压机主要特征是气缸内的活塞环及活塞杆上的填料均采用自润滑材料作为密封件，所以气缸及填料内不需要润滑油润滑。

12. 单螺杆式空气压缩机主要有一个圆柱螺杆和两个对称布置的平面星轮组成的啮合副装在机壳内组成。（√）

13. 法兰连接便于拆卸、检修方便，但施工要求较高，不适用于埋地给水管线。（√）

14. 气动薄膜驱动的行程和驱动力比气缸活塞驱动的大，主要用于调节阀。（×）

正确答案：气动薄膜驱动的行程和驱动力比气缸活塞驱动的小，主要用于调节阀。

15. 在泵的铭牌上所注明的性能都是指该泵在最高效率点上的性能。（√）

16. 化学水处理用压缩空气常用的无热再生干燥器的工作原理是通过变压吸附的原理来达到干燥目的的。（√）

17. 多级离心泵的一个级由一个叶轮和一个径向扩压导叶组成。（√）

18. 轴承是支撑轴的零件，根据轴承工作的摩擦性质，可分为滑动摩擦轴承和滚动摩擦轴承。（√）

19. 按压力容器生产工艺过程的作用原理可分为反应容器、换热容器、分离容器和储运容器。（√）

20. 接触式机械密封是依靠密封室中液体压力和压紧元件的压力压紧在静环端面上，并在两环形端面上产生适当的压力和保持一层极薄的液体膜，而达到密封的目的。（√）

21. 常用的接触式机械密封的主要摩擦形式为液体摩擦。（×）

正确答案：常用的接触式机械密封的主要摩擦形式为混合摩擦。

22. 鼠笼式电动机属于直流电动机。（×）

正确答案：鼠笼式电动机不属于直流电动机。

23. 不管何种类型的电动机都有转子和定子这两大部件。（√）

24. 更换单级双吸离心泵的填料必须在水泵解体情况下进行。（×）

正确答案：更换单级双吸离心泵的内填料必须在水泵解体情况下进行。

25. 单级双吸离心泵采用滚动轴承。（√）

26. 通常情况下，离心泵每运行 10000h 要进行一次小修，内容包括解体检查、清扫、换油和重新调整间隙等。（×）

正确答案：通常情况下，离心泵每运行 2000~8000h 要进行一次小修，内容包括解体检查、清扫、换油和调整间隙等。

27. 离心泵正常运行时，一般要求其地脚螺丝振幅不超过 0.1mm，串轴量不超过 2mm。（√）

28. 外加电流阴极保护法中，直流电源的正极与管道相连，负极与废铁相连。（×）

正确答案：外加电流阴极保护法中，直流电源的正极与废铁相连，负极与管道相连。

29. 如果异步电动机起动频繁或容量较大，为了减小它的起动电流，通常采用降压启动。（√）

30. 三视图是斜投影法中多面投影。（×）

正确答案：三视图是正投影法中多面投影。

31. 当两个形体在某一投影面上的正投影完全相同时，则它们的形状相同。（×）

正确答案：当两个形体在某一投影面上的正投影完全相同时，则无法确定它们的形状是否相同。

32. 在三视图中，所有线段的投影均小于实长。（×）

正确答案：在三视图中，所有线段的投影均小于或等于实长。

33. 在三视图中，所有平面形体的投影均小于实际平面形体。（×）

正确答案：在三视图中，所有平面形体的投影均小于或等于实际平面形体。

34. 生产实践证实，电中性及负电荷有机高分子物质对水中负电荷胶体具有吸附作用。（√）

35. 当铝盐或铁盐混凝剂投量很多而形成大量高聚合物的氢氧化物时，可以吸附卷带水中胶粒进行沉淀分离，这种现象称沉淀物的吸附架桥作用。（×）

正确答案：当铝盐或铁盐混凝剂投量很多而形成大量高聚合物的氢氧化物时，可以吸附卷带水中胶粒进行沉淀分离，这种现象称沉淀物卷扫作用。

36. 电解质高价反离子主要局限于按静电学原理压缩双电层以降低 ζ 电位，低价反离子可通过吸附—电性中和作用降低 ζ 电位。（×）

正确答案：电解质低价反离子主要局限于按静电学原理压缩双电层以降低 ζ 电位，高价反离子可通过吸附—电性中和作用降低 ζ 电位。

37. 当使用高分子混凝剂尤其是有机高分子混凝剂，其混凝效果受 pH 值影响较小。（√）

38. 软化处理是将水中碳酸盐硬度除去，使水软化。（×）

正确答案：软化处理是将水中钙、镁离子除去，使水软化。

39. 在一定冲洗强度下，粒径小的滤料膨胀度大，粒径大的滤料膨胀度小。（√）

40. 滤池工作中，杂质穿透深度越大，则滤层的含污能力越高，其处理效果越好。（√）

41. 滤池配水系统作用是使冲洗水在整个池面上均匀分布。（√）

42. 与等速过滤相比，在平均滤速相同情况下，减速过滤的滤后水质较好。（√）

43. 采用冲洗水塔供应滤池冲洗水，允许在较长时间向水塔输水，耗电较均匀，如有地形条件可利用，建造水塔较好。（√）

44. 气水冲洗滤池时，气泡能有效地使滤料表面污物破碎、脱落，需要更大的水冲强度来清除这些污物。（×）

正确答案：气水冲洗滤池时，气泡能有效地使滤料表面污物破碎、脱落，故水冲强度可以大大降低，就可去除污物了。

45. 常用的镁剂有菱苦土（MgO）和白云灰（MgO CaO）。（√）

46. 水的 pH 值越低离子态的硅酸化合物越多，而胶体硅却越少。（×）

正确答案：水的 pH 值越低离子态的硅酸化合物越少，而胶体硅却越多。在 pH 值大于 10，才转成真溶液。

47. 镁剂除硅时，通常将水温控制在 20℃以下。（×）

正确答案：镁剂除硅时，通常将水温控制在 20~40℃，尤其是 40℃最佳。

48. 管式静态混合器是指在输水管道内安装一定形状的导流叶片，使流经它的水流产生分流、合流和旋流，增强混合效果。 (√)

49. 湿投法所使用的混凝剂必须是液体药剂。 (×)

正确答案：湿投法所使用的混凝剂可以是液体药剂，也可以是固体药剂。

50. 与其他类型澄清池相比，机械搅拌澄清池具有适应水量、水质和水温的变化，投药量较少，处理效果稳定等特点。 (√)

51. 当进水浊度不大于 100mg/L，重力式无阀滤池出水浊度可较好满足指标。 (√)

52. 重力式无阀滤池合用冲洗水箱的池数应大于 3 个。 (×)

正确答案：重力式无阀滤池合用冲洗水箱的池数一般为 2 个，不宜多于 3 个。

53. 虹吸滤池反冲洗水是由同组的其他分格滤池过滤出水提供的。 (√)

54. V 型滤池采用气水反冲洗方式时，冲洗水泵宜二用一备，单泵流量按气水同冲时水冲强度确定。 (√)

55. 单流式压力式过滤器一般滤料高度为 1. 2~1. 5m。 (√)

56. 单流式压力式过滤器对进水温度无要求。 (×)

正确答案：单流式压力式过滤器对进水温度不大于 40℃。

57. 在重力式无阀滤池过滤过程中，因压降变大，制水量会不断下降。 (×)

正确答案：在重力式无阀滤池过滤过程中，制水量不随压降而变。

58. 虹吸滤池的冲洗时间指池中水位降至出水堰水位开始，至冲洗结束的时间。 (×)

正确答案：虹吸滤池的冲洗时间指池中水位降至排水槽顶面，冲洗强度最大时的时间。

59. V 型滤池的滤速一般为 7~20m/h。 (√)

60. V 型滤池过滤周期最长为 24h，当运行 24h 后就必须进行反冲洗。 (×)

正确答案：V 型滤池过滤周期可达 48h 甚至更长，考虑到保持滤层较好状态，目前一般采用 24~48h 进行冲洗。

61. 备用单流式压力式过滤器启用时，先开排气阀，后开进水阀。 (√)

62. 斜管的安装一般选择现场安装，并将其避光保存。 (√)

63. 与平流沉淀池相比，斜管沉淀池的雷诺数大为提高，而弗劳德数则大为降低。(×)

正确答案：与平流沉淀池相比，斜管沉淀池的雷诺数大为降低，而弗劳德数则大为提高。

64. 在过滤过程中，随着时间的延续，过滤阻力将会逐渐增大。 (√)

65. 脉冲澄清池配水系统配水管和稳流板损坏，会导致出水水质不合格、澄清设备积泥。 (√)

66. 为保证出水均匀，斜管沉淀池穿孔集水管孔眼的标高应校正保持一致。 (√)

67. 澄清设备翻池特征是出水区存在并流出大量肉眼可见的矾花。 (√)

68. 澄清设备进水流量过大不会造成翻池。 (×)

正确答案：澄清设备进水流量过大不会造成翻池。

69. 无阀滤池定期可强制反洗，以防止滤料结块，造成反洗效果差。 (√)

70. 澄清设备积泥的处理基本方法是进行排泥作业。 (√)

71. 弱碱性树脂电离氢氧根离子能力较弱，强碱性树脂电离氢氧根离子能力较强。(√)

72. 因为阴离子交换树脂耐热性能好，所以在再生阴树脂时常采用伴热。 (×)

正确答案：阴树脂耐热性能较差，再生时采用伴热是为了提高再生效果。

73. 由于大孔中有大量的表面积，所以大孔型树脂的交换容量比较大。（×）

正确答案：大孔型树脂交换容量相对较小。

74. 大孔型树脂的孔大，因而交联度通常要比凝胶型树脂低。（×）

正确答案：大孔型树脂的交联度通常要比凝胶型树脂高。

75. 单体结合的紧密程度，称之为离子交换树脂的交联度。（×）

正确答案：交联剂在离子交换树脂内的百分含量，称之为离子交换树脂的交联度。

76. 水的 pH 值不会影响树脂的工作交换容量。（×）

正确答案：水的 pH 值影响树脂的工作交换容量。

77. 若某种离子容易与树脂结合，则也容易被置换下来。（×）

正确答案：容易与树脂结合的离子，大多较难置换下来。

78. 与氢型强酸性阳树脂相比，氢型弱酸性阳树脂对中性盐的分解能力差。（√）

79. OH 型强碱性阴树脂对弱酸性阴离子的吸着能力强。（×）

正确答案：OH 型强碱性阴树脂对弱酸性阴离子的吸着能力较弱。

80. 原水只一次相继经过 H 型和 OH 型交换器称做一级，该形式称为一级复床除盐系统。（√）

81. 在化学除盐系统中，如果水的流速小于 2m/h，则会发生出水水质下降，电导率增大的现象。（√）

82. 一级复床加混合床的除盐系统适合处理碱度和含盐量均高，硅酸含量低的水。（×）

正确答案：一级复床加混合床的除盐系统适合处理碱度和含盐量均低，硅酸含量高的水。

83. 离子交换除盐系统增设弱酸性阳离子交换器，适用于处理含 HCO_3^- 量高的水。（√）

84. 只需监督混床出水电导率，就可控制混床的失效点。（×）

正确答案：混床出水 $HSiO_3^-$ 的含量升高，其出水电导率并不一定有明显的变化。

85. 离子交换剂在动态条件下运行的交换器，简称浮动床。（×）

正确答案：离子交换剂在动态条件下运行的交换器，简称连续床。

86. 逆流再生离子交换器中压脂层是防止再生液和置换水向上流动时引起树脂乱层，但对于进水不起过滤作用。（×）

正确答案：逆流再生离子交换器中压脂层是防止再生液和置换水向上流动时引起树脂乱层，同时对进水起一定的过滤作用。

87. 逆流再生离子交换器进再生剂时，首先再生亲和力小的离子，再由这亲和力小的离子去排除亲和力大的离子，从而提高了再生效率。（√）

88. 逆流再生离子交换器增设压脂层可使用密度高于交换树脂的白球。（×）

正确答案：逆流再生离子交换器增设压脂层可使用密度低于交换树脂的白球。

89. 水中游离的二氧化碳可看作是溶解在水中的气体，故只要使水面上气体中的二氧化碳分压较小就可除去水中游离的二氧化碳。（√）

90. 低流速法再生过程实际是一种无顶压的再生过程。（√）

91. 逆流再生离子交换器小正洗的目的是清洗树脂层中残留的再生液。（×）

正确答案：逆流再生离子交换器小正洗的目的是清洗压脂层中残留的再生液。

92. 设置前置式交换器，可降低再生废液的酸、碱浓度。（√）

93. 原水只一次通过混床除盐称一级复床除盐。（×）

正确答案：原水只一次相继通过氢型和氢氧型交换器除盐称一级复床除盐。

94. 离子交换器按结构的不同，可分为阳床、阴床、混床。（×）

正确答案：离子交换器按用途的不同，可分为阳床、阴床、混床。

95. 离子交换器胶板衬里的接缝应采用对接方式连接。（×）

正确答案：离子交换器的胶板衬里接缝应采用搭接方式连接。

96. 离子交换器运行至失效时，即离子交换树脂将全部失效。（×）

正确答案：离子交换器运行至失效时，离子交换树脂并未全部失效。

97. 水处理中所说的再生液流速是指交换剂颗粒间再生溶液的真正流速。（×）

正确答案：水处理中所说的再生液流速是指再生溶液的空塔流速。

98. 离子交换器进水含盐量增高，交换器的周期制水量一般会增大。（×）

正确答案：离子交换器进水含盐量增高，交换器的周期制水量一般会减小。

99. 当再生剂用量一定时，再生液浓度愈高，则离子交换树脂的再生度愈高。（×）

正确答案：当再生剂用量一定时，如再生液浓度过高，离子交换树脂的再生度反而下降。

100. 热电厂中，热用户不会造成凝结水污染。（×）

正确答案：热用户因为加热器不严密等因素使得生水或其他溶液进入生产回水，造成凝结水污染。

101. 不需处理的清洁生产回水，应接入在热力系统中设置的监督水箱，定期监测水质。（√）

102. 汽轮机凝结水中的杂质含量取决于凝汽器泄漏的冷却水量和其杂质含量。（√）

103. 凝汽器的不严密处，通常出现在用来固定凝汽器管子和管板的连接部位。（√）

104. 凝汽器泄漏的冷却水量不因汽轮机的运行负荷的改变发生很大的变化。（√）

105. 凝结水中分析的铁化合物含量主要是指全铁。（√）

106. 凝结水中的铁金属腐蚀产物主要是Fe_3O_4和 FeO 等氧化物。（×）

正确答案：凝结水中的铁金属腐蚀产物主要是Fe_3O_4和Fe_2O_3的腐蚀产物。

107. 在电厂中，汽轮机凝结水采取的过滤措施主要是去除水中悬浮态、胶态的金属腐蚀产物。（√）

108. 蒸发器的级数越多，出力比越大，其经济性越高。（×）

正确答案：蒸发器的级数越多，出力比越大，增加级数固然可以增加出力比，但各项热量损失和设备投资增加，影响经济性。

109. 覆盖过滤器滤料又称为助滤剂。（√）

110. 覆盖过滤器滤料是粒状滤料。（×）

正确答案：覆盖过滤器滤料是粉状滤料。

111. 覆盖过滤器的常用助滤剂棉质纤维纸浆粉的特点是吸附能力强。（√）

112. 覆盖过滤器的常用助滤剂为棉质纤维纸浆粉。（√）

113. 永磁分离器内永久磁铁可产生强大的磁场。（√）

114. 使用高梯度磁性分离器时，在凝结水中加入联胺可强化除铁效果。（√）

115. 使用高梯度磁性分离器时，凝结水的水温低于150℃可强化除铁效果。（×）

正确答案：使用高梯度磁性分离器时，凝结水的水温高于150℃可强化除铁效果。

116. 管式覆盖过滤器的铺膜时，对于视密度为0.25～0.35g/cm³的滤料，控制悬浊液流可选用2～3m/h。（√）

117. 与普通H-OH混床相比，用于凝结水除盐H-OH混床的缺点是除去了汽水系统中的NH_4^+。（√）

118. 微孔过滤的设备出现故障判断的基本方法均为监控过滤器的运行阻力。（√）

119. 微孔过滤的设备出现运行阻力很大时，就必须更换滤元。（×）

正确答案：微孔过滤的设备出现运行阻力很大时，视滤元的材质采取反洗或化学清洗或更换滤元等措施。

120. 磁性分离器复原过程持续时间一般为2min。（√）

121. 高梯度磁性分离器对离子态的铁、胶态铁有很好的去除效果。（×）

正确答案：高梯度磁性分离器不能去除离子态的铁、胶态铁。

122. 省煤器管氧腐蚀的特征是在金属表面上形成点蚀或溃疡状腐蚀。（√）

123. 当锅内金属表面附着有水垢或水渣，起到对金属的保护作用，能够减轻腐蚀。（×）

正确答案：当锅内金属表面附着有水垢或水渣，在其下面会发生严重的腐蚀，称为沉积物下腐蚀。

124. 当锅内发生沉积物下酸性腐蚀时，其阴极反应产生的H_2随蒸汽带走，不会对金相产生破坏。（×）

正确答案：当锅内发生沉积物下酸性腐蚀时，其阴极反应产生的H_2会引起碳钢脱碳，金相组织受到破坏。

125. 锅内沉积物下碱性腐蚀，会造成金属脱碳，机械性能变脆。（×）

正确答案：锅内沉积物下碱性腐蚀，会产生腐蚀坑，但坑下金属的金相组织和机械性能没有发生变化。

126. 减少锅炉给水中的含铁量、含铜量，是防止锅内受热面形成氧化铁垢、铜垢的重要措施。（√）

127. 锅炉内水渣按其性质不同，可以分为两类，一类不会黏附在受热面上；另一类容易黏附在锅炉受热面上。（√）

128. 锅炉内水渣悬浮在炉水中，因此不会影响蒸汽品质。（×）

正确答案：锅炉水中水渣太多，会影响锅炉蒸汽品质。

129. 当炉管上形成磷酸盐附着物，引起传热不良，可能导致炉管严重超温。（√）

130. 由于疏水是纯净蒸汽凝结而成，所以进入给水前，不需要监督水质。（×）

正确答案：为了保证给水水质，疏水在送入给水系统以前，应监督其水质。

单选题

1. 碳酸化合物是天然水中主要的杂质，是决定水中(A)的主要因素。

A. 碱度　　B. 浊度　　C. 色度　　D. 透明度

2. 水的安定性是指水质稳定、不存在明显地结垢和腐蚀倾向的状态，它与水中的(D)含量密切相关。

A. N_2　　B. SO_2　　C. O_2　　D. CO_2

3. 某石化企业自备水厂内，生产水由一泵站供给，出口压力为0.3MPa，生活水由另一泵站供给，出口压力为0.3MPa，则该给水系统应属于(B)给水系统。

A. 分压　B. 分质　C. 分区　D. 统一

4. 某北方石化企业利用河水处理后供循环水，利用地下水消毒处理后供给化学水，则该企业给水系统属于(B)给水系统。

A. 单水源分质　B. 多水源分质　C. 单水源分区　D. 多水源分区

5. 化学需氧量是表示水中(A)含量的指标。

A. 还原性物质　B. 有机物　C. 无机物　D. 氧化性物质

6. 下列水质中，纯度最高的是(D)。

A. 软化水　B. 脱盐水　C. 纯水　D. 超纯水

7. 天然水中的溶解氧含量通常为(B)mg/L。

A. 3~7　B. 7~14　C. 14~21　D. 21~24

8. 某电解质溶于水中发生电离，下列说法正确的是(A)。

A. 正负离子所带电荷数相等　B. 阳离子数少于阴离子数

C. 阴阳离子数相等　D. 溶液呈中性

9. 22℃时，在0.01mol/L的HCl溶液中，$[H^+]=10^{-2}$mol/L，则$[OH^-]=$(B)mol/L。

A. 0　B. 10^{-12}　C. 10^{-7}　D. 10^{-2}

10. 根据水中假想化合物的组合原则，阴离子的组合顺序中(A)优先组合。

A. HCO_3^-　B. SO_4^{2+}　C. Cl^-　D. NO_3^-

11. 天然水中，总硬度等于总碱度的时候，则水中非碳酸盐硬度(永硬)等于(D)。

A. 水中碱度　B. 水中硬度

C. 总硬度减去总碱度　D. 0

12. 当水中只存在OH^-、HCO_3^-、CO_3^{2-}三种碱度成分且甲基橙碱度=0时，则水中(A)。

A. 只有OH^-　B. 只有HCO_3^-

C. 有CO_3^{2-}和HCO_3^-　D. 有OH^-和HCO_3^-

13. 当水中只存在OH^-、HCO_3^-、CO_3^{2-}三种碱度成分且酚酞碱度大于甲基橙碱度时，则水中(B)。

A. 只有OH^-　B. 有HCO_3^-和CO_3^{2-}

C. 只有CO_3^{2-}　D. 有OH^-和HCO_3^-

14. 当蒸馏水与大气充分接触平衡时，因水中溶解游离CO_2，氢离子浓度为$10^{-5.7}$mol/L，则水的pH为(B)。

A. 8.3　B. 5.7　C. 7　D. 4.3

15. 根据水的碳酸平衡和pH的关系，当水的pH小于4.3时，下列说法正确的是(A)。

A. 水中几乎只有CO_2一种形态　B. 水中只有CO_3^{2-}一种形态

C. 水中存在CO_2和HCO_3^-两种形态　D. 水中存在CO_3^{2-}和HCO_3^-两种形态

16. 活塞式空压机的主要部件是(A)。

A. 曲轴、连杆、十字头、活塞、气缸、刮油环、填料密封和气阀

B. 电机、润滑油

C. 贮气罐、干燥器

D. 减压阀、冷却器

17. 空压机的排气温度必须比润滑油闪点温度低20~40℃，因此，国内通常规定固定式压缩机排气温度不超过(A)℃。

A. 160　B. 180　C. 210　D. 240

18. 螺杆式压缩机属于(B)压缩机。

A. 速度型　B. 容积型　C. 回转式　D. 转子式

19. 给水管道法兰通常采用(B)垫片。

A. 聚四氟乙烯　B. 石棉　C. 金属　D. 金属包石棉

20.《钢制管法兰、垫片、紧固件》标准(HG J 44~76—1991)中包括(B)种法兰类型。

A. 四　B. 五　C. 六　D. 七

21. 阀门类型中代号“G”表示(A)。

A. 隔膜阀　B. 蝶阀　C. 球阀　D. 旋塞阀

22. 压力≤1.6MPa的阀门叫(A)，压力≥10MPa的阀门叫(A)。

A. 低压阀　高压阀　B. 中压阀　高压阀　C. 低压阀　中压阀　D. 中压阀　高压阀

23. 往复型阀门气动执行机构适用于(A)。

A. 闸阀　B. 蝶阀　C. 球阀　D. 旋塞阀

24. 通常气动阀门的空气压力范围应为(C)MPa。

A. 0.2~0.4　B. 0.6~0.8　C. 0.2~0.8　D. 1.0~1.8

25. 根据离心泵的扬程和流量的性能曲线，随流量增大，扬程(A)。

A. 下降　B. 上升　C. 不变　D. 先降后升

26. 离心泵的操作是在泵启动后再开启出口阀，这样启动时的轴功率(B)。

A. 最大　B. 最小　C. 不变　D. 先大后小

27. 根据离心泵的扬程和流量性能曲线，具有陡降特性的泵，当扬程变化较大时，则流量(B)。

A. 变化很大　B. 变化不大　C. 先增加后减小　D. 先减小后增大

28. 无热再生干燥器通常采用两塔循环工作，一塔工作，另一塔(A)。

A. 随即转入再生　B. 停运备用　C. 也工作　D. 先工作后再生

29. 干燥后的空气，密闭减压膨胀至大气压，则其干燥程度将(B)。

A. 不变　B. 变大　C. 变小　D. 先变大后变小

30. 在电厂水处理设备中，应用最广泛的是(B)联轴节。

A. 套筒式　B. 凸缘式　C. 万向　D. 十字沟槽式

31. 表面式加热器的加热工质和被加热工作工质(A)。

A. 不混合　B. 能够混合　C. 部分混合　D. 先混合再分离

32. 性能相同的两台离心泵并联，理论上总流量等于两泵在同一扬程下的流量(A)。

A. 之和　B. 之差　C. 乘积　D. 比值

33. 离心式清水泵叶轮中的叶片数通常采用(C)片。

A. 2~4　B. 4~6　C. 6~8　D. 8~10

34. 同时承受径向力和轴向力的轴承是(C)。

A. 推力轴承　B. 向心轴承

C. 向心推力轴承　D. 滚针轴承

35. 在轴两端的支撑点，用轴承盖单向固定轴承，分别限制两个方向的(C)。

A. 径向移动　B. 径向转动

C. 轴向移动　D. 轴向转动

36. 下列各种容器中，(A)属于第三类压力容器。

A. 高压容器　B. 中压容器

C. 低压容器　D. 球形储罐

37. 常用的接触式机械密封的主要摩擦形式为(D)。

A. 干摩擦　B. 液体摩擦　C. 边界摩擦　D. 混合摩擦

38. 下列关于电动机类型说法中，错误的是(B)。

A. 按照使用能源分类可分为直流电动机和交流电动机

B. 按照电源电压的分类可分为同步电动机和异步电动机

C. 按照电源相数分类可分为单相电动机和三相电动机

D. 按照是否在含有爆炸性气体场所使用，分为防爆电机和非防爆电机

39. 热电偶产生热电势的条件是(C)。

A. 两热电极材料相同，两接点温度相同

B. 两热电极粗细不同，两接点温度相异

C. 两热电极材料相异，两接点温度相异

D. 两热电极长短不同，两接点温度相异

40. 为防止离心泵内的填料与泵轴直接摩擦，通常泵轴在穿过填料函的部位装有(C)。

A. 轴承体　B. 密封环　C. 轴套　D. 水封环

41. 离心泵的一级保养通常由(C)承担。

A. 技术员　B. 班长　C. 操作工　D. 检修工

42. 离心泵的二级保养周期为运行(B)h。

A. 1000　B. 720　C. 240　D. 168

43. 操作人员对设备要做到“四懂三会”，其中“四懂”是指(A)。

A. 懂原理、懂结构、懂用途、懂性能

B. 懂性能、懂结构、懂用途、懂操作

C. 懂性能、懂原理、懂结构、懂操作

D. 懂原理、懂结构、懂性能、懂操作

44. 操作人员对设备要做到“四懂三会”，其中“三会”是指(D)。

A. 会使用、会检修、会排除故障

B. 会操作调整、会检修、会处理故障

C. 会操作调整、会排除故障、会检修维护

D. 会使用、会维护保养、会排除故障

45. 转速为1500~3000r/min的滚动轴承的润滑加油标准为(B)。
A. 油位在轴承最下部滚动体中心以下，但不低于滚动体下缘
B. 油位在轴承最下部滚动体中心以上，但不得浸没滚动体上缘
C. 油位在轴承最下部滚动体中心处
D. 油位在轴承最下部滚动体上缘或浸没滚动体

46. 脂润滑的设备，当转速大于3000r/min时，加脂量为轴承箱容积的(A)。
A. 1/3　B. 1/2　C. 1/4　D. 2/3

47. 下列电动机的线圈绝缘等级中，允许温度升高的是(D)级绝缘。
A. A　B. B　C. E　D. F

48. 水泵填料盒处滴水应呈滴状连续渗出为宜，运行中可调节(C)来控制滴水量。
A. 水封环　B. 水封管控制阀　C. 压盖螺栓　D. 输水压力

49. 水泵的轴承温升通常不得超过环境温度(A)℃。
A. 35　B. 45　C. 55　D. 65

50. 投影法可分为中心投影法和(D)两大类。
A. 正投影法　B. 斜投影法　C. 轴测投影法　D. 平行投影法

51. 在机械制图中(D)作为基本图样。
A. 标高图　B. 轴测图　C. 透视图　D. 三视图

52. 三视图属于(A)画法。
A. 第一角　B. 第二角　C. 第三角　D. 第四角

53. 三视图中，在*V*面上的视图称为(C)。
A. 左视图　B. 俯视图　C. 主视图　D. 仰视图

54. 三视图中，(C)中相应投影的宽度相等。
A. 主视图和俯视图　B. 主视图和左视图
C. 俯视图和左视图　D. 俯视图和右视图

55. 三视图中，主视图反映形体上各结构之间(C)的位置关系。
A. 前后、左右　B. 前后、上下
C. 上下、左右　D. 前后、上下、左右

56. 空间点*A*(4、6、8)和*B*(4、6、6)，则在三视图中，两点为(C)。
A. 对*V*面的重影点　B. 对*W*面的重影点
C. 对*H*面的重影点　D. 对*U*面的重影点

57. 三视图中，*H*面与*V*面交于投影轴*OX*，*H*面与*W*面交于投影轴*OY*，*V*面与*W*面交于投影轴*OZ*。如果某直线的两个投影分别平行于*OX*、*OY*轴，另一个投影与投影轴倾斜，则该直线为(A)。
A. 水平线　B. 正平线　C. 侧平线　D. 左平线

58. 若某平面在*V*面的投影为一直线，则该平面为(A)。
A. 正垂面　B. 侧垂面　C. 铅垂面　D. 左垂面

59. 离子交换器的再生液流速要求大于4m/h(空塔流速)，现有一台设计流量为20m^3/h的喷射器，(B)满足直径为3000mm的交换器的要求。
A. 能　B. 不能
C. 开始能，以后不能　D. 不确定

60. 水在直径 d=3000mm 的交换器中以 40m/h 的流速流动，那么它在直径 d=200mm 的管线中的流量为(A)m^3/h。

A. 282.7　　B. 300　　C. 450　　D. 9000

61. 一台氢型强酸阳离子交换器采用 4%的盐酸溶液再生，每次消耗 30%盐酸 4.0t，再生时间为 40min，则交换器再生流量为(B)t/h。

A. 30　　B. 45　　C. 50　　D. 55

62. 一台离子交换器直径为 3200mm，运行失效后进行大反洗，反洗水用量为 $100m^3$，反洗时间为 40min，则反洗水流速为(A)m/h。

A. 18.7　　B. 20.3　　C. 22.5　　D. 25.6

63. 用硫酸再生直径为 2.5m 的阳床，再生液浓度为 1%，再生剂用量纯硫酸 400kg，再生时间为 1h，交换器再生水流速(C)m/h。

A. 6　　B. 7　　C. 8　　D. 9

64. 测得 0.1mol/L 的 $NH_3 \cdot H_2O$ 溶液的 pH=12.0，此溶液的 H^+浓度为(B)mol/L。

A. 1.0×10^{-13}　　B. 1.0×10^{-12}　　C. 1.2×10^{-12}　　D. 12

65. 已知 NaOH 溶液的浓度为 400mg/L，此溶液的 pH 为(D)。

A. 1.0×10^{-12}　　B. 1.0　　C. 2.0　　D. 12

66. 已知 HCl 溶液的浓度为 0.01mol/L，溶液的 pH 值为(C)。

A. 1.0×10^{-12}　　B. 1.0　　C. 2.0　　D. 12

67. 作为混凝剂的高分子物质一般具有(A)结构，在水中能起到胶粒之间互相结合的桥梁作用。

A. 链状　　B. 块状　　C. 离子　　D. 层状

68. 在水中，投加电解质能降低或消除胶团 ζ 电位，起到压缩(C)，使胶粒间相互凝聚。

A. 胶核　　B. 吸附层　　C. 扩散层　　D. 离子

69. 石灰溶于水中，生成(C)，即石灰乳。

A. CaO　　B. $CaCO_3$　　C. $Ca(OH)_2$　　D. $Ca(HCO_3)_2$

70. 单用石灰软化处理，只能消除水中(A)。

A. 碳酸盐硬度　　B. 非碳酸盐硬度　　C. 盐类　　D. 碱度

71. 澄清的工作原理与沉淀完全不同，它充分利用(B)的絮凝作用，使水获得澄清。

A. 污泥　　B. 活性泥渣　　C. 混凝剂　　D. 助凝剂

72. 在泥渣悬浮型澄清池中，加药后的原水(D)通过处于悬浮状态的泥渣层，水中杂质有充分机会与泥渣悬浮层的颗粒碰撞凝聚。

A. 由前向后　　B. 由后向前　　C. 由上向下　　D. 由下向上

73. 过滤机理取决于悬浮颗粒与滤料颗粒之间(D)作用。

A. 机械筛滤　　B. 分子运动　　C. 吸引力　　D. 黏附

74. 设置反冲洗强度调节器是重力式无阀滤池改变冲洗强度的措施，它通常安装在(C)管口处。

A. 虹吸上升管　　B. 虹吸辅助管　　C. 虹吸下降管　　D. 虹吸破坏管

75. 快滤池反冲洗是用一定强度的水流(B)通过滤层。

A. 由上而下　　B. 由下而上　　C. 由中进而上下出　　D. 由前到后

76. 通过向水中加入 MgO 除硅，可使硅化物降低至(D)mg/L。

A. 5　B. 4　C. 3　D. 1

77. 镁剂除硅时，加入水中的 $mgMgO/mgSiO_3^{2-}$ 的比值通常为(C)。

A. 8　B. 10　C. 15　D. 20

78. 水的预处理中，混凝剂于泵前投加一般适用于(B)。

A. 使用金属盐类混凝剂者　B. 取水泵房距水厂较近者

C. 采用澄清池处理工艺的水厂　D. 大中型水厂

79. 水力循环澄清池是依靠(B)形成泥渣回流。

A. 潜水泵　B. 水射器　C. 计量泵　D. 空气泵

80. 机械搅拌澄清池是利用(A)提升作用使活性泥渣循环流动并与原水充分混合絮凝。

A. 机械搅拌　B. 水力　C. 空气混合　D. 静电吸附

81. 在机械搅拌澄清池中，叶轮的提升流量通常为进水流量的(B)倍。

A. 1~3　B. 3~5　C. 5~7　D. 7~9

82. 虹吸滤池的运行操作主要是(D)。

A. 调整流量　B. 维护设备　C. 分析水质　D. 启停真空系统

83. V 型滤池反冲洗采用(A)方式。

A. 气水反冲加表面冲洗　B. 单一气冲洗

C. 单一水冲洗　D. 表面冲洗

84. 设计上向流斜管沉淀池时，其表面负荷率的取值范围为(C)$m^3/(h \cdot m^2)$。

A. 5.0~7.0　B. 7.0~9.0　C. 9.0~11.0　D. 11.0~13.0

85. 设计下向流斜管沉淀池时，其表面负荷率的取值范围为(B)$m^3/(h \cdot m^2)$。

A. 40~50　B. 30~40　C. 20~30　D. 10~20

86. 无阀滤池的进水水质恶化，会使自动运行的周期制水量(D)，出水的浊度(D)。

A. 不变，不变　B. 不变，变大　C. 变小，不变　D. 变小，变大

87. 重力式无阀滤池在运行中，从虹吸下降管管口经常溢出空气的原因有可能是(D)。

A. 冲洗水箱的水位过高　B. 冲洗水箱的水位过低

C. 虹吸系统漏气　D. 进口管中带气

88. 虹吸滤池的运行操作主要是(D)。

A. 调整流量　B. 维护设备　C. 分析水质　D. 启停真空系统

89. 虹吸滤池的过滤水头为(A)的高度差。

A. 滤池水位与出水堰水位　B. 滤池水位与滤料层顶

C. 滤池水位与滤池池底　D. 进水渠水位与出水堰水位

90. 虹吸滤池的最大反洗水头为(C)的高度差。

A. 出水堰水位与滤料层顶　B. 出水堰水位与滤池池底

C. 出水堰水位与反洗排水槽顶　D. 滤池水位与反洗排水槽顶

91. V 型滤池反冲洗过程中气水同冲时水冲强度为(B)$L/(s \cdot m^2)$。

A. 1~2.5　B. 2.5~4　C. 4~5.5　D. 5.5~7

92. 一般石英砂过滤的冲洗强度为 12~15$L/(s \cdot m^2)$，水冲的时间为(D)min。

A. 2~1　B. 3~2　C. 5~3　D. 7~5

93. 新铺设滤料的滤池须加氯消毒，一般经过浸泡(D)h后即可投入使用。

A. 4　　B. 12　　C. 24　　D. 36

94. 滤池新添加滤料，应用漂白粉溶液或氯水进行消毒处理，通常投加量按有效氯(B) kg/m^3滤料计算。

A. 0.005~0.01　　B. 0.05~0.1　　C. 0.5~1　　D. 5~10

95. 穿孔排泥管布置在沉淀池池底下，管上孔眼与中垂线成(B)，间距一般为0.3~0.8m。

A. 30°　　B. 45°　　C. 70°　　D. 75°

96. 澄清设备出现翻池时，应调整泥渣浓缩器连续排放阀的开度，以使排出的泥渣浓度不低于(C)。

A. 5%　　B. 8%　　C. 10%　　D. 12%

97. 压力式过滤器反洗时，为保证反洗效果，一般来说，水位控制在高于滤层表面(B) mm处。

A. 100~200　　B. 200~300　　C. 250~300　　D. 300~400

98. 澄清设备积泥长时间后需进行人工清理，一般是安排在每(C)年一次的大修工作中。

A. 1　　B. 2　　C. 3　　D. 4

99. 澄清设备积泥长时间后需进行人工清理，其方法一般为(B)。

A. 自然干化　　B. 压力水冲洗　　C. 人工挖除　　D. 不确定

100. 反渗透膜发生氧化损害时，通常位于(A)。

A. 前端膜元件　　B. 中段膜元件　　C. 后端膜元件　　D. 所有膜元件

101. 关于反渗透预处理的说法正确的是(B)。

A. 反渗透技术先进，不需要预处理

B. 反渗透对给水要求严格，必须进行预处理

C. 采用地表水时，不需要预处理

D. 采用井水时，不需要预处理

102. 反渗透预处理系统的作用是(A)。

A. 使水中污染物浓度控制在较低水平　　B. 降低水中含盐量

C. 降低给水电导率　　D. 提高SDI数值

103. 水中的余氯可以通过(D)去除。

A. 石英砂过滤器　　B. 保安过滤器　　C. 超滤　　D. 活性炭过滤器

104. 进入卷式反渗透装置的水，必须经过较为严格的预处理，使其污染指数小于(D)。

A. 10　　B. 8　　C. 6　　D. 4

105. 进入卷式反渗透装置的水，必须经过较为严格的预处理，使其余氯小于(C)。

A. 0.3　　B. 0.2　　C. 0.1　　D. 0.05

106. 电去离子装置采用的除盐动力是(A)。

A. 电能　　B. 化学能　　C. 压力差　　D. 机械能

107. 电去离子装置淡水室中的离子交换树脂的再生，用的是(B)。

A. 酸碱　　B. 水电解产生的氢离子和氢氧根离子

C. 水　　D. 氨水

108. 电去离子装置淡水室中填充离子交换树脂，能够(C)淡水室的导电能力。
A. 降低　B. 不改变　C. 大幅提高　D. 小幅提高
109. 电去离子装置的产水电导率最低可以达到(C)μS/cm。
A. 10　B. 5　C. 0.6　D. 0.1
110. 反渗透给水中的胶体和悬浮物污染，导致对膜元件的危害是(A)。
A. 产品水流量降低　B. 产品水流量提高
C. 脱盐率提高　D. 运行压差减小
111. 反渗透给水中的胶体和悬浮物污染，导致对膜元件的危害是(A)。
A. 膜系统压差增大　B. 产品水流量提高
C. 脱盐率提高　D. 运行压差减小
112. 受到微生物污染反渗透膜元件，(B)用化学清洗去除。
A. 容易　B. 很难　C. 不准　D. 较容易
112. 连续电去离子装置(A)室内装填离子交换树脂。
A. 淡水　B. 浓水　C. 电极　D. 流动
113. 连续电去离子装置浓水室和淡水室的隔板是(C)。
A. 多孔板　B. 钛板
C. 阴或阳离子交换膜　D. 反渗透膜
114. 关于反渗透装置前的滤芯过滤器，以下说法正确的是(C)。
A. 承担原水全部过滤负荷
B. 承担原水部分过滤负荷
C. 不承担过滤负荷，只是起对反渗透装置的保护作用
D. 不能确定
115. 反渗透压力容器最多可以装入(D)个膜元件。
A. 2　B. 6　C. 7　D. 8
116. 膜元件在反渗透压力容器内的安装方式为(A)。
A. 串联　B. 并联　C. 先串联后并联　D. 先并联后串联
117. 超滤装置是由若干个超滤膜组件(C)组合在一起。
A. 自由　B. 串联　C. 并联　D. 串联或并联
118. 检测水中的(C)是预测为生物膜污染的重要手段。
A. 细菌　B. 余氯　C. *SDI*　D. 浊度
119. 检测给水中的(B)可以间接地监视反渗透膜元件生物膜的发展。
A. 细菌　B. *TOC*　C. *SDI*　D. 浊度
120. 超滤装置在实际运行中，工作压力应该选在(B)，以防止浓差极化。
A. 低压区　B. 中压区　C. 高压区　D. 超高压区
121. 弱碱性阴离子交换树脂在 pH 值(D)的范围内具有较好的交换能力。
A. 0~14　B. 4~14　C. 5~14　D. 0~7
122. 与强酸性树脂相比，弱酸性树脂对氢离子吸着能力(B)。
A. 较弱　B. 较强　C. 相同　D. 无法判断

123. 弱酸性阳离子交换树脂，在常温低浓度水溶液中对常见离子的选择性顺序是(C)。

A. $Na^{+}>Ca^{2+}>Mg^{2+}>Fe^{3+}>H^{+}$　　B. $Fe^{3+}>Ca^{2+}>Mg^{2+}>Na^{+}>H^{+}$

C. $H^{+}>Fe^{3+}>Ca^{2+}>Mg^{2+}>Na^{+}$　　D. $Fe^{3+}>Mg^{2+}>Ca^{2+}>Na^{+}>H^{+}$

124. 在常温低浓度水溶液中，弱碱性阴离子交换树脂对常见离子的选择性顺序为(C)。

A. $SO_4^{2-}>Cl^{-}>NO_3^{-}>HCO_3^{-}>OH^{-}$

B. $OH^{-}>Cl^{-}>NO_3^{-}>HCO_3^{-}>SO_4^{2-}$

C. $OH^{-}>SO_4^{2-}>NO_3^{-}>Cl^{-}>HCO_3^{-}$

D. $SO_4^{2-}>NO_3^{-}>Cl^{-}>HCO_3^{-}>OH^{-}$

125. 各种树脂的热稳定性顺序大致可排列为(B)。

A. 强酸性>弱酸性>强碱性>弱碱性

B. 弱酸性>强酸性>弱碱性>强碱性

C. 强碱性>弱碱性>强酸性>弱酸性

D. 弱碱性>强碱性>弱酸性>强酸性

126. 下列各种类型树脂中，(B)离子交换树脂的耐热性能最好。

A. 强酸性　　B. 弱酸性　　C. 强碱性　　D. 弱碱性

127. 与大孔型树脂相比，凝胶型树脂的优点为(D)。

A. 抗氧化性好　　B. 抗有机物污染能力强

C. 反应速度快　　D. 易于再生

128. 树脂的交联度越大，则树脂的(B)。

A. 机械强度越高、溶胀率越大　　B. 机械强度越高、溶胀率越小

C. 机械强度越低、溶胀率越大　　D. 机械强度越低、溶胀率越小

129. 一般情况下，交联度较大的离子交换树脂具有(D)的特点。

A. 交换容量较大、孔隙较大　　B. 交换容量较大、孔隙较小

C. 交换容量较小、孔隙较大　　D. 交换容量较小、孔隙较小

130. 在强弱酸的混合溶液中，OH 型离子交换树脂(A)。

A. 易吸着强酸的阴离子　　B. 易吸着弱酸的阴离子

C. 对强、弱酸的阴离子吸着能力一样　　D. 对强、弱酸的阴离子吸着无规律

131. 在一般情况下增加再生剂的用量，离子交换树脂的再生程度将(A)。

A. 提高　　B. 降低　　C. 不变　　D. 无法确定

132. 在离子交换除盐处理实际生产中，产水比是指(D)之比。

A. 除盐系统再生剂耗量与出水量　　B. 除盐系统出水量与再生剂耗量

C. 除盐系统出水量与进水量　　D. 除盐系统进水量与出水量

133. 在失效的离子交换树脂中再生 1mol 交换基团所耗用的纯再生剂质量，称为(A)。

A. 再生剂耗　　B. 再生效率　　C. 再生水平　　D. 制水单耗

134. 在离子交换树脂的再生中，一般将硫酸稀释至质量分数为(C)左右，再用喷射器输送。

A. 5%　　B. 15%　　C. 20%　　D. 30%

135. 盐酸溶液常含有(D)，其含量偏大会对离子交换树脂的再生效果产生显著影响。

A. Na^{+}　　B. Cl^{-}　　C. SO_4^{2-}　　D. Fe^{3+}

136. 氢氧化钠溶液常含有(B)杂质，其含量偏大会对离子交换树脂的再生效果产生显著影响。

A. Na^+　B. Cl^-　C. F^-　D. Fe^{3+}

137. 在除盐系统中，使用水力喷射器输送酸碱液，其来水压力不应低于(B)MPa。

A. 0.2　B. 0.4　C. 2　D. 4

138. 固体烧碱液化槽及其附属的管路宜采用(C)材料。

A. 聚碳酸酯　B. 硬聚氯乙烯　C. 不锈钢　D. 铸铁

139. 在食盐再生系统中，当使用喷射器输送盐液时，盐液是在(C)内得到稀释的。

A. 盐槽　B. 计量箱　C. 喷射器　D. 交换器

140. 离子交换树脂贮存时出现脱水现象，一般使用(C)浸泡。

A. 清水　B. 氢氧化钠溶液　C. 浓食盐水　D. 盐酸溶液

141. 离子交换器运行中，从阴离子交换剂置换下来的是(B)。

A. H^+　B. OH^-　C. Cl^-　D. HCO_3^-

142. 离子交换器运行中，从阳离子交换剂置换下来的是(A)。

A. H^+　B. OH^-　C. Cl^-　D. HCO_3^-

143. 碳酸盐经氢型强酸性阳树脂离子交换后生成(D)。

A. H_2O　B. CO_2　C. H_2O 和 CO　D. H_2O 和 CO_2

144. 在强碱交换器前设置弱碱交换器时，强碱阴离子交换主要起除(D)的作用。

A. Cl^-　B. NO_3^-　C. SO_4^{2-}　D. $HSiO_3^-$

145. 降低进水的(C)，排除 OH^- 干扰，有利于强碱阴离子交换除硅彻底。

A. 硬度　B. 碱度　C. pH 值　D. CO_2

146. 经阳树脂交换产生的 H^+ 和经阴树脂交换产生的 OH^- 在混合床中反应后生成(B)。

A. H_2　B. H_2O　C. H_2CO_3　D. O_2

147. 典型的一级复床除盐系统包括(C)。

A. 钠型强酸性阳离子交换器、除碳器、OH 型强碱性阴离子交换器

B. 氢型强酸性阳离子交换器、OH 型强碱性阴离子交换器

C. 氢型强酸性阳离子交换器、除碳器、OH 型强碱性阴离子交换器

D. 钠型强酸性阳离子交换器、OH 型强碱性阴离子交换器

148. 原水经 H 型交换器交换后，出水中含有和进水中(B)相应的酸类。

A. 阳离子　B. 阴离子　C. 氢离子　D. 氢氧根离子

149. 水经过强碱性 OH 型树脂时，其中的(D)可被树脂吸着。

A. 所有离子　B. 氢离子　C. 阳离子　D. 阴离子

150. 下列选项中，(C)经过强碱性 OH 型树脂时，反应速度最缓。

A. H_2CO_3　B. HCl　C. H_2SiO_3　D. H_2SO_4

151. 在除盐系统中，强酸性 H 型离子交换为了要除去水中的 H^+ 以外的所有阳离子，必须在(A)超标时，立即停止运行。

A. Na^+　B. K^+　C. H^+　D. Ca^{2+}

152. 当强酸性 H 型交换器失效时，其出水不宜单独用(A)进行监督，因为当水源中强酸阴离子改变时，其出水也受影响。

A. pH 值　B. 电导率　C. Na^+　D. H^+

153. 当对除盐水质要求高时，混合床中所用的树脂必须是(D)。

A. 强酸阳树脂和弱碱阴树脂　B. 弱酸阳树脂和强碱阴树脂

C. 弱酸阳树脂和弱碱阴树脂　D. 强酸阳树脂和强碱阴树脂

154. 混合床经过再生清洗开始制水时，出水电导率(B)。

A. 不变　B. 下降极快　C. 上升极快　D. 下降极慢

155. 混合床阳、阴离子交换树脂在(D)状态下是混合的。

A. 反洗　B. 进再生液　C. 串联正洗　D. 运行

156. 若除盐系统第一个交换器为阴离子交换器，运行时将会在此交换器中析出(C)，导致不能正常运行。

A. 酸性沉淀物　B. 中性沉淀物　C. 碱性沉淀物　D. 悬浮物

157. 弱碱性阴树脂比强碱性阴树脂(B)。

A. 交换容量低　B. 碱耗低　C. 适于处理中性水　D. 价格低

158. 典型的一级复床除盐系统不适于处理(B)的原水。

A. 碱度低　B. SO_4^{2-}、Cl^-含量高

C. 含盐量低　D. 硅酸含量低

159. 由弱酸阳离子交换器—强酸阳离子交换器—除碳器—强碱阴离子交换器组成的一级除盐系统适用于处理(A)的原水。

A. 碱度较高　B. 含盐量很高　C. 硅酸含量较高　D. Cl^-含量较高

160. 母管制除盐系统的缺点是(C)。

A. 不能充分使用树脂　B. 酸碱耗高

C. 交换器失效终点不易判断　D. 交换器的出水能力低

161. 对单元制除盐制水系统，常通过监督阴床出水的(A)来判断阳床失效。

A. 电导率升高　B. $HSiO_3^-$含量增大　C. pH 值升高　D. 碱度增大

162. 一级复床加混床除盐系统的出水中 SiO_2 含量应不大于(C)μg/L。

A. 10　B. 15　C. 20　D. 30

163. 下列离子交换器中，(D)能够实现连续制水。

A. 固定床　B. 满室床　C. 浮动床　D. 连续床

164. 逆流再生离子交换器与顺流再生离子交换器工作过程不同的是(B)。

A. 运行　B. 小反洗　C. 再生　D. 置换

165. 逆流再生离子交换器的特点是(A)。

A. 出水水质好　B. 设备结构简单　C. 操作简单　D. 再生剂用量大

166. 逆流再生与顺流再生离子交换器，其结构最主要区别是(B)。

A. 进水装置　B. 中间排液装置　C. 出水装置　D. 进再生剂装置

167. 经氢离子交换后，原水中的阳离子几乎都转变成 H^+，出水呈酸性，并含有大量的游离(B)。

A. O_2　B. CO_2　C. NO_2　D. CO

168. 经氢离子交换后的水，当其 pH 值低于(C)时，水中的碳酸几乎全部以游离的 CO_2 形成存在。

A. 2　B. 3.5　C. 4.3　D. 5.5

169. 下列关于除碳器原理的说法，正确的是(B)。

A. 降低水面上的压力就可除去水中溶解的二氧化碳

B. 降低水面上的二氧化碳的分压力就可除去水中溶解的二氧化碳

C. 降低二氧化碳的分压力，就可除去水中溶解的二氧化碳

D. 降低水面气体的压力，就可除去水中溶解的二氧化碳

170. 鼓风式除碳器中，水和空气的进入方式为(D)。

A. 水从除碳器下部进入，空气从除碳器上部进入

B. 水、空气从除碳器上部进入

C. 水、空气从除碳器下部进入

D. 水从除碳器上部进入，空气从下部进入

171. 真空式除碳器是利用真空泵或喷射器从除碳器的上部抽真空，使水达到(B)，除去溶于水中的气体。

A. 凝固点　　B. 沸点　　C. 熔点　　D. 冰点

172. 通过鼓风式除碳器，通常可将水中的二氧化碳含量降至(D)mg/L 以下。

A. 1　　B. 2　　C. 3　　D. 5

173. 逆流再生离子交换器小反洗的方式是(D)。

A. 反洗水从交换器底部进，中排出　　B. 反洗水从交换器底部进，顶部出

C. 反洗水从中排进，底部出　　D. 反洗水从中排进，顶部出

174. 离子交换器逆流再生时，顶压是防止(D)。

A. 空气进入　　B. 压脂层乱层　　C. 再生压力波动　　D. 树脂层乱层

175. 离子交换器逆流再生采用空气顶压法操作时，压缩空气压力控制在(B)MPa。

A. 0. 01~0. 03　　B. 0. 03~0. 05　　C. 0. 05~0. 07　　D. 0. 07~0. 09

176. 钠离子交换器制水 3000t，再生消耗食盐 500kg，已知原水硬度 1. 3mmol/L，软水残留硬度 0. 01mmol/L，则其盐耗为(B)g/mol。

A. 119　　B. 129　　C. 132　　D. 140

177. 阳床再生时实际耗酸量为 73. 5g/mol，已知其理论耗量为 49g/mol，则其比耗为(C)。

A. 1. 0　　B. 1. 2　　C. 1. 5　　D. 1. 8

178. 化学除盐系统中的废液和废水量，一般相当于其处理水量的(B)左右。

A. 3%　　B. 10%　　C. 20%　　D. 25%

179. 逆流再生固定床中排支管包网，网目为(B)目。

A. 20~30　　B. 40~60　　C. 70~80　　D. 80~100

180. 逆流再生固定床细缝隙式中排支管的缝隙为(C)mm。

A. 0. 1~0. 2　　B. 0. 2~0. 3　　C. 0. 3~0. 4　　D. 0. 4~0. 5

181. 鱼刺形母支管式集水装置主要用于(A)离子交换器。

A. 钠型　　B. 氢型　　C. 氢氧型　　D. 混合型

182. 逆流再生钠离子交换器应使用(B)配制再生液。

A. 清水　　B. 软化水

C. 氢离子交换器出水　　D. 除盐水

183. 逆流再生阴离子交换器应使用(D)配制再生液。
A. 清水　　B. 软化水
C. 氢离子交换器出水　　D. 除盐水

184. 离子交换器滤水帽的滤水缝隙一般在(B)mm之间。
A. 0.1~0.2　　B. 0.3~0.4　　C. 0.5~0.8　　D. 1~3

185. 逆流再生离子交换器的中间排水装置位于(C)。
A. 交换剂层中间　　B. 压实层表面
C. 交换剂层表面和压实层之间　　D. 交换剂层表面和水垫层中间

186. 离子交换器使用的石英砂，其SiO_2的含量应在(D)以上。
A. 90%　　B. 95%　　C. 98%　　D. 99%

187. 新石英砂需用(A)浸泡处理后，才可供离子交换器使用。
A. 盐酸溶液　　B. 硫酸溶液　　C. 氢氧化钠溶液　　D. 食盐溶液

188. 当阳床失效时，最先穿透树脂层的阳离子是(D)。
A. Ca^{2+}　　B. Mg^{2+}　　C. K^+　　D. Na^+

189. 使用双电极法可迅速并正确地显示(B)的运行终点。
A. 钠离子交换器　　B. 阳离子交换器
C. 阴离子交换器　　D. 混合离子交换器

190. 离子交换器失效终点控制指标的改变，会影响离子交换树脂的(C)。
A. 全交换容量　　B. 平衡交换容量　　C. 工作交换容量　　D. 最大交换容量

191. 在采用部分钠离子交换法进行水处理时，锅炉补给水的碱度应略(A)其硬度。
A. 大于　　B. 等于　　C. 小于　　D. 无法确定

192. 原水经钠型离子交换后，水中溶解固形物(A)。
A. 稍有增加　　B. 稍有减小　　C. 基本不变　　D. 无法确定

193. 原水经钠型离子交换后，其碱度(C)。
A. 增大　　B. 减小　　C. 不变　　D. 为零

194. 碱度测定的结果是酚酞碱度等于甲基橙碱度，该水样中反映碱度的离子有(C)。
A. OH^-，CO_3^{2-}和HCO_3^-　　B. CO_3^{2-}，无OH^-和HCO_3^-
C. OH^-，无CO_3^{2-}和HCO_3^-　　D. HCO_3^-，无OH^-和CO_3^{2-}

195. 在其他条件相同情况下，用酸液再生(D)强酸阳离子交换树脂，再生效率最高。
A. 铁型　　B. 钙型　　C. 镁型　　D. 钠型

196. 酸碱再生液在交换器内的空塔流速，以(C)m/h为宜。
A. 1~3　　B. 2~4　　C. 4~8　　D. 8~10

197. 阳离子交换器进水含盐量增大，则其出水酸度一般会(A)。
A. 增大　　B. 减小　　C. 不变　　D. 为零

198. 阴离子交换器周期制水量的下降，不会是由(A)引起的。
A. 进水浊度小　　B. 树脂受到污染
C. 除碳器工作不正常　　D. 再生效果差

199. 酸碱指示剂的颜色随溶液(C)而变化。
A. 浓度　　B. 电导率　　C. pH值　　D. 温度

200. 强酸性阳树脂和弱酸性阳树脂和酸化的硫酸铜溶液反应后，都呈现浅绿色，用纯水冲洗干净，然后加入5mol/L的氨水溶液，如果树脂颜色变为深蓝，该树脂为(B)。

A. 弱酸性阳树脂 B. 惰性树脂 C. 强酸性阳树脂 D. 不能确定

201. 混合离子交换树脂的鉴别中，硫酸铜的溶液需要酸化，其目的是防止(B)树脂与Cu^{2+}络合，也形成浅绿色，干扰对(B)树脂的鉴别。

A. 弱碱性阳，阴 B. 弱碱性阴，阳 C. 强酸性阳，阳 D. 强碱性阴，阳

202. 用硫酸再生阳床，采用分步再生法的目的是(B)。

A. 提高再生效率 B. 防止生成沉淀 C. 降低酸耗 D. 缩短再生时间

203. 强酸性阳树脂与强碱性阴树脂混杂，常利用阳树脂与阴树脂(B)的不同进行分离。

A. 化学性质 B. 密度 C. 颜色 D. 粒径

204. 混床再生过程中，在树脂混合前应把混床内的水面降至(C)。

A. 上部窥视孔中间位置 B. 阴阳树脂分界面处

C. 树脂层表面上100~150mm处 D. 树脂层表面不见水

205. 混床再生过程中，在进氢氧化钠再生溶液前应把混床内的水面降至(A)。

A. 树脂层表面上约10cm处 B. 阴阳树脂分界面处

C. 树脂层表面上100~150cm处 D. 树脂层表面不见水

206. 强碱Ⅱ型阴树脂适宜的再生温度为(C)℃。

A. 15 B. 25 C. 35 D. 45

207. 固定式阳床运行的瞬时最大流速，一般不大于(B)m/h。

A. 20 B. 30 C. 40 D. 60

208. 若钠离子交换器出水中含有树脂，一般处理方法为(C)。

A. 降低水流速度 B. 增加再生剂量

C. 检修排水装置 D. 反洗交换器中树脂

209. 下列因素中，不可能造成阴床出水中pH值降低的是(D)。

A. 阴床失效 B. 阴树脂被有机物污染

C. 阴床进口水漏入出水中 D. 阴床中混进了阳树脂

210. 凝结水覆盖过滤通常应用于除去凝结水中的(C)。

A. 悬浮物 B. 铁 C. 油 D. 盐类

211. 用作蒸发器产生蒸汽的给水硬度应不大于(B)μmol/L。

A. 15 B. 20 C. 30 D. 50

212. 覆盖过滤器的常用助滤剂棉质纤维纸浆粉是将干的纸浆板粉碎，并经过(D)目筛子过筛而制成。

A. 10 B. 20 C. 25 D. 30

213. 高梯度磁性分离器的最高工作温度可达到(C)℃。

A. 150 B. 250 C. 350 D. 400

214. 当管式覆盖过滤器的压降达到(C)MPa时，需停止运行，进行爆膜。

A. 0.06~0.09 B. 0.09~0.12 C. 0.15~0.30 D. 0.20~0.40

215. 凝结水除盐H-OH混床滤速一般控制为(D)m/h。

A. 40~60 B. 50~70 C. 60~80 D. 90~120

216. 常用小球型高梯度磁性分离器退磁后，冲洗水的流速一般约为运行水速的(C)。

A. 40%　　B. 60%　　C. 80%　　D. 100%

217. 锅炉停用时，过热器内存在积水，引起氧对内壁的局部腐蚀，这些腐蚀的特征是(C)。

A. 均匀减薄　　B. 产生致密氧化铁　　C. 形成一些点蚀坑　　D. 脆化

218. 水蒸汽和碳钢发生化学反应，反应温度在 450～570℃，反应产生的腐蚀产物是(C)。

A. FeO　　B. Fe_2O_3　　C. Fe_3O_4　　D. FeO 和 Fe_2O_3

219. 为了防止锅内形成钙、镁水垢，一方面需要降低锅炉给水的硬度，另一方面需要向汽包内加入一些药品，常用的药品有(D)。

A. 硅酸盐　　B. 硫酸盐　　C. 柠檬酸　　D. 磷酸盐

220. 当锅炉热负荷升高，造成炉管局部过热，对于炉内采用磷酸盐处理的锅炉，下列说法正确的是(C)。

A. 会导致炉水中磷酸盐浓度降低　　B. 炉管壁上的磷酸盐溶解在炉水中

C. 磷酸盐容易析出附在炉管壁上　　D. 对炉水中磷酸盐浓度没有影响

221. 向炉水中加入磷酸盐溶液，使锅炉水中维持一定含量的磷酸根，在锅炉水沸腾和碱性较强的条件下，炉水中的钙离子与磷酸根反应，其产物是(C)。

A. 磷酸盐　　B. 游离氢氧化钠　　C. 碱式磷酸钙　　D. 蛇纹石

222. 对于碱式磷酸钙的说法正确的是(A)。

A. 是一种难溶化合物　　B. 是一种易溶化合物

C. 是一种不溶化合物　　D. 易溶于高温炉水中

223. 协调 pH-磷酸盐处理炉水的目的是(A)。

A. 既防止锅内结垢，又防止炉管腐蚀　　B. 只防止锅内结垢，不防止炉管腐蚀

C. 只防止炉管腐蚀，不防止锅内结垢　　D. 既防止锅内结垢，又防止锅内积盐

224. 采用协调 pH-磷酸盐处理炉水时，通常用(C)药品中和游离 NaOH。

A. 磷酸　　B. 磷酸二氢钠　　C. 磷酸氢二钠　　D. 磷酸钠

225. 采用协调 pH-磷酸盐处理炉水时，炉水控制指标 *R* 值的含义是(C)。

A. 钙镁物质的量比值　　B. 钙镁质量比值

C. 钠磷物质的量比值　　D. 钠磷质量比值

226. 锅炉系统各类疏水汇集到疏水箱，然后由疏水箱送入(B)，进入锅炉的给水系统。

A. 凝汽器　　B. 除氧器　　C. 省煤器　　D. 过热器

227. 锅炉或热力系统水、汽取样用的导管，可以采用的材质是(A)。

A. 不锈钢管　　B. 碳钢钢管　　C. 黄铜管　　D. 紫铜管

228. 锅炉水的样品，是从汽包的(D)部位取出。

A. 下降管　　B. 上升管　　C. 定期排污管　　D. 连续排污管

229. 固体磷酸盐配制成磷酸盐溶液时，一般采用配药水源是(C)。

A. 生活水　　B. 工业水　　C. 锅炉补给水　　D. 生产返回水

230. 下列选项中，不属于汽包锅炉水循环系统的部件是(B)。

A. 省煤器　　B. 空气预热器　　C. 汽包　　D. 过热器

231. 锅炉给水经(A)提高水温后，进入汽包。

A. 省煤器　　B. 空气预热器　　C. 汽包　　D. 过热器

232. 汽水混合物在汽包内进行汽水分离后，生成的饱和蒸汽导出后直接送到(D)中。

A. 汽机　　B. 空气预热器　　C. 汽包　　D. 过热器

233. 经过汽水集中取样装置减温、减压后的汽水样品参数，其压力应小于(A)MPa。

A. 0.1　　B. 1.0　　C. 3.0　　D. 5.0

234. 经过汽水集中取样装置减温、减压后的汽水样品参数，其温度应小于(B)℃。

A. 100　　B. 50　　C. 35　　D. 20

235. 经过汽水集中取样装置减温、减压后，再通过恒温器恒温的汽水样品参数，其温度应为(A)℃。

A. 25±1　　B. 35±1　　C. 35±10　　D. 25±10

236. 汽水样品经过汽水集中取样装置减温减压后，人工取样流量应调整为(C)mL/min。

A. 250　　B. 300　　C. 500　　D. 1000

237. 集中取样装置冷却水中断后，冷却水系统最显著的特征是(A)。

A. 冷却水压力降低　　B. 冷却水压力升高

C. 冷却水温度降低　　D. 冷却水温度升高

238. 集中取样装置的样水温度连续上升，甚至出现手工取样点喷汽现象，取样装置最有可能发生的故障是(A)。

A. 冷却水中断　　B. 冷却水压力升高

C. 冷却水温度降低　　D. 样水压力降低

239. 集中取样装置冷却水中断后，对于有在线仪表的系统，首先应采取的措施是(C)。

A. 恢复冷却水　　B. 关闭手工取样阀

C. 关闭去在线仪表阀　　D. 关闭取样二次阀

240. 集中取样装置冷却水中断后，对于有在线仪表的系统，首先应采取(C)措施后，才能联系恢复冷却水。

A. 关闭取样一次阀　　B. 关闭手工取样阀

C. 关闭去在线仪表阀阀和取样二次阀　　D. 关闭取样二次阀

241. 锅炉炉水采用磷酸盐处理时，锅炉以50%负荷运行时，可能引起炉水磷酸根含量的变化是(A)。

A. 磷酸根偏高　　B. 磷酸根偏低

C. 对磷酸根含量无影响　　D. 不能确定

242. 锅炉炉水采用磷酸盐处理时，锅炉以50%负荷运行时，可能引起炉水pH值的变化是(B)。

A. pH值偏高　　B. pH值偏低

C. 对pH值无影响　　D. 不能确定

243. 给水酸性物质进入锅内，可能引起炉水pH值的变化是(B)。

A. pH值偏高　　B. pH值偏低

C. 对pH值无影响　　D. 不能确定

244. 给水酸性物质进入锅内，可能引起炉水 pH 值的降低，炉水加药应采取的措施是(A)。

A. 增加磷酸三钠加药量，必要时加入氢氧化钠

B. 减少磷酸三钠药量

C. 增加磷酸二氢钠加药量

D. 不改变加药量

245. 当供锅炉的除盐水中夹带离子交换树脂，对炉水水质产生的影响是(A)。

A. pH 值降低　B. pH 值升高　C. 磷酸根降低　D. 磷酸根升高

246. 发生凝汽器泄露时，对炉水 pH 值产生的影响是(C)。

A. pH 值降低　B. pH 值升高

C. 可能升高，也可能降低　D. 无影响

多选题

1. 覆盖过滤器滤料的要求有(A，B，C，D)。

A. 呈粉状滤料　B. 本身有孔隙　C. 化学稳定性好　D. 来源广泛

2. 离心泵保养和检修的等级分为(A，B，C，D)。

A. 一级保养　B. 二级保养　C. 小修　D. 大修

3. 不加电流阴极保护法通常采用(B，C)等金属材料作为阳极。

A. 铅　B. 镁　C. 锌　D. 铁

4. 在一级复床除盐系统中，增设除碳系统是因为(A，B，C)。

A. 原水经强酸 H 离子交换后，其中所有 HCO_3^- 都转变成 CO_2 需除去

B. 可减少阴树脂用量

C. 减少阴树脂再生剂的耗量

D. 可减少阳树脂用量

5. 造成阴离子交换器再生不合格的原因为(A，B，C，D)。

A. 再生剂质量差　B. 再生液加温不够

C. 再生液与树脂接触时间不够　D. 逆流再生中树脂乱层

6. 下列选项中，滤池气水反冲洗的特点是(B，C，D)。

A. 冲洗强度高　B. 冲洗效果好

C. 耗水量小　D. 冲洗时滤层轻微膨胀

7. 斜管材料的保存不可长时间放于(A，B)场合。

A. 蒸汽换热器旁　B. 露天　C. 备用储水池内　D. 阴凉仓库

8. 天然水中 CO_2 的主要来源于(B，D)。

A. 空气中 CO_2 溶解　B. 有机物的氧化分解

C. 降水夹带　D. 地层深处的化学反应

9. 目前，普遍应用(B，D)测定化学需氧量。

A. 浓硫酸氧化法　B. 酸性高锰酸钾氧化法

C. 微生物法　D. 重铬酸钾氧化法

10. 影响水中化学反应速度的主要因素为(A，B，C)。

A. 反应物的浓度　B. 温度　C. 催化剂　D. 压力

11. 当反应条件一定时，化学平衡具有(A，C，D)的特征。

A. 正、逆反应速度相等　　B. 反应物与生成物的浓度相等

C. 反应物浓度不变　　D. 生成物浓度不变

12. 关于活塞式空压机的工作原理，下列叙述正确的是(A，B，C)。

A. 活塞在气缸内的来回运动与气阀相应的开关做配合

B. 使气缸内气体依次实现膨胀、吸气、压缩、排气四个过程，不断循环

C. 将低压气体升压后源源输出

D. 使气缸内气体依次实现膨压缩、排气二个过程，不断循环

13. 单螺杆式空压机转速为3000r/min，螺杆每旋转一周可产生12个压缩循环，那么排气达(A)r/min。

A. 36000　　B. 18000　　C. 3600　　D. 3000

14. 无热再生干燥器常用的干燥剂是(A，B，C)。

A. 硅胶　　B. 氧化铝　　C. 分子筛　　D. 活性炭

15. 联轴器的作用是(A，B，C)。

A. 传递扭矩　　B. 用作安全装置

C. 将两个轴连接在一起　　D. 将轴与其他零件分开

16. 泵体是泵结构的中心，其型式有(A，B，C，D)。

A. 水平剖分式　　B. 垂直剖分式　　C. 倾斜剖分式　　D. 筒体式

17. 压力容器运行中严禁(B，C，D)。

A. 移动　　B. 超温　　C. 超压　　D. 超负荷

18. 与填料密封相比，机械密封具有(A，B，C，D)的特点。

A. 密封性可靠　　B. 寿命长

C. 摩擦消耗小　　D. 对旋转轴的振动不敏感

19. 下列关于异步电动机和同步电动机的转速的说法中，正确的是(C，D)。

A. 异步电机的转速大于定子转速磁场的转速

B. 同步电机的转速小于定子旋转磁场的转速

C. 同步电机和异步电机的转数都是由极对数决定的

D. 同步电机的转速等于定子旋转磁场的转速，异步电机的转速小于定子旋转磁场的转速

20. 动设备日常维护内容通常为检查(A，B，C，D)等情况。

A. 振动　　B. 轴承润滑　　C. 运动部位发热　　D. 固定螺栓松紧

21. 水泵运行中，当(B，C)时会引起其电动机的电流过小。

A. 叶轮中杂物卡住　　B. 吸水底阀打不开

C. 水泵汽蚀　　D. 轴承损坏

22. 下列常用的投影图中，(B，C)的立体感较强。

A. 标高图　　B. 轴测图　　C. 透视图　　D. 三视图

23. 影响混凝效果的因素为(A，B，C，D)。

A. 水温　　B. 水的pH值　　C. 速度梯度　　D. 混凝时间

24. 提高低温水的混凝效果常用的方法是(C，D)。

A. 降低沉淀池负荷　　B. 延长混凝时间

C. 增加混凝剂投量　　D. 投加高分子助凝

25. 下列水处理方法中，属于软化处理工艺的是(A，B，C)。

A. 钠离子交换处理　　B. 氢钠离子交换处理

C. 石灰处理　　D. 阴、阳离子交换处理

26. 关于等速过滤下列说法正确的是(A，B，C)。

A. 滤池水位逐渐升高　　B. 水头损失随时间逐渐增大

C. 滤池出口水量保持不变　　D. 滤池进水量随时间逐渐减少

27. 提高滤池过滤效果的办法有(A，B，C，D)。

A. 采用上向流过滤　　B. 采用多层滤料

C. 采用双向流过滤　　D. 采用双层滤料

28. 镁剂除硅的影响因素有(B，C，D)。

A. 大气湿度　　B. 水温　　C. 混凝剂用量　　D. 石灰用量

29. 下列选项中，重力式无阀滤池的工艺特点是(A，B，C)。

A. 不会产生负水头现象　　B. 检修不便

C. 能自动运行　　D. 采用大阻力配水系统

30. 虹吸滤池的工艺特点为(A，B，D)。

A. 易于实现自动化　B. 反冲洗水头低　　C. 池深较浅　　D. 管理方便

31. 重力式无阀滤池反冲洗强度的大小，一般不通过(A，B，C)来调节。

A. 进水量　　B. 冲洗水箱水位　　C. 集水室水位　　D. 锥形挡板

32. V 型滤池控制反冲洗过程的主要参数是(A，B，D)。

A. 过滤周期　　B. 出水浊度　　C. 滤速　　D. 滤层水头损失

33. 单流式压力式过滤器运行控制指标有(A，B，C，D)。

A. 合适的反洗进水量　　B. 进水温度不大于 40℃

C. 进出水压差小于 0.1MPa　　D. 多次短时间冲击反洗

34. 澄清设备的泥渣浓缩器出水少或不出水的原因有(A，B，C)

A. 泥渣浓缩器连续排污的阀门开度过大

B. 泥渣浓缩器顶部的集水多孔管孔眼堵塞

C. 泥渣浓缩器出水阀开度过小或无法开启

D. 澄清设备的流量过大

35. 滤池反洗效果差一般认为由(A，B，C)因素造成。

A. 反洗强度参数不正确　　B. 滤池跑滤料情况严重

C. 进水浊度未控制好　　D. 运行时的水头损失增大

36. 滤池反洗效果差一般进行(A，B，D)处理。

A. 进行反洗强度参数试验，重新确定数据　B. 滤池补充或更换滤料

C. 减小运行时的水头损失　　D. 控制好进水浊度

37. 连续电去离子装置由(A，B，C)室构成。

A. 淡水　　B. 浓水　　C. 电极　　D. 流动

38. 超滤装置处于中压工作区时，防止膜污染的方法是(A，B)。
A. 增大料液速度　　B. 升高料液温度
C. 减少料液速度　　D. 降低料液温度

39. 大孔型离子交换树脂的优点为(A，B)。
A. 机械强度高　　B. 抗有机物污染能力强
C. 交换容量高　　D. 易于再生

40. 凝胶型树脂的孔径随(A，B，D)等的变化而改变。
A. 反离子性质　　B. 溶液浓度　　C. 孔型　　D. 溶液 pH 值

41. 下列指标中，(A，B)属于工业盐酸的质量指标。
A. 硫酸盐(%)　　B. 铁(%)　　C. 透明度　　D. 灰分(%)

42. 下列指标中，(A，B，C)属于工业氢氧化钠的质量指标。
A. 碳酸钠　　B. 氯化钠　　C. 三氧化二铁　　D. 浊度

43. 离子交换树脂再生时常用的再生剂为(A，B，C，D)。
A. 食盐　　B. 氢氧化钠　　C. 盐酸　　D. 硫酸

44. 在除硅的离子交换除盐水处理中，正确的说法是(A，B，C)。
A. 降低强碱性阴离子交换器进水的 pH 值
B. 控制氢型强酸性阳树脂交换器出水中 Na^+ 的泄漏量
C. 采用强碱再生剂
D. HCO_3^- 的存在不影响 OH 型强碱性阴树脂对 $HSiO_3^-$ 的交换

45. 当强酸性 H 型交换器失效时，其出水的(A，C，D)都将有所改变。
A. pH 值　　B. O_2　　C. 电导率　　D. Na^+

46. 与复床相比，混合床的缺点是(B，C，D)。
A. 出水水质的稳定性差　　B. 树脂交换容量利用率低
C. 树脂损耗率大　　D. 再生操作复杂

47. 与阴树脂相比，阳树脂具有(A，B，D)的特点。
A. 酸性强　　B. 交换容量大　　C. 稳定性低　　D. 价格低

48. 混床适用于处理(A，B)的水。
A. 碱度低　　B. 含盐量低　　C. 硅酸含量高　　D. Cl^- 含量高

49. 在离子交换除盐系统中，阳床已经失效，阴床尚未失效，阴床出水(A，C)。
A. 电导率升高　　B. $HSiO_3^-$ 含量下降
C. pH 值升高　　D. 碱度下降

50. 下列各种离子交换器中，(A，C)属于固定床离子交换器。
A. 浮动床　　B. 流动床　　C. 满室床　　D. 移动床

51. 逆流再生离子交换器根据(A，D)定期进行大反洗。
A. 进出口压差　　B. 出水水质　　C. 进水水质　　D. 运行周期

52. 逆流与顺流再生离子交换器相同的工作过程是(B，C，D)。
A. 小反洗　　B. 再生　　C. 置换　　D. 运行

53. 逆流再生与顺流再生离子交换器，不同的是(A，B)。
A. 压脂层　　B. 中间排液装置　　C. 进再生剂装置　　D. 进水装置

54. 逆流再生离子交换器的小反洗作用是(A，C)。
A. 松动压脂层　　B. 反洗交换树脂
C. 清除压脂层截留悬浮物　　D. 松动树脂层

55. 逆流再生离子交换器，空气顶压的作用是防止(C)。
A. 压脂层乱层　　B. 树脂层浮动　　C. 树脂层乱层　　D. 空气进入

56. 逆流再生固定床中间排液装置，应具备(B，C)特点。
A. 能均匀配给再生液　　B. 能阻留树脂
C. 足够强度　　D. 在交换器内呈竖直状态

57. 顺流再生固定床再生液分配装置分为(A，C，D)等类型。
A. 辐射型　　B. 大喷头型　　C. 支管型　　D. 圆环型

58. 逆流再生氢离子交换器应使用(C，D)配制再生液。
A. 清水　　B. 软化水
C. 氢离子交换器出水　　D. 除盐水

59. 氢型离子交换器应选用(A，D)做中排支管包套。
A. 涤纶网　　B. 尼龙网　　C. 锦纶网　　D. 聚乙烯网

60. 氢氧型离子交换器应选用(B，C)做中排支管包套。
A. 涤纶网　　B. 尼龙网　　C. 锦纶网　　D. 聚乙烯网

61. 混合离子交换器应选用(A，B)材料做中排支管包套。
A. 涤纶　　B. 尼龙　　C. 锦纶　　D. 聚乙烯

62. 影响离子交换树脂工作交换容量的因素为(A，B，C，D)。
A. 树脂层高度　　B. 水温　　C. 进水含盐量　　D. 运行流速

63. 强酸性阳树脂与强碱性阴树脂混杂，可用(A，B)方法分离。
A. 水流自下而上水力筛分　　B. 饱和食盐水浸泡
C. 30%HCl 溶液浸泡　　D. 45%NaOH 溶液浸泡

64. 逆流离子交换器大反洗后，第一次再生时再生剂用量应增加，其原因是(B，C)。
A. 树脂体积膨胀　　B. 树脂失效程度加深
C. 树脂乱层　　D. 树脂受到污染

65. 下列因素中，可造成阴离子交换器出水电导率超标的是(A，B，D)。
A. 阳离子交换器失效　　B. 阴离子交换器深度失效
C. 除碳器工作不正常　　D. 阴离子交换器反洗进水阀渗漏

66. 下列因素中，可造成阴离子交换器出水电导率超标的是(A，B，D)。
A. 阳离子交换器失效　　B. 阴离子交换器深度失效
C. 除碳器工作不正常　　D. 阴离子交换器反洗进水阀渗漏

67. 凝汽器泄漏的原因通常有(A，B，C，D)。
A. 制造的缺陷　　B. 换热铜管腐蚀出现裂纹、穿孔和破损
C. 凝汽器管子和管板的固接不良　　D. 固接处严密性遭到破坏

68. 生产返回水中带入大量铁离子的主要原因是(B，D)。
A. 回水管道材质不好　　B. 二氧化碳腐蚀
C. 回水铁锈较多　　D. 蒸汽携带盐分较高

69. 凝结水中的杂质来源于(A，B，C，D)。

A. 冷却水带入的杂质　　B. 疏水带入的杂质

C. 金属腐蚀产物被水流带入　　D. 供热用的返回水带入的杂质

70. 永磁分离器的运用缺点有(A，B，C，D)

A. 需用高速电机　　B. 制造工艺要求较高

C. 除铁效果不理想　　D. 使用强磁场的永久磁铁不经济

71. 常用小球型高梯度磁性分离器的除铁效率的影响因素有(A，B，C，D)。

A. 线圈的匝数　　B. 电流的大小

C. 制作小球的材料　　D. 水中铁的化合物的形态和含量

72. 微孔过滤器采用过氯乙烯超细纤维滤布，出现运行阻力很大时，应采取(A，B，C)措施。

A. 暂时停运　　B. 更换滤布

C. 对滤布进行离线清洗　　D. 加大进水压力

73. 常用小球型高梯度磁性分离器按照(B，C)来判断失效点。

A. 一定的进水量　　B. 一定的出水量　　C. 进出口的含铁量　　D. 出水的压力

74. 锅炉系统在运行中，最易发生氧腐蚀的部位是(A，B)。

A. 给水管道　　B. 省煤器　　C. 上升管　　D. 过热器

75. 锅内发生沉积物下碱性腐蚀的原因是(B，C)。

A. 锅炉水 pH 值较低　　B. 锅炉水含有游离 NaOH

C. 沉积物下碱液浓缩　　D. 锅炉低负荷运行

76. 锅内发生沉积物下腐蚀的必要条件是(C，D)。

A. 锅炉低负荷运行　　B. 锅炉超负荷运行

C. 锅炉炉管上有沉物积　　D. 锅炉水有侵蚀性

77. 防止锅炉沉积物下腐蚀的措施是(A，B，C，D)。

A. 新安装锅炉应该进行化学清洗

B. 提高给水水质

C. 防止凝汽器泄漏

D. 调节锅炉水质，减少锅炉水中侵蚀性介质

78. 在发生苛性脆化的锅炉中，必须具备的条件是(A，B，C)。

A. 锅炉水中含有一定的游离碱　　B. 锅炉是铆接或胀接的

C. 金属中有很大的应力　　D. 锅炉是焊接的

79. 苛性脆化是一种特殊的电化学腐蚀，其产生电位差的部位是(D)。

A. 铁原子和碳原子间　　B. 铁元素和杂质之间

C. 钢铁和介质之间　　D. 晶粒和晶粒边缘之间

80. 为了减少锅炉内水渣的危害，可以采取(A，B)的办法除去炉水内水渣。

A. 连续排污　　B. 定期排污　　C. 停炉放水　　D. 加磷酸盐

81. 下列选项中，属于锅炉给水组成部分的是(A，B，C，D)。

A. 补给水　　B. 凝结水

C. 疏水箱的疏水　　D. 生产返回水

82. 接到锅炉点火通知后，化验人员需要做的工作有(A，B，C，D)。

A. 开启汽包加药一次阀、汽水取样一次阀

B. 全面冲洗取样器一次

C. 锅炉升到一定压力时，向锅内加磷酸盐等药品

D. 分析化验锅炉水水质和蒸汽品质，蒸汽品质合格时通知并汽。

83. 热力系统中，对于饱和蒸汽的监测，常用的化学在线仪表是(A，B，C)。

A. 钠离子浓度计　B. 电导率仪　C. 硅表　D. 溶氧表

84. 热力系统中，对于炉水水质的监测，常用的化学在线仪表是(B，C)。

A. 钠离子浓度计　B. 电导率仪　C. 磷表　D. 溶氧表

85. 锅炉炉水采用磷酸盐处理时，由于给水硬度过高，使炉水磷酸根含量过低时，应采取的措施是(A，B，C，D)。

A. 定期排污一次　B. 开大连续排污

C. 调大磷酸盐泵柱塞行程　D. 消除给水硬度

86. 锅炉炉水采用磷酸盐处理时，当炉水磷酸根含量过高时，应采取的措施是(A，B，D)。

A. 定期排污一次　B. 开大连续排污

C. 调大磷酸泵柱塞行程　D. 关小磷酸盐泵柱塞行程，必要时停泵

87. 锅炉炉水采用磷酸盐处理时，下列选项中，可能引起炉水磷酸根含量过低的故障有(A，B，C，D)。

A. 加药设备泄漏　B. 给水硬度过大

C. 排污量过多　D. 锅炉运行负荷过高

88. 当发生炉水 pH 值的降低时，应采取的措施是(A，B，C，D)。

A. 增加磷酸三钠加药量，必要时加入氢氧化钠

B. 调整锅炉排污

C. 检查给水水质

D. 检查凝汽器是否泄漏

四、技能操作鉴定要素细目表

鉴定范围						鉴定点	
一级		二级		三级		代码	名称
代码	名称	代码	名称	代码	名称		
A	技能要求	A	工艺操作	A	开车准备	001	引仪表风操作
						002	引蒸汽操作
						003	反渗透装置正常启动前的检查
				B	开车操作	001	机械搅拌澄清池投运前的检查
						002	斜管沉淀池的投运
						003	机械搅拌式澄清池投运操作
						004	重力式无阀滤池的强制反洗操作

续表

鉴定范围						鉴定点	
一级		二级		三级		代码	名称
代码	名称	代码	名称	代码	名称		
						005	阴床无顶压逆流小反洗再生操作
						006	阳床气顶压大反洗再生操作
						007	运行式浮动阳床再生操作
						008	混床的同步再生操作
						009	汽水集中取样装置的投运操作
				C	正常操作	001	反渗透运行工艺检查
						002	除盐设备的运行维护
						003	中和池的废水中和排放操作
						004	机械搅拌澄清池的运行维护
						005	某除盐水样溶解性硅酸根的测定
				D	停车操作	001	阴固定床、混固定床停运操作
						002	虹吸滤池停运操作
						003	压力式过滤器停运操作
						004	运行式浮动床压力落床操作
		B	设备使用与维护	A	使用设备	001	往复式空压机投运前的检查
						002	往复式空压机的投运操作
						003	螺杆式空压机的启停操作
						004	罗茨风机的投运操作
						005	喷射器加药装置的投运操作
						006	测振仪的使用
				B	维护设备	001	更换小阀门垫片
						002	机泵、管线的防冻防凝维护
						003	更换离心泵密封填料
						004	润滑油的过滤
						005	运行电机正常检查要点
						006	罗茨风机的运行维护
						007	离心式鼓风机的运行维护
		C	事故判断与处理	A	判断事故	001	离心泵输送流量变小的原因
						002	除碳器效率低的原因分析
						003	固定床离子交换器中排跑树脂的原因分析
						004	计量泵计量精度不够的原因分析
						005	离心泵电机机壳发热的原因分析

续表

鉴定范围						鉴定点	
一级		二级		三级		代码	名称
代码	名称	代码	名称	代码	名称		
				B	处理事故	001	电机着火的处理
						002	离心泵震动大的处理
						003	离心泵轴承发热的处理
						004	离心泵电机机壳发热的处理
						005	软化水硬度突然增大的处理
						006	逆流再生固定床中间排水装置损坏的处理
		D	绘图	A	绘图	001	水射器的构造图绘制
						002	无阀滤池的构造简图

五、技能操作试题

试题1：引仪表风的操作(现场模拟)

（考核时间：25min）

序号	考核内容	考核要点	配分	评分标准	检测结果	扣分	得分	备注
1	准备工作	穿戴劳保用品	3	劳保用品穿戴不规范扣3分				
		工具、用具准备	2	工具选择不正确扣2分				
2	操作前的检查	设备的检查	10	检查管线的阀门、储气罐是否完好，储气罐阀门开关是否正确，漏检1项扣5分				
		仪表的检查	5	检查压表是否完好，漏检扣2分				
3	引仪表风操作	引仪表风前的操作	25	关闭仪表风储罐出口门，漏关扣5分				
				打开仪表风储罐排污门，排放存液，排净后关闭。未排放存液扣25分				
		引仪表风操作	50	联系调度后，开启仪表风来气门，未开扣10分				
				开启储气罐排污门适量排污，未排污扣10分				
				联系取样分析仪表风质量，不清楚扣5分				
				观察仪表风压力，漏项扣5分，不清楚仪表风压力允许范围扣10分				
				开启仪表风储罐出口门，向设备供风。漏项扣10分				

续表

序号	考核内容	考核要点	配分	评分标准	检测结果	扣分	得分	备注
4	使用工具	使用工具	2	工具使用不正确扣2分				
		维护工具	3	工具乱摆乱放扣3分				
5	安全及其他	按国家法规或企业规定		违规一次总分扣5分；严重违规停止操作			—	
		在规定时间内完成操作		每超时1min总分扣5分，超时3min停止操作			—	
合　计			100					

试题2：反渗透装置正常启动前的检查(现场模拟)

（考核时间：30min）

序号	考核内容	考核要点	配分	评分标准	检测结果	扣分	得分	备注
1	准备工作	穿戴劳保用品	3	劳保用品穿戴不规范扣3分				
		工具准备	2	工具选择不正确扣2分				
2	开车准备	检查膜元件的组装情况	10	未检查膜元件扣10分				
				检查不到位扣5分				
		检查高压泵是否备用	5	未检查泵扣5分				
				检查不到位扣5分				
		检查计量泵是否备用	5	未检查计量泵扣5分				
				检查不到位扣5分				
		检查工艺管线、阀门是否完好备用	10	未检查管线扣5分				
				未检查阀门扣5分				
		确认电气、仪表及连锁系统具备条件	10	未确认电气条件扣5分				
				未确认仪表条件扣5分				
		检查化学药品是否符合要求	5	未检查药器种类扣5分				
				未检查药品质量扣5分				
		确认预处理系统运行正常，进水水质符合要求	10	未确认水质扣5分				
		在低压、小流量下将装置中的空气排出	10	未操作扣10分				
				操作不到位扣5分				
		检查装置有无泄漏	5	未检查扣5分				
				检查不到位扣5分				
		启动高压泵，在低于50%给水压力下冲洗，直至排水不含保护液	10	未操作扣10分				
				操作不到位扣5分				
		慢慢增加给水压力并调整排水减压控制阀，直至满足设计的回收率	10	未操作扣10分				
				操作不到位扣5分				

续表

序号	考核内容	考核要点	配分	评分标准	检测结果	扣分	得分	备注
3	使用工具	使用工具	2	工具使用不正确扣 2 分				
		维护工具	3	工具乱摆乱放扣 3 分				
4	安全及其他	按国家法规或企业规定		违规一次总分扣 5 分；严重违规停止操作			—	
		在规定时间内完成操作		每超时 1min 总分扣 5 分，超时 3min 停止操作			—	
		合　计	100					

试题 3：斜管沉淀池的投运(现场模拟)

(考核时间：15min)

序号	考核内容	考核要点	配分	评分标准	检测结果	扣分	得分	备注
1	准备工作	穿戴劳保用品	5	劳保用品穿戴不规范扣 5 分				
2	投运前检查	检查斜管沉淀池各排泥、放空阀门是否关闭，斜管是否完好	10	未检查排泥阀扣 5 分				
				未检查放空阀扣 5 分				
				未检查斜管扣 5 分				
		确认进水条件，掌握源水浊度等水质情况	10	未确认进水条件扣 10 分				
				未了解浊度扣 5 分				
		确认出水条件	10	未确认扣 10 分				
3	投运操作程序	开启加药计量泵，根据源水浊度调整加药量	10	未开计量泵扣 10 分				
				未调整加药量扣 5 分				
		缓缓开启斜管沉淀池进水阀，使沉淀池缓慢进水，并根据矾花情况调整加药量，保证水质	20	操作不正确扣 5 分				
				进水过快扣 5 分				
				未及时调整加药，水质达不到要求扣 10 分				
		待斜管沉淀池水位达到要求后，开启出水阀	5	未开启出水阀扣 5 分				
4	投运后操作	启动刮泥机，根据积泥情况开启排泥阀水力排泥	10	未启动刮泥机扣 10 分				
				排泥操作不正确扣 5 分				
		调整进出水量，保证平衡	10	未调整水量扣 10 分				
		根据源水浊度和出水控制指标等，调整加药量	10	未调整操作扣 10 分				
				出水达不到要求扣 5 分				

续表

序号	考核内容	考核要点	配分	评分标准	检测结果	扣分	得分	备注
5	安全及其他	按国家法规或企业规定		违规一次总分扣5分；严重违规停止操作			—	
		在规定时间内完成操作		每超时1min总分扣5分，超时3min停止操作			—	
合　计			100					

试题4：机械搅拌澄清池的投运操作(现场模拟)

（考核时间：25min）

序号	考核内容	考核要点	配分	评分标准	检测结果	扣分	得分	备注
1	准备工作	穿戴劳保用品	3	劳保用品穿戴不规范扣3分				
		工具、用具准备	2	工具选择不正确扣2分				
2	开启阀门	开启澄清池进水阀、溢流阀、取样阀、加药阀	10	操作漏项，每项扣5分				
3	加药	投运加药系统，加药量为正常量的2倍左右	20	投用加药系统操作漏项，每项扣10分				
				投用加药系统操作不当，每项扣5分				
				加药量不足扣10分				
4	投运搅拌机	启动搅拌机，调整好搅拌机转速	10	未启动搅拌机扣10分				
				搅拌机转速调整不当扣5分				
5	投运刮泥机	启动刮泥机	5	未启动刮泥机扣5分				
6	投运升压泵	投运升压泵，向澄清池供水。初始流量控制在额定流量的1/3~1/2	20	投用升压泵操作漏项，每项扣10分				
				投用升压泵操作不当，每项扣5分				
				流量控制不当扣10分				
7	向系统供水	待澄清池出水浊度合格，关溢流阀，向外送水	10	操作漏项，每项扣5分				
				未检查出水浊度扣5分				
8	调整流量	逐次将澄清池流量调到所需值	7	流量调整不当扣7分				
9	调整加药量	将加药量调整至正常范围	8	未及时调整加药量扣8分				

续表

序号	考核内容	考核要点	配分	评分标准	检测结果	扣分	得分	备注
10	使用工具	使用工具	2	工具使用不正确扣2分				
		维护工具	3	工具乱摆乱放扣3分				
11	安全及其他	按国家法规或企业规定		违规一次总分扣5分；严重违规停止操作			—	
		在规定时间内完成操作		每超时1min总分扣5分，超时3min停止操作			—	
合　计			100					

试题5：固定式阳床气顶压大反洗再生操作(现场模拟)

（考核时间：50min）

序号	考核内容	考核要点	配分	评分标准	检测结果	扣分	得分	备注
1	准备工作	穿戴劳保用品	3	劳保用品穿戴不规范扣3分				
		工具、用具准备	2	工具选择不正确扣2分				
2	大反洗	开再生阳床反洗排水阀，缓缓开启大反洗进水阀，反洗流量由小逐步增大，使树脂慢慢膨胀并稳定在上监视孔处。待反洗水清澈后，关大反洗进水阀	15	操作漏项，每项扣10分				
				大反洗强度、时间不足扣5分				
				大反洗进水操作过快扣10分				
				大反洗跑正常颗粒扣10分				
3	放水	待树脂全部落床后，开阳床空气阀、中间排水阀。待放水完毕，关反洗排水阀、空气阀、中间排水阀	10	操作漏项，每项扣10分				
				操作不规范，每项扣3分				
4	顶压	开阳床顶压进气阀，调节压缩空气减压阀开度，使床内压力稳定在0.03~0.05MPa	10	操作漏项，每项扣10分				
				压力调节不当扣10分				
5	进酸	开阳床中间排水阀、进酸阀、阳酸喷射器进水阀。投运再生水泵，调节流量至规定值。开阳酸喷射器进酸阀、阳酸计量箱出酸阀，并调整酸浓度至规定值	20	操作漏项、次序不当，每项扣10分				
				投运再生水泵操作不规范，每项扣3分				
				酸浓度调整不当、喷射器流量调整不当分别扣10分				

续表

序号	考核内容	考核要点	配分	评分标准	检测结果	扣分	得分	备注
6	置换	进完规定量的酸后，关阳酸计量箱出酸阀、阳酸喷射器进酸阀。置换至规定时间或中间排水废液中酸度小于规定值。停运再生水泵，关阳酸喷射器进水阀、阳床进酸阀、中间排水阀、顶压进气阀	20	操作漏项、次序不当，每项扣10分				
				停运再生水泵操作不规范，每项扣3分				
				置换时间不足或过长扣5分				
7	小正洗	开阳床空气阀、正洗进水阀。待床内空气排尽，开中间排水阀，关空气阀，调节小正洗流量至规定值	10	操作漏项或次序不当，每项扣10分				
				小正洗流量过大或过小扣5分				
8	大正洗	小正洗至规定时间，开阳床正洗排水阀，关中间排水阀。正洗至排水合格，关正洗进水阀、正洗排水阀	5	操作漏项、次序不当，每项扣2分				
9	使用工具	使用工具	2	工具使用不正确扣2分				
		维护工具	3	工具乱摆乱放扣3分				
10	安全及其他	按国家法规或企业规定		违规一次总分扣5分；严重违规停止操作			—	
		在规定时间内完成操作		每超时1min总分扣5分，超时3min停止操作			—	
		合　计	100					

试题6：运行式浮动阳床再生操作(现场模拟)

(考核时间：40min)

序号	考核内容	考核要点	配分	评分标准	检测结果	扣分	得分	备注
1	准备工作	穿戴劳保用品	3	劳保用品穿戴不规范扣3分				
		工具、用具准备	2	工具选择不正确扣2分				
2	预喷射	开再生阳浮床进酸阀、倒U形管上的排水阀，开阳酸喷射器进水阀。投运再生水泵，调节流量至规定值	20	操作漏项，每项扣5分				
				喷射器流量调整不当扣5分				
				投用再生水泵操作不规范，每项扣3分				

续表

序号	考核内容	考核要点	配分	评分标准	检测结果	扣分	得分	备注
3	进酸	开阳酸喷射器进酸阀、阳酸计量箱出酸阀，并调整酸浓度至规定值	15	操作漏项，每项扣5分				
				酸浓度调整不当扣5分				
4	置换	进完规定量的酸后，关阳酸计量箱出酸阀、阳酸喷射器进酸阀。停运再生水泵，关阳浮床进酸阀、阳酸喷射器进水阀。开上部进水阀，以进再生液相同的流速进行置换	20	操作漏项、次序不当，每项扣5分				
				停运再生水泵操作不规范，每项扣3分				
				置换流量调整不当扣5分				
5	向下清洗	置换至规定时间，开大上部进水阀进行清洗。清洗结束后，关上部进水阀、倒U形管上的排水阀	15	操作漏项、次序不当，每项扣5分				
				置换时间不足或过长扣5分				
				清洗流量过大或过小扣2分				
6	向上清洗	全开向上清洗排水阀，快开入口阀至所需流速，以20~30m/h的流速成床清洗。清洗结束转为运行或备用	20	操作漏项或次序不当，每项扣5分				
				清洗流量过大或过小扣2分				
				不清楚成床流速扣5分				
7	使用工具	使用工具	2	工具使用不正确扣2分				
		维护工具	3	工具乱摆乱放扣3分				
8	安全及其他	按国家法规或企业规定		违规一次总分扣5分；严重违规停止操作			—	
		在规定时间内完成操作		每超时1min总分扣5分，超时3min停止操作			—	
合计			100					

试题7：混床同步再生操作(现场模拟)

（考核时间：60min）

序号	考核内容	考核要点	配分	评分标准	检测结果	扣分	得分	备注
1	准备工作	穿戴劳保用品	3	劳保用品穿戴不规范扣3分				
		工具、用具准备	2	工具选择不正确扣2分				

续表

序号	考核内容	考核要点	配分	评分标准	检测结果	扣分	得分	备注
2	反洗分层	开再生混床反洗排水阀，缓缓开启反洗进水阀，反洗流量由小逐步增大，使树脂慢慢膨胀并稳定在上监视孔处。待床体内阳、阴树脂分界面清晰、反洗排水清澈后，关反洗进水阀、反洗排水阀	15	操作漏项、次序不当，每项扣2分				
				反洗强度、时间不足扣5分				
				反洗进水操作过快扣5分				
				反洗跑正常颗粒扣2分				
3	放水	待树脂全部落床后，开混床空气阀、正洗排水阀。放水至树脂面上100~200mm时关正洗排水阀	5	操作漏项、次序不当，每项扣3分				
				放水未至规定位置扣3分				
4	预喷射	开混酸喷射器进水阀、混碱喷射器进水阀、混床进酸阀、进碱阀，稍开中间排水阀。投运再生水泵，调节流量至规定值。调整中间排水阀开度使混床内液面保持在树脂面上100~200mm处	15	操作漏项、次序不当，每项扣3分				
				投运再生水泵操作不规范，每项扣2分				
				喷射器流量调整不当扣3分				
				中间排水阀开度调节不当扣5分				
5	进酸碱	开混酸计量箱出酸阀、混碱计量箱出碱阀、混酸喷射器进酸阀、混碱喷射器进碱阀，并调整酸、碱浓度至规定值。进完规定量的酸、碱后，关混酸计量箱出酸阀、混碱计量箱出碱阀、混酸喷射器进酸阀、混碱喷射器进碱阀	15	操作漏项、次序不当，每项扣3分				
				酸、碱浓度调整不当，每项扣3分				
6	置换	置换至树脂内酸、碱液全部排出。停运再生水泵，关混酸喷射器进水阀、混碱喷射器进水阀、混床进酸阀、进碱阀、中间排水阀	15	操作漏项、次序不当，每项扣3分				
				停运再生水泵操作不规范，每项扣2分				
				置换时间不足或过长扣2分				

续表

序号	考核内容	考核要点	配分	评分标准	检测结果	扣分	得分	备注
7	串联正洗	开混床正洗进水阀。待床内空气排尽，开正洗排水阀，关空气阀，调节正洗流量至规定值。待正洗排水合格，关正洗进水阀、正洗排水阀	10	操作漏项、次序不当，每项扣3分				
				正洗流量过大或过小扣2分				
				正洗时间不足或过长扣2分				
8	混合及正洗	开混床空气阀、正洗排水阀。放水至树脂面上100～200mm时关正洗排水阀。缓慢开启混床进压缩空气阀，使床内树脂充分扰动3～5min，关进压缩空气阀。快开正洗进水阀、正洗排水阀。待树脂沉降，关正洗排水阀。待床内空气排尽，开正洗排水阀，关空气阀，调节正洗流量至规定值。正洗至排水合格，关正洗进水阀、正洗排水阀	15	操作漏项、次序不当，每项扣3分				
				混合不均匀扣5分				
				正洗流量过大或过小扣2分				
				正洗时间不足或过长扣2分				
9	使用工具	使用工具	2	工具使用不正确扣2分				
		维护工具	3	工具乱摆乱放扣3分				
10	安全及其他	按国家法规或企业规定		违规一次总分扣5分；严重违规停止操作			—	
		在规定时间内完成操作		每超时1min总分扣5分，超时3min停止操作			—	
	合　计		100					

试题8：反渗透运行工艺检查(现场模拟)

（考核时间：20min）

序号	考核内容	考核要点	配分	评分标准	检测结果	扣分	得分	备注
1	准备工作	穿戴劳保用品	3	劳保用品穿戴不规范扣3分				
		工具、用具准备	2	工具选择不正确扣2分				
2	操作程序	设备及管线无异常声音	10	未检查设备扣5分				
				未检查管线扣5分				
		产品水阀门开启	5	不检查不得分				
				检查不到位扣3分				
		回流水阀门状态	5	不检查不得分				
				检查不到位扣3分				
		浓水排放情况	5	不检查不得分				
				检查不到位扣3分				

续表

序号	考核内容	考核要点	配分	评分标准	检测结果	扣分	得分	备注
		浓水、产品水流量	10	未检查浓水流量扣5分				
				未检查产品水流量扣5分				
		进水、产品水电导率	10	未检查进水电导率扣5分				
				未检查产品水电导率扣5分				
		进水、各段浓水压力	10	未检查进水压力扣5分				
				未检查各段浓水压力扣5分				
		进水温度、*SDI*值、浊度	10	未检查温度扣5分				
				未检查*SDI*值扣5分				
				未检查浊度扣5分				
		药剂储罐的液位，如不符合标准及时添加	10	未检查液位扣5分				
				未及时添加扣5分				
		冲洗清洗系统阀门开关状态	5	不检查不得分				
				检查不到位扣3分				
		保安过滤器前后压差	10	不检查不得分				
				检查不到位扣5分				
3	使用工具	使用工具	2	工具使用不正确扣2分				
		维护工具	3	工具乱摆乱放扣3分				
4	安全及其他	按国家法规或企业规定		违规一次总分扣5分；严重违规停止操作			—	
		在规定时间内完成操作		每超时1min总分扣5分，超时3min停止操作			—	
合计			100					

试题9：中和池废水中和排放操作(现场模拟)

(考核时间：20min)

序号	考核内容	考核要点	配分	评分标准	检测结果	扣分	得分	备注
1	准备工作	穿戴劳保用品	5	劳保用品穿戴不规范扣5分				
2	中和池进水	选择空池，开进水阀，收集废水；待水位超过容积50%，启动压缩空气搅拌，启动废水回流装置，加速搅拌；中和池满水，关闭进水阀；测定中和前废水pH值	30	未开启进水阀扣10分				
				未启动废水搅拌设备，每项扣5分				
				未测定pH值，每项扣5分				

续表

序号	考核内容	考核要点	配分	评分标准	检测结果	扣分	得分	备注
3	废水中和操作	根据废水pH值，确定是否加中合剂；确定加何种中合剂，判断加入量；继续进行压缩空气搅拌和回流搅拌；直到中和废水pH达到排放标准	40	不清楚废水排放标准扣20分				
				不能正确选择中合剂扣10分				
				未启动废水搅拌设备，每项扣5分				
4	废水排放操作	废水中和后，取样检测pH值，达标后，关闭回流阀，开启排放阀，排放废水；压缩风继续搅拌，直到水位低于50%，停压缩风；排放过程中，检查加酸、碱阀、进水阀是否泄漏	25	未检测pH值，扣10分				
				未正确操作排放阀扣10分				
				检查漏项，每项扣5分				
5	安全及其他	按国家法规或企业规定		违规一次总分扣5分；严重违规停止操作			—	
		在规定时间内完成操作		每超时1min总分扣5分，超时3min停止操作			—	
	合　计		100					

试题10：机械搅拌澄清池的运行维护(现场模拟)

(考核时间：20min)

序号	考核内容	考核要点	配分	评分标准	检测结果	扣分	得分	备注
1	准备工作	穿戴劳保用品	5	劳保用品穿戴不规范扣5分				
2	检查调整加药量	检查混凝剂溶液浓度、液位及混凝剂投加情况，根据流量变化及时调整加药量	20	检查混凝剂溶液漏项，每项扣5分				
				检查混凝剂投加情况漏项，每项扣5分				
				不知道及时调整加药量扣5分				
3	控制浊度	按时分析浊度，浊度有波动应及时查明原因并作相应处理	30	浊度分析方法不清楚扣10分				
				出水浊度控制值不清楚扣10分				
				浊度波动处理方法不清楚，每项扣10分				

续表

序号	考核内容	考核要点	配分	评分标准	检测结果	扣分	得分	备注
4	调整负荷	用澄清池进水阀或升压泵的出水阀来调整澄清池负荷，每次增减量应控制在规定范围内	10	不清楚调整负荷方式扣10分				
				不清楚负荷增减量控制规定扣5分				
5	控制沉降比	按时分析沉降比，调节排泥量，控制沉降比在15%左右	20	沉降比分析方法不清楚扣5分				
				沉降比控制值不清楚扣5分				
				沉降比控制方法不清楚扣10分				
6	底部排泥	按规定的时间间隔进行底部排泥	5	不清楚底部排泥的间隔时间扣5分				
7	检查搅拌机	检查搅拌机运转正常	5	检查漏项扣5分				
8	检查刮泥机	检查刮泥机运转正常	5	检查漏项扣5分				
9	安全及其他	按国家法规或企业规定		违规一次总分扣5分；严重违规停止操作			—	
		在规定时间内完成操作		每超时1min总分扣5分，超时3min停止操作			—	
合计			100					

试题11：阴固定床、混固定床停运操作(现场模拟)

（考核时间：15min）

序号	考核内容	考核要点	配分	评分标准	检测结果	扣分	得分	备注
1	准备工作	穿戴劳保用品	3	劳保用品穿戴不规范扣3分				
		工具、用具准备	2	工具选择不正确扣2分				
2	停中间水泵	停运中间水泵	20	未按规范操作，每项扣5分				
				操作漏项，每项扣10分				
3	停混床	关混床正洗进水阀、出水阀、在线电导率表样水阀、在线硅表样水阀。开空气阀，放水消压后关空气阀	30	未按顺序操作，每项扣3分				
				操作漏项，每项扣10分				

续表

序号	考核内容	考核要点	配分	评分标准	检测结果	扣分	得分	备注
4	停阴床	关阴床正洗进水阀、出水阀、在线电导率表样水阀。开空气阀，放水消压后关空气阀	30	未按顺序操作，每项扣3分				
				操作漏项，每项扣10分				
5	停在线监测仪表	停阴床、混床的在线监测仪表	10	操作漏项，每项扣5分				
6	使用工具	使用工具	2	工具使用不正确扣2分				
		维护工具	3	工具乱摆乱放扣3分				
7	安全及其他	按国家法规或企业规定		违规一次总分扣5分；严重违规停止操作			—	
		在规定时间内完成操作		每超时1min总分扣5分，超时3min停止操作			—	
合计			100					

试题12：虹吸滤池停运操作(现场模拟)

（考核时间：15min）

序号	考核内容	考核要点	配分	评分标准	检测结果	扣分	得分	备注
1	准备工作	穿戴劳保用品	3	劳保用品穿戴不规范扣3分				
		工具、用具准备	2	工具选择不正确扣2分				
2	清洗滤料	若滤池需较长时间退出运行，应逐格对单元滤池进行反洗，把滤料清洗干净	40	操作漏项，每项扣10分				
				反洗操作不规范，每项扣5分				
3	调整澄清池出水	根据需要关闭澄清池或调整澄清池出水	30	操作漏项扣20分				
4	关闭滤池进水阀	关闭滤池进水阀	20	操作漏项扣20分				
5	使用工具	使用工具	2	工具使用不正确扣2分				
		维护工具	3	工具乱摆乱放扣3分				
6	安全及其他	按国家法规或企业规定		违规一次总分扣5分；严重违规停止操作			—	
		在规定时间内完成操作		每超时1min总分扣5分，超时3min停止操作			—	
合计			100					

试题 13：运行式浮动床压力落床操作(现场模拟)

(考核时间：10min)

序号	考核内容	考核要点	配分	评分标准	检测结果	扣分	得分	备注
1	准备工作	穿戴劳保用品	3	劳保用品穿戴不规范扣 3 分				
		工具、用具准备	2	工具选择不正确扣 2 分				
2	停运浮床	关浮床入口阀、出口阀	30	操作不规范，每项扣 5 分				
				操作漏项，每项扣 15 分				
3	压力落床	开浮床上部进水阀、下部排水阀	30	操作不规范，每项扣 5 分				
				操作漏项，每项扣 15 分				
4	关闭阀门	待树脂落床后，关浮床下部排水阀、上部进水阀	20	操作不规范，每项扣 5 分				
				操作漏项，每项扣 10 分				
5	停运在线仪表	关停运浮床在线仪表样水阀，停运在线监测仪表	10	操作漏项，每项扣 5 分				
6	使用工具	使用工具	2	工具使用不正确扣 2 分				
		维护工具	3	工具乱摆乱放扣 3 分				
7	安全及其他	按国家法规或企业规定		违规一次总分扣 5 分；严重违规停止操作			—	
		在规定时间内完成操作		每超时 1min 总分扣 5 分，超时 3min 停止操作			—	
合计			100					

试题 14：往复式空压机投运前的检查(现场模拟)

(考核时间：25min)

序号	考核内容	考核要点	配分	评分标准	检测结果	扣分	得分	备注
1	准备工作	穿戴劳保用品	3	劳保用品穿戴不规范扣 3 分				
		用具准备	2	用具选择不正确扣 2 分				
2	润滑工作	清洗机器内部，然后加入规定牌号的润滑油，检查油位指示器所示油位高度是否符合要求，同时用人工方法向机身十字头滑道的摩擦面上注入足够的油量，避免初开车时因缺油润滑而烧毁	20	加润滑油不符要求，每项扣 10 分				
				加润滑油漏项，每项扣 20 分				
				不清楚润滑油牌号扣 10 分				
3	检查连接件	检查各连接件的结合与紧固情况，有松动之处应及时紧固。联轴器防护罩应完好	15	操作内容不符要求，每项扣 3 分				
				检查漏项，每项扣 5 分				

续表

序号	考核内容	考核要点	配分	评分标准	检测结果	扣分	得分	备注
4	开启冷却水	检查水管路流通情况，打开总进水管的截止阀，并检查各分支水管流动情况是否畅通无阻	15	检查漏项，每项扣5分				
				操作漏项，每项扣5分				
5	检查压力表	校正压力表，检查气压表和油压表安装情况是否正常	10	检查漏项，每项扣5分				
				操作漏项，每项扣5分				
6	检查安全阀	检查安全阀应完好，并经校验合格	10	检查漏项，每项扣5分				
				操作漏项，每项扣5分				
7	空运转检查	观察和判断运动机构是否灵活。用手扳转飞轮，使压缩机空运转二、三转，如有卡住或碰撞现象应查出原因，予以消除	20	操作内容不符要求，每项扣5分				
				操作漏项，每项扣10分				
8	使用工具	使用工具	2	工具使用不正确扣2分				
		维护工具	3	工具乱摆乱放扣3分				
9	安全及其他	按国家法规或企业规定		违规一次总分扣5分；严重违规停止操作			—	
		在规定时间内完成操作		每超时1min总分扣5分，超时3min停止操作			—	
		合　计	100					

试题15：罗茨风机的投运操作（现场模拟）

（考核时间：15min）

序号	考核内容	考核要点	配分	评分标准	检测结果	扣分	得分	备注
1	准备工作	穿戴劳保用品	3	劳保用品穿戴不规范扣3分				
		工具、用具准备	2	工具选择不正确扣2分				
2	启动前的检查	检查齿轮箱和减速器润滑油是否合格	10	未检查油量，每项扣5分				
				未检查油质，每项扣2分				
		盘车2~3圈，确认转动无异常	10	未盘车扣10分				
				盘车不规范扣5分				
3	开启阀门	打开鼓风机入口阀和安全阀	20	操作漏项，每项扣10分				

续表

序号	考核内容	考核要点	配分	评分标准	检测结果	扣分	得分	备注
4	启动	按风机电动机启动按钮	10	未操作扣10分				
5	启动后的检查及调整	缓慢打开出口阀和缓慢关闭安全阀，必须注意两者应协调操作	20	检查漏项，每项扣10分				
				操作错误扣10分				
		检查机组声音、振动、温度是否正常；各密封点是否泄漏；有异常情况及时处理	20	检查漏项，每项扣5分				
				不清楚异常工况，每项扣5分				
6	使用工具	使用工具	2	工具使用不正确扣2分				
		维护工具	3	工具乱摆乱放扣3分				
7	安全及其他	按国家法规或企业规定		违规一次总分扣5分；严重违规停止操作			—	
		在规定时间内完成操作		每超时1min总分扣5分，超时3min停止操作			—	
合计			100					

试题16：喷射器加药装置的投运操作(现场模拟)

（考核时间：15min）

序号	考核内容	考核要点	配分	评分标准	检测结果	扣分	得分	备注
1	准备工作	穿戴劳保用品	3	劳保用品穿戴不规范扣3分				
		工具、用具准备	2	工具选择不正确扣2分				
2	开下游阀门	喷射器下游的阀门全部开足。如喷射器下游管道为塑料管，使用前应保证管内充满水，缺水的情况下，应先以小流量水驱除管内空气	25	操作漏项，每项扣15分				
				驱除管内空气操作不符合要求扣10分				
3	开进水阀	开喷射器进水阀	20	操作漏项扣20分				
4	开进药剂阀	开喷射器进药剂阀	20	操作漏项扣20分				
5	投加量的调节	可通过调节喷射器工作水流量来调整加药剂量，或者通过调节喷射器进药剂阀门开度来调节加药浓度。不得用喷射器下游阀门来调节工作流量或浓度	25	调节方法不清楚，每项扣15分				
				用下游阀门来调节扣25分				

续表

序号	考核内容	考核要点	配分	评分标准	检测结果	扣分	得分	备注
6	使用工具	使用工具	2	工具使用不正确扣2分				
		维护工具	3	工具乱摆乱放扣3分				
7	安全及其他	按国家法规或企业规定		违规一次总分扣5分；严重违规停止操作			—	
		在规定时间内完成操作		每超时1min总分扣5分，超时3min停止操作			—	
合计			100					

试题17：更换小阀门垫片的操作(现场模拟)

（考核时间：20min）

序号	考核内容	考核要点	配分	评分标准	检测结果	扣分	得分	备注
1	准备工作	穿戴劳保用品	3	劳保用品穿戴不规范扣3分				
		工具、用具准备	2	工具选择不正确扣2分				
2	拆下旧垫片	确认更换垫片处管线已进行处理和隔离	10	未隔离扣10分，隔离不彻底扣5分				
		拆下阀门螺栓	5	未完全拆下阀门螺栓扣5分				
		将螺栓呈三角形摆放	5	未呈三角形摆放扣5分				
		取下旧垫片	5	未完全清除旧垫片扣5分				
		清除阀门面上的余物	10	未清除扣10分，未清除干净扣5分				
3	安装新垫片	正确选择合适垫片	10	垫片尺寸选择错误扣5分，垫片材质选用错误扣5分				
		新垫片入槽或放至适当位置	10	未入槽扣5分，安装位置不合适扣5分				
		对称把紧螺栓，直至两个阀门面平行	10	未对称把紧螺栓扣5分，阀门面不平行扣5分				
		打开阀门的前后手阀	10	有一个阀未开扣10分				
		检查阀门处是否泄漏，如泄漏，按步骤重新进行操作	15	未检查扣15分，如有泄漏扣5分，未重新操作扣10分				
4	使用工具	使用工具	2	工具使用不正确扣2分				
		维护工具	3	工具乱摆乱放扣3分				

续表

序号	考核内容	考核要点	配分	评分标准	检测结果	扣分	得分	备注
5	安全及其他	按国家法规或企业规定		违规一次总分扣5分；严重违规停止操作			—	
		在规定时间内完成操作		每超时1min总分扣5分，超时3min停止操作			—	
合计			100					

试题18：离心泵密封填料的更换(现场操作)

(考核时间：25min)

序号	考核内容	考核要点	配分	评分标准	检测结果	扣分	得分	备注
1	离心泵密封填料的更换	考核前的准备	2	未整齐穿戴劳保用品扣2分				
			3	未正确选择工具，选错1件扣1分				
2		更换前的操作	25	未正确停运泵扣10分				
				未能采用正确的方法泄掉压力扣5分				
				未联系停泵的动力电源扣10分				
3		更换填料操作	65	未能正确拆卸填料压盖扣10分				
				未掏或未掏尽扣15分				
				压不进新填料或切口角未呈45°扣10分				
				若各切缝未交错180°排列10分				
				未能正确安装压盖扣10分				
				未视盘车情况调整填料压盖压紧程度扣10分				
4	使用工具	使用工具	2	工具使用不正确扣2分				
		维护工具	3	工具乱摆乱放扣3分				
5	安全及其他	按国家法规或企业规定		违规一次总分扣5分；严重违规停止操作			—	
		在规定时间内完成操作		每超时1min总分扣5分，超时3min停止操作			—	
合计			100					

否定项说明：若出现操作中造成机泵严重损坏等情况，该题为零分。

试题 19：运行电机正常检查要点（现场操作）

（考核时间：15min）

序号	考核内容	考核要点	配分	评分标准	检测结果	扣分	得分	备注
1	准备工作	穿戴劳保用品	3	劳保用品穿戴不规范扣 3 分				
		工具、用具准备	2	工具选择不正确扣 2 分				
2	运行电机正常检查要点	检查电机电流是否超过允许值	15	未检查电机电流是否超过允许值扣 15 分				
		检查电机电压是否在规定范围内	15	未检查电机电压是否在规定范围内扣 15 分				
		检查轴承的润滑是否正常	10	未检查轴承的润滑是否正常扣 10 分				
		检查电机声音和振动有否超常现象	15	未检查电机声音和振动有否超常现象扣 15 分				
		检查电机各部分温升是否在规定值范围以内	15	未检查电机各部分温升是否在规定值范围以内扣 15 分				
		检查电机附近是否清洁	10	未检查电机附近是否清洁扣 10 分				
		发现有异常情况后，应通知电工再做检查	10	若有异常情况未及时联系电工检查扣 10 分				
3	使用工具	使用工具	2	工具使用不正确扣 2 分				
		维护工具	3	工具乱摆乱放扣 3 分				
4	安全及其他	按国家法规或企业规定		违规一次总分扣 5 分；严重违规停止操作			—	
		在规定时间内完成操作		每超时 1min 总分扣 5 分，超时 3min 停止操作			—	
	合　计		100					

试题 20：离心式鼓风机日常维护（现场模拟）

（考核时间：20min）

序号	考核内容	考核要点	配分	评分标准	检测结果	扣分	得分	备注
1	准备工作	穿戴劳保用品	3	劳保用品穿戴不规范扣 3 分				
		工具、用具准备	2	工具选择不正确扣 2 分				

续表

序号	考核内容	考核要点	配分	评分标准	检测结果	扣分	得分	备注
2	运行风机的维护	检查风压是否在要求范围内	10	未检查扣10分				
		检查电流是否在额定值以内	10	未检查扣10分				
		检查温度是否正常	10	未检查扣10分				
		检查润滑脂是否良好	10	未检查扣10分				
		检查机组振动是否正常	10	未检查扣10分				
		检查连接件是否松动	10	未检查扣10分				
		检查气体泄漏情况	10	未检查扣10分				
3	备用风机的维护	定时盘车	10	未操作扣10分				
		检查润滑保养	10	未操作扣10分				
4	使用工具	使用工具	2	工具使用不正确扣2分				
		维护工具	3	工具乱摆乱放扣3分				
5	安全及其他	按国家法规或企业规定		违规一次总分扣5分；严重违规停止操作			—	
		在规定时间内完成操作		每超时1min总分扣5分，超时3min停止操作			—	
合　计			100					

试题21：离心泵输送流量变小原因的检查(现场模拟)

（考核时间：15min）

序号	考核内容	考核要点	配分	评分标准	检测结果	扣分	得分	备注
1	准备工作	穿戴劳保用品	3	劳保用品穿戴不规范扣3分				
		工具、用具准备	2	工具选择不正确扣2分				
2	检查泵入口部分	检查入口液位是否正常	50	未查入口液位扣10分				
		检查入口阀是否全开		未检查入口阀开度扣10分				
		检查入口管线紧固件是否松动		未检查入口管线紧固件扣10分				
		检查入口管线是否堵塞		未检查入口管线是否堵塞扣10分				
		检查入口管线是否窜入其他介质		未检查入口管线是否窜入其他介质，扣10分				
3	检查泵出口部分	检查出口阀是否开度过小	10	未检查出口阀开度扣10分				

续表

序号	考核内容	考核要点	配分	评分标准	检测结果	扣分	得分	备注
4	检查泵体	检查机封是否泄漏	30	未检查机封扣 10 分				
		检查泵内是否有气		未检查泵内是否有气扣 10 分				
		检查泵是否发生汽蚀		未检查泵是否发生汽蚀扣 10 分				
		检查电机转速是否正常		未查电机转速扣 10 分				
5	使用工具	使用工具	2	工具使用不正确扣 2 分				
		维护工具	3	工具乱摆乱放扣 3 分				
6	安全及其他	按国家法规或企业规定		违规一次总分扣 5 分；严重违规停止操作			—	
		在规定时间内完成操作		每超时 1min 总分扣 5 分，超时 3min 停止操作			—	
合　计			100					

试题 22：除碳器效率低或风压小的原因分析(现场模拟)

（考核时间：15min）

序号	考核内容	考核要点	配分	评分标准	检测结果	扣分	得分	备注
1	准备工作	穿戴劳保用品	5	劳保用品穿戴不规范扣 5 分				
2	叶片原因	风机叶片积尘太多	15	未检查扣 15 分				
		风机叶片损坏太多	15	未检查扣 15 分				
3	通道原因	出入口通道堵塞或泄漏	20	未检查扣 20 分				
4	倒水原因	出口有倒水现象	20	未检查扣 20 分				
5	转向原因	大修后电机电源线接反	25	未检查扣 25 分				
6	安全及其他	按国家法规或企业规定		违规一次总分扣 5 分；严重违规停止操作			—	
		在规定时间内完成操作		每超时 1min 总分扣 5 分，超时 3min 停止操作			—	
合　计			100					

试题 23：固定床出水中含有树脂的原因分析(现场模拟)

（考核时间：15min）

序号	考核内容	考核要点	配分	评分标准	检测结果	扣分	得分	备注
1	准备工作	穿戴劳保用品	5	劳保用品穿戴不规范扣 5 分				
2	母支管式集水器装置损坏的原因	母支管式集水器装置滤水帽损坏脱落	18	不清楚原因扣 18 分				
		母支管式集水器装置腐蚀穿孔	17	不清楚原因扣 17 分				

续表

序号	考核内容	考核要点	配分	评分标准	检测结果	扣分	得分	备注
3	平板水帽式集水装置损坏的原因	平板水帽式集水装置滤水帽损坏脱落	20	不清楚原因扣 20 分				
4	平板滤网式集水装置损坏的原因	平板滤网式集水装置的塑料网穿孔	20	不清楚原因扣 20 分				
5	穹形板石英砂垫层式集水装置损坏的原因	穹形板石英砂垫层式集水装置乱层	20	不清楚原因扣 20 分				
6	安全及其他	按国家法规或企业规定		违规一次总分扣 5 分；严重违规停止操作			—	
		在规定时间内完成操作		每超时 1min 总分扣 5 分，超时 3min 停止操作			—	
合　计			100					

试题 24：离心泵电机机壳发热的原因分析(现场模拟)

(考核时间：15min)

序号	考核内容	考核要点	配分	评分标准	检测结果	扣分	得分	备注
1	准备工作	穿戴劳保用品	5	劳保用品穿戴不规范扣 5 分				
2	负荷原因	泵的流量过大	10	未指出扣 10 分				
		泵的转子摩擦阻力过大	10	未指出扣 10 分				
		联轴器中心线不一致	10	未指出扣 10 分				
3	电压原因	电压过高或过低	8	未指出扣 8 分				
		三相电压不平衡	7	未指出扣 7 分				
4	环境原因	机体通风不良，环境温度过高	10	未指出扣 10 分				
5	电机缺陷原因	电机陈旧，性能下降	8	未指出扣 8 分				
		线圈接地	8	未指出扣 8 分				
		两相运行	8	未指出扣 8 分				
		线圈局部烧毁	8	未指出扣 8 分				
		绝缘不好	8	未指出扣 8 分				
6	安全及其他	按国家法规或企业规定		违规一次总分扣 5 分；严重违规停止操作			—	
		在规定时间内完成操作		每超时 1min 总分扣 5 分，超时 3min 停止操作			—	
合　计			100					

试题 25：离心泵振动大的处理（现场模拟）

（考核时间：15min）

序号	考核内容	考核要点	配分	评分标准	检测结果	扣分	得分	备注
1	准备工作	穿戴劳保用品	2	劳保用品穿戴不规范扣 2 分				
		工具、用具准备	3	工具选择不正确扣 3 分				
2	操作程序	泵轴与电机不在同一直线上	10	未重新校正扣 10 分				
		泵轴弯曲	10	未检查校正扣 10 分				
		机泵转子偏重	10	未检查校正扣 10 分				
		轴承过度磨损或损坏	10	未更换轴承扣 10 分				
		底脚螺丝松动	10	未重新紧固扣 10 分				
		叶轮或靠背轮局部磨损	10	未修复或更换扣 10 分				
		水泵抽空或管道破裂，发生水锤	10	未关小出水阀或停泵扣 10 分				
		叶轮口环间隙过小，产生机械摩擦	10	未由钳工修理扣 10 分				
		水泵或传动装置轴承磨损	10	未停泵检修更换扣 10 分				
3	使用工具	使用工具	2	工具使用不正确扣 2 分				
		维护工具	3	工具乱摆乱放扣 3 分				
4	安全及其他	按国家法规或企业规定		违规一次总分扣 5 分；严重违规停止操作			—	
		在规定时间内完成操作		每超时 1min 总分扣 5 分，超时 3min 停止操作			—	
合计			100					

试题 26：离心泵轴承发热的处理（现场模拟）

（考核时间：15min）

序号	考核内容	考核要点	配分	评分标准	检测结果	扣分	得分	备注
1	准备工作	穿戴劳保用品	2	劳保用品穿戴不规范扣 2 分				
		工具、用具准备	3	工具选择不正确扣 3 分				
2	操作程序	轴承装配不正确或间隙不适当	10	未重新校正或更换扣 10 分				
		润滑油（脂）过多或过少	15	未调整油脂量扣 15 分				
		润滑油（脂）质量不好，不清洁或变质	15	未清洗更换扣 15 分				

续表

序号	考核内容	考核要点	配分	评分标准	检测结果	扣分	得分	备注
		轴承冷却水管堵塞断水	10	未检查修复或接临时冷却水扣10分				
		泵轴与电机轴不在同一直线上	10	未检查校正扣10分				
		油环卡死不转动，轴承供油中断	10	未检查调整扣10分				
		轴承盖对轴承施加的压力过大，减小了径向游隙使之失去灵活性	10	未由钳工检修扣10分				
		轴承内外圈滚道表面上出现剥皮，产生断续的冲击和跳动	10	未更换轴承扣10分				
3	使用工具	使用工具	2	工具使用不正确扣2分				
		维护工具	3	工具乱摆乱放扣3分				
4	安全及其他	按国家法规或企业规定		违规一次总分扣5分；严重违规停止操作			—	
		在规定时间内完成操作		每超时1min总分扣5分，超时3min停止操作			—	
		合　　计	100					

试题27：逆流再生固定床中间排水装置损坏的处理（现场模拟）

（考核时间：20min）

序号	考核内容	考核要点	配分	评分标准	检测结果	扣分	得分	备注
1	准备工作	穿戴劳保用品	5	劳保用品穿戴不规范扣5分				
2	检修中间排水装置	当中间排水装置损坏而泄露树脂时，首先解体检修，修复中间排水装置	30	未检修中间排水装置扣30分				
				处理漏项，每项扣10分				
3	加固中间排水装置	中间排水装置母管的上部要焊加强筋，并牢固地固定在器壁上；其支管也必须用坚强的支架固定好。中间排水装置必须经得起上浮树脂的托力	25	中间排水装置未加固扣25分				
				处理漏项，每项扣10分				
4	规范排气操作	在交换器排空情况下，要首先从上部进水；当将树脂淹没后，再改从底部小流量缓慢进满水，将空气排尽	20	未规范进水操作扣20分				
				操作不规范，每项扣10分				
5	规范反洗操作	反洗时阀门要缓慢开启，小流量灌满水后，再逐步增大流量	20	未规范反洗操作扣20分				
				操作不规范，每项扣10分				

续表

序号	考核内容	考核要点	配分	评分标准	检测结果	扣分	得分	备注
6	安全及其他	按国家法规或企业规定		违规一次总分扣5分；严重违规停止操作			—	
		在规定时间内完成操作		每超时1min总分扣5分，超时3min停止操作			—	
合　计			100					

试题28：无阀滤池设备结构简图识读(口试)

（考核时间：30min）

序号	考核内容	考核要点	配分	评分标准	检测结果	扣分	得分	备注
1	准备工作	穿戴劳保用品	5	劳保用品穿戴不规范扣5分				
2	图纸识读内容	图纸各栏目表识读正确	20	标题栏识读错误一处扣5分				
				明细栏识读错误一处扣5分				
				管口表识读错误一处扣5分				
				技术特性表识读错误一处扣5分				
				技术要求识读错误一处扣5分				
3	视图分析	视图基本情况回答准确	15	视图总数回答错误扣5分				
				基本视图、其他视图回答错误一处扣5分				
		视图表达方式及作用清晰	10	视图表达方式、作用回答错误一处扣5分				
4	零部件分析	零部件阅读完整	10	零部件找错一个扣5分				
		零部件分析	20	零部件结构、形状、尺寸、装配关系回答错误一处扣5分				
				零部件作用不清楚扣5分				
				管口结构、形状、数目等回答错误一处各扣5分				
5	归纳总结	设备基本情况	10	设备结构特点、工作特性回答错误各扣5分				
		物料进出情况	5	物料进出流向回答错误扣5分				
		设备操作原理	5	设备操作原理回答错误扣5分				
6	安全及其他	按国家法规或企业规定		违规一次总分扣5分；严重违规停止操作			—	
		在规定时间内完成操作		每超时1min总分扣5分，超时3min停止操作			—	
合　计			100					

第三部分

高 级 工

一、石油石化职业资格等级标准(高级工工作要求)

职业功能	工作内容	技能要求	相关知识
一、工艺操作	（一）开车准备	1. 能引入酸、碱、原水等开车介质 2. 能安排开车流程的更改 3. 能完成整套装置开车水冲洗、吹扫等操作 4. 能完成树脂、滤料的装填和预处理工作 5. 能鉴别离子交换树脂 6. 能根据指令完成水联运试车操作 7. 能完成检修项目的验收	1. 清洁生产基本知识 2. 水联运试车方案 3. 化工原材料的性质 4. 离子交换树脂鉴定法 5. 新离子交换树脂的处理、鉴定和分离 6. 反渗透膜元件的保管方法 7. 各类滤料的性质及预处理法
	（二）开车操作	1. 能组织完成预处理系统的投运 2. 能完成离子交换除盐装置整体启动 3. 能完成反渗透装置的整体启动 4. 能完成机组正常启动中的化学工作	1. 装置整体启动方案 2. 机组启动化学工作规程 3. 石灰纯碱软化原理 4. 电渗析原理
	（三）正常操作	1. 能操作 PLC 操作站 2. 能根据原水水质的变化调节运行和再生工艺参数 3. 能根据分析结果控制产品质量 4. 能处理各种扰动引起的工艺波动 5. 能调节 P、I、D 参数 6. 能投用联锁系统 7. 能协调各岗位的操作 8. 能优化操作工况，降低装置物耗、能耗 9. 能指导装置的日常操作 10. 能根据上下游装置重大工况变化调整本装置 11. 能协助完成锅炉热化学实验工作	1. PLC 基础知识 2. PLC 操作方法 3. 各级产品质量标准 4. 仪表 P、I、D 知识 5. 各类交换器的工艺参数 6. 热化学实验项目 7. 离子交换树脂工艺性能 8. 反渗透预处理的方法 9. 热力设备积盐基本理论 10. 凝结水除盐原理
	（四）停车操作	1. 能组织完成停车装置的冲洗工作 2. 能配合完成停炉停机保护工作 3. 能按标准验收已冲洗完毕的设备、管道 4. 能按进度组织完成停车盲板的拆装工作 5. 能组织完成装置自修项目的验收 6. 能控制并降低停车过程中的物耗、能耗	1. 停炉停机保护方法 2. 停车方案
二、设备使用与维护	（一）使用设备：预处理设备	1. 能根据水质调整预处理加药量 2. 能完成预处理设备的运行调整	预处理设备基本结构和原理
	（一）使用设备：膜法处理设备	1. 能完成反渗透设备药剂保护 2. 能根据反渗透清洗方案进行化学清洗 3. 能完成膜元件的更换	1. 反渗透停用保护方案 2. 反渗透化学清洗方法 3. 反渗透压力容器的排列组合方式 4. 膜元件结构 5. 电渗析器结构
	（一）使用设备：离子交换设备	1. 能根据生产工况调整再生酸、碱用量 2. 能完成树脂体外反洗操作	1. 各类离子交换器结构原理 2. 反洗操作法
	（一）使用设备：冷凝水回收设备	1. 能选用混床树脂 2. 能根据凝结水质调整工艺流程	混床树脂类型

续表

<table>
<tr><th>职业功能</th><th>工作内容</th><th colspan="2">技能要求</th><th>相关知识</th></tr>
<tr><td rowspan="2"></td><td></td><td>炉内水处理设备</td><td>1. 能试验集中取样装置的断水保护
2. 能维护集中取样装置
3. 能协助完成锅炉化学清洗操作工作</td><td>集中取样装置结构</td></tr>
<tr><td>（二）维护设备</td><td colspan="2">1. 能根据设备运行情况，提出维护措施
2. 能配合验收检修后动、静设备
3. 能做好一般设备、管线交出检修前的安全确认工作
4. 能维护分析设备和仪器</td><td>1. 设备维护保养制度
2. 关键设备维护制度要点
3. 设备验收知识
4. 分析仪器结构</td></tr>
<tr><td rowspan="7">三、事故判断与处理</td><td>（一）判断事故</td><td colspan="2">1. 能根据操作参数、分析数据判断质量、物耗能耗超标事故
2. 能判断各类设备、仪表故障
3. 能及时发现事故隐患
4. 能判断离子交换树脂的变质和污染
5. 能判断反渗透装置的清洗条件</td><td>离子交换树脂变质和污染的现象和原因</td></tr>
<tr><td rowspan="6">（二）处理事故</td><td>共性要求</td><td>1. 能处理停电、气、原水、仪表风等重大事故
2. 能处理主要来水、供水母管泄漏事故
3. 能处理主要交换器、贮罐泄漏事故</td><td rowspan="6">事故预案</td></tr>
<tr><td>预处理装置</td><td>1. 能处理各类过滤器跑料
2. 能处理澄清池运行故障
3. 能处理滤池运行故障</td></tr>
<tr><td>反渗透装置</td><td>能处理反渗透出水水质超标事故</td></tr>
<tr><td>离子交换装置</td><td>1. 能处理除盐水箱水箱串酸碱事故
2. 能处理酸碱等化学药品严重泄漏事故</td></tr>
<tr><td>冷凝水处理装置</td><td>1. 能处理混床再生不合格问题
2. 能检查处理换热设备泄漏</td></tr>
<tr><td>炉内水处理</td><td>能处理蒸汽品质恶化事故</td></tr>
<tr><td rowspan="2">四、绘图与计算</td><td>（一）绘图</td><td colspan="2">1. 能绘制设备结构简图
2. 能绘制工艺配管单线图</td><td>1. 工艺配管单线图知识
2. 设备图绘图知识</td></tr>
<tr><td>（二）计算</td><td colspan="2">1. 能计算工作交换容量
2. 能计算酸、碱耗
3. 能进行误差分析与数据处理
4. 能完成常用简单工艺计算
5. 能完成离心泵的简单计算</td><td>计算方法</td></tr>
<tr><td>五、培训与指导</td><td>培训与指导</td><td colspan="2">1. 能指导初、中级操作人员进行操作
2. 能协助培训初、中级操作人员</td><td>培训基本知识</td></tr>
</table>

二、理论知识鉴定要素细目表

行业通用理论知识鉴定要素细目表

鉴定范围						鉴定点		
一级		二级		三级		代码	名称	重要程度
代码	名称	代码	名称	代码	名称			
A	基本要求	B	基础知识	A	记录填写基础知识	001	班组交接记录的填写要求	X
						002	班组安全活动记录填写要求	X
				B	识图基础知识	001	剖视图知识	X
						002	断面图知识	X
						003	化工设备图表示方法	X
						004	零件图的内容	X
				C	安全环保基础知识	001	清洁生产审计的程序	X
						002	HSE 管理体系文件架构	X
						003	ISO 14001 环境管理体系的组成要素	X
						004	ISO 14000 系列标准的指导思想	X
						005	ISO 14001 环境管理体系的运行模式	X
						006	防尘防毒的技术措施	X
						007	防尘防毒的管理措施	X
						008	国家劳动安全卫生管理体制职责划分的内容	X
						009	ISO 14001 环境管理体系建立的步骤	X
						010	HSE 危害辨识	X
						011	HSE 风险评价的概念	X
						012	HSE 风险评价的目的	X
				D	质量基础知识	001	不合格品的处置途径	X
						002	ISO 9001 族标准质量管理审核的特点	X
						003	ISO 9000 族标准第一、第二、第三方审核的区别	X
						004	质量统计直方图	X
						005	质量统计排列图	X
						006	质量统计因果图	X
						007	质量统计控制图	X
						008	不良产品的分级	X
				E	计算机基础知识	001	Word 绘图	X
						002	Excel 公式与函数的运用	X
						003	Excel 数据的简单分析与管理	X
						004	Excel 简单的图表处理	X

续表

鉴定范围						鉴定点		
一级		二级		三级		代码	名称	重要程度
代码	名称	代码	名称	代码	名称			
B	相关知识	E	管理知识	A	生产管理	001	班组的管理	X
						002	班组的成本核算	X
				B	编写技术文件	001	总结的格式	X
						002	报告的格式	X
						003	请示的格式	X

职业通用理论知识鉴定要素细目表(供水生产工)

鉴定范围						鉴定点		
一级		二级		三级		代码	名称	重要程度
代码	名称	代码	名称	代码	名称			
A	基本要求	B	基础知识	G	石油化工基本常识	001	原油预处理的工艺特点	Y
						002	原油常减压蒸馏的工艺特点	Y
						003	催化裂化的工艺特点	Z
						004	催化重整的工艺特点	Z
				H	化学基础知识	001	中和反应的特点	X
						002	置换反应的特点	X
						003	分子间作用力的特点	Y
						004	化学键的特点	Y
						005	金属的性质	X
						006	有机化合物的特点	X
						007	有机化合物的分类	Y
						008	基础化学的相关计算	X
				I	水力学基础知识	001	恒定流的概念	X
						002	流体运动的能量方程式	X
						003	水头损失的类型	X
						004	流体运动的连续性方程式	X
				J	机械设备基础知识	001	滑动轴承的特点	Y
						002	滑动轴承的工作原理	Z
						003	滚动轴承的特点	Y
						004	滚动轴承的工作原理	Z
						005	法兰压力等级含义	Z
						006	管道检修的验收标准	Y
						007	泵检修的验收标准	X

续表

鉴定范围						鉴定点		
一级		二级		三级		代码	名称	重要程度
代码	名称	代码	名称	代码	名称			
						008	电化学腐蚀的概念	Y
						009	防腐的常用方法	Z
						010	离心泵联合工作的特点	X
				K	电气基础知识	001	闭合电路欧姆定律	X
						002	交流电路的参数分析	Y
						003	混联电路的相关分析	X
						004	三相交流电的概念	X
						005	异步电动机的工作特点	X
						006	用电设备防爆等级的常识	Z
						007	装置用电设备的防护	Y
				L	仪表基础知识	001	比值控制系统的特点	Y
						002	均匀控制系统的特点	Y
						003	前馈控制系统的特点	X
						004	调节阀故障的判断	Y
						005	控制回路的正反作用判断	Y
						006	自力式控制阀工作原理	Z
				M	计量基础知识	001	法定计量单位使用的注意事项	Y
						002	误差的概念	X
						003	计量误差的来源	Y
						004	系统误差的特点	X
						005	消除误差的方法	Y

工种理论知识鉴定要素细目表

鉴定范围						鉴定点		
一级		二级		三级		代码	名称	重要程度
代码	名称	代码	名称	代码	名称			
B	相关知识（通用模块）	A	工艺操作	A	化学水处理基本知识	001	纯水的水质要求	X
						002	水中有机物和耗氧量	X
						003	天然水水质指标的分类	Y
						004	天然水中的碳酸平衡和 pH	X
						005	酸碱滴定容量分析	X
						006	络合滴定容量分析	X

续表

鉴定范围						鉴定点		
一级		二级		三级		代码	名称	重要程度
代码	名称	代码	名称	代码	名称			
B	相关知识（通用模块）	B	设备使用与维护	A	使用设备	001	三相异步电机的结构	X
						002	使用摇表测量绝缘电阻的注意事项	X
						003	压力表的主要选用原则	Z
						004	压力容器的安全附件	Y
						005	离心水泵检修后的验收标准	X
				B	维护设备	001	混合离子交换器的特点	Y
						002	除碳风机的维护	X
		C	绘图与计算	A	绘图	001	轴侧图的概念	X
						002	轴侧图与正投影图的区别	X
						003	基本体的投影特点	X
				B	计算	001	设计水量的计算	X
						002	滤料孔隙率的计算	X
						003	树脂装填量的计算	X
						004	酸碱浓度的计算	Y
						005	酸耗、碱耗简要计算	X
						006	自用水率计算	X
						007	离子交换树脂工作交换容量的计算	X
						008	水泵扬程的计算	X
						009	再生酸碱浓度的计算	X
						010	再生用酸碱量的计算	X
						011	水中阴阳离子的计算	X
C	相关知识（预处理模块）	A	工艺操作	A	基础知识	001	澄清器悬浮层的作用	Y
						002	过滤的作用机理	X
						003	过滤反洗强度参数的选用	X
						004	滤料选择的要求	X
						005	理想沉淀池理论	Y
						006	高浊度水的处理工艺	X
						007	双层滤池的特点	X
						008	“反粒度”过滤的概念	Z
				B	专业知识	001	脉冲澄清池的工作原理	X
						002	脉冲澄清池的操作要点	Y
						003	机械搅拌加速澄清池的工作原理	X
						004	无阀滤池的工作原理	X
						005	虹吸滤池的工作原理及优缺点	X
						006	活性炭压力式过滤器的工作原理	X
						007	多介质压力式过滤器的工作原理	X

续表

鉴定范围						鉴定点		
一级		二级		三级		代码	名称	重要程度
代码	名称	代码	名称	代码	名称			
		B	设备使用与维护	A	使用设备	001	脉冲澄清池的设备构造	X
						002	V 型滤池的设备构造	X
				B	维护设备	001	单、双流式压力式过滤器的反洗操作要点	Y
						002	滤料铺设要求	Y
						003	活性炭的再生方法	Z
		C	事故判断与处理	A	判断事故	001	过滤设备滤料运行状况的判断	Y
						002	过滤设备的负水头与气阻现象判断	Y
				B	处理事故	001	滤料含泥量增加的处理	X
						002	过滤设备气阻现象的处理措施	Y
						003	过滤设备反冲洗跑滤料的处理	X
D	相关知识（膜法水处理模块）	A	工艺操作	A	原辅材料基础知识	001	反渗透膜元件的保存要求	X
						002	膜清洗药剂的性能	X
						003	膜清洗药剂的作用	X
				B	专业知识	001	电渗析原理	X
						002	温度压力对膜性能的影响	X
						003	含盐量对膜性能的影响	X
						004	回收率对膜性能的影响	Y
						005	防止膜结垢的方法	X
						006	浓差极化原理	X
						007	反渗透停用保护方案	X
						008	常用清洗剂的作用	X
						009	膜元件清洗条件的判断	X
						010	膜有机污染的控制	Y
		B	设备使用与维护	A	使用设备	001	电渗析器基本结构	X
						002	膜元件的结构	Y
		C	事故判断与处理	A	判断事故	001	反渗透产水量下降的原因	X
G	相关知识（离子交换水处理模块）	A	工艺操作	A	原辅材料基础知识	001	离子交换树脂的水力学性能	X
						002	强碱树脂的交换特性	X
						003	弱碱树脂的交换特性	X
						004	强酸性苯乙烯系阳离子交换树脂的物理化学性能	X
						005	强碱性季铵Ⅰ型阴离子交换树脂的物理化学性能	X
						006	强碱Ⅰ、Ⅱ型离子交换树脂的特点	X
						007	弱酸、弱碱离子交换树脂的特性及应用范围	X

续表

鉴定范围						鉴定点		
一级		二级		三级		代码	名称	重要程度
代码	名称	代码	名称	代码	名称			
						008	离子交换树脂变质的概念	X
						009	离子交换树脂污染的概念	X
						010	新阳树脂使用前的预处理	X
						011	新阴树脂使用前的预处理	X
						012	再生剂的选择原则	Y
						013	再生剂纯度的控制要求	Y
						014	再生剂储存要求	Y
				B	专业知识	001	除盐系统对进水水质的要求	X
						002	软化与除盐的区别	X
						003	分流再生固定床的工作特点	X
						004	分流再生固定床的工作特点	X
						005	运行式浮动床的工作过程	X
						006	混合床的工作过程	X
						007	双层双室浮动床的工作特点	X
						008	离子交换水处理设备的自动控制要求	X
						009	除碳器的设置原则	X
						010	离子交换的选择性特点	X
						011	复床除盐的方式及特点	X
						012	化学除盐的出水水质控制要素及其含义	X
						013	再生剂系统的类型	X
						014	分步再生的特点	X
		B	设备使用与维护	A	使用设备	001	分流再生固定床的构造特点	X
						002	双层双室浮动床的构造特点	X
						003	浮动床的工艺特点	X
						004	逆流床在运行时的注意事项	X
						005	阳离子交换器的结构	X
						006	阴离子交换器的结构	X
						007	混合床装置及再生方式	X
				B	维护设备	001	离子交换树脂的结构特点	X
						002	除碳器填料的种类	Y
						003	离子交换软化再生系统的特点	X
						004	延长离子交换树脂寿命的措施	X
		C	事故判断与处理	A	判断事故	001	离子交换软化床出现“偏流”的原因	X
						002	离子交换树脂的变质	X
						003	混床阴阳树脂反洗分层不明显的原因	X
						004	阳床再生后钠离子降不下来的原因	X
						005	阴床运行中导电度与碱度过大的原因	X
						006	离子交换树脂的铁污染	X

续表

鉴定范围						鉴定点		
一级		二级		三级		代码	名称	重要程度
代码	名称	代码	名称	代码	名称			
						007	离子交换树脂的油污染	X
						008	离子交换树脂的有机物污染	X
				B	处理事故	001	离子交换树脂的复苏处理	X
						002	阳床再生后钠离子降不下来的处理方法	X
						003	阴床运行中导电度与碱度过大的处理措施	Y
						004	混床阴阳树脂反洗分层不明显的处理方法	X
						005	离子交换软化床出现“偏流”的处理方法	X
						006	防止离子交换树脂变质的方法	X
F	相关知识（冷凝液处理模块）	A	工艺知识	A	基础知识	001	凝结水的处理方法	Y
						002	凝汽器泄漏的检查方法	X
						003	凝结水中通常的杂质含量	X
				B	专业知识	001	覆盖过滤器的原理	Z
						002	除油用覆盖过滤器的滤料选择	Z
						003	磁性分离器的工作原理	Z
		B	设备使用与维护	A	使用设备	001	凝结水除盐混合床的树脂选型	X
				B	维护设备	001	粉末覆盖过滤器的选用	X
		C	事故判断与处理	A	判断事故	001	覆盖过滤器的出水水质影响因素	X
				B	处理事故	001	凝结水除盐混合床的再生操作的问题处理	X
G	相关知识（炉内处理模块）	A	工艺操作	A	基础知识	001	蒸汽中杂质的来源	X
						002	锅炉的压力和结构对蒸汽带水的影响	Y
						003	锅炉运行工况对蒸汽带水的影响	X
						004	炉水含盐量对蒸汽带水的影响	X
						005	蒸汽溶解携带的特点	X
						006	过热器内盐类沉积物的分布	Y
						007	汽轮机中盐类沉积物的分布	Y
				B	汽水监督	001	过热器和汽轮机中盐类沉积物的清除	X
						002	锅炉连续排污的特点	X
						003	锅炉定期排污的特点	X
		B	设备使用与维护	A	使用设备	001	锅炉连排系统特点	X
						002	汽包内部装置的组成和作用	Z
				B	维护设备	001	汽水取样装置的巡检要点	X
		C	事故判断与处理	A	判断事故	001	蒸汽品质劣化的原因判断	X
				B	处理事故	001	蒸汽品质劣化的处理	X

三、理论知识试题

行业通用理论知识试题

判断题

1. 班组交接班记录必须凭旧换新。 (√)

2. 车间主要领导参加班组安全日活动每月不少于2次。 (×)

正确答案：车间主要领导参加班组安全日活动每月不少于3次。

3. 在剖视图中，零件后部看不见的轮廓线、虚线一律省略不画。 (×)

正确答案：在剖视图中，零件后部看不见的轮廓线、虚线一般省略不画，只有对尚未表达清楚的结构，才用虚线画出。

4. 剖面图是剖视图的一种特殊视图。 (×)

正确答案：剖面图是零件上剖切处断面的投影，而剖视图是剖切后零件的投影。

5. 化工设备图的视图布置灵活，俯(左)视图可以配置在图面任何地方，但必须注明"俯(左)视图"的字样。 (√)

6. 化工设备图中的零件图与装配图一定分别画在不同的图纸上。 (×)

正确答案：化工设备图中的零件图可与装配图画在同张图纸上。

7. 零件图不需要技术要求，在装配图表述。 (×)

正确答案：零件图一般需要技术要求。

8. 零件图用视图、剖视图、剖面图及其他各种表达方法，正确、完整、清晰地表达零件的各部分形状和结构。 (√)

9. ISO 14000系列标准对管理标准的一个重大改进，就是建立了一套对组织环境行为的评价体系，这便是环境行为评价标准。 (√)

10. 环境管理体系的运行模式，遵守由查理斯·德明提供的规划策划(PLAN)、实施(DO)、验证(CHECK)和改进(ACTION)运行模式可简称PDCA模式。 (√)

11. 环境管理体系的运行模式与其他管理的运行模式相似，共同遵循PDCA运行模式，没有区别。 (×)

正确答案：环境管理体系的运行模式与其他管理的运行模式相似，除了共同遵循PDCA运行模式外，它还有自身的特点，那就是持续改进，也就是说它的环线是永远不能闭合的。

12. 采取隔离操作，实现微机控制，不属于防尘防毒的技术措施。 (×)

正确答案：采取隔离操作，实现微机控制是防尘防毒的技术措施之一。

13. 严格执行设备维护检修责任制，消除"跑冒滴漏"是防尘防毒的技术措施。 (×)

正确答案：严格执行设备维护检修责任制，消除"跑冒滴漏"是防尘防毒的管理措施。

14. 在ISO 14001环境管理体系中，初始环境评审是建立环境管理体系的基础。 (√)

15. 在HSE管理体系中，定量评价指不对风险进行量化处理，只用发生的可能性等级和后果的严重度等级进行相对比较。 (×)

正确答案：在HSE管理体系中，定性评价指不对风险进行量化处理，只用发生的可能性等级和后果的严重度等级进行相对比较。

16. HSE管理体系规定，在生产日常运行中各种操作、开停工、检维修作业、进行基建

及变更等活动前，均应进行风险评价。（√）

17. 对某项产品返工后仍需重新进行检查。（√）

18. ISO 9000 族标准中，质量审核是保证各部门持续改进工作的一项重要活动。（√）

19. ISO 9000 族标准的三种审核类型中，第三方审核的客观程度最高，具有更强的可信度。（√）

20. 平顶形直方图的形成由单向公差要求或加工习惯等引起。（×）

正确答案：平顶形直方图的形成往往因生产过程有缓慢因素作用引起。

21. 质量统计排列图分析是质量成本分析的方法之一。（√）

22. 质量统计因果图的作用是为了确定“关键的少数”。（×）

正确答案：质量统计排列图的作用是为了确定“关键的少数”。

23. 质量统计控制图上出现异常点时，才表示有不良品发生。（×）

正确答案：不一定。在质量统计控制图上，即使点子都在控制线内，但排列有缺陷，也要判做异常。

24. 国际上通用的产品不良项分级共分三级。（×）

正确答案：国际上通用的产品不良项分级共分四级。

25. 在计算机应用软件 Word 中插入的文本框不允许在文字的上方或下方。（×）

正确答案：Word 中插入的文本框通过设置文本框格式当中的版式允许在文字的上方或下方。

26. 在计算机应用软件 Word 中绘制图形要求两个图形能准确对齐可通过调整绘图网格的水平、垂直间距来实现。（√）

27. 在计算机应用软件 Excel 中“COUNTIF(　　)”函数的作用是计算某区域满足条件的单元格数。（√）

28. Excel 数据表中汉字排序一般是按拼音顺序排序，但也可以按笔画排序。（√）

29. Excel 数据表中分类汇总的选项包括分类字段、汇总方式两方面的内容。（×）

正确答案：Excel 数据表中分类汇总的选项包括分类字段、汇总方式多方面的内容。

30. Excel 数据表中修改图表中的数据标志是通过图表区格式选项中的数据标志选项实现的。（×）

正确答案：Excel 数据表中修改图表中的数据标志是通过数据系列格式选项中的数据标志选项实现的。

31. 班组建设不同于班组管理，班组建设是一个大概念，班组管理从属于班组建设。（√）

32. 一般来说，班组的成本核算是全面的统计核算、业务核算和会计核算。（×）

正确答案：一般来说，班组的成本核算是局部核算和群众核算。

33. 总结的基本特点是汇报性和陈述性。（×）

正确答案：总结的基本特点是回顾过去，评估得失，指导将来。

34. 报告的目的在于把已经实践过的事情上升到理论认识，指导以后的实践，或用来交流，加以推广。（×）

正确答案：报告的主要目的是下情上达，向上级汇报工作、反映情况、提出意见和建议。

35. 为了减少发文，可以把若干问题归纳起来向上级写综合请示，但不能多方请示。（×）

正确答案：要坚持“一文一事”的原则，切忌“一文数事”使上级机关无法审批。

单选题

1. 班组交接班记录填写时，一般要求使用的字体是(B)。

A. 宋体　B. 仿宋　C. 正楷　D. 隶书

2. 下列选项中不属于班组安全活动的内容是(A)。

A. 对外来施工人员进行安全教育

B. 学习安全文件、安全通报

C. 安全讲座、分析典型事故，吸取事故教训

D. 开展安全技术座谈、消防、气防实地救护训练

3. 安全日活动常白班每周不少于(D)次，每次不少于1h。

A. 4　B. 3　C. 2　D. 1

4. 物体结构形状愈复杂，虚线就愈多，为此，对物体上不可见的内部结构形状采用(C)来表示。

A. 旋转视图　B. 局部视图　C. 全剖视图　D. 端面图

5. 单独将一部分的结构形状向基本投影面投影需要用(B)来表示。

A. 旋转视图　B. 局部视图　C. 全剖视图　D. 端面图

6. 用剖切平面把物体完全剖开后所得到的剖视图称为(D)。

A. 局部剖视图　B. 局部视图　C. 半剖视图　D. 全剖视图

7. 画在视图外的剖面图称为(A)剖面图。

A. 移出　B. 重合　C. 局部放大　D. 局部

8. 重合在视图内的剖面图称为(B)剖面图。

A. 移出　B. 重合　C. 局部放大　D. 局部

9. 化工设备图中，表示点焊的焊接焊缝是(A)。

A. ○　B. ∪　C. △　D. ⊿

10. 下列选项中，不属于零件图内容的是(D)。

A. 零件尺寸　B. 技术要求　C. 标题栏　D. 零件序号表

11. 在HSE管理体系中，(C)是管理手册的支持性文件，上接管理手册，是管理手册规定的具体展开。

A. 作业文件　B. 作业指导书　C. 程序文件　D. 管理规定

12. ISO 14001环境管理体系共由(B)个要素所组成。

A. 18　B. 17　C. 16　D. 15

13. ISO 14000系列标准的指导思想是(D)。

A. 污染预防　B. 持续改进

C. 末端治理　D. 污染预防，持续改进

14. 不属于防尘防毒技术措施的是(C)。

A. 改革工艺　B. 湿法除尘

C. 安全技术教育　D. 通风净化

15. 防尘防毒治理设施要与主体工程(A)、同时施工、同时投产。

A. 同时设计　B. 同时引进　C. 同时检修　D. 同时受益

16. 在 HSE 管理体系中，物的不安全状态是指使事故(B)发生的不安全条件或物质条件。

A. 不可能　B. 可能　C. 必然　D. 必要

17. 在 HSE 管理体系中，风险指发生特定危害事件的(C)性以及发生事件结果严重性的结合。

A. 必要　B. 严重　C. 可能　D. 必然

18. 在(B)情况下不能对不合格品采取让步或放行。

A. 有关的授权人员批准　B. 法律不允许

C. 顾客批准　D. 企业批准

19. 不合格品控制的目的是(C)。

A. 让顾客满意　B. 减少质量损失

C. 防止不合格品的非预期使用　D. 提高产品质量

20. 在 ISO 9001 族标准中，内部审核是(D)。

A. 内部质量管理体系审核

B. 内部产品质量审核

C. 内部过程质量审核

D. 内部质量管理体系、产品质量、过程质量的审核

21. 在 ISO 9001 族标准中，第三方质量管理体系审核的目的是(C)。

A. 发现尽可能多的不符合项

B. 建立互利的供方关系

C. 证实组织的质量管理体系符合已确定准则的要求

D. 评估产品质量的符合性

22. ISO 9000 族标准规定，(C)属于第三方审核。

A. 顾客进行的审核　B. 总公司对其下属公司组织的审核

C. 认证机构进行的审核　D. 对协作厂进行的审核

23. 在 ISO 9000 族标准中，组织对供方的审核是(D)。

A. 第一方审核　B. 第一、第二、第三方审核

C. 第三方审核　D. 第二方审核

24. 数据分组过多或测量读数错误而形成的质量统计直方图形状为(A)形。

A. 锯齿　B. 平顶　C. 孤岛　D. 偏峰

25. 把不同材料、不同加工者、不同操作方法、不同设备生产的两批产品混在一起时，质量统计直方图形状为(D)形。

A. 偏向　B. 孤岛　C. 对称　D. 双峰

26. 在质量管理过程中，以下哪个常用工具可用于明确“关键的少数”(A)。

A. 排列图　B. 因果图　C. 直方图　D. 调查表

27. 质量统计图中，图形形状像“鱼刺”的图是(D)图。

A. 排列　B. 控制　C. 直方　D. 因果

28. 在质量统计控制图中，若某个点超出了控制界限，就说明工序处于(D)。

A. 波动状态　B. 异常状态

C. 正常状态　D. 异常状态的可能性大

29. 质量统计控制图的上、下控制限可以用来(B)。

A. 判断产品是否合格　　B. 判断过程是否稳定

C. 判断过程能力是否满足技术要求　　D. 判断过程中心与技术中心是否发生偏移

30. 产品的不良项分级分为 A、B、C、D 四级，A 级不良项是指产品的(C)不良项。

A. 轻微　　B. 一般　　C. 致命　　D. 严重

31. 产品的不良项分级分为 A、B、C、D 四级，C 级不良项是指产品的(B)不良项。

A. 轻微　　B. 一般　　C. 致命　　D. 严重

32. 在计算机应用软件 Word 中插入的图片(A)。

A. 可以嵌入到文本段落中

B. 图片的位置可以改变，但大小不能改变

C. 文档中的图片只能显示，无法用打印机打印输出

D. 不能自行绘制，只能从 Office 的剪辑库中插入

33. 在 Excel97 工作表中，单元格 C4 中有公式"=A3+$C$5"，在第 3 行之前插入一行之后，单元格 C5 中的公式为(A)。

A. =A4+$C$6　　B. =A4+$C$5

C. =A3+$C$6　　D. =A3+$C$5

34. 图中所指的按钮是(B)。

A. 降序按钮　　B. 升序按钮

C. 插入字母表　　D. 删除字母表

35. 建立图表的方法是从(C)菜单里点击图表。

A. 编辑　　B. 视图　　C. 插入　　D. 工具

36. 班组管理是在企业整个生产活动中，由(D)进行的管理活动。

A. 职工自我　　B. 企业　　C. 车间　　D. 班组自身

37. 属于班组经济核算主要项目的是(C)。

A. 设备完好率　　B. 安全生产

C. 能耗　　D. 环保中的三废处理

多选题

1. 属于班组交接班记录的内容是(A，B，C)。

A. 生产运行　　B. 设备运行　　C. 出勤情况　　D. 安全学习

2. 下列属于班组安全活动的内容是(B，C，D)。

A. 对外来施工人员进行安全教育

B. 学习安全文件、安全通报

C. 安全讲座、分析典型事故，吸取事故教训

D. 开展安全技术座谈，消防、气防实地救护训练

3. 化工设备装配图中，螺栓连接可简化画图，其中所用的符号可以是(C，D)。

A. 细实线+　　B. 细实线×　　C. 粗实线+　　D. 粗实线×

4. 下列选项中，属于零件图内容的是(A，C)。

A. 零件尺寸　　B. 零件的明细栏　　C. 技术要求　　D. 零件序号表

5. 清洁生产审计有一套完整的程序，是企业实行清洁生产的核心，其中包括以下(B，C，D)阶段。

A. 确定实施方案　　B. 方案产生和筛选
C. 可行性分析　　D. 方案实施

6. HSE 体系文件主要包括(A，B，C)。

A. 管理手册　　B. 程序文件
C. 作业文件　　D. 法律法规

7. 下列叙述中，属于生产中防尘防毒技术措施的是(A，B，C，D)。

A. 改革生产工艺　　B. 采用新材料新设备
C. 车间内通风净化　　D. 湿法除尘

8. 下列叙述中，不属于生产中防尘防毒的管理措施的有(A，B)。

A. 采取隔离法操作,实现生产的微机控制　　B. 湿法除尘
C. 严格执行安全生产责任制　　D. 严格执行安全技术教育制度

9. 我国在劳动安全卫生管理上实行“(A，B，C，D)”的体制。

A. 企业负责　　B. 行业管理
C. 国家监察　　D. 群众监督

10. 在 HSE 管理体系中，危害识别的状态是(A，B，C)。

A. 正常状态　　B. 异常状态　　C. 紧急状态　　D. 事故状态

11. 在 HSE 管理体系中，可承受风险是根据企业的(A，B)，企业可接受的风险。

A. 法律义务　　B. HSE 方针
C. 承受能力　　D. 心理状态

12. 在 HSE 管理体系中，风险控制措施选择的原则是(A，B)。

A. 可行性　　B. 先进性、安全性
C. 经济合理　　D. 技术保证和服务

13. 对于在产品交付给顾客及产品投入使用时才发现不合格产品，可采用以下方法处置(B，D)。

A. 一等品降为二等品　　B. 调换
C. 向使用者或顾客道歉　　D. 修理

14. 在 ISO 9000 族标准中，关于第一方审核说法正确的是(A，B，D)。

A. 第一方审核又称为内部审核
B. 第一方审核为组织提供了一种自我检查、自我完善的机制
C. 第一方审核也要由外部专业机构进行的审核
D. 第一方审核的目的是确保质量管理体系得到有效地实施

15. 质量统计排列图的作用是(A，B)。

A. 找出关键的少数　　B. 识别进行质量改进的机会
C. 判断工序状态　　D. 度量过程的稳定性

16. 质量统计因果图具有(C，D)特点。

A. 寻找原因时按照从小到大的顺序　　B. 用于找到关键的少数
C. 是一种简单易行的科学分析方法　　D. 集思广益，集中群众智慧

17. 质量统计控制图包括(B，C，D)。

A. 一个坐标系　B. 两条虚线　C. 一条中心实线　D. 两个坐标系

18. 产品不良项的内容包括(A，C，D)。

A. 对产品功能的影响　B. 对质量合格率的影响

C. 对外观的影响　D. 对包装质量的影响

19. 在计算机应用软件 Word 中页眉设置中可以实现的操作是(A，B，D)。

A. 在页眉中插入剪贴画　B. 建立奇偶页内容不同的页眉

C. 在页眉中插入分隔符　D. 在页眉中插入日期

20. 在计算机应用软件 Excel 中单元格中的格式可以进行(A，B，C)等操作。

A. 复制　B. 粘贴　C. 删除　D. 链接

21. 自动筛选可以实现的条件是(A，C，D)。

A. 自定义　B. 数值　C. 前 10 个　D. 全部

22. 对于已生成的图表，说法正确的是(A，B，D)。

A. 可以改变图表格式　B. 可以更新数据

C. 不能改变图表类型　D. 可以移动位置

23. 班组的劳动管理包括(A，B，D)。

A. 班组的劳动纪律　B. 班组的劳动保护管理

C. 对新工人进行“三级教育”　D. 班组的考勤、考核管理

24. 班组生产技术管理的主要内容有(A，C，D)。

A. 定时查看各岗位的原始记录，分析判断生产是否处于正常状态

B. 对计划完成情况进行统计公布并进行分析讲评

C. 指挥岗位或系统的开停车

D. 建立指标管理账

25. 在班组经济核算中，从项目的主次关系上看，属于主要项目的有(A，C，D)指标。

A. 产量　B. 安全生产　C. 质量　D. 工时

26. 总结与报告的主要区别是(A，C，D)不同。

A. 人称　B. 文体　C. 目的　D. 要求

27. 报告与请示的区别在于(A，B，C，D)不同。

A. 行文目的　B. 行文时限　C. 内容　D. 结构

28. 请示的种类可分为(A，B，C，D)的请示。

A. 请求批准　B. 请求指示　C. 请求批转　D. 请求裁决

简答题

1. 清洁生产审计有哪几个阶段？

答：①筹划与组织；②预评估；③评估；④方案产生和筛选；⑤可行性分析；⑥方案实施；⑦持续清洁生产。

2. ISO 14001 环境管理体系由哪些基本要素构成？

答：ISO 14001 环境管理体系由环境方针、规划、实施、测量和评价、评审和改进五个基本要素构成。

3. 防尘防毒的主要措施是什么？

答：我国石化工业多年来治理尘毒的实践证明，在大多数情况下，靠单一的方法防尘治毒是行不通的，必须采取综合治理措施。即首先改革工艺设备和工艺操作方法，从根本上杜绝和减少有害物质的产生，在此基础上采取合理的通风措施，建立严格的检查管理制度，这样才能有效防止石化行业尘毒的危害。

4. 什么叫消除二次尘毒源？

答：对于因“跑冒滴漏”而散落地面的粉尘、固、液体有害物质要加强管理，及时清扫、冲洗地面，实现文明生产，叫消除二次尘毒源。

5. 什么是劳动安全卫生管理体制中的“行业管理”？

答：劳动安全卫生管理体制中的“行业管理”就是行业主管部门根据本行业的实际和特点切实提出本行业的劳动安全卫生管理的各项规章制度，并监督检查各企业的贯彻执行情况。

6. 简述 ISO 14001 环境管理体系建立的步骤。

答：一般而言，建立环境管理体系过程包括以下六大阶段：①领导决策与准备；②初始环境评审；③体系策划与设计；④环境管理体系文件编制；⑤体系运行；⑥内部审核及管理评审。

7. HSE 管理体系中危害识别的思路是什么？

答：①存在什么危害（伤害源）？②谁（什么）会受到伤害？③伤害怎样发生？

8. 什么是第一方审核？第二方审核？第三方审核？

答：第一方审核又称为内部审核，第二方审核和第三方审核统称为外部审核。①第一方审核指由组织的成员或其他人员以组织的名义进行的审核。这种审核为组织提供了一种自我检查、自我完善的机制。②第二方审核是在某种合同要求的情况下，由与组织有某种利益关系的相关方或由其他人员以相关方的名义实施的审核。这种审核旨在为组织的相关方提供信任的证据。③第三方审核是由独立于受审核方且不受其经济利益制约的第三方机构依据特定的审核准则，按规定的程序和方法对受审核方进行的审核。

9. 什么是排列图？

答：排列图又叫帕累托图，在质量管理中，排列图是用来寻找影响产品质量的主要问题，确定质量改进关键项目的图。

10. 控制图的主要用途是什么？

答：①分析用的控制图主要用于分析工艺过程的状态，看工序是否处于稳定状态；②管理用的控制图主要用于预防不合格品的产生。

11. 国际上通用的产品不良项分级分为几级？

答：国际上通用的产品不良项分级共分为：致命（A 级）、严重（B 级）、一般（C 级）、轻微（D 级）四级。

12. 班组在企业生产中的地位如何？

答：①班组是企业组织生产活动的基本单位；②班组是企业管理的基础和一切工作的立脚点；③班组是培养职工队伍，提高工人技能的课堂；④班组是社会主义精神文明建设的重要阵地。

13. 班组管理有哪些基本内容？

答：①建立和健全班组的各项管理制度；②编制和执行生产作业计划，开展班组核算；③班组的生产技术管理；④班组的质量管理；⑤班组的劳动管理；⑥班组的安全管理；⑦班组的环境卫生管理；⑧班组的思想政治工作。

14. 班组经济核算的基本原则和注意事项是什么？

答：班组经济核算应遵循“干什么、管什么、算什么”的原则，力求注意三个问题：①计算内容少而精；②分清主次；③方法简洁。

15. 总结的写作要求是什么？

答：①要新颖独特，不能报流水账；②要重点突出，找出规律，避免事无巨细面面俱到；③要实事求是，全面分析问题，从中找出经验教训；④要材料取舍得当；⑤要先叙后议或夹叙夹议。

16. 什么是报告？

答：报告是下级机关向上级机关汇报工作、反映情况、提出意见或建议，答复上级机关的询问时使用的行文。

17. 请示的特点是什么？

答：请示的最大特点是请求性。指本机关、本部门打算办理某件事情，而碍于无权自行决定，或者无力去做，或不知该不该办，必须请求上级机关批准、同意后方可办理。

职业通用理论知识试题(供水生产工)

判断题

1. 由于原油中含有 $C_5 \sim C_{15}$ 烷烃、胶质和沥青等天然“乳化剂”，所以能够形成较稳定的油包水型乳化液。 (×)

正确答案：由于原油中含有环烷酸、胶质和沥青等天然“乳化剂”，所以能够形成较稳定的油包水型乳化液。

2. 由于原油中大部分盐是溶解在水中的，所以在对原油脱水的同时也脱除了盐分。 (√)

3. 酸碱中和反应是一种复分解反应。 (√)

4. 分子间的作用力通常大于化学键力。 (×)

正确答案：分子间的作用力远小于化学键力。

5. 以极性键相结合，分子空间构型是不对称的分子，叫做极性分子。 (√)

6. 人们通常按金属密度的大小将金属分类，把密度小于 $4.5g/cm^3$ 的金属叫做轻金属，密度大于该值的叫重金属。 (√)

7. 有机化合物分子中，碳原子与其他原子是以离子键相结合的。 (×)

正确答案：有机化合物分子中，碳原子与其他原子是以共价键相结合的。

8. 互为同分异构体的有机物，其分子式相同，虽然结构不同，但它们的性质完全相同。 (×)

正确答案：互为同分异构体的有机物，其分子式相同，而结构不同，因此它们的性质不同。

9. 流线就是液体质点运动时所走过的轨迹线。 (×)

正确答案：迹线就是液体质点运动时所走过的轨迹线。

10. 伯努利方程式只能表达流体流动的基本规律，不能表达流体静止时的基本规律。 (×)

正确答案：伯努利方程式能表达流体流动的基本规律，也能表达流体静止时的基本规律。

11. 流体为均匀流时，只有沿程水头损失，而无局部水头损失。 (√)

12. 在不可压缩液体恒定总流中，任意两个过水断面所通过的流量相等。 (√)

13. 在不可压缩液体恒定总流中，任意两个过水断面，其平均流速的大小与过水断面面积成正比。（×）

正确答案：在不可压缩液体恒定总流中，任意两个过水断面，其平均流速的大小与过水断面面积成反比。

14. 滑动轴承工作平稳性差，振动噪音较大，不能承受较大的冲击载荷。（×）

正确答案：滑动轴承工作平稳，振动噪音较小，能承受较高的冲击载荷。

15. 滑动轴承的材料只能是金属，不能使用非金属。（×）

正确答案：滑动轴承常用材料可分为金属和非金属材料两类，非金属材料常用于水作为润滑剂且比较脏污之处或者低载荷轴承上。

16. 内圈固定比外圈固定的滚动轴承在相同转速下，滚珠绕轴承轴线转动的回转数小。（√）

17. 滚动轴承基本结构都是由内圈、外圈、滚动体、保持架等四个零件组成。（√）

18. 法兰的尺寸是由法兰的公称压力和公称直径共同确定。（√）

19. 根据腐蚀的电化学机理，电化学保护方法可以分为阴极保护和阳极保护两种。（√）

20. 闭合电路的电流与电源电动势成正比，与整个电路的电阻成反比。（√）

21. 异步电动机的转子转速总是低于定子旋转磁场转速。（√）

22. 比值控制系统中至少有两种物料。（√）

23. 均匀控制系统中，两个变量在控制过程中应该是恒定的。（×）

正确答案：均匀控制系统中，两个变量在控制过程中应当是变化的，不是恒定的。

24. 静态前馈不仅考虑扰动补偿最终能使被控变量稳定的设定值，而且考虑补偿过程中偏差的大小和变化。（×）

正确答案：静态前馈只考虑扰动补偿最终能使被控变量稳定的设定值，而不考虑补偿过程中偏差的大小和变化。

25. 调节器的正反作用和调节阀的正反作用意义相同。（×）

正确答案：调节器的正反作用和调节阀的正反作用意义完全不同。

26. 自力式调节阀在工艺管线上安装反向对控制没有影响。（×）

正确答案：自力式调节阀在工艺管线上安装不能反向，否则将无法控制。

27. 计量单位的名称或符号可以拆开使用，如 20℃可写成“摄氏 20 度”。（×）

正确答案：根据我国的法定计量单位使用要求，单位的名称或符号必须作为一个整体使用，不得拆开，如 20℃应写成“20 摄氏度”。

28. 特殊条件下的测量结果是没有误差的。（×）

正确答案：任何测量结果都含有误差。

29. 系统误差具有累加性，而随机误差具有抵偿性。（√）

单选题

1. 石油炼制中，原油脱盐脱水广泛采用（C）的方法。

A. 加热　　B. 加乳化剂

C. 加破乳剂和高压电场联合作用　　D. 蒸馏

2. 下列石油炼制方法中，（B）是原油的一次加工方法。

A. 催化　　B. 常减压蒸馏　　C. 加氢精制　　D. 延迟焦化

3. 蒸馏的依据是(A)。

A. 混合物各组分沸点不同
B. 混合物各组分凝固点不同
C. 混合物各组分蒸气压不同
D. 混合物各组分黏度不同

4. 石油炼制中，催化裂化的原料一般为(C)。

A. 低沸馏分油 B. 中间馏分油 C. 重质馏分油 D. 渣油

5. 石油炼制中，催化重整的主要目的是生产(C)。

A. 烯烃 B. 环烷烃 C. 芳香烃 D. 烷烃

6. 目前芳烃抽提采用(D)从重整产物中分离芳烃。

A. 精馏法 B. 过滤法 C. 加热法 D. 萃取法

7. 石油炼制中，催化重整通常以(A)为原料。

A. 汽油馏分 B. 中间馏分 C. 重质馏分 D. 渣油

8. 范德华力是(B)的作用力。

A. 原子间 B. 分子间 C. 离子键 D. 共价键

9. 分子间的作用力的特点为(A)。

A. 它是一种吸引力
B. 具有饱和性
C. 具有方向性
D. 作用范围为 0.1~1nm 之间

10. 下列化合物中，(C)为非极性分子。

A. CO B. NH_3 C. CO_2 D. HCl

11. 下列化合物中，既有离子键又有共价键的是(B)。

A. NaOH B. HCl C. NaCl D. NH_4Cl

12. 有机化合物一般是指含(D)元素的化合物及其衍生物。

A. 氧 B. 氮 C. 氢 D. 碳

13. 有机物一般不导电、难溶于水，其化学反应速度一般比较慢，同时常伴有副反应。它具有这些特点的根本原因是(D)。

A. 有机物分子较大
B. 碳元素不易氧化
C. 有机物中有氢键存在
D. 有机物中原子以共价键相结合

14. 下列各有机物中，(A)与乙醇互为同分异构体。

A. 二甲醚 B. 乙烷 C. 乙烯 D. 乙炔

15. 若在流场中任何空间点上(D)都不随时间而改变，这种水流称为恒定流。

A. 压力
B. 流量
C. 速度
D. 所有的运动要素

16. 在不可压缩理想液体恒定流中，微小流束内不同的过水断面上，单位重量液体所具有(B)保持相等。

A. 动能 B. 机械能 C. 位能 D. 压能

17. 流体运动中产生水头损失的内因是(A)。

A. 流体具有黏滞性
B. 流体具有压缩性
C. 流体具有表面张力
D. 固体边界的影响

18. 在滑动轴承中，轴承宽度与轴颈直径之比 L/d 越大，油膜的承载能力(A)。

A. 越大 B. 越小 C. 不变 D. 无法确定

19. 推力滚动轴承能承受(A)的作用力。

A. 轴向　　B. 径向

C. 径向和轴向两个方向　　D. 任何方向

20. 在滚动轴承中，载荷 Q 从轴传递到内座圈，再通过滚子传递给外座圈和轴承座上。载荷 Q 由(B)承受。

A. 全部滚子　　B. 一半滚子　　C. 1/3 滚子　　D. 2/3 滚子

21. 管道检修的验收标准不包括(D)。

A. 检修记录准确齐全

B. 管道油漆完好无损，附件灵活好用，运行一周无泄漏

C. 提交检修过程有关技术资料

D. 管道耐压试验报告

22. 泵检修通知单内容中不包括(D)。

A. 检修的详细项目　　B. 检修完成时间

C. 泵出现故障项目　　D. 更换配件清单

23. 经过人们的长期研究已经确定，金属与电解液作用所发生的腐蚀，是由于金属表面发生(B)而引起的。因此，这一类腐蚀，通常叫做电化学腐蚀。

A. 微电池　　B. 原电池　　C. 电极电位　　D. 干电池

24. 下列腐蚀防护方法中，(C)是使电解液中的金属离子在直流电作用下，于阴极(待镀零件)表面沉积出金属而成为镀层的工艺过程。

A. 浸镀　　B. 衬里防护　　C. 电镀　　D. 喷涂

25. 两台离心泵的流量、扬程分别用 Q_1、H_1 和 Q_2、H_2 表示，当它们串联工作时，则流量满足 $Q_{总}=Q_1=Q_2$，扬程应满足(D)。

A. $H_{总}=H_1-H_2$　　B. $H_{总}=H_2-H_1$

C. $H_{总}=H_1=H_2$　　D. $H_{总}=H_1+H_2$

26. 下列表达式中，I 表示电流，R 表示电阻，E 表示电源电动势，r 表示电源内阻，则闭合电路负载端电压 U 的计算公式应为(C)。

A. $U=I(R+r)$　　B. $U=E+IR$　　C. $U=IR$　　D. $U=E+Ir$

27. 下列图中，(B)是混联电路图。

A. 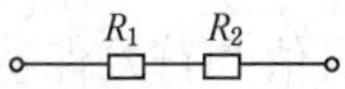

B. 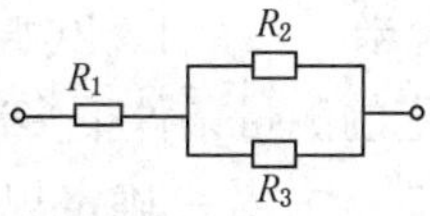

C. 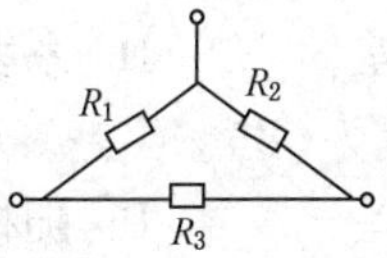

D. 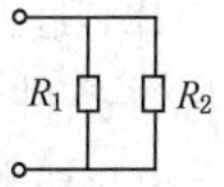

28. 对称三相交流电是由(C)的三个正弦电动势按照一定的方式联接而成的。

A. 频率相同、最小值相等、彼此具有 90°相位差

B. 频率相同、最大值相等、彼此具有 90°相位差

C. 频率相同、最大值相等、彼此具有 120°相位差

D. 频率不同、最大值相等、彼此具有 120°相位差

29. 已知对称三相电源中B相的电动势瞬时值函数式为 $v_B=311\sin(\omega t-30°)$ V，则其他两相的相电压瞬时值函数式为(D)。

A. $v_A=311\sin(\omega t-120°)$，$v_C=311\sin(\omega t+120°)$

B. $v_A=311\sin\omega t$，$v_C=311\sin(\omega t+120°)$

C. $v_A=311\sin(\omega t+90°)$，$v_C=311\sin(\omega t-90°)$

D. $v_A=311\sin(\omega t+90°)$，$v_C=311\sin(\omega t+210°)$

30. 某异步电动机的额定转速 $n=960$r/min，电源频率 $f=50$Hz，则该电动机的额定转差率为(B)。

A. 0.03　　B. 0.04　　C. 0.05　　D. 0.06

31. 在正常运行时，不可能出现爆炸性气体混合物的环境，或者即使出现也仅是短时存在的爆炸性气体混合物环境，按规定应属于(C)区。

A. 0　　B. 1　　C. 2　　D. 3

32. 固定使用在火灾危险区域22区的电机，选用的防护等级为(D)。

A. IP21　　B. IP30　　C. IP14　　D. IP54

33. 电机防护等级IP56中"5"表示(B)的技术要求。

A. 防水　　B. 防尘　　C. 防爆　　D. 防雷

34. 化工生产中要求把两种物料按一定比例配合，以保证反应充分、节约能量，此条件下可使用(B)控制系统进行自动控制。

A. 均匀　　B. 比值　　C. 串级　　D. 前馈

35. 当液体流过调节阀，在节流口流速急剧上升，压力下降，若此时压力下降到低于液体在该温度下的饱和蒸气压便会汽化，分解出气体后形成气液双向流动，这种现象叫(A)。

A. 闪蒸　　B. 空化　　C. 汽蚀　　D. 腐蚀

36. 自力式调节阀与其他调节阀的区别是(B)。

A. 执行机构靠气源或电源产生的动力

B. 执行机构靠工艺管线中介质的压力产生动力

C. 它没有正反作用

D. 它没有风开风关

37. 根据我国的法定计量单位使用要求，电阻率单位Ω·m的名称书写时应为(A)。

A. 欧姆·米　　B. 欧姆/米　　C. 欧姆—米　　D. [欧姆][米]

38. 在偏离规定的测量条件下多次测量同一量时，误差的绝对值和符号保持恒定；或者在该测量条件改变时，按某一确定规律变化的误差，称为(D)。

A. 偶然误差　　B. 随机误差　　C. 粗大误差　　D. 系统误差

39. 测量设备在规定的标准条件下使用时产生的示值误差称为(B)。

A. 系统误差　　B. 基本误差　　C. 附加误差　　D. 随机误差

40. 计量器具的零位误差应属于(B)。

A. 线性系统误差　　B. 定值系统误差　　C. 周期系统误差　　D. 粗大误差

41. 消除误差源是消除系统误差的方法之一，主要是依靠测量人员对测量过程中可能产生系统误差的因素和环节做仔细分析，并在(A)将产生系统误差的因素和根源加以消除。

A. 测量之前　　B. 测量过程中　　C. 测量之后　　D. 测量数据处理中

多选题

1. 石油炼制中，催化裂化装置通常由(A，B，C)等部分组成。

A. 反应-再生系统　　B. 分馏系统

C. 吸收稳定系统　　D. 能量回收系统

2. 下列化学反应中，(A，B，C，D)不是中和反应。

A. $Zn+2HCl=ZnCl_2+H_2\uparrow$　　B. $H_2SO_4+NaCl=NaHSO_4+HCl$

C. $Fe_2O_3+6HCl=2FeCl_3+3H_2O$　　D. $NaCl+AgNO_3=AgCl\downarrow+NaNO_3$

3. 下列化学反应中，(A，B，D)不是置换反应。

A. $BaCl_2+Na_2SO_4=BaSO_4+2NaCl$　　B. $NH_4OH=NH_3\uparrow+H_2O$

C. $Fe+CuCl_2=FeCl_2+Cu$　　D. $2CO+O_2=2CO_2$

4. 硝酸跟金属反应一般情况下生成水而不生成氢气，这是由于(C，D)。

A. 硝酸的酸性强　　B. 硝酸的强腐蚀性

C. 硝酸的强氧化性　　D. 氢的强还原性

5. 金属铝作为导线使用，是由于它具有(A，C)性质。

A. 导电性　　B. 导热性　　C. 延展性　　D. 氧化性

6. 根据碳的骨架可把有机化合物分为(A，C，D)。

A. 开链化合物　　B. 基本有机化合物

C. 杂环化合物　　D. 碳化化合物

7. 恒定流的流线具有(A，B，C)的特性。

A. 流线的形状和位置不随时间而改变　　B. 液体质点运动的迹线与流线重合

C. 流线不相交　　D. 流线均为直线

8. 流体在流动时所具有的机械能的形式有(A，B，D)。

A. 位能　　B. 动能　　C. 内能　　D. 压能

9. 根据流体产生能量损失的外在原因不同，将流体水头损失分为(A，D)。

A. 沿程损失　　B. 水力损失　　C. 摩阻损失　　D. 局部损失

10. 与滚动轴承相比，滑动轴承工作时具有(A，B，C，D)的特点。

A. 寿命长　　B. 承载能力高　　C. 抗振性好　　D. 噪声小

11. 滚动轴承的缺点是(A，B，C，D)。

A. 负担冲击载荷能力差　　B. 高速运转时噪声大

C. 径向尺寸大　　D. 寿命短

12. 法兰的公称压力并不代表它的允许工作压力，这两个压力之间的差别完全取决于(A，B)。

A. 法兰材料　　B. 工作温度　　C. 法兰形式　　D. 工作介质

13. 在泵检修完工后，其施工现场的验收标准为(A，B，C)。

A. 现场清洁无油污　　B. 零附件齐全好用

C. 连接螺丝齐全、满扣、整齐、坚固　　D. 旧配件现场摆放整齐

14. 金属防腐蚀通常采用的方法为(A，B，C，D)。

A. 腐蚀介质的处理　　B. 正确选用金属材料

C. 合理设计金属结构　　D. 电化学保护

15. 下列各种方法中，(A，C)可调节离心泵装置的出口流量。

A. 泵并联　　B. 泵串联

C. 阀门控制　　D. 减少多级泵的级数

16. 均匀控制系统通常是对(A，D)的均匀控制。

A. 流量　　B. 压力　　C. 温度　　D. 液位

17. 一般来说，前馈控制系统常用于(B，C，D)的场合。

A. 干扰因素多

B. 扰动频繁而又幅值较大

C. 主要扰动可测而不可控

D. 扰动对被控变量影响显著，单靠反馈控制难以达到要求的情况

18. 气动活塞式执行机构振荡的原因为(A，B，C，D)。

A. 执行机构输出力不够　　B. 汽缸压力不足

C. 气源压力不够　　D. 放大器节流孔堵塞

19. 单参数控制系统中，调节阀的气开为+A，气关阀为-A，调节阀开大被调参数上升为+B，下降为-B，则(B，C)。

A. A×B=+，调节器选正作用　　B. A×B=+，调节器选反作用

C. A×B=-，调节器选正作用　　D. A×B=-，调节器选反作用

20. 设备误差是计量误差的主要来源之一，它可分为(A，B，C)。

A. 标准器误差　　B. 测量装置误差　　C. 附件误差　　D. 随机误差

21. 常用的消除定值系统误差的方法，除了消除误差源外，还有(A，B，C，D)。

A. 交换法　　B. 加修正值法　　C. 替代法　　D. 抵消法

简答题

1. 中和反应在实际生产中有哪些用途？

答：①化学分析中测定溶液的酸或碱的浓度。②水处理工艺中废酸、废碱的处理等。

2. 为什么铝、铁容器可以盛装浓硝酸和浓硫酸而不能盛装稀酸？

答：①铝、铁在浓硝酸、浓硫酸中能发生钝化现象；②由于浓硝酸、浓硫酸具有强氧化性，可将铝、铁表面氧化，生成一层致密的氧化物薄膜，从而阻止了进一步反应；③稀酸氧化性差或无氧化性，不能使铁、铝表面生成氧化物薄膜，故稀酸不能用铁、铝做容器；④浓硝酸低于98%就很容易腐蚀铝容器而造成漏酸。

3. 简述管道检修的验收标准。

答：①检修记录准确齐全；②管道油漆完好无损，附件灵活好用，运行一周无泄漏；③提交下列技术资料，设计变更及材料代用通知单，材质、零部件合格证，隐蔽工程记录，检修记录(含单线图)，焊缝质量检验报告，试验记录。

4. 简述电化学腐蚀过程。

答：电化学腐蚀过程由三个环节组成：①金属在阳极溶解，变成金属离子进入溶液中，电子留在金属上；②电子从阳极流到阴极；③在阴极，流来的电子被溶液中能够吸收电子的物质所吸收。

5. 简述纯电感和纯电容电路中交流电压和电流的关系。

答：①在纯电感电路中，在相位上电流滞后电压90°，在数值上 $U=IX_L$；②在纯电容电

路中，在相位上电流超前电压90°，在数值上 $U=IX_C$。

6. 何谓隔爆型电气设备和增安型电气设备？

答：隔爆型电气设备是具有隔爆外壳的电气设备，是指能把点燃爆炸性混合物的部件封闭在一个外壳内，该外壳能承受内部爆炸性混合物的爆炸压力，并阻止向周围的爆炸性混合物传爆的电气设备。增安型电气设备是在正常运行条件下，不会产生点燃爆炸性混合物的火花或危险温度，并在结构上采取措施，提高其安全程度，以避免在正常和规定过载条件下出现点燃现象的电气设备。

计算题

1. 某物质含钠43.4%，碳11.3%，氧45.3%，该物质是什么，写出其分子式。

解：求出该物质中Na、C、O原子个数之比，即可得出其分子式。

设 A 为分子式，根据计算化合物中某元素百分含量的方法，可得

$$A\times\frac{43.4\%}{23}:A\times\frac{11.3\%}{12}:A\times\frac{45.3\%}{16}=1.89:0.94:2.83=2:1:3$$

该物质为碳酸钠，分子式为 Na_2CO_3。

答：该物质为碳酸钠，分子式 Na_2CO_3。

2. 将156.2g 100℃的饱和KCl溶液冷却至0℃，可析出多少克KCl晶体？已知KCl的溶解度100℃为56.2g，0℃为28.2g。

解：根据溶解度的定义，100℃时156.2gKCl饱和溶液中溶剂(水)的质量为：

$$(100+56.2):100=156.2:x$$

则

$$x=\frac{156.2\times100}{100+56.2}=100(\text{g})$$

溶质的质量为156.2−100=56.2g。

而溶液冷却至0℃时只能溶解28.2g，故应析出KCl晶体质量为：

$$56.2-28.2=28(\text{g})$$

答：溶液冷却至0℃可析出28gKCl晶体。

3. 在室温25℃，大气压力为100015Pa时，取气体试样100mL，换算为标准状况下的气体体积为多少毫升？

解：根据气体方程式：

$$\frac{P_1V_1}{T_1}=\frac{P_0V_0}{T_0}$$

则

$$\frac{100\times100015}{273+25}=\frac{101325\times V_0}{273}$$

$$V_0=90.43(\text{mL})$$

答：换算为标准状况下气体的体积为90.43mL。

4. 某水泵的吸入管为 ϕ108mm×4mm，出水管为 ϕ76mm×2.5mm，已知吸水管中水的流速为1.5m/s，求出水管中水流速度。

解：$d_1=108-2\times4=100\text{mm}$，$d_2=76-2\times2.5=71\text{mm}$，$v_1=1.5\text{m/s}$

由于该水泵系统运行时符合恒定流条件，故可运用质量守恒方程，即

$$\frac{v_1}{v_2}=\left(\frac{d_2}{d_1}\right)^2$$

$$v_2=v_1\left(\frac{d_1}{d_2}\right)^2=1.5\times(100/71)^2=3(\mathrm{m/s})$$

答：压出管中水的流速为3m/s。

5. 某闭合回路中电源电动势 $E=24\mathrm{V}$，内阻 $r=1\Omega$，负载电阻 $R=5\Omega$，试求该电路的电流 I。

解：
$$I=\frac{E}{R+r}=\frac{24}{5+1}=\frac{24}{6}=4(\mathrm{A})$$

答：该闭合回路的电流为4A。

6. 已知某交流电路中，$u=311\sin314t\mathrm{V}$，$R=11\Omega$，求电路中的电流瞬时值。

解：电压的有效值：$U=U_m/\sqrt{2}=311/\sqrt{2}=220(\mathrm{V})$

电流的有效值：$I=U/R=220/11=20(\mathrm{A})$

电流的瞬时值：$i=\sqrt{2}I\sin314t=28.3\sin314t(\mathrm{A})$

答：电路中电流为 $28.3\sin314t\mathrm{A}$。

7. 如图所示，某混联电路电压 $U=220\mathrm{V}$，已知 $R_1=10\Omega$、$R_2=10\Omega$、$R_3=4\Omega$、$R_4=4\Omega$，求该电路的电流 I。

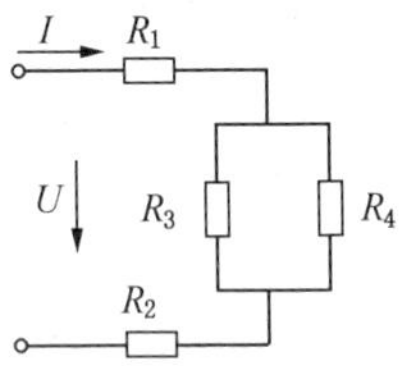

解：
$$I=\frac{U}{R_1+R_2+\dfrac{R_3R_4}{R_3+R_4}}=\frac{220}{10+10+\dfrac{4\times4}{4+4}}=\frac{220}{22}=10(\mathrm{A})$$

答：该回路的电流为10A。

工种理论知识试题

判断题

1. 纯水就是去掉了水中的全部电解质与非电解质，也可以说是去掉了水中的全部非水物质。 (√)

2. 水中的有机物质主要是指腐殖酸和富里酸的聚羧基酸化合物、生活污水和工业废水的污染物。 (√)

3. 水的酸度就是水的pH。 (×)

正确答案：水的酸度和水的pH不是一回事。pH是水中氢离子浓度的负对数；水的酸度是指水中能够与强碱发生中和作用的物质总量。

4. 在酸碱滴定中，需要了解滴定过程中溶液组成即[H^+]变化的规律，选择合适的指示剂来确定滴定终点，估计被测物质能否被准确滴定。 (√)

5. 异步电动机中鼠笼式转子的结构是，在转子铁心的槽内嵌置对称的三相绕组。 (×)

正确答案：异步电动机中鼠笼式转子的结构是，通常在转子铁心的槽内压进铜条，铜条的两端分别焊接在两个端环上。

6. 通常，6kV 电压等级的电气设备测绝缘选用 500V 摇表。 (×)

正确答案：通常，6kV 电压等级的电气设备测绝缘选用 1000~2500V 摇表。

7. 弹簧式安全阀允许安装在移动设备上。 (√)

8. 离心泵机组检修后先进行试车前检查，合格后应在设计负荷下做带负荷试验。 (×)

正确答案：离心泵机组检修后先进行试车前检查，合格后进行空转试验，最后在设计负荷下做带负荷试验。

9. 固定式体内再生混合离子交换器再生的废液和对流冲洗的废液是从是下部集水装置排出的。 (×)

正确答案：固定式体内再生混合离子交换器再生的废液和对流冲洗的废液是从是中间排水装置排出的。

10. 水处理的除碳风机的风机应该定期检查，检修周期一般为 3000h。主要清除风机内部以及叶片上的灰尘、污垢等。 (√)

11. 轴测投影是采用斜投影的方法，以单面投影的形式得到的一种图示方法。 (×)

正确答案：轴测投影是采用正投影或斜投影的方法，以单面投影的形式得到的一种图示方法。

12. 空间两直线互相平行，则其轴测投影可能互相平行。 (×)

正确答案：空间两直线互相平行，则其轴测投影一定互相平行。

13. 绘制平面体的投影图，可以简化为绘制棱线和顶点的投影。 (√)

14. 澄清器悬浮泥渣层浓度的增大使得出水水质改善。 (×)

正确答案：澄清器悬浮泥渣层浓度应控制在一定值以下，否则会导致出水浊度增加。

15. 当滤池冲洗滤层膨胀起来后，处于悬浮状态下的滤料对冲洗水流的阻力等于它们在水中的重力。 (√)

16. 粒径均匀、形状不规则的滤料，比一般滤料的孔隙率小。 (×)

正确答案：粒径均匀、形状不规则的滤料，比一般滤料的孔隙率大。

17. 理想沉淀池中悬浮杂质总的去除率大于沉淀池的沉淀效率。 (×)

正确答案：理想沉淀池悬浮杂质总的去除率等于沉淀池的沉淀效率。

18. 一般情况下，处理含沙量小于 $40kg/m^3$ 的高浊度原水，宜选用混凝沉淀工艺，这样可以大大节省土建投资。 (√)

19. 实践证明，双层滤料含污能力较单层滤料约高一倍以上，在相同滤速下，过滤周期增长；在相同过滤周期周期下，滤速可以提高。 (√)

20. 虹吸滤池是基于“反粒度”过滤原理设计的。 (×)

正确答案：虹吸滤池滤料粒径循水流方向逐渐增大。

21. 脉冲澄清池是借助于瞬时连续进水所形成的脉冲配水方式工作。 (×)

正确答案：脉冲澄清池是借助于瞬时间歇进水所形成的脉冲配水方式工作。

22. 负水头会导致溶解于水中的气体释放出来而形成气囊，该气囊对过滤将自行放空，不会产生影响。 (×)

正确答案：负水头会导致溶解于水中的气体释放出来而形成气囊，该气囊对过滤有破坏作用。

23. 机械搅拌加速澄清池是固体接触分离型的澄清设备。(√)

24. 重力式无阀滤池的配水箱水位是逐渐减小。(×)

正确答案：重力式无阀滤池的配水箱水位是恒定的。

25. 重力式无阀滤池的进水自下而上地通过滤层。(×)

正确答案：重力式无阀滤池的进水自上而下地通过滤层。

26. 虹吸滤池中，水头损失增加值自上而下逐渐减小。(√)

27. 活性炭可以和二氧化氯同时投加，做为预处理工艺。(×)

正确答案：由于粉末活性炭和二氧化氯能互相作用，两者不能同时投加，所以在投加活性炭时，不进行预氯化处理。

28. 在保证水质的前提下三层滤料的滤速应比双层滤料的滤速低。(×)

正确答案：在保证水质的前提下三层滤料的滤速应比双层滤料的滤速高。

29. 多层滤料的含污能力高出单层滤料1倍左右。(√)

30. V型槽在滤池过滤过程中处于淹没状态。(√)

31. 当进水量超出V型滤池负荷时，将会发生漫水。(×)

正确答案：当进水量超出V型滤池负荷时，不会发生漫水，是由于V型滤池设有溢流堰。

32. 为了保证出水水质，单、双流式压力式过滤器冲洗时必须开启排气阀。(×)

正确答案：为了保证出水水质，单、双流式压力式过滤器冲洗时一般关闭排气阀。

33. 新铺设的滤料在经过冲洗后即可投入使用。(×)

正确答案：新铺设的滤料在经过冲洗后，还必须进行消毒方可投入使用。

34. 活性炭可通过再生方法将被吸附物质去除，使之恢复吸附性能。(√)

35. 在过滤过程中，随着时间的延续，过滤阻力将会逐渐增大。(√)

36. 滤池易产生负水头的部位一般在滤料的上层。(√)

37. 滤池工作中，杂质穿透深度越大，则滤层的含污能力越高，其处理效果越好。(√)

38. 一般情况下，快滤池反冲洗排水浊度在100mg/L以下时，即可停止冲洗。(×)

正确答案：一般情况下，快滤池反冲洗排水浊度在20~50mg/L以下时，即可停止冲洗。

39. 冬季水温低，水的黏度大，水洗滤池所需的反冲洗强度可相应减小。(√)

40. 电渗析除盐中的离子交换膜与离子交换除盐中的离子交换树脂的作用相同，都是起离子交换作用。(×)

正确答案：电渗析除盐中的离子交换膜未起离子交换作用。

41. 电渗析除盐过程中，阳极室呈酸性，阴极室呈碱性。(√)

42. 电渗析通常情况下，极化沉淀大多在淡水室内阴膜面上结垢，通过倒换电极起到减少结垢作用。(√)

43. 进水中含有微量Na^+时，Ⅰ型强碱性阴树脂仍具有一定的除硅能力。(√)

44. 树脂变质后，可通过复苏处理恢复树脂的交换能力。(×)

正确答案：树脂变质后，复苏处理恢复不了树脂的交换能力。

45. 弱碱性阴离子交换树脂不能使用弱碱进行再生。(×)

正确答案：弱碱性阴离子交换树脂可以使用弱碱进行再生。

46. 用弱碱性阴树脂处理水时，其进水 pH 值宜控制在较低水平。 (√)

47. 对于再生式浮动床，运行时水向上流，再生时再生液向下流。 (×)

正确答案：对于再生式浮动床，运行时水向下流，再生时再生液向上流。

48. 浮动床运行自床层失效算起，依次为落床、再生、成床、向下流清洗、置换和向上流清洗、运行六步。 (×)

正确答案：浮动床运行自床层失效算起，依次为落床、再生、置换、向下流清洗、成床和向上流清洗、运行六步。

49. 混合床再生后，混合后的树脂层要用除盐水以 30m/h 的流速进行正洗，直至出水电导率和硅酸含量合格。 (×)

正确答案：混合床再生后，混合后的树脂层要用除盐水以 10~20m/h 的流速进行正洗，直至出水电导率和硅酸含量合格。

50. 离子交换处理中，双层床再生剂利用率高、比耗小，但制水成本高。 (×)

正确答案：离子交换处理中，双层床再生剂利用率高、比耗小，制水成本低。

51. 当离子交换器间断运行，或者其流量和进水水质发生变化时，可通过进水含盐量来确定离子交换器的失效终点。 (×)

正确答案：当离子交换器间断运行，或者其流量和进水水质发生变化时，应通过出水水质来确定离子交换器的失效终点。

52. 除去水中二氧化碳可减少二氧化碳对给水系统、凝结水系统和锅炉腐蚀。 (√)

53. 采用强、弱型树脂联合应用工艺的新型离子交换除盐水处理系统，可降低再生剂用量和制取优良除盐水。 (√)

54. 每个离子交换除盐水处理单元只能由一个交换设备组成。 (×)

正确答案：每个离子交换除盐水处理单元可以由一个或几个交换设备组成。

55. 当原水碱度较高，化学除盐宜采用强酸阳离子-除碳-弱碱阴离子-强碱阴离子系统处理。 (×)

正确答案：当原水碱度较高，化学除盐宜采用弱酸阳离子-强酸阳离子-除碳-强碱阴离子系统。

56. 环形多孔管式再生液分配装置宜于大、中型离子交换器。 (×)

正确答案：环形多孔管式再生液分配装置宜于小型离子交换器。

57. 在相同的风水比条件下，拉希瓷环比多面空心塑料球有更好的除碳效果。 (×)

正确答案：在相同的风水比条件下，多面空心塑料球较拉希瓷环有更好的除碳效果。

58. 离子交换树脂脱水变干后，需要将树脂立即放入水中浸泡。 (×)

正确答案：离子交换树脂脱水变干后，切忌将树脂立即放入水中浸泡，而应该将它置于饱和的食盐水中浸泡，使树脂缓慢膨胀，然后再逐步稀释食盐溶液。

59. 混合床失效程度愈大，分层愈难。 (×)

正确答案：混合床失效程度愈小，分层愈难。

60. 树脂表面存在油膜，易造成反洗时流失树脂。 (√)

61. 进水浊度的增高，会使阳床的反洗水量增加，但不会影响阳床的周期制水量。 (×)

正确答案：进水浊度的增高，不仅会使阳床的反洗水量增加，且会降低阳床的周期制水量。

62. 混合床反洗分层后，阳树脂在上、阴树脂在下。（×）

正确答案：混合床反洗分层后，阴树脂在上、阳树脂在下。

63. 防止离子交换器中树脂氧化的最好办法，是在水进入交换器前，将其中的氧化剂除去。（√）

64. 由亚临界汽包锅炉供汽的汽轮机组，且当混合离子交换器采用 H-OH 型运行方式时，可不设置备用设备。（√）

65. 建立完善的化学监督制度是为了及时发现，制止凝汽器渗漏。（×）

正确答案：建立完善的化学监督制度是为了及时发现，制止凝汽器泄漏。

66. 目前供凝汽器选用的国产管材，主要有含砷的普通黄铜管、锡黄铜管、铝黄铜管、白铜管和钛管等。（√）

67. 对于溶解固形物<2000mg/L 的冷却水，凝汽器管板可选用碳钢板，但应有防腐涂层。（√）

68. 汽轮机的凝结水中通常的含铁量一般为 10~30μg/L。（√）

69. 汽轮机的凝结水中通常的含铜量一般为 5~15μg/L。（√）

70. 除油用覆盖过滤器的滤料必须为活性炭粉末。（×）

正确答案：随着技术的发展，除油用覆盖过滤器的滤料也出现了其他形式，如煤粉等。

71. 磁性分离器中填充的磁性材料一般为软磁材料。（√）

72. 磁性颗粒在励磁线圈产生的磁场中可以被吸引。（×）

正确答案：磁性颗粒在不均匀的磁场中才有可能被吸引。

73. 用于凝结水处理的混合床所用的树脂可选择弱酸及弱碱离子交换树脂。（×）

正确答案：用于凝结水处理的混合床所用的树脂应选择强酸及强碱离子交换树脂。

74. 用于凝结水处理的混合床所用的树脂粒度一般选择为 0.45~0.6mm。（√）

75. 在凝结水处理系统中，粉末树脂覆盖过滤器具有过滤和离子交换双重功能。（√）

76. 粉末树脂覆盖过滤器中，粉末树脂是以高纯度、高剂量的再生剂进行再生了的、未转型后的强酸阳树脂和强碱阴树脂，粉碎至一定细度后混合制成的。（×）

正确答案：粉末树脂覆盖过滤器中，粉末树脂是以高纯度、高剂量的再生剂进行再生了的、完全转型后的强酸阳树脂和强碱阴树脂，粉碎至一定细度后混合制成的。

77. 覆盖过滤器的滤料粒度越大，则形成的滤膜孔隙率也就越大。（×）

正确答案：除油用覆盖过滤器的滤料粒度越大，则形成的滤膜孔隙率也就越小。

78. 锅炉汽包的内径对蒸汽的水滴携带没有影响。（×）

正确答案：锅炉汽包内径越大，蒸汽的水滴携带越少。

79. 当锅炉负荷骤然下降时，锅炉的蒸汽带水量会减小。（×）

正确答案：锅炉水位骤然下降时，使水位膨胀现象加剧，汽空间减小，导致蒸汽带水量增大。

80. 为了保证蒸汽含硅量不超过允许值，锅炉压力越高，锅炉水的含硅量应越低。（√）

单选题

1. 理论上，25℃纯水的电导率为（B）μS/cm。

A. 0.042　　B. 0.054　　C. 0.066　　D. 0.078

2. 天然水的化学需氧量越大，说明水中含有的(A)越多。

A. 还原性物质　B. 有机物　C. 无机物　D. 氧化性物质

3. 常温下，天然水的电导率越高，说明水中的(B)。

A. pH 越高　B. 含盐量越大

C. 有机物含量大　D. 溶解氧含量越大

4. 水中碳酸化合物的总量浓度等于(A)。

A. $[H_2CO_3]+[HCO_3^-]+[CO_3^{2-}]$　B. $[HCO_3^-]+[CO_3^{2-}]$

C. $[H_2CO_3]+[HCO_3^-]$　D. $[H_2CO_3]+[CO_3^{2-}]$

5. 当水的 pH≤4.3 时，水中的各种碳酸化合物几乎只有一种形态，它是(B)。

A. CO_3^{2-}　B. CO_2　C. HCO_3^-　D. H^+

6. 在容量分析中，理想指示剂应该在(B)变色。

A. 突跃范围以内　B. 化学计量点

C. 突跃范围左侧　D. 突跃范围右侧

7. 络合滴定法滴定剂，最广泛使用的是(A)。

A. EDTA　B. NaOH　C. HCl　D. NaCl

8. 络合滴定中大多数金属离子与 EDTA 发生络合反应，几乎都形成(C)络合物。

A. 2∶1　B. 1∶2　C. 1∶1　D. 3∶1

9. 三相异步电动机定子结构中不包括(C)。

A. 铁心　B. 绕组　C. 风扇　D. 机座

10. 异步电动机的三相绕组首端和末端分别用 D_1、D_2、D_3 和 D_4、D_5、D_6 标记，右图所示的负载接法为(C)。

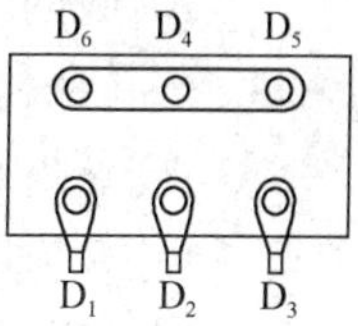

A. 三角形　B. V 形

C. 星形　D. 矩形

11. 一般情况下，380V 电源的交流电动机绝缘电阻应不低于(A)MΩ。

A. 0.5　B. 1.0　C. 1.5　D. 2.0

12. 石油化工生产中，压力表的指示值是(B)。

A. 绝对压力　B. 绝对压力与大气压力之差

C. 大气压力与绝对压力之差　D. 绝对压力与大气压力之和

13. Y-100 型弹簧压力表测量范围为 0~1MPa，精度等级为 1.5 级，则其最大的基本允许误差为(C)MPa。

A. 0.00015　B. 0.0015　C. 0.015　D. 0.15

14. 压力表精度等级分为十级，通常工业上使用的压力表精度为(D)。

A. 0.005、0.02、0.05、0.1　B. 0.05、0.1、0.2、0.5

C. 0.5、1、1.5、2.5　D. 1、1.5、2.5、4.0

15. 工业生产中，应用最广泛的安全阀是(C)。

A. 重锤式安全阀　B. 杠杆重锤式安全阀

C. 弹簧式安全阀　D. 脉冲式安全阀

16. 弹簧式安全阀工作中，(B)压力值最大。

A. 密封压力　　B. 起跳压力
C. 回座压力　　D. 背压

17. 混合离子交换器的压缩空气管的作用是(A)。
A. 供再生后充分混合阴、阳离子交换树脂用
B. 供再生时顶压用
C. 供树脂反洗分层时使用
D. 供树脂对流冲洗时使用

18. 混合离子交换器再生进酸碱时，发现再生废液中有离子交换树脂，说明(A)。
A. 中排装置损坏　　B. 进碱装置损坏
C. 上部进水装置损坏　　D. 排水装置的水帽损坏

19. 所产生的风压小于 9800Pa 的离心式风机，叫做(C)。
A. 低压风机　　B. 中压风机　　C. 高压风机　　D. 超高压风机

20. 除碳风机的入口通道被堵塞，风机的出力将(A)。
A. 降低　　B. 升高　　C. 不变　　D. 不能确定

21. 在轴测投影中，将形体斜放，使其三个坐标轴方向都倾斜于一个投影面，然后用(B)向该投影面投影，称为正轴测投影。
A. 中心投影法　　B. 正投影法
C. 斜投影法　　D. 正或斜投影法

22. 澄清悬浮层中的矾花颗粒起(A)作用。
A. 吸附　　B. 电离　　C. 渗透　　D. 分解

24. 在混合和絮凝过程中，控制水力条件的最基本参数是(A)。
A. 速度梯度　　B. 混合时间
C. 絮凝时间　　D. 混合设备参数

25. 相邻水层的水流速度差与它们之间的距离比称为(B)，通常用 G 表示。
A. 水流梯度　　B. 速度梯度　　C. 流量梯度　　D. 速度比例

26. 下列混合方式中，(B)的水头损失最大。
A. 水泵混合　　B. 管式静态混合器
C. 桨板式机械混合池　　D. 水堰跌落混合

27. 20℃水温下，单层石英砂滤料滤池通常采用的设计冲洗强度范围为(B)$L/(s \cdot m^2)$。
A. 10~12　　B. 12~15　　C. 15~17　　D. 17~19

28. 天然卵石或砾石按 2~4、4~8、8~16、16~32mm 自上而下排列，各层厚度为 100mm。这种承托层级配适用于(A)的快滤池。
A. 单层滤料、采用大阻力配水系统　　B. 双层滤料、采用小阻力配水系统
C. 三层滤料、采用大阻力配水系统　　D. 单层滤料、采用小阻力配水系统

29. 理想沉淀池中，在去除率一定的条件下，下列说法中错误的是(D)。
A. 颗粒沉速越大则表面负荷率越高　　B. 颗粒沉速越大则产水量越多
C. 表面负荷率越高则产水量越多　　D. 颗粒沉速与凝聚效果无关

30. 在沉降过程中，粒径大于(B)mm 的泥沙沉降较快，称为不稳定泥沙，而小于此数据者沉速很慢，称为稳定泥沙。

A. 0.001~0.015　　B. 0.015~0.03
C. 0.03~0.045　　D. 0.045~0.06

31. 过滤器的双层滤料普遍采用的是(C)。
A. 瓷砂和石英砂　　B. 无烟煤和瓷砂
C. 无烟煤和石英砂　　D. 石榴石和磁铁矿

32. 双层及多层滤料用于直接过滤，滤速一般控制在(B)m/h 左右。
A. 3　　B. 5　　C. 7　　D. 9

33. “反粒度”过滤是指滤料粒径循水流方向(A)。
A. 逐渐减小　　B. 不变
C. 逐渐增大　　D. 先逐渐增大后减小

34. 脉冲澄清池中脉冲水流是利用真空和(D)原理造成的。
A. 吸附　　B. 电离　　C. 渗透　　D. 虹吸

35. 真空式脉冲澄清池的充水时间为一般为(C)s。
A. 15~20　　B. 20~25　　C. 25~30　　C. 35~40

36. 快滤池出现负水头时，不会产生(D)的影响。
A. 降低过滤面积　　B. 可能破坏出水水质
C. 反冲洗时更易将滤料带出滤池　　D. 降低水头损失

37. 机械搅拌加速澄清池中导流板将旋转水流转成(D)水流。
A. 平衡　　B. 放射　　C. 水平　　D. 垂直

38. 虹吸滤池的缺点是(D)。
A. 操作管理方便　　B. 造价低
C. 会产生负水头现象　　D. 单元滤池面积不宜过大

39. 过滤器中，多层滤料的各层比重自上而下(B)。
A. 相同　　B. 依次增大
C. 依次减小　　D. 中间层小，上下两层大

40. 澄清池与沉淀池的区别在于(C)。
A. 出力较小　　B. 有斜管装置
C. 有活性泥渣层的混凝作用　　D. 出水水质高

41. 脉冲澄清池利用(D)吸入活性泥渣。
A. 离心力作用　　B. 推力作用　　C. 机械作用　　D. 流体作用

42. V 型滤池出水效果好、过滤周期长，它采用的是(A)滤料。
A. 匀质　　B. 上层粒径大，下层粒径小
C. 非匀质　　D. 上层粒径小，下层粒径大

43. 活性炭在再生过程中有损耗，通常现场就地再生和集中再生地损耗分别约为(A)。
A. 5%，10%　　B. 10%，5%　　C. 1%，5%　　D. 5%，1%

44. 滤池对经过混凝处理的水的截污能力为(D)L/m^3。
A. 0.5~1.0　　B. 1.0~2.0
C. 2.0~2.5　　D. 2.5~3.0

45. 在普通快滤池过滤过程中，当滤层截留了大量杂质以致某一深度处的水头损失超过

该处水深时，便出现(B)现象。

A. 短流　B. 负水头　C. 滞流　D. 泥毡

46. 反渗透短期停运时，在停车前应对反渗透进行(C)操作。

A. 化学清洗　B. 注入保护液　C. 淡水冲洗　D. 直接停车

47. 0.2%的 HCl 用作反渗透清洗时，对(C)污染物清洗效果较好。

A. 微生物膜　B. 硅垢　C. 碳酸钙　D. 有机物

48. 电渗析水处理设备中，阴离子交换膜基本只允许(C)通过。

A. 水　B. 阴、阳离子　C. 阴离子　D. 阳离子

49. 电渗析器每个淡水室实际的脱盐量与理论脱盐量的比值，称为(A)。

A. 电流效率　B. 电能效率　C. 耗电率　D. 水回收率

50. 反渗透的膜通量与进水压力(B)。

A. 无关　B. 成正比　C. 成反比　D. 为对数关系

51. 反渗透的脱盐率与进水压力(D)。

A. 无关　B. 成正比　C. 成反比　D. 线性关系

52. 反渗透的脱盐率随入口水的温度升高而(A)。

A. 降低　B. 升高　C. 无关　D. 不变

53. 随着反渗透装置给水含盐量的增加，为保证产水量，其给水压力应该(A)。

A. 增加　B. 减小　C. 不变　D. 不能确定

54. 随着反渗透装置给水含盐量的增加，其产水含盐会(A)。

A. 增加　B. 减小　C. 不变　D. 不能确定。

55. 防止反渗透膜结垢，可以采用(A)给水 pH 值的方法。

A. 降低　B. 提高　C. 维持　D. 适度提高

56. 反渗透装置停运时间不超过 3 天时，应该使用(A)保护措施。

A. 冲洗　B. 化学清洗　C. 药液保护　D. 不需要

57. 反渗透装置停运时间超过 3 天时，应该使用(C)保护措施。

A. 冲洗　B. 化学清洗　C. 药液保护　D. 不需要

58. 反渗透装置长期停运时，使用的保护液应改为(C)药品。

A. 盐酸　B. 氢氧化钠　C. 亚硫酸氢钠　D. 次氯酸钠

59. 反渗透装置长期停运而且环境温度低于 0℃时，使用的亚硫酸氢钠保护液应改含有(C)药品。

A. 盐酸　B. 氢氧化钠　C. 甘油　D. 酒精

60. 盐酸用作反渗透装置的化学清洗剂，以下说法正确的是(D)。

A. 只能溶解碳酸盐水垢

B. 只能溶解铁的氧化物

C. 能够有效清除细菌

D. 既能溶解碳酸盐水垢，也能溶解铁的氧化物

61. 氢氧化钠溶液用作反渗透装置的化学清洗剂，以下说法正确的是(C)。

A. 能够溶解碳酸盐水垢

B. 能够溶解铁的氧化物

C. 能够清除微生物膜、有机物和硅购

D. 能够清除碳酸盐水垢，铁的氧化物和细菌

62. 柠檬酸用作反渗透装置的化学清洗剂，其主要作用是(B)。

A. 溶解碳酸盐水垢　　B. 溶解铁的氧化物

C. 清除细菌　　D. 清除硅垢

63. 反渗透装置运行中，脱盐率比标准化后的运行参数下降(C)时，需要进行化学清洗。

A. 1%　　B. 2%　　C. 5%　　D. 10%

64. 反渗透装置运行中，给水、浓水压差比标准化后的运行参数增加(D)时，需要进行化学清洗。

A. 1%　　B. 5%　　C. 10%　　D. 15%

65. 不能够降低反渗透给水中有机物含量的预处理工艺是(D)。

A. 超滤　　B. 活性炭吸附　　C. 混凝过滤　　D. 加阻垢剂

66. 电渗析设备停用时，膜堆应处于(B)状态。

A. 干燥　　B. 湿润

C. 加 10%NaCl 保护　　D. 加 0.5%甲醛保护

67. 电渗析启动方法为(A)。

A. 水冲洗后，投入硅整流，投入淡水加酸

B. 水冲洗后，投入硅整流，投入淡水加酸

C. 水冲洗后，投入硅整流，根据需要投入浓水加酸

D. 水冲洗后，投入浓水加酸，投入极水加酸，然后投入硅整流。

68. 通常情况下，电渗析膜极化沉淀大多发生在(C)。

A. 淡水室的阴膜　　B. 浓水室的阳膜

C. 浓水室的阴膜　　D. 淡水室的阳膜

69. 反渗透卷式膜元件所使用的膜为(D)。

A. 平面膜　　B. 中空纤维束　　C. 平板膜　　D. 涡卷式

70. 反渗透产品水流量下降，盐透过率上升的直接原因是(D)。

A. 氧化损伤　　B. 膜渗漏　　C. 有机物污染　　D. 产生水垢

71. 反渗透产品水流量下降，盐透过率也下降的原因是(C)。

A. 氧化损伤　　B. 膜渗漏　　C. 膜被压紧　　D. 膜机械损伤

72. 粒径大的树脂颗粒在水中自然沉降速度(A)。

A. 相对较快　　B. 相对较慢　　C. 一样的　　D. 较快或较慢

73. 强碱性阴树脂在常温下再生时，下列离子中(D)从树脂层被置换出来的速度最慢。

A. SO_4^{2-}　　B. Cl^-　　C. HCO_3^-　　D. $HSiO_3^-$

74. 提高再生液温度可以极大地改善(C)树脂的再生效果。

A. 强酸阳　　B. 弱酸阳　　C. 强碱阴　　D. 弱碱阴

75. 与强碱性树脂相比，弱碱性 OH 型树脂具有(C)的特点。

A. 交换性能好，易用碱再生　　B. 交换性能好，不易用碱再生

C. 交换性能差，易用碱再生　　D. 交换性能差，不易用碱再生

76. 弱碱性树脂的交换能力随进水 pH 值的上升而(C)。

A. 上升　　B. 不变　　C. 下降　　D. 无法确定

77. 强酸性阳树脂由 Na 型变成 H 型，树脂体积会(A)。

A. 增加　　B. 不变　　C. 减少　　D. 无法确定

78. 强碱性阴树脂可耐受的最高温度为(D)℃。

A. 120　　B. 100　　C. 80　　D. 60

79. 下列树脂中，(C)树脂最容易发生化学降解而产生胶溶现象。

A. 强酸性　　B. 弱酸性　　C. 强碱性　　D. 弱碱性

80. 水中需要除硅时，必须采用(A)型离子交换树脂。

A. 强碱 OH　　B. 弱碱 OH　　C. 强酸 H　　D. 弱酸 H

81. Ⅱ型强碱性阴树脂比Ⅰ型强碱性阴树脂(C)。

A. 碱性强、交换容量大　　B. 碱性强、交换容量小

C. 碱性弱、交换容量大　　D. 碱性弱、交换容量小

82. 若阳树脂发生氧化，则其含水量(C)。

A. 减少　　B. 不变

C. 增多　　D. 无法确定

83. 新阳离子交换树脂在使用前一般用盐酸溶液预处理，目的是除去新树脂中的(A)。

A. 重金属离子　　B. 低聚物　　C. 硅　　D. 油脂

84. 新阴离子交换树脂若不经过预处理就直接使用，将会造成(B)。

A. 初期出水浊度大　　B. 初期出水水质差

C. 树脂受到污染　　D. 树脂破碎

85. 在钠离子交换水处理工作中，若工业食盐中硬度盐类含量太高，使用前一般用(A)软化。

A. 碳酸钠　　B. 氢氧化钾　　C. 氢氧化钠　　D. 碳酸氢钠

86. 若再生剂中含有较大量杂质离子，由于(D)的作用会影响再生效果。

A. 反离子　　B. 选择性交换

C. 污染　　D. 选择性交换和反离子

87. 若再生剂中含有较大量杂质离子，将会造成(A)。

A. 树脂的再生程度下降　　B. 再生后出水水质提高

C. 树脂全交换容量下降　　D. 再生水平下降

88. 离子交换水处理逆流再生床要求进水的浊度小于(A)FTU。

A. 2.0　　B. 3.0　　C. 4.0　　D. 5.0

89. 离子交换水处理逆流再生床要求进水的游离氯小于(C)mg/L。

A. 2　　B. 1　　C. 0.1　　D. 0.01

90. 离子交换水处理逆流再生床要求进水的 *COD* 小于(D)mg/L。

A. 6.0　　B. 5.0　　C. 4.0　　D. 3.0

91. 分流再生固定床进再生剂，采用(D)的方式。

A. 上部进、下部排　　B. 下部进、上部排

C. 下部进、中间排　　D. 上部和下部进、中间排

92. 运行式浮动床床层的体外清洗周期与进水的(C)有关。

A. pH　　B. 余氯　　C. 浊度　　D. *COD*

93. 为了便于混合床中阳、阴树脂的分层，其阴、阳树脂的湿真密度差应大于(C)。

A. 5%~10%　　B. 10%~15%　　C. 15%~20%　　D. 20%~30%

94. 锅炉补给水处理中，混合床常用的阴阳树脂体积比一般为(B)。

A. 3∶1　　B. 2∶1　　C. 1∶1　　D. 1∶2

95. 双层床离子交换设备结构与(C)相同。

A. 顺流固定床　　B. 移动床

C. 对流固定床　　D. 混合床

96. 双层床的再生方式采用(B)方式再生。

A. 顺流　　B. 对流　　C. 分流　　D. 体外

97. 双层双室浮动床在除盐水处理工艺上的缺点是(D)。

A. 强、弱型树脂的交界面相互混杂，弱型易黏结，影响交换能力

B. 周期制水量小

C. 排放废液多

D. 阻力大、反洗较麻烦

98. 离子交换过程失效的确定，通常采用(D)。

A. 按离子交换工作时间确定　　B. 按计算周期流量来设定

C. 按再生剂消耗量确定　　D. 按出水水质标准确定

99. 按(D)来确定交换器是否失效，不受流量、工作交换容量影响。

A. 离子交换工作时间　　B. 周期制水量

C. 再生剂消耗量　　D. 出水水质

100. 氢-钠离子串联系统中，钠罐前设除碳器，是为了避免有二氧化碳的水通过钠罐时产生(B)。

A. Na_2CO_3　　B. $NaHCO_3$　　C. NaOH　　D. NaCl

101. 对于中压锅炉补给水的处理可采用双级钠型强酸阳离子交换处理，其出水残留硬度可低于(D)mmol/L。

A. 5　　B. 0.5　　C. 0.05　　D. 0.005

102. 当要求出水水质电导率<5μS/cm、SiO_2<0.1mg/L时，离子交换处理可采用(D)。

A. 双级钠交换　　B. 氢、钠交换

C. 强阳、弱碱交换　　D. 强阳、除碳、强碱交换处理

103. 一级复床除盐水水质指标 SiO_2≤(D)μg/L。

A. 30　　B. 50　　C. 70　　D. 100

104. 下列物质中，稀释(C)时，释放出大量热量。

A. 盐酸　　B. 食盐　　C. 硫酸　　D. 碳酸钠

105. 为了提高阴离子树脂再生效果，常采用将(C)加热的方式再生树脂。

A. 硫酸　　B. 盐酸　　C. 氢氧化钠　　D. 食盐

106. 用硫酸再生阳床时采用分步再生法，再生液先以(A)进行再生，然后逐步调整浓度、流速。

A. 低浓度、高流速　B. 低浓度、低流速
C. 高浓度、高流速　D. 高浓度、低流速

107. 再生式固定床，特别适于用(B)进行再生阳离子交换树脂。
A. 盐酸　B. 硫酸　C. 硝酸　D. 碳酸

108. 分流再生式固定床的中间排液装置位于(D)。
A. 压实层表面　B. 压实层中
C. 压实层与树脂层之间　D. 树脂层中

109 浮动床水垫层过高，可导致树脂层在成床或落床时发生(B)现象。
A. 压实　B. 乱层　C. 过快　D. 过慢

110. 浮动床的进水浊度应小于(A)mg/L。
A. 2　B. 5　C. 10　D. 15

111. 浮动床运行的瞬时最小流速不允许小于(B)m/h。
A. 4　B. 7　C. 10　D. 20

112. 逆流再生过程中，离子交换树脂乱层会造成(B)。
A. 底部排水装置损坏　B. 树脂层中盐类离子的分布层次遭破坏
C. 跑树脂　D. 中间排水装置损坏

113. 在下列离子交换器中，结构相对简单的是(A)固定床。
A. 顺流式　B. 逆流式　C. 分流式　D. 混合式

114. 顺流固定床采用圆环型再生装置时，环的直径一般约为交换器直径的(B)。
A. 1/2　B. 2/3　C. 3/4　D. 4/5

115. 阳离子交换器的出水穹形孔板一般采用(A)材质。
A. 碳钢衬胶　B. 碳钢　C. 聚氯乙烯　D. 不锈钢

116. 离子交换器中排装置一般采用(D)材质。
A. 碳钢衬胶　B. 碳钢　C. 聚氯乙烯　D. 不锈钢

117. 根据(D)的不同，可将树脂分为凝胶型、大孔型等。
A. 交换基团　B. 机械强度
C. 交联剂种类　D. 孔型结构

118. 在下列离子交换树脂的官能团中，(D)属于带有极性非离子型官能团。
A. $—SO_3H$　B. —COOH　C. $—N(CH_3)_3Cl$　D. $—N(CH_3)H$

119. 除碳器填料的作用是增加水的(B)。
A. 温度　B. 分散度　C. 流速　D. 阻力

120. 在食盐再生系统中，一般通过(A)来控制再生液浓度。
A. 调节吸液阀开度　B. 调节喷射器压力水流量
C. 调节浓盐水浓度　D. 调节喷射器压力水压力

121. 饱和食盐溶液在室温下浓度为(B)。
A. 46%~52%　B. 23%~26%　C. 12%~13%　D. 30%~31%

122. 强酸性阳树脂贮存时，需转成(C)。
A. H 型　B. Ca 型　C. Na 型　D. Mg 型

123. 离子交换床出入口压差高，其影响因素是(B)。

A. 树脂层反洗后膨胀　　B. 树脂碎裂
C. 水温较高　　D. 树脂粒径大

124. 离子交换器工作时树脂产生污堵的主要原因为(C)。
A. 树脂再生不彻底　　B. 树脂碎裂
C. 进水浑浊　　D. 树脂粒径大

125. 在强碱性阴离子交换树脂氧化变质过程中，主要表现为(C)逐渐减少。
A. 强碱性交换基团的数量
B. 弱碱性交换基团的数量
C. 交换基团总量和强碱性交换基团的数量
D. 交换基团总量和弱碱性交换基团的数量

126. 若强酸阳树脂氧化变质，水通过树脂层的压力损失将(A)。
A. 增大　　B. 减小　　C. 不变　　D. 无法确定

127. 混合床使用未预处理的新树脂，分层较困难，其原因为(B)。
A. 新阳、阴树脂的密度差小　　B. 新树脂内部有未聚合的有机物
C. 新树脂的失效程度低　　D. 新树脂结块

129. 在吸着不同的离子后，离子交换树脂会出现(A)的变化。
A. 密度不同，沉降速度不同　　B. 密度不变，沉降速度不变
C. 密度不同，沉降速度不变　　D. 密度不变，沉降速度不同

130. 阳树脂混入阴床，则阴床出水水质表现为(A)。
A. 钠离子含量大、碱度大、电导率大
B. 钠离子含量小、碱度大、电导率大
C. 钠离子含量大、碱度小、电导率大
D. 钠离子含量小、碱度大、电导率小

131. 强碱性阴离子交换树脂对 Cl^- 有较大的(C)，使得 Cl^- 不仅易被树脂吸附，且不易洗脱。
A. 附着力　　B. 交换力　　C. 亲和力　　D. 化学力

132. 强碱性阴离子交换树脂被含有—COOH(羧基)基团的有机物污染，再生后阴床出水表现(A)。
A. 清洗用水量增大、碱度大、电导率大
B. 清洗用水量减小、碱度大、电导率大
C. 清洗用水量增大、碱度小、电导率大
D. 清洗用水量减少、碱度大、电导率小

133. 污染强碱性阴离子交换树脂的铁盐，主要来源于(C)。
A. 进水　　B. 反洗水　　C. 再生液　　D. 交换器腐蚀产物

134. 从某阳床取出一定量的树脂，呈黑色。现置于试管中，加入适量的水，并摇动 1min，此时水面有“虹”出现，则说明该树脂被(C)污染。
A. 铁　　B. 硫酸钙　　C. 油　　D. 有机物

135. 被油污染的离子交换树脂外观颜色出现(A)变化。
A. 由棕变黑　　B. 由棕变白　　C. 由黑变棕　　D. 由黑变黄

136. 强碱性阴树脂被有机物污染的程度，一般根据浸泡树脂食盐溶液的(C)来判断。

A. pH 值　　B. 电导率　　C. 色泽　　D. 化学耗氧量

137. 若阴树脂被有机物污染，一般不会造成(D)。

A. 树脂交换容量下降　　B. 树脂颜色变深

C. 再生后正洗时间延长　　D. 离子交换树脂的全交换容量降低

138. 若阴树脂被有机酸形物质污染，运行出水的 pH 和电导率出现(A)变化。

A. pH 降低和电导率增大　　B. pH 降低和电导率降低

C. pH 增大和电导率不变　　D. pH 增大和电导率降低

139. 离子交换树脂被(C)严重污染时，可用含次氯酸钠的氢氧化钠溶液处理。

A. 氢氧化铁　　B. 胶体硅　　C. 有机物　　D. 悬浮物

140. 离子交换树脂被有机物污染时，可用(A)溶液处理。

A. 10%NaCl 中加 2%的 NaOH　　B. 10%HCl 中加 2%的 NaOH

C. 10%NaCl 中加 2%的 HCl　　D. 10%NaCl 中加 2%的 $NaCO_3$

141. 阴离子交换树脂被有机物和铁污染，复苏时(A)。

A. 先除铁再除有机物　　B. 先除有机物再除铁

C. 铁和有机物同时除　　D. 无法去除

142. 若阴树脂被有机物污染，通常使用(A)进行复苏处理。

A. 碱性氯化钠溶液　　B. 氢氧化钠溶液

C. 盐酸溶液　　D. 氯化钠溶液

143. 如果再生用的 30%工业盐酸中含有大量钠离子，则阳离子交换器再生后的出水钠离子将(A)。

A. 增大　　B. 降低

C. 不变　　D. 先小后大

144. 下列影响因素中，(B)将可能使阴离子交换器出水碱度高。

A. 大反洗进水阀漏入进口水　　B. 进碱阀漏入再生液

C. 阴床深度失效　　D. 阴床运行流速高

145. 若阳床未失效而阴床先失效，则阴床出水水质会出现(C)。

A. pH 值、电导率、硅含量都升高

B. pH 值下降，电导率、硅含量升高

C. pH 值下降，电导率先下降后升高，硅含量升高

D. pH 值、电导率、硅含量都下降

146. 在混合床的反洗分层过程中，应使整个树脂层的最大膨胀率达(C)以上。

A. 20%　　B. 30%　　C. 50%　　D. 100%

147. 离子交换软化床的树脂产生污堵，正确处理方法为(C)。

A. 更换树脂　　B. 增加再生剂用量

C. 增大反洗强度　　D. 用硫酸溶液清洗树脂

148. 若离子交换软化床产生偏流，则该软化床将会发生(D)。

A. 树脂工作层变薄　　B. 周期制水量升高

C. 盐耗不变　　D. 树脂工作交换容量降低

149. 为了防止阳离子交换树脂的损坏，要求进水中残余活性氯含量小于(A)mg/L。

A. 0.1　　B. 0.2　　C. 0.5　　D. 1.0

150. 凝结水除盐处理通常使用(A)。

A. H-OH 型混合床　　B. 电磁过滤器

C. NH_4-OH 型混合床　　D. 树脂粉覆盖

151. 凝结水除油常采用的设备是(B)。

A. 离子交换器　　B. 覆盖过滤器

C. 电磁过滤器　　D. 电渗析设备

152. 生产返回水含油量一般控制在小于(C)mg/L，若达不到，必须采取蒸汽除油或热用户初步除油。

A. 5　　B. 8　　C. 10　　D. 20

153. 覆盖过滤器中，起过滤作用的是(C)。

A. 粉状滤料　　B. 滤元　　C. 滤膜　　D. 水体电解吸附

154. 除油用覆盖过滤器的活性炭粉末的粒度要求为(C)目。

A. 50~100　　B. 100~150　　C. 100~200　　D. 200~300

155. 高梯度磁性分离器内填充磁性材料的作用是产生(D)。

A. 磁力线　　B. 磁场作用力　　C. 磁化　　D. 磁场梯度

156. 凝结水处理系统中，(D)可用作混床的前置设备，也可用作混床的后置设备，还可以取代混床作为主除盐设备。

A. 电磁过滤器　　B. 粉末活性炭覆盖过滤器

C. 管式微孔过滤器　　D. 粉末树脂覆盖过滤器

157. 覆盖过滤器失效后去膜冲洗时，滤元上出现残余滤料的现象称为(D)。

A. 污堵　　B. 附着　　C. 污染　　D. 挂丝

158. 从汽包送出的饱和蒸汽常夹带一些锅炉水的水滴，锅炉水中的杂质会随这些水滴进入饱和蒸汽，这种蒸汽污染的方式称为(B)。

A. 溶解携带　　B. 机械携带　　C. 钠盐携带　　D. 硅化合物携带

159. 高压锅炉蒸汽的含硅主要是由(A)造成的。

A. 溶解携带　　B. 机械携带　　C. 钠盐携带　　D. 硅化合物携带

160. 随着锅炉压力的提高，锅炉汽包的汽空间的小水滴的数量会(B)。

A. 减少　　B. 增多　　C. 不变　　D. 不确定

161. 锅炉汽包内设置汽水分离装置的目的是(A)。

A. 防止水滴进入蒸汽　　B. 防止蒸汽溶解携带

C. 防止蒸汽进入水空间　　D. 防止汽包满水

162. 锅炉汽包水位过高，对蒸汽的水滴机械携带的影响是(B)。

A. 汽包水位越高，机械携带越小

B. 汽包水位越高，机械携带越大

C. 无影响

D. 不确定

163. 锅炉负荷的增加，对蒸汽的水滴携带的影响是(B)。

A. 锅炉负荷增加，机械携带减小　　B. 锅炉负荷增加，机械携带增大

C. 无影响　　D. 不确定

164. 锅炉水的含盐量对蒸汽带水的影响是(C)。

A. 含盐量对蒸汽带水无影响

B. 含盐量越高蒸汽带水量越小

C. 超过一定值时，含盐量越高蒸汽带水量越大

D. 不确定

165. 锅炉水的含盐量没有超过临界含盐量时，以下说法正确的是(A)。

A. 含盐量对蒸汽带水影响不大　　B. 含盐量越高蒸汽带水量越小

C. 含盐量越高蒸汽带水量越大　　D. 不确定

166. 下列物质中，最容易溶解于高参数饱和蒸汽中的是(C)。

A. NaOH　　B. Na_2SO_4　　C. H_2SiO_3　　D. Na_3PO_4

167. 高压锅炉的过热器中，盐类沉积物主要是(B)。

A. Na_2SiO_3　　B. Na_2SO_4　　C. NaOH　　D. Na_3PO_4

168. 为了清除过热器中的易溶盐沉积物，一般采用的方法是(D)。

A. 酸洗　　B. 碱洗　　C. 蒸汽吹扫　　D. 水冲洗

169. 为了清除沉积在汽轮机中不溶于水的沉积物，一般采用的方法是(A)。

A. 机组大修时，用机械方法清除　　B. 带负荷清洗

C. 空载清洗　　D. 水冲洗

170. 锅炉连续排污水一般从汽包中引出，其原因是(B)。

A. 汽包内部压力最高　　B. 锅炉运行时，汽包内水含盐量最大

C. 防止锅炉水位过高　　D. 为了锅炉水取样方便

171. 锅炉定期排污是从锅炉水循环系统的(C)处排放锅炉水。

A. 入口　　B. 出口　　C. 最低　　D. 最高

172. 锅炉定期排污的主要目的是(D)。

A. 防止锅炉水含盐量和含硅量过高　　B. 防止锅炉水水温过高

C. 防止锅炉水位过高　　D. 排出炉水中的水渣

173. 对于新建或者刚启动的锅炉，关于其定期排污，以下说法正确的是(A)。

A. 应该加强定期排污　　B. 应该避免定期排污

C. 应该减少定期排污　　D. 不能确定

174. 对于汽包内装有旋风分离器的锅炉，连续排污的取水管，一般安装在旋风分离器(A)处。

A. 底部　　B. 侧面　　C. 顶部　　D. 中部

175. 汽水集中取样装置正常巡检时，发现流量减小，首先应拆卸检查的阀门是(B)。

A. 手工取样门　　B. 螺旋减压阀

C. 高压针型阀　　D. 排污阀

176. 汽水集中取样装置正常巡检时，发现流量减小，首先应拆卸检查的阀门是(B)。

A. 手工取样门　　B. 螺旋减压阀

C. 高压针型阀　　D. 排污阀

177. 锅炉水含盐量过高，会引起蒸汽含钠量(B)。

A. 降低　B. 升高　C. 不变化　D. 不确定

178. 锅炉汽包内旋风分离器歪倒数个，会引起汽包同侧蒸汽的(B)。

A. 含钠量降低　B. 含钠量升高

C. 含硅量升高　D. 含硅量降低

179. 锅炉汽包内旋风分离器歪倒数个，引起汽包同侧蒸汽的含钠量升高，需要采取的措施是(C)。

A. 开大连排　B. 定排一次

C. 申请锅炉检修　D. 改变锅炉运行工况

多选题

1. 水的化学需氧量普遍应用(B，D)方法来测定。

A. 浓硫酸氧化法　B. 酸性高锰酸钾氧化法

C. 微生物　D. 重铬酸钾氧化法

2. 天然水中的杂质按照颗粒大小分成(A，B，C)。

A. 悬浮物　B. 胶体

C. 溶解物质　D. 氢离子和氢氧根离子

3. 下列叙述中，用于表示水质指标的概念是(A，B，C，D)。

A. 溶解固形物　B. 硬度　C. 碱度　D. 耗氧量

4. 水中碳酸化合物存在以下(B，C，D)平衡关系。

A. $H_2CO_3 \longrightarrow H_2O^- + CO_3^{2-}$　B. $CO_2 + H_2O \longrightarrow H_2CO_3$

C. $H_2CO_3 \longrightarrow H^+ + HCO_3^-$　D. $HCO_3^- \longrightarrow H^+ + CO_3^{2-}$

5. 在容量分析中，指示剂的选择原则是(A，B)。

A. 指示剂的变色范围应处于或部分处于化学计量点附近的 pH 突跃范围之内

B. 指示剂颜色的变化是否明显

C. 突跃范围左侧

D. 突跃范围右侧

6. 络合滴定法的络合反应必须满足的条件是(A，B，C)。

A. 络合反应必须完全，即络合物的稳定常数要足够大

B. 络合反应有严格的计量关系，产物组成固定

C. 络合反应速度要快，且有适当的方法指示滴定终点

D. 络合反应速度要慢，且有适当的方法指示滴定终点

7. 排量是安全阀的主要性能参数之一，它主要取决于(B，D)。

A. 背压　B. 喉径

C. 起跳压力　D. 开启高度

8. 除碳风机振动大，可能的原因是(A，B，C，D)。

A. 叶片重量不对称

B. 一侧的叶片腐蚀、磨损严重

C. 叶片上附着又不均匀的积尘等沉积物

D. 检修后未作平衡试验

9. 下列投影图中，(C，D)属于正投影图。

A. 透视图　B. 斜轴测图　C. 正轴测图　D. 三视图

10. 下列投影图中，(B，C，D)属于平行投影图。

A. 透视图　B. 斜轴测图　C. 正轴测图　D. 三视图

11. 决定澄清器悬浮泥渣层浓度的主要因素有(A，D)。

A. 生水中的悬浮物含量　B. 生水中的含盐量

C. 池体的高度　D. 水流的上升速度

12. 过滤设备滤池滤料的选择原则有(A，B，C，D)。

A. 足够的机械强度　B. 足够的化学稳定性

C. 能就地取材，价格低廉　D. 颗粒均匀，粒度适当

13. 适合于处理低温低浊度水的混凝剂为(A，C)。

A. 三氯化铁　B. 硫酸铝　C. 聚合氯化铝　D. 硫酸亚铁

14. 关于重力式无阀滤池主要设计参数，叙述正确的是(A，B，C，D)。

A. 虹吸形成时间应控制在3~5min

B. 反洗持续时间应选择在4~6min

C. 运行期水头损失的允许值应选择在1.5~2m

D. 虹吸上升管内的水位通常较管外高200~500mm

15. 虹吸滤池虹吸滤池的优点是(A，B，C)。

A. 操作管理方便　B. 造价低

C. 冲洗水头小　D. 单元滤池面积大

16. 对于常规的混凝、沉淀、过滤水处理工艺，粉末活性炭的投加点可设置在(A，B，C，D)。

A. 原水吸水井　B. 混凝前端投加

C. 滤前投加　D. 多点投加

17. 单、双流式压力式过滤器滤料表面结泥球时，其处理方法是(A，B，C，D)。

A. 调整冲洗强度　B. 缩短工作周期

C. 使用漂白粉浸泡滤床　D. 更换滤料

18. 快滤池滤料的表面污染物和滤层中泥球可定期使用化学清洗法除去，通常采用的药剂有(A，B，D)。

A. 氢氧化钠　B. 漂白粉　C. 硫酸铜　D. 盐酸

19. 除了热再生，活性炭还可通过(A，B)等方法来恢复活性炭的吸附能力。

A. 湿式氧化　B. 微波加热　C. 冲洗　D. 还原

20. 在快滤池工作时，出现(A，B，C，D)的现象，说明其滤料层的阻力明显增加。

A. 出水浊度过高　B. 冲洗强度不足

C. 冲洗时间不足　D. 工作周期延长

21. 下列快滤池中，(B，C，D)会产生负水头。

A. 无阀滤池　B. 普通快滤池

C. 移动冲洗罩滤池　D. 压力滤池

22. 过滤设备反冲洗跑滤料的处理方法是(A，B，C，D)。

A. 降低反冲洗强度　　B. 调节有空气擦洗的空气流量
C. 补充滤料　　D. 更换级配不当的滤料

23. 在快滤池工作中，可采取(A，B)措施消除负水头。
A. 增加滤层砂面上的水深　　B. 提高滤池出水位置
C. 进行反洗　　D. 停止进水

24. 0.2%的 HCl 用作反渗透清洗药剂，对其性能描述正确的是(A，B，C，D)。
A. 能溶解碳酸盐水垢　　B. 能清洗多数金属氧化物
C. 对大颗粒氧化物溶解困难　　D. 使用温度不超过40℃

25. 1%的 EDTA 用作反渗透清洗时，对其性能描述正确的是(A，C，D)。
A. EDTA 是络合剂　　B. 其溶液 pH 值越高，越有利于络合清洗
C. 可以去除氧化铁垢　　D. 可以去除钙镁垢

26. 0.1%的 NaOH 和 1%的 EDTA 用作反渗透清洗时，对(A，B，D)污染物清洗效果较好。
A. 微生物膜　　B. 硅垢　　C. 碳酸钙　　D. 有机物

27. 当压力一定，反渗透的回收率提高时，反渗透的(A，D)会降低。
A. 水通量　　B. 进水压力
C. 膜元件进水含盐量　　D. 脱盐率。

28. 通常防止反渗透膜结垢的方法有(A，B)。
A. 加阻垢剂　　B. 加酸
C. 加亚硫酸氢钠　　D. 加 PAC

29. 反渗透膜表面的浓差极化的危害有(A，B，C)。
A. 使能耗增大　　B. 盐透过量增大
C. 使膜污染加剧　　D. 水通量增大

30. 反渗透产品水流量下降，盐透过率基本不变的原因是(A，B，C)。
A. 胶体污染　　B. 生物污染　　C. 有机污染　　D. 产生水垢

31. 离子交换树脂一般被制成球形，具有(A，B，C，D)等优点。
A. 阻力小　　B. 水流均匀　　C. 表面积大　　D. 磨损小

32. 弱碱性树脂可以使用(A，B，C，D)进行再生。
A. NaOH　　B. $NaHCO_3$　　C. KOH　　D. NH_4OH

33. 与强碱性凝胶型树脂相比较，强酸性凝胶型树脂具有(B，C，D)等特点。
A. 机械强度高　　B. 交换容量大
C. 抗有机物污染能力强　　D. 耐热性好

34. 若阳树脂发生氧化，则其会发生(B，C，D)变化。
A. 颜色变深　　B. 体积增大
C. 易碎　　D. 体积交换容量降低

35. 若离子交换树脂受到污染，则其会发生(A，B，D)变化。
A. 树脂颜色变深　　B. 出水水质下降
C. 树脂结构遭到破坏　　D. 换容量降低

36. 强碱型阴树脂在使用中常常会受到(B，C，D)等杂质的污染。

A. 悬浮物　　B. 铁的化合物
C. 胶体硅　　D. 有机物

37. 新阴离子交换树脂在使用前经过预处理可达到(A，B，C，D)的目的。
A. 去除树脂中杂质　　B. 提高树脂稳定性
C. 提高树脂工作交换容量　　D. 活化树脂

38. 和硫酸相比，盐酸作为再生剂，其缺点是(A，C)等。
A. 价格较高　　B. 再生效果差
C. 防腐要求高　　D. 不易清除树脂的铁污染

39. 强酸性阳离子交换树脂一般可选择(B，D)作为再生剂。
A. 磷酸　　B. 硫酸　　C. 硝酸　　D. 盐酸

40 影响强碱阴树脂除硅因素有(A，B，C，D)等。
A. pH 值　　B. Na^+含量
C. 各种阴离子含量　　D. 进水硅酸含量

41. 浮动床离子交换器可分为(A，C)浮动床。
A. 运行式　　B. 连续式　　C. 再生式　　D. 混合式

42. 运行式浮动床停运落床的方法有(A，C，D)等落床法。
A. 重力　　B. 空气　　C. 排水　　D. 压力

43. 混合床阴、阳树脂再生方法有(A，B，C，D)等。
A. 酸、碱分别流经阳、阴树脂层的两步法体内再生
B. 酸、碱同时流经阳、阴树脂层体内再生
C. 阴树脂移出体外再生
D. 阴、阳树脂外移体外再生

44. 离子交换除盐系统中设置除碳器的目的在于(A，B，C)等。
A. 减轻阴离子交换器负担　　B. 延长阴离子交换器工作时间
C. 为阴离子吸附硅酸根创造有利条件　　D. 延长阳离子交换的工作时间

45. 当原水碱度较高(>2mmol/L)时，则可经(A，C)处理，并经脱碳降低碱度。
A. 强酸性 H-Na 交换　　B. 强酸性 Na 交换
C. 弱酸性 H-Na 交换　　D. 弱酸性 Na 交换

46. 对于除硅要求高的水，在一级复床除盐处理后增设(A，D)处理。
A. 二级强碱性阴离子交换　　B. 二级强酸性阳离子交换
C. 一级强酸、强碱　　D. 混合床

47. 在化学水处理再生系统中，再生剂可以采用(A，B，D)等输送方式。
A. 喷射器　　B. 压缩空气法　　C. 齿轮泵　　D. 防腐离心泵

48. 用硫酸再生强酸阳树脂，采用二步法的再生特点是(A，B，C，D)。
A. 防止再生中 $CaSO_4$ 沉淀析出　　B. 提高再生后工作交换容量
C. 操作复杂　　D. 再生操作时间长

49. 浮动床水垫层的作用是(A，C，D)等。
A. 作为树脂层转型时体积变化的缓冲高度
B. 作为树脂层反洗膨胀的缓冲高度

C. 使水流分配均匀

D. 使再生液分配均匀

50. 逆流再生固定床的压实层厚度过小，会使(A，C)。

A. 悬浮物渗入树脂层　　B. 反洗时流失树脂

C. 气顶压时中间排水装置进气不均匀　　D. 进水冲动交换剂表面

51. 当除碳器采用多面空心塑料球填料时，常用直径规格为(B，C)mm。

A. 5　　B. 25　　C. 50　　D. 100

52. 离子交换床产生偏流的原因为(B，C)等。

A. 树脂层过高　　B. 树脂污堵

C. 排水装置损坏　　D. 树脂粒径大

53. 下列各种因素中，(A，C，D)会造成阳离子交换器再生不合格。

A. 再生剂质量差　　B. 再生液加温不够

C. 再生液分配装置损坏　　D. 逆流再生中树脂乱层

54. 氢离子交换器经过再生后投用，若出水钠离子含量高，其原因可能是(A，B，C，D)。

A. 再生剂杂质多　　B. 反洗不彻底

C. 树脂脏污造成再生液偏流　　D. 逆流再生中树脂乱层

55. 强碱性阴离子交换树脂受铁污染后会出现(A，C，D)现象。

A. 颜色变黑　　B. 性能不变

C. 再生效率降低　　D. 再生剂用量和清洗水耗量增大

56. 离子交换树脂被铁污染时，可用(A，B，C)溶液处理。

A. 4%的二连硫酸钠 $Na_2S_2O_4$　　B. EDTA、三乙酸胺和酒石酸综合处理

C. 10%HCl　　D. 10%NaOH

57. 若阳离子交换器出水漏钠，则阴离子交换器出水会出现(A，C)等现象。

A. 电导率升高　　B. pH 值降低

C. 钠含量增大　　D. 碱度降低

58. 为及时发现泄漏情况，汽包锅炉的凝结水系统必须在(A，B，C，D)位置设置取样点。

A. 凝结水泵出口　　B. 加热器疏水出口

C. 疏水箱出口　　D. 每根回水管

59. 覆盖过滤器中，将粉状滤料覆盖在特制的多孔管件上形成薄层，该薄层名称错误的是(A，D)。

A. 滤元　　B. 吸附层　　C. 滤膜　　D. 电解层

60. 高梯度磁性分离器内填充的常用磁性材料有(A，B，C)。

A. 钢丝棉　　B. 铁球　　C. 不锈钢纤维　　D. 奥氏体钢棒

61. 凝结水处理系统中，下列不是粉末树脂覆盖过滤器工作特点的是(B，C，D)。

A. 其截污容量小于混床　　B. 不能去除硅酸

C. 出水水质优于深层净化混床　　D. 对凝器泄漏的防护能力好

62. 凝结水除盐混合床的再生操作时，使阳阴树脂完全分离的方法有(B，C，D)。

A. 增加反洗流速　　B. 分离法

C. 增加惰性树脂层，变为三层床　　D. 改造分离塔

63. 用于凝结水处理的混合床再生前必须使阳阴树脂完全分离的目的是(A，B，C，D)。

A. 减少漏 Na^+

B. 减少漏 Cl^-

C. 当 H-OH 混床运行到有 NH_4^+漏过时，可当作 NH_4-OH 混床继续运行

D. 改善出水水质

64. 锅炉水的含盐量超过临界含盐量时，蒸汽带水量随着锅炉水含盐量的身高而增大，其原因是(A，B)。

A. 高含盐量使水的黏度增大　　B. 水位膨胀加剧、汽空间变小

C. 高含盐量使水的黏度减小　　D. 不确定

65. 饱和蒸汽中的水滴在过热蒸汽中蒸发时，对其携带的硅酸，下列说法正确的是(A，B，C)。

A. 全部溶入过热蒸汽，不会沉积在过热器中

B. 部分溶入过热蒸汽，部分沉积在过热器中

C. 从过热蒸汽中析出，全部沉积在过热器中

D. 随锅炉压力参数不同而不同

66. 在中、低压锅炉的过热器中，盐类沉积物主要有(B，D)。

A. Na_2SiO_3　　B. Na_2SO_4　　C. NaOH　　D. Na_3PO_4

67. 硅化合物主要沉积在汽轮机的(B，C)部分。

A. Na_2SiO_3　　B. NaCl　　C. NaOH　　D. Na_3PO_4

68. 对过热器冲洗水的要求是(A，B)。

A. 含盐量较低　　B. 水温较高

C. 水温较低　　D. 含盐量较高

69. 安装汽包内的排污取水管，应注意的事项有(A，B，C，D)。

A. 取水管的位置应避开给水管

B. 取水管的位置应避开磷酸盐加药管

C. 取水管上的小孔不能堵塞

D. 取水管的位置能放出含盐量较大的锅炉水

70. 汽包内部的汽水分离装置主要有(A，B，D)等部分。

A. 旋风分离器　　B. 波型板

C. 洗汽板　　D. 多孔板

71. 新锅炉启动初期系统中杂质含量过多，引起蒸汽 SiO_2 超标准，需要采取的措施是(A，B，C)。

A. 开大连排　　B. 定排一次

C. 改善给水水质　　D. 改变锅炉运行工况

简答题

1. 叙述用浓度为 *N*mol/L 的 HCl 标准溶液双指示剂法测定烧碱中 NaOH 和 Na_2CO_3 含量的步骤。

答：准确称取一定量试样 G 克，溶解后，以酚酞为指示剂，用 HCl 标准溶液滴定至红色刚刚消失，记下用去 HCl 的体积 V_1；这时 NaOH 全部被中和，而 Na_2CO_3 仅被中和到 $NaHCO_3$。向溶液中加入甲基橙，继续用 HCl 滴定至橙红色，记下用去 HCl 的体积 V_2；因为由化学计量关系可知，Na_2CO_3 被中和至 $NaHCO_3$ 以及 $NaHCO_3$ 被中和至 H_2CO_3 所消耗 HCl 的体积是相等的，所以 Na_2CO_3 百分含量 $=[(2\times V_2\times N\times 106)/G]\times 100\%$。

2. 离心泵机组检修后在试车前应检查哪些项目？

答：①电气设备正常，电动机转向应符合规定方向；②各紧固连接部分应牢固，不得松动；③润滑、水封、冷却及其管路通畅；④润滑正常，盘车灵活；⑤进出口阀门启闭灵活。

3. 简述混合离子交换器本体上的上、中、下三个窥视镜的作用。

答：①上部窥视镜作混合离子交换器再生时，观察离子交换树脂反洗分层时树脂上表面的位置，以防离子交换树脂流失；②中部窥视镜作观察混合离子交换器内离子交换树脂的装填高度；③下部窥视镜作观察混合离子交换器再生时离子交换树脂反洗分层后的分层效果。

4. 高浊度水的沉淀处理工艺流程通常分为哪几类？

答：自然沉淀—混凝沉淀工艺，该流程先以自然沉淀作为预处理，然后再进行混凝沉淀处理；混凝沉淀工艺处理高浊度水一般有两种方法，一是使用聚丙烯酰胺配合普通混凝剂，可以将含砂量约 $20\sim40kg/m^3$ 的高浊度原水一次处理至出水符合滤前水要求；二是先投加聚丙烯酰胺进行初次混凝沉淀，再投加普通混凝剂进行二次沉淀，使出水浊度达到滤前水要求。

5. 为什么“反粒度”过滤能提高滤池性能？

答：由于单层滤池滤料粒径循水流方向逐渐增大，使截留在滤层中的杂质分布不均匀，表层最多，越向下越少，以致表层水头损失增加很快，过滤周期明显缩短。而“反粒度”过滤使滤料粒径循水流方向逐渐减小，即过滤水流先经过粗粒滤料，再依次流过粒度更小的滤料，使得滤层中杂质分布趋于均匀，滤层含污能力提高，滤层水头损失增加减缓，过滤周期将延长。

6. 澄清池为什么有时要加氯？

答：①加入适当的氯气会杀死或抑制微生物，有利于澄清；②加氯可以破坏原水中胶体的稳定性，提高混凝效果；③氧化水中的亚铁等离子，防止其在离子交换树脂中产生“中毒”现象。

7. 简述机械搅拌加速澄清池的运行操作要点。

答：①投运前应对各部位进行检查；②开始投运时，应适当加大投药量，并降低转速或叶轮开度；③运行负荷增加时，应提前 20~30min 加大投药量；④运行中应定期检查各区域的水质(pH 值)和泥渣的浓度等，以便及时调整加药量和控制好阀门开度。

8. 简述脉冲澄清池的运行操作要点。

答：①投运前应对各部位进行检查；②开始投运时，应适当加大投药量；③运行负荷不适宜突变；④运行中应定期检查各区域的水质和悬浮层泥渣的高度。

9. 简述活性炭过滤器的吸附原理。

答：吸附过程就是活性炭的颗粒表面形成了一层平衡的表面浓度，再把有机物质吸附到活性炭颗粒内。产生吸附的原因是由于分子间和分子内键与键之间存在的吸附力。这种力是物质聚集状态中分子间存在着的一种较弱的相互作用力，即范德华力。

10. V 型滤池结构和工作特点有哪些？

答：①恒水位恒速过滤，②采用均质滤料，③冲洗时采用气水反冲加表面扫洗，④承托层较薄，⑤冲洗时滤池保持微膨胀。

11. 单、双流式压力式过滤器反冲洗不彻底，会造成哪些不良后果？

答：①滤料表面污泥不能脱落或脱落后未及时排出；②如经常冲洗不彻底会出现结泥球现象；③冲洗强度不均匀会导致强度过高的区域滤料冲出池外，强度低的区域出现积泥。

12. 简述电渗析除盐的基本原理。

答：基本原理是水中的阴、阳离子在外加有电流电场的作用下，向一定的方向迁移；利用阴阳离子交换膜对水中离子的选择透过性，使一部分水中的离子转移到另一部分水中去，从而达到淡化除盐的目的。

13. 什么是反渗透膜的浓差极化？浓差极化对反渗透膜有什么影响？

答：浓差极化：由于水不断透过膜，使膜表面盐水和进口盐水间产生一个浓度差，阻碍盐分扩散。

浓差极化使盐水渗透压加大，在操作压力不变的情况下，有效推动力减少，从而造成透水速度和除盐率下降，另外还可能引起某些微溶性盐在膜表面析出结垢。

14. 离子交换树脂的粒度大小及均匀性对水处理有什么影响？

答：树脂粒度的大小对离子交换处理有较大影响。粒度大交换速度慢；粒度小，树脂交换能力大，但水通过树脂层的压力损失大。另外，树脂粒度相差大，将使小颗粒堵塞大颗粒树脂间空隙，会使水流不均和阻力增大。这种情况亦会影响反洗操作，反洗流速过大会冲掉小颗粒；反洗流速过小，又不能松动大颗粒。

15. 弱性树脂有什么特性？

答：①弱性树脂对水中离子的交换有一定的局限性；②弱性树脂与水中离子的交换受 pH 值的限制；③弱性树脂易于再生、比耗低；④弱性树脂排出的再生废液浓度低，对环境污染小。

16. 在要求除硅的离子交换除盐水处理中，必须做到哪几点？

答：①降低强碱阴床进水 pH 值；②控制 H 型强酸阳床出水 Na^+ 泄漏量；③采用强碱性再生剂；④先用除碳器除去阳床出水中二氧化碳。

17. 简述软化与除盐的区别。

答：①离子交换软化处理主要除去水中 Ca^{2+}、Mg^{2+} 离子的硬度；②离子交换除盐处理主要除去水中酸根与金属的盐类。

18. 简述混合床的工作过程。

答：混合床的工作过程分为反洗分层、再生、树脂混合、正洗、交换运行。

19. 当生产返回水渗入硫化物时，锅炉汽水系统中汽水质量将发生怎样变化？

答：①pH 异常，给水 9.7~9.8，炉水则低于 9.0，较低是 4.0。②测硅异常，给水、炉水、蒸汽测硅全部远远超于指标范围。③过热蒸汽电导率异常，超于指标范围 2~10 倍。

20. 简述覆盖过滤器的原理。

答：水的过滤过程最初是依靠滤层表面滤料颗粒间小孔的机械阻留和表面的吸附作用来完成的；当水中的悬浮物被截留下来时，它们会彼此重叠、架桥而变成一层附加的滤膜，而起主要过滤作用；将粉状滤料覆盖在滤元上形成的滤膜，水由滤元外通过滤膜和孔进入滤元管内，进行过滤。

21. 覆盖过滤器的出水水质影响因素有哪些?

答：①进水水质的好坏；②助滤剂的粒度应控制在 30 目以下，不能过细或过粗；③过滤器设备本体的运行条件，如过滤滤速一般控制在 6~12m/h。

22. 凝结水除盐混合床的再生操作时，使阳阴树脂完全分离的方法有哪些?

答：①先用 NaOH 溶液将阳树脂再生成 Na 型，阴树脂然后再生成 OH 型；②用浓 NaOH 溶液浸泡，使阳树脂下沉，阴树脂上浮；③将中间混杂的树脂另放，以便下次再生时分离；④增加惰性树脂层，变为三层床；⑤采用便于分离的特殊设备。

计算题

1. 某离子交换器设计产除盐水量为 $250m^3/h$，能够连续运行产水 20h，失效后立即再生。已知再生时间为 2h，每再生一次需要消耗除盐水 $250m^3$，那么此离子交换器能够连续保证供水的能力是多少立方米每小时?

解:

总产水量 $=250\times20=5000(m^3)$

总供水量 $=250\times20-250=4750(m^3)$

连续供水能力 $Q=4750/(20+2)=215.9(m^3/h)$

答：此离子交换器能够连续保证供水的能力是 $215.9m^3/h$。

2. 某离子交换器失效后再生，设计再生进酸碱时间为 40min，再生浓度为 4%，每再生一次需要消耗 30%的盐酸 4t，那么此离子交换器的再生流量 Q 是多少吨每小时?

解:

$$Q\times(40/60)\times4\%=30\%\times4$$

$$Q=(30\%\times4)/[(40/60)\times4\%]=45(t/h)$$

答：此离子交换器的再生流量是 45t/h。

3. 取一定量的某石英砂滤料，在 105℃下烘干称质量为 34.6g，然后放入过滤桶中，用清水过滤一段时间，量出滤层体积为 22.5mL。已知石英砂的密度为 $2.65\times10^3kg/m^3$，求该滤料的孔隙率。

解:

$$f_K=1-\frac{M}{\rho V}=1-\frac{34.6}{2.65\times22.5}=0.42$$

答：该滤料的孔隙率为 0.42。

4. 某单层滤池长为 6m，宽为 5m，设计滤层高 700mm。若选用石英砂作为滤料，已知石英砂密度为 $2.65\times10^3kg/m^3$，该滤料的孔隙率为 0.42，求该滤池需要多少吨石英砂滤料?

解:

$$V=6\times5\times0.7=21(m^3)$$

$$V'=V(1-m)=21\times(1-0.42)=12.18(m^3)$$

$$M=\rho V'=2.65\times10^3\times12.18=32277(kg)=32.3(t)$$

答：该滤池需要 32.3t 石英砂滤料。

5. 某台离子交换器的直径为 3.2m，内装树脂层的高度为 2.4m，已知该树脂的湿真密度为 1. 15×103kg/m^3，湿视密度为 0. 75×10^{3}kg/m^3，求该交换器内装树脂量。

解：

$$V=\frac{1}{4}\pi D^2H=0.25\times3.14\times3.2^2\times2.4=19.3(\mathrm{m}^3)$$

$$w=V\rho=19.3\times0.75\times10^3=14475(\mathrm{kg})=14.475(\mathrm{t})$$

答：该交换器内装树脂量 14. 475t。

6. 交换器的直径为 3. 0m，树脂层高度为 2. 4m，正洗水比耗为 10m^3/m^3 树脂，求树脂正洗用水量为多少立方米？

解：

（1）树脂体积为：$V=(D/2)^2\pi h_R=(3/2)^2\times3.14\times2.4=16.96(\mathrm{m}^3)$

（2）正洗水量为：$q=aV=10\times16.96=169.6(\mathrm{m}^3)$

答：树脂正洗用水量为 169. 6m^3。

7. 某台离子交换器的直径为 3. 2m，设计内装树脂层为 19. 3m^3，已知该树脂的湿真密度为 1. 15×103kg/m^3，湿视密度为 0. 75×10^{3}kg/m^3，求该交换器内装树脂的高度。

解：

$$V=(D/2)^2\pi h_R$$

$$h_R=V/[(D/2)^2\cdot\pi]=19.3/[(3.2/2)^2\times3.14]=2.4(\mathrm{m})$$

答：该交换器内装树脂的高度为 2. 4m。

8. 量取密度为 1. 01g/mL 的盐酸溶液 5mL，用 0. 1000mol/L 的 NaOH 滴定，消耗 38. 53mL，求此溶液盐酸的质量分数。

解：

$$\begin{aligned}w_{\mathrm{HCl}}&=c_{滴}V_{滴}M\div\rho\div V_{样}\div1000\times100\%\\&=0.1000\times38.53\times36.46\div1.01\div5\div1000\times100\%\\&=2.78\%\end{aligned}$$

答：此溶液盐酸的质量分数是 2. 78%。

9. 今有含 NaOH 和 Na_2CO_3 的样品 1. 1790g 在溶液内用酚酞作指示剂，加 1. 000mol/L 的 HCl 溶液 28. 16mL，溶液刚好变为无色。再加甲基橙作指示剂，用该酸滴定，则需 0. 14mL，计算样品中 NaOH 及 Na_2CO_3 的质量分数。

解：

（1）NaOH 的质量分数为

$$\begin{aligned}w_{\mathrm{NaOH}}&=(V_1-V_2)c\times0.04000\div m_{样}\times100\%\\&=(28.16-0.14)\times1.000\times0.04000\div1.1790\times100\%\\&=95.06\%\end{aligned}$$

（2）Na_2CO_3 的质量分数为

$$\begin{aligned}w_{\mathrm{NaOH}}&=2V_2c\times0.05300\div m_{样}\times100\%\\&=2\times0.14\times1.000\times0.05300\div1.1790\times100\%\end{aligned}$$

$= 1.26\%$

答：此样品中 NaOH 的质量分数是 95.06%，Na_2CO_3 的质量分数是 1.26%。

10. 有一台 H 离子交换器，已知其直径为 2.5m，再生剂用量为 1650kg(30%的工业 HCl 溶液)，再生液流速控制在 5m/h，再生液浓度控制在 2%。又知 2% HCl 溶液的密度为 $1.01g/cm^3$。试计算进酸时稀释 30%HCl 的压力水流量需多少吨每小时？进酸时间约为多少小时？

解：

(1) 再生液流量 $Q=(d/2)^2\pi v=0.785\times2.5^2\times5=24.5(m^3/h)$

$$W=Q\rho=24.5\times1.01=24.7(t/h)$$

(2)用酸量为：$24.7\times2\%\div30\%=1.65(t)$

(3)稀释水流量：$24.7-24.7\times2\%\div30\%=24.7-1.65=23.1(t/h)$

(4)进酸时间：$T=1650\times10^{-3}\times30\%\div24.7\div2\%=1(h)$

答：稀释 30%HCl 的压力水流量需 23.1t/h，进酸时间约为 1h。

11. 一台交换器内装 15.4t 001×7 型树脂，已知树脂的湿视密度为 0.8g/mL，树脂的交换容量为 $900mol/m^3$，每次再生时 30% 的盐酸用量为 3t，试计算树脂的再生水平、酸耗、比耗。

解：

树脂体积为：$15.4/0.8=19.25(m^3)$

树脂的再生水平为：$(3\times30\%\times1000)/19.25=46.75(kg/m^3)$

酸耗为 $46.75\times1000/900=51.94(g/mol)$

比耗为 $51.94/36.5=1.42$

答：树脂的再生水平为 $46.75kg/m^3$、酸耗为 51.94g/mol、比耗为 1.42。

12. 生水暂硬 3.5mmol/L，阳床出口酸度 3.8mmol/L，二氧化硅 15mg/L，除碳效率 95%，阴床周期制水量为 4400t，再生用 40%的氢氧化钠 2200kg，求碱耗为多少？

解：

$$残留碳酸量=3.5-(3.5\times0.95)=0.175$$

$$jH = m/[Q(JD_{残留} + SD + SiO_2/60)]$$

$$= 2200 \times 40\% \times 10^3/[4400 \times (3.8 + 0.175 + 15/60)]$$

$$= 47.34(g/mol)$$

答：树脂的碱耗为 47.34g/mol。

13. 某水处理交换器设计每小时产除盐水为 $250m^3$，交换器的实际运行周期为 20h，失效后再生需要 2h，每小时消耗除盐水 $125m^3$，求此交换器的自用水率？

解：

$$自用水率=[125\times2/(25020)]\times100\%=5\%$$

答：交换器的自用水率=5%。

14. 统计显示某水处理系统某月份共外供合格除盐水为 37.2×10^4t，当月一共再生了 150 个系列交换器，每再生一个系列需要消耗除盐水为 250t，求此系统的自用水率？

解：

当月共产除盐水为：$37.2+250\times150/10000=40.95\times10^4(t)$

自用水率 $=[(250\times150/10000)/40.95]\times100\%=9.16\%$

答：此系统的自用水率=9.16%。

15. 某台阳离子交换器，其树脂全交换容量 $E_Q=2000\text{mmol/L}$，当充分再生时，测得其再生度为82%，当运行失效时，测得其饱和度为73%，求该阳树脂的工作交换容量 E_G。

解：

$$E_G=[b_{再}-(1-b_{饱})]E_Q=[82\%-(1-73\%)]\times2000=1100(\text{mmol/L})$$

答：该阳树脂的工作交换容量1100mmol/L。

16. 有一台阴离子交换器，已知其直径为3.0m，树脂层高度为2.5m，阴树脂的工作交换容量为250mol/m³，又知OH离子交换器的进水中阴离子总含量为3.68mmol/L，运行流速为10m/h。试计算该阴离子交换器一个运行周期产水量约为多少立方米？运行周期约为多少小时？

解：

（1）周期产水量约为

$$\begin{aligned}V&=\pi(d/2)^2hE/C\\&=3.14\times(3.0/2)^2\times2.5\times250/3.68\\&=1200(\text{m}^3)\end{aligned}$$

（2）运行周期约为

$$\begin{aligned}T&=V/[(d/2)^2\cdot\pi\cdot v]\\&=1200/[2.25\times3.14\times10]\\&=17(\text{h})\end{aligned}$$

答：一个运行周期产水量约为1200m³，运行周期约为17h。

17. 一台OH离子交换器的装树脂量为17.65m³，阴树脂的工作交换容量为250mol/m³，再生剂耗量为65g/mol。再生一台OH离子交换器需30%的工业NaOH多少千克？

解：

$$\begin{aligned}GG&=VER/(1000\cdot C)\\&=(17.65\times250\times65)/(1000\times30\%)\\&=956(\text{kg})\end{aligned}$$

答：再生一台OH离子交换器需30%的工业NaOH约956kg。

18. 一台十级离心泵，当入口压力 $P_1=0.21\text{MPa}$，出口压力 $P_2=6.5\text{MPa}$，入口水温 $t=109.32℃$，求该泵的总扬程和单级扬程是多少？（已知该温度及入口压力下，饱和水密度 $\rho=951.2\text{kg/m}^3$，$g=9.81\text{m/s}^2$）

解：

总扬程为：$H_t=(P_2-P_1)/(\rho\cdot g)=(6.5\times10^6-2.1\times10^6)/(951.2\times9.81)=471.5(\text{m})$

单级扬程：$H=H_t/10=471.5/10=47.15(\text{m})$

答：该水泵的总扬程为471.5m，单级扬程为47.15m。

19. 水在离心泵的进出口的流速均为3.6m/s，在离开叶轮时的线流速为30m/s，求该泵的扬程？（水的密度为1000kg/m³，$g=9.81\text{m/s}^2$）

解：

扬程为：根据伯努利方程 $H=(v_2^{\ 2}-v_1^{\ 2})\div 2g=(30^2-3.6^2)\div(2\times 9.81)=45(\mathrm{m})$

答： 该水泵的扬程为45m。

20. 一台离子交换器再生时，设计再生流量为45t/h，再生时间为40min。已知该交换器周期制水量为4200t，酸耗为50g/mol，进水的阳离子总量为7.5mmol/L，求再生过程中要控制再生液的质量分数为多少？

解：

再生用酸量：$50=T\times 10^6/(4200\times 7.5)$

$$T=4200\times 7.5\times 50/10^6=1.575(\mathrm{t})$$

再生浓度：$1.575=45\times(40/60)\times c$

$$c=1.575\times 60/45\times 40=5.25\%$$

答： 再生过程中要控制再生液的质量百分比浓度为5.25%。

21. 一台阳离子交换器直径 $D=3.0\mathrm{m}$，树脂层高 $H=1.6\mathrm{m}$，树脂的工作交换容量 $E=800\mathrm{mol/m^3}$，问再生时需用浓度为31%的工业盐酸多少升？

解：

$$V=(D/2)^2\pi HEM/(1000\times 31\%)$$
$$=(3.0/2)^2\times 3.14\times 1.6\times 800\times 36.5/310=1065(\mathrm{L})$$

答： 再生时需用浓度为31%的工业盐酸1065L。

22. 根据下列水质的分析结果计算：(1)阴阳离子含量是否正确？(2)各类硬度值：总硬度？碳酸盐硬度？非碳酸盐硬度？

Ca^{2+}：54mg/L；HCO_3^-：170.8mg/L；Mg^{2+}：9.6mg/L；

$SO_4^{\ 2-}$：43.2mg/L；Na^+：11.5mg/L；Cl^-：10.65mg/L；

解：

(1) 各种离子的物质的量浓度为

$$c(1/2Ca^{2+})=54/20=2.7(\mathrm{mmol/L})$$
$$c(1/2Mg^{2+})=9.6/12=0.8(\mathrm{mmol/L})$$
$$c(HCO_3^{\ -})=170.8/61=2.8(\mathrm{mmol/L})$$
$$c(1/2SO_4^{\ 2-})=43.2/48=0.9(\mathrm{mmol/L})$$
$$c(Na^+)=11.5/23=0.5(\mathrm{mmol/L})$$
$$c(Cl^-)=10.65/35.5=0.3(\mathrm{mmol/L})$$
$$\Sigma c_+=c(1/2Ca^{2+})+c(1/2Mg^{2+})+c(Na^+)$$
$$=4.0(\mathrm{mmol/L})$$
$$\Sigma c_-=c(HCO_3^{\ -})+c(1/2SO_4^{\ 2-})+c(Cl^-)=4.0(\mathrm{mmol/L})$$

结果：$\Sigma c_+=\Sigma c_-$，说明阴阳离子含量合理。

(2) 总硬度 $=2.7+0.8=3.5(\mathrm{mmol/L})$

碳酸盐硬度 $=2.8(\mathrm{mmol/L})$

非碳酸盐硬度 $=3.5-2.8=0.7(\mathrm{mmol/L})$

答： (1) 阴阳离子含量正确；(2) 总硬度为3.5mmol/L，碳酸盐硬度为2.8mmol/L，非碳酸盐硬度为0.7mmol/L。

四、技能操作鉴定要素细目表

鉴定范围						鉴定点	
一级		二级		三级		代码	名称
代码	名称	代码	名称	代码	名称		
A	技能要求	A	工艺操作	A	开车准备	001	引酸碱进入计量间的操作
						002	离子交换系统的水冲洗操作
						003	装置开车前公用工程检查
				B	开车操作	001	预处理系统的投运操作
						002	离子交换系统的投运操作
						003	反渗透系统的的投运操作
						004	锅炉启动过程中的化学工作
						005	新阳树脂的预处理操作
						006	新阴树脂的预处理操作
				C	正常操作	001	阳床无顶压逆流大反洗再生操作
						002	浮动床树脂体外反洗操作
						003	混床的两步法再生操作
						004	阳双层床的树脂的大反洗操作
				D	停车操作	001	一级复床除盐系统停运操作
						002	一级复床加混床除盐系统停运操作
						003	反渗透装置化学清洗前的停车操作
		B	设备使用与维护	A	使用设备	001	自吸式离心泵的投运操作
						002	V 型滤池的投运操作
						003	离心泵安装后的验收
						004	反渗透膜元件长期停用的保护
						005	721 型分光光度计的操作
				B	维护设备	001	运行电机的检查维护
						002	往复式空压机的运行维护
						003	螺杆式空压机的运行维护
						004	保安过滤器的滤芯更换
		C	事故判断与处理	A	判断事故	001	离心泵震动大的原因分析
						002	离心泵杂音的辨别
						003	离心泵产生汽蚀的原因分析
						004	混床反洗分层不明显的原因分析
						005	软化床周期制水量减少的原因分析
						006	阳床出水水质下降的原因分析
				B	处理事故	001	离子交换装置瞬间停电的处理
						002	往复式空压机排气量降低的处理
						003	澄清池出水碱度严重超标的处理
						004	斜管式沉淀池出水混浊的处理

续表

鉴定范围						鉴定点	
一级		二级		三级		代码	名称
代码	名称	代码	名称	代码	名称		
						005	再生液进不了床体的处理
						006	除盐水箱水质劣化的处理
						007	阳床再生出水钠高的处理
						008	阴床再生出水硅高的处理
						009	混床分层不明显的处理
						010	汽包炉给水劣化的处理
		D	绘图	A	绘图	001	绘制双室双层浮动床结构图
						002	绘制完整的离子交换除盐装置工艺流程图

五、技能操作试题

试题1：阳离子交换系统水冲洗操作(现场操作)

（考核时间：25min）

序号	考核内容	考核要点	配分	评分标准	检测结果	扣分	得分	备注
1	准备工作	穿戴劳保用品	3	穿戴不规范扣3分				
		工具、用具准备	2	工具选择不正确扣2分				
2	操作前的检查	确认检修完工、工作票撤票	10	未确认扣10分				
		确认各转动设备送电，单机试运完成	10	未确认10分				
		确认各仪表控制系统送电，调试正常	10	未确认扣10分				
3	水冲洗操作	确认工业水送水	10	确认工业水系统送水				
		冲洗清水箱，开启清水想入口阀，确认清水箱出水阀关闭。开启排污阀	10	未开或开启顺序错误扣10分				
		水冲洗至排水清澈，关排污阀，向清水箱充水	10	不清楚冲洗标准扣5分；未关排污阀扣5分				
		清水箱上水，开清水箱出口阀，启清水泵	15	清水泵启动方法错误，扣15分				
		开阳床入口阀、正排阀。水冲洗至出水清澈	15	开启阀门错误扣10分；不清楚冲洗标准，扣5分				
4	使用工具	使用工具	2	工具使用不正确扣2分				
		维护工具	3	工具乱摆乱放扣3分				
5	安全及其他	按国家法规或企业规定		违规一次总分扣5分；严重违规停止操作			—	
		在规定时间内完成操作		每超时1min总分扣5分，超时3min停止操作			—	
合计			100					

试题2：装置投运前公用工程检查(现场模拟)

（考核时间：15min）

序号	考核内容	考核要点	配分	评分标准	检测结果	扣分	得分	备注
1	准备工作	穿戴劳保用品	2	穿戴不规范扣2分				
		工具、用具准备	3	工具选择不正确扣3分				
2	装置投运前公用工程检查	水系统的检查	35	未检查水源是否引到装置，每项扣5分				
				未检查水系统管线管线是否完好扣5分				
				未检查进水阀等是否完好扣5分				
				未检查水压是否符合要求扣5分				
				未检查污水排放是否畅通扣5分				
				未检查蒸汽是否引到装置扣10分				
		蒸汽系统的检查	25	未检查蒸汽系统是否完好扣5分				
				未检查蒸汽压力是否符合要求扣10分				
				未检查仪表风是否引到装置扣10分				
				未检查仪表风压力是否符合要求扣5分				
		电气仪表的检查	30	未检查流量计是否完好扣10分				
				未检查电气系统是否具备投用条件扣10分				
3	使用工具	使用工具	2	工具使用不正确扣2分				
		维护工具	3	工具乱摆乱放扣3分				
4	安全及其他	按国家法规或企业规定		违规一次总分扣5分；严重违规停止操作			—	
		在规定时间内完成操作		每超时1min总分扣5分，超时3min停止操作			—	
		合　计	100					

试题3：一级复床加混床除盐系统投运操作(现场模拟)

（考核时间：30min）

序号	考核内容	考核要点	配分	评分标准	检测结果	扣分	得分	备注
1	准备工作	穿戴劳保用品	3	穿戴不规范扣3分				
		工具、用具准备	2	工具选择不正确扣2分				

续表

序号	考核内容	考核要点	配分	评分标准	检测结果	扣分	得分	备注
2	投运除碳器	按规定的步骤投用除碳器	10	操作错误，每项扣5分				
3	投运清水泵	开阳床排空气阀、正洗进水阀。投用清水泵，向阳床供水	20	操作顺序错误，每项扣5分				
				操作漏项，每项扣10分				
				投用清水泵操作不规范，每项扣3分				
4	投运阳床	待床内空气排尽，开正洗排水阀，关排空气阀。待阳床正洗合格后，开出水阀，关正洗排水阀，向除碳器送水	15	操作顺序错误，每项扣5分				
				操作漏项，每项扣10分				
				未监测正洗排水是否合格扣5分				
5	投运中间水泵	开阴床空气阀、正洗进水阀。投用中间水泵，向阴床供水	20	未按顺序操作，每项扣5分				
				操作漏项，每项扣5分				
				投用中间水泵操作不规范，每项扣3分				
6	投运阴床	待阴床内空气排尽，开阴床正洗排水阀，关空气阀。待阴床正洗合格后，开混床空气阀、正洗进水阀。开阴床出水阀，关正洗排水阀	15	操作顺序错误，每项扣5分				
				操作漏项，每项扣10分				
				未监测正洗排水是否合格扣5分				
7	投运混床	待混床内空气排尽，开混床正洗排水阀，关空气阀。待正洗合格后，开混床出水阀，关正洗排水阀，向除盐水箱送水	10	操作顺序错误，每项扣5分				
				操作漏项，每项扣10分				
				未监测正洗排水是否合格扣5分				
8	使用工具	使用工具	2	工具使用不正确扣2分				
		维护工具	3	工具乱摆乱放扣3分				
9	安全及其他	按国家法规或企业规定		违规一次总分扣5分；严重违规停止操作			—	
		在规定时间内完成操作		每超时1min总分扣5分，超时3min停止操作			—	
		合　计	100					

试题4：反渗透系统投运操作(现场模拟)

(考核时间：30min)

序号	考核内容	考核要点	配分	评分标准	检测结果	扣分	得分	备注
1	准备工作	穿戴劳保用品	3	穿戴不规范扣3分				
		工具、用具准备	2	工具选择不正确扣2分				
2	操作程序	启动原水泵，在低压条件下将装置中的空气排出	10	未操作扣10分				
				操作不到位扣5分				
		投运多介质过滤器、活性炭过滤器、加药系统	10	未投多介质过滤器扣4分				
				未投活性炭过滤器扣4分				
				未投加药系统扣3分				
		投保安过滤器、开反渗透进水阀，打开浓水排放阀，用低压水将膜元件的保护液冲出	10	不操作不得分				
				未投保安过滤器扣5分				
				操作不到位扣3分				
		将产品水排向地沟	10	不操作不得分				
				操作不到位扣3分				
		打开浓水回收阀	5	未操作扣5分				
		高压泵出口阀的开度调整到其初始压力的50%	10	未调整扣10分				
				调整不到位扣5分				
		启动高压泵进行冲洗	5	未操作扣5分				
		关闭浓水排放阀，调节浓水回收阀，调节高压泵出口阀，打开产品水出口阀，关闭产品水排放阀	20	每少操作一项扣5分				
				操作不到位扣5分				
		调整系统操作，以符合工艺指标要求	10	未调整操作扣10分				
3	使用工具	使用工具	2	工具使用不正确扣2分				
		维护工具	3	工具乱摆乱放扣3分				
4	安全及其他	按国家法规或企业规定		违规一次总分扣5分；严重违规停止操作			—	
		在规定时间内完成操作		每超时1min总分扣5分，超时3min停止操作			—	
合　计			100					

试题5：锅炉正常启动过程中的化学工作(现场模拟)

（考核时间：35min）

序号	考核内容	考核要点	配分	评分标准	检测结果	扣分	得分	备注
1	准备工作	穿戴劳保用品	3	穿戴不规范扣3分				
		工具、用具准备	2	工具选择不正确扣2分				
2	操作程序	检查磷酸盐加药系统，药液是否配好	10	未检查扣10分				
				检查不到位扣5分				
		检查化验室药品，品种数量是否齐全	10	未检查扣10分				
				检查不到位扣5分				
		接到锅炉点火通知后，要求锅炉开启加药一次门和汽水取样一次门	10	不提要求不得分				
		锅炉升压后，冲洗取样器，然后投运取样器	5	不操作不得分				
				操作不到位扣5分				
		根据炉水外观确定是否通知锅炉排污	5	不清楚扣5分				
		锅炉升到规定压力后，投加药系统运行	10	未操作扣10分				
				操作不到位扣5分				
		锅炉升到规定压力后，全面取样分析水质	5	未分析扣5分				
		根据分析结果，调整加药量，使炉水尽快合格	15	未操作扣15分				
				不知水质标准扣5分				
		化验蒸汽品质	10	未化验扣10分				
		蒸汽品质合格后，通知锅炉可以并汽	10	不清楚蒸汽品质标准扣5分				
				没有通知扣5分				
3	使用工具	使用工具	2	工具使用不正确扣2分				
		维护工具	3	工具乱摆乱放扣3分				
4	安全及其他	按国家法规或企业规定		违规一次总分扣5分；严重违规停止操作			—	
		在规定时间内完成操作		每超时1min总分扣5分，超时3min停止操作			—	
	合　计		100					

试题6：新阴树脂的预处理操作(现场模拟)

(考核时间：30min)

序号	考核内容	考核要点	配分	评分标准	检测结果	扣分	得分	备注
1	准备工作	穿戴劳保用品	5	穿戴不规范扣5分				
2	食盐水处理	将新阴树脂装入阴离子交换器中，用约2倍于树脂体积的10% NaCl溶液浸泡树脂18~20小时以上。用水冲洗树脂至排出水不呈黄色为止。反洗以除去混在树脂中机械杂质和细碎树脂粉末	35	浸泡液浓度、体积、浸泡时间不符要求，分别扣10分				
				未冲洗树脂扣10分				
				反洗强度不足或跑正常颗粒树脂扣5分				
				未反洗树脂扣20分				
3	稀盐酸处理	用约2倍于树脂体积的5% HCl溶液浸泡树脂2~4h。冲洗树脂至排出水接近中性为止	30	浸泡液浓度、体积、浸泡时间不符要求分别扣10分				
				未冲洗树脂扣10分				
4	稀氢氧化钠处理	用约2倍于树脂体积的2% NaOH溶液浸泡树脂2~4h。冲洗树脂至排出水接近中性为止	30	浸泡液浓度、体积、浸泡时间不符要求分别扣10分				
				未冲洗树脂扣10分				
5	安全及其他	按国家法规或企业规定		违规一次总分扣5分；严重违规停止操作			—	
		在规定时间内完成操作		每超时1min总分扣5分，超时3min停止操作			—	
合计			100					

试题7：阳浮动床树脂体外反洗操作(现场模拟)

(考核时间：50min)

序号	考核内容	考核要点	配分	评分标准	检测结果	扣分	得分	备注
1	准备工作	穿戴劳保用品	3	穿戴不规范扣3分				
		工具、用具准备	2	工具选择不正确扣2分				
2	向阳反洗塔输脂	启动清水泵，开阳浮动床入口阀，空气阀，满水后关空气阀；开阳反洗塔树脂入口阀，上排阀；待阳床升压后，开阳床树脂输送阀。观察树脂输送情况，如果不畅通，进行反冲洗操作	30	操作漏项，每项扣10分				
				阳床压力不够开始输送，扣10分				
				未观察输送情况，扣5分				
				出现堵塞，不会处理扣30分				

续表

序号	考核内容	考核要点	配分	评分标准	检测结果	扣分	得分	备注
3	空气擦洗	观察树脂输送完毕，关闭阳床入口阀，树脂输送阀，阳塔树脂输送阀。开阳塔中排阀放水至中排，关上排阀，开空气阀，压缩空气进气阀，空气擦洗5min	20	操作漏项，每项扣5分				
				不清楚反洗时间，扣5分				
4	水反洗	关压缩空气进气阀，静置5min，开阳浮动床入口阀，阳床树脂输送阀，阳塔树脂输送阀，上排阀，关中排阀。调整流量，使树脂维持在上视镜中心线处，反洗树脂30min	20	操作漏项或次序不当，每项扣10分				
				流量未调整或调整不当，扣5分				
				反洗时间不足，扣5分				
5	向阳床输送树脂	反洗完成，关闭阳床入口阀，树脂输送阀，阳塔树脂输送阀，上排阀。开阳塔进水阀，上满水后，关空气阀。依次开阳床树脂输送阀，正排阀，阳塔树脂输送阀，向阳床输送树脂。观察输送情况	20	操作漏项或次序不当，每项扣5分				
				反洗塔未上满水，扣5分				
				未观察输送情况，扣5分				
6	使用工具	使用工具	2	工具使用不正确扣2分				
		维护工具	3	工具乱摆乱放扣3分				
7	安全及其他	按国家法规或企业规定		违规一次总分扣5分；严重违规停止操作			—	
		在规定时间内完成操作		每超时1min总分扣5分，超时3min停止操作			—	
		合　计	100					

试题8：混床两步法再生操作(现场模拟)

（考核时间：60min）

序号	考核内容	考核要点	配分	评分标准	检测结果	扣分	得分	备注
1	准备工作	穿戴劳保用品	3	穿戴不规范扣3分				
		工具、用具准备	2	工具选择不正确扣2分				

续表

序号	考核内容	考核要点	配分	评分标准	检测结果	扣分	得分	备注
2	反洗分层	开再生混床反洗排水阀，缓缓开启反洗进水阀，反洗流量由小逐步增大，使树脂慢慢膨胀并稳定在上监视孔处。待床体内阳、阴树脂分界面清晰、反洗排水清澈后，关反洗进水阀、反洗排水阀	15	操作漏项、次序不当，每项扣2分				
				反洗强度、时间不足扣5分				
				反洗进水操作过快扣5分				
				反洗跑正常颗粒扣2分				
3	放水及预喷射	待树脂全部落床后，开混床空气阀、正洗排水阀。放水至树脂面上100~200mm时关正洗排水阀。开混碱喷射器进水阀、混床进碱阀，稍开中间排水阀。投运再生水泵，调节流量至规定值。调整中间排水阀开度使混床内液面保持在树脂面上100~200mm处	15	操作漏项、次序不当，每项扣2分				
				喷射器流量调整不当扣2分				
				投运再生水泵操作不规范，每项扣2分				
				放水未至规定位置扣2分				
4	进碱及置换	开混碱计量箱出碱阀、混碱喷射器进碱阀，并调整碱浓度至规定值。进完规定量的碱后，关混碱计量箱出碱阀、混碱喷射器进碱阀。置换至规定时间或树脂内碱液全部排出，停运再生水泵，关混碱喷射器进水阀、混床进碱阀、中间排水阀	15	操作漏项、次序不当，每项扣2分				
				停运再生水泵操作不规范，每项扣2分				
				置换时间不足或过长扣2分				
				碱浓度调节不当扣3分				
5	清洗阴树脂	开混床正洗进水阀。待床内空气排尽，开中间排水阀，关空气阀，调节正洗流量至规定值。待中间排水酚酞碱度低于规定值，关小正洗进水阀至稍开位置，调节流量至规定值	10	操作漏项、次序不当，每项扣2分				
				正洗时间不足或过长扣2分				
6	进酸及置换	开混酸喷射器进水阀、混床进酸阀。投运再生水泵，调节流量至规定值。开混酸计量箱出酸阀、混酸喷射器进酸阀，并调整酸浓度至规定值。进完规定量的酸后，关混酸计量箱出酸阀、混酸喷射器进酸阀。置换至树脂内酸液全部排出，停运再生水泵，关混酸喷射器进水阀、混床进酸阀、中间排水阀	15	操作漏项、次序不当，每项扣2分				
				投运、停运再生水泵操作不规范，每项扣2分				
				酸浓度调整不当扣3分				
				置换时间不足或过长扣2分				

续表

序号	考核内容	考核要点	配分	评分标准	检测结果	扣分	得分	备注
7	串联正洗	开混床正洗排水阀，开大正洗进水阀，调节正洗流量至规定值。待正洗排水合格，关正洗进水阀、正洗排水阀	5	操作漏项、次序不当，每项扣2分				
				正洗时间不足或过长扣2分				
8	混合及正洗	开混床空气阀、正洗排水阀。放水至树脂面上100～200mm时关正洗排水阀。缓慢开启混床进压缩空气阀，使床内树脂充分扰动3～5min，关进压缩空气阀。快开正洗进水阀、正洗排水阀。待树脂沉降，关正洗排水阀。待床内空气排尽，开正洗排水阀，关空气阀，调节正洗流量至规定值。正洗至排水合格，关正洗进水阀、正洗排水阀	15	操作漏项、次序不当，每项扣3分				
				混合不均匀扣5分				
				正洗流量过大或过小扣2分				
				正洗时间不足或过长扣2分				
9	使用工具	使用工具	2	工具使用不正确扣2分				
		维护工具	3	工具乱摆乱放扣3分				
10	安全及其他	按国家法规或企业规定		违规一次总分扣5分；严重违规停止操作			—	
		在规定时间内完成操作		每超时1min总分扣5分，超时3min停止操作			—	
		合　计	100					

试题9：阳双层床大反洗再生操作(现场模拟)

（考核时间：90min）

序号	考核内容	考核要点	配分	评分标准	检测结果	扣分	得分	备注
1	准备工作	穿戴劳保用品	3	穿戴不规范扣3分				
		工具、用具准备	2	工具选择不正确扣2分				
2	小反洗	开阳双层床反洗排水阀、小反洗进水阀。调节流量使压实层能充分松动，又不至将正常颗粒冲走。待反洗水清澈后，关小反洗进水阀	6	操作漏项，每项扣2分				
				小反洗强度、时间不足，扣1分				

续表

序号	考核内容	考核要点	配分	评分标准	检测结果	扣分	得分	备注
3	放水	待压实层全部沉降后，开空气阀、中间排水阀。待放水完毕，关反洗排水阀、空气阀、中间排水阀	3	操作漏项，每项扣1分				
4	顶压	开阳双层床顶压进气阀，调节压缩空气减压阀开度，使床内压力稳定在规定值	6	操作漏项、次序不当，每项扣2分				
				不清楚压力调节值扣2分				
5	预喷射	开阳床中间排水阀、进酸阀、阳酸喷射器进水阀。投运再生水泵，调节流量至规定值	8	操作漏项、次序不当，每项扣3分				
				投运再生水泵操作不规范，每项扣2分				
				喷射器流量调整不当扣2分				
6	进酸	开阳酸喷射器进酸阀、阳酸计量箱出酸阀，并调整酸浓度至规定值	5	操作漏项、次序不当，每项扣2分				
				酸浓度调整不当扣2分				
7	置换	进完规定量的酸后，关阳酸计量箱出酸阀、阳酸喷射器进酸阀。置换至规定时间或中间排水废液中酸度小于规定值。停运再生水泵，关阳酸喷射器进水阀、阳床进酸阀、中间排水阀、顶压进气阀	8	操作漏项、次序不当，每项扣3分				
				停运再生水泵操作不规范，每项扣2分				
				置换时间不足或过长扣1分				
8	大反洗	开阳双层床进水阀、空气阀，交换器进满水关闭进水阀、空气阀。开启反洗排水阀，缓缓开启大反洗进水阀，反洗流量由小逐步增大，使树脂慢慢膨胀并稳定在上监视孔处。待分层良好后，关大反洗进水阀。待树脂层全部沉降后，开中间排水阀、空气阀。待放水完毕，关反洗排水阀、空气阀、中间排水阀	9	操作漏项、次序不当，每项扣2分				
				大反洗强度、时间不足扣1分				
				大反洗进水操作过快扣3分				
				大反洗跑正常颗粒扣3分				
9	放水	待压实层全部沉降后，开空气阀、中间排水阀。待放水完毕，关反洗排水阀、空气阀、中间排水阀	3	操作漏项，每项扣1分				

续表

序号	考核内容	考核要点	配分	评分标准	检测结果	扣分	得分	备注
10	顶压	开阳双层床顶压进气阀，调节压缩空气减压阀开度，使床内压力稳定在规定值	6	操作漏项、次序不当，每项扣2分				
				不清楚压力调节值扣2分				
11	预喷射	开阳床中间排水阀、进酸阀、阳酸喷射器进水阀。投运再生水泵，调节流量至规定值	8	操作漏项、次序不当，每项扣3分				
				投运再生水泵操作不规范，每项扣2分				
				喷射器流量调整不当扣2分				
12	进酸	开阳酸喷射器进酸阀、阳酸计量箱出酸阀，并调整酸浓度至规定值	5	操作漏项、次序不当，每项扣2分				
				酸浓度调整不当扣2分				
13	置换	进完规定量的酸后，关阳酸计量箱出酸阀、阳酸喷射器进酸阀。置换至规定时间或中间排水废液中酸度小于规定值。停运再生水泵，关阳酸喷射器进水阀、阳床进酸阀、中间排水阀、顶压进气阀	8	操作漏项、次序不当，每项扣3分				
				停运再生水泵操作不规范，每项扣2分				
				置换时间不足或过长扣1分				
14	进水	开阳双层床空气阀、正洗进水阀	3	操作漏项，每项扣2分				
15	小正洗	待床内空气排尽，开中间排水阀，关空气阀，调节小正洗流量至规定值	6	操作漏项、次序不当，每项扣5分				
16	大正洗	小正洗至规定时间，开阳床正洗排水阀，关中间排水阀。正洗至排水合格，关正洗进水阀、正洗排水阀	6	操作漏项、次序不当，每项扣5分				
				正洗时间不足或过长扣2分				
17	使用工具	使用工具	2	工具使用不正确扣2分				
		维护工具	3	工具乱摆乱放扣3分				
18	安全及其他	按国家法规或企业规定		违规一次总分扣5分；严重违规停止操作			—	
		在规定时间内完成操作		每超时1min总分扣5分，超时3min停止操作			—	
合计			100					

试题 10：一级复床除盐系统停运操作(现场模拟)

(考核时间：15min)

序号	考核内容	考核要点	配分	评分标准	检测结果	扣分	得分	备注
1	准备工作	穿戴劳保用品	3	穿戴不规范扣 3 分				
		工具、用具准备	2	工具选择不正确扣 2 分				
2	停运中间水泵	停运中间水泵	20	操作漏项，每项扣 10 分				
				未按规范操作，每项扣 5 分				
3	停运阴床	关阴床正洗进水阀、出水阀。开排气阀，放水消压后关排气阀	20	操作漏项，每项扣 5 分				
4	停运清水泵	停运清水泵	20	操作漏项，每项扣 10 分				
				未按规范操作，每项扣 5 分				
5	停运阳床	关阳床正洗进水阀、出水阀。开排气阀，放水消压后关排气阀	20	操作漏项，每项扣 5 分				
6	停运除碳器	停运除碳器	10	操作漏项扣 10 分				
7	使用工具	使用工具	2	工具使用不正确扣 2 分				
		维护工具	3	工具乱摆乱放扣 3 分				
8	安全及其他	按国家法规或企业规定		违规一次总分扣 5 分；严重违规停止操作			—	
		在规定时间内完成操作		每超时 1min 总分扣 5 分，超时 3min 停止操作			—	
合　计			100					

试题 11：V 型滤池的投运(现场模拟)

(考核时间：25min)

序号	考核内容	考核要点	配分	评分标准	检测结果	扣分	得分	备注
1	准备工作	穿戴劳保用品	5	穿戴不规范扣 5 分				
2	投运前检查	检查 V 型滤池的进水阀、排水阀、清水阀、泄气阀、水冲阀、气冲阀是否正常及其启闭情况	8	未检查阀门扣 5 分；检查漏项，每项扣 1 分				
				未确认状态扣 3 分				
		检查反冲洗泵、气源压力是否正常	6	未检查反冲洗泵扣 3 分				
				未检查气源压力扣 3 分				
		检查滤料是否满足要求	2	未检查扣 2 分				
		检查滤池控制系统是否完好	5	未检查扣 5 分				

续表

序号	考核内容	考核要点	配分	评分标准	检测结果	扣分	得分	备注
		确认进出水条件	4	未确认进水条件扣2分				
				未确认出水条件扣2分				
3	投运自动方式	在就地触摸屏或中控室微机上选择"自动"运行，这时滤池将处于自动工作模式，并自动进行反冲洗，操作人员无需介入	15	操作不正确扣5分				
				对自动模式工作特点不熟悉扣5分				
				对自动模式下反冲洗不熟悉扣5分				
4	投运半自动方式	在就地触摸屏或中控室微机上选择"半自动"运行，需要反冲洗时，键盘上操作选择"申请"按钮，滤池将进行反冲洗，其余操作为自动进行	15	操作不正确扣5分				
				对半自动模式下反冲洗操作不熟悉扣5分				
				对半自动模式工作特点不熟悉扣5分				
5	投运手动方式	在就地触摸屏或中控室微机上选择"手动"运行，自动控制方式将取消，滤池的设备将触摸屏或微机上的按键进行操作，每个滤池的手动模式是相互独立的	10	操作不正确扣5分				
				对手动模式工作特点不熟悉扣5分				
		关闭滤池气冲阀、水冲阀、排水阀，打开进水阀，同时打开排气阀，调节滤池清水阀开度以满足滤池恒水位运行的要求	10	操作顺序不正确扣5分				
				操作漏项扣5分				
				滤池水位控制达不到要求扣5分				
		滤池投入运行后，要注意其水位，不得有漫水或水位过高、过低等现象，一般应调节好清水阀的开度，控制滤速在操作指标范围内	10	未掌握调节滤速方法扣5分				
				进出水不平衡扣5分				
6	投运后检查	定时分析出水浊度，检查V型滤池工作是否稳定	10	未分析出水浊度扣5分				
				投运后未检查扣5分				
7	安全及其他	按国家法规或企业规定		违规一次总分扣2分；严重违规停止操作			—	
		在规定时间内完成操作		每超时1min总分扣3分，超时3min停止操作			—	
		合　计	100					

试题 12：离心泵安装后的验收（现场模拟）

（考核时间：30min）

序号	考核内容	考核要点	配分	评分标准	检测结果	扣分	得分	备注
1	准备工作	穿戴劳保用品	3	穿戴不规范扣 3 分				
		工具、用具准备	2	工具选择不正确扣 2 分				
2	资料验收	资料验收	10	没有验收扣 10 分				
3	检查设备	检查润滑系统是否完好	5	未检查扣 5 分				
		检查油封系统是否完好	5	未检查扣 5 分				
		检查冷却水系统是否畅通无泄漏	5	未检查扣 5 分				
		检查压力表是否正确	5	未检查扣 5 分				
4	试车	正向盘车是否灵活	15	未盘车扣 15 分				
		点试是否有杂音	15	未点试扣 15 分				
		带负荷运行 24h（指明即可）	10	未指明扣 10 分				
		检查轴承温度、振动、密封及润滑情况	10	未检查扣 10 分				
		检查电流、压力、流量是否符合铭牌和满足生产需要	10	未检查扣 10 分				
5	使用工具	使用工具	2	工具使用不正确扣 2 分				
		维护工具	3	工具乱摆乱放扣 3 分				
6	安全及其他	按国家法规或企业规定		违规一次总分扣 5 分；严重违规停止操作			—	
		在规定时间内完成操作		每超时 1min 总分扣 5 分，超时 3min 停止操作			—	
合计			100					

试题 13：反渗透膜元件长期停用的保护（现场模拟）

（考核时间：20min）

序号	考核内容	考核要点	配分	评分标准	检测结果	扣分	得分	备注
1	准备工作	穿戴劳保用品	3	穿戴不规范扣 3 分				
		工具、用具准备	2	工具选择不正确扣 2 分				
2	操作程序	适用于装置停止运行 30 天（夏季时间缩短）以上	10	没有时间限定扣 5 分				
				时间不对应扣 5 分				

续表

序号	考核内容	考核要点	配分	评分标准	检测结果	扣分	得分	备注
		将膜元件进行化学清洗	10	未明确化学清洗扣10分				
		用反渗透装置的产水配制杀菌液（一般用0.5%~0.7%的甲醛溶液）	10	未配制杀菌液扣5分				
				配制杀菌液浓度不对扣5分				
		将杀菌液充满装置	10	不操作不得分				
				操作不到位扣5分				
		确认装置充满杀菌液，关闭相关阀门	10	未操作扣10分				
				操作不到位扣5分				
		如果系统温度低于27℃，每隔30天用新的杀菌液重复进行第4步~第6步操作	10	没有温度限定扣5分				
				对应时间不对扣5分				
				未重复操作扣5分				
		如果系统温度高于27℃，每隔15天用新的杀菌液重复进行第4步~第6步操作	10	没有温度限定扣5分				
				对应时间不对扣5分				
				未重复操作扣5分				
		在装置重新投入使用前，产水排放阀全开，用低压给水冲洗1h，然后用高压给水冲洗5~10min	10	未用低压水进行冲洗扣5分				
				未用高压水进行冲洗扣5分				
				操作不到位扣5分				
		在恢复装置正常操作前，检查产品水中不含任何杀菌剂	10	未检查扣5分				
3	使用工具	使用工具	2	工具使用不正确扣2分				
		维护工具	3	工具乱摆乱放扣3分				
4	安全及其他	按国家法规或企业规定		违规一次总分扣5分；严重违规停止操作			—	
		在规定时间内完成操作		每超时1min总分扣5分，超时3min停止操作			—	
		合　计	100					

试题14：运行电机的检查维护（现场模拟）

（考核时间：15min）

序号	考核内容	考核要点	配分	评分标准	检测结果	扣分	得分	备注
1	准备工作	穿戴劳保用品	5	穿戴不规范扣5分				
2	检查运行参数	检查电机电流是否超过允许值	10	未检查扣10分				
		检查电机电压是否在规定范围内	10	未检查扣10分				

续表

序号	考核内容	考核要点	配分	评分标准	检测结果	扣分	得分	备注
3	检查电机完好情况	检查电机接线应良好	10	检查漏项，每项扣5分				
		检查电机地脚螺栓应紧固	10	检查漏项，每项扣5分				
4	检查轴承润滑情况	检查轴承的润滑是否正常，对滑动轴承应注意油环是否转动，油腔内油是否充满到正常油位	10	未检查添加扣10分				
5	检查电机运转情况	检查电机声响和振动有否超常现象	10	未检查扣10分				
		检查滑环上有无火花	10	未检查扣10分				
		电机各部分温升是否在规定值范围以内，有无焦糊味	15	检查漏项，每项扣5分				
		电机及附近清洁且无任何杂物，以免卷入电机内	10	未检查清理扣10分				
6	安全及其他	按国家法规或企业规定		违规一次总分扣5分；严重违规停止操作			—	
		在规定时间内完成操作		每超时1min总分扣3分，超时3min停止操作			—	
合计			100					

试题15：往复式空压机的运行维护(现场模拟)

(考核时间：15min)

序号	考核内容	考核要点	配分	评分标准	检测结果	扣分	得分	备注
1	准备工作	穿戴劳保用品	5	穿戴不规范扣5分				
2	检查运转状况	压缩机的运转状况应符合技术规范要求。电动机的运转检查应按电动机使用说明书要求进行。倾听机器运转时不得有不正常的振动和声响	30	检查漏项，每项扣10分				
3	检查冷却水	冷却水流量均匀，不得间断性的排出及冒气泡	10	检查漏项，每项扣5分				
4	检查润滑油	润滑油的油质、油位、油温应符合要求	15	检查漏项，每项扣5分				
5	检查各级排气	检查各级排气压力、温度在正常范围内，参数异常时，应停车检查。当活塞杆上有润滑油并已窜入填料及气缸内时，应立刻停车检修。压缩机管路出现漏气、漏水、漏油时，应在停车后修理	30	检查漏项，每项扣10分；异常处理不规范，每项扣5分				

续表

序号	考核内容	考核要点	配分	评分标准	检测结果	扣分	得分	备注
6	放水	分离器、贮气罐每班放水不少于两次，潮湿天气视情况增加放水次数	10	操作漏项扣10分				
7	安全及其他	按国家法规或企业规定		违规一次总分扣5分；严重违规停止操作			—	
		在规定时间内完成操作		每超时1min总分扣5分，超时3min停止操作			—	
合　计			100					

试题16：离心泵振动大的原因分析(现场模拟)

（考核时间：20min）

序号	考核内容	考核要点	配分	评分标准	检测结果	扣分	得分	备注
1	准备工作	穿戴劳保用品	5	穿戴不规范扣5分				
2	水力振动原因	汽蚀引起的振动	10	不清楚现象和原因扣10分				
		小流量运行引起的振动	5	不清楚现象和原因扣5分				
		水击引起的振动	10	不清楚现象和原因扣10分				
3	机械振动原因	转子不平衡引起的振动。原因有泵的口环磨损、叶轮腐蚀或局部腐蚀、轴弯曲等	15	不清楚现象和原因，每项扣5分				
		临界转速引起的振动	5	不清楚现象和原因扣5分				
		找中心不正引起的振动。原因有泵找中心不准确、基础刚度不够、温度变化使部件胀缩使中心变动、转子弯曲、对轮加工质量不好或轴承磨损引起中心变动等	20	不清楚现象和原因，每项扣5分				
		转子与固定部分摩擦引起的振动	10	不清楚现象和原因扣10分				
		底脚螺丝松动或灌浆时不牢引起的振动	10	不清楚现象和原因扣10分				
		驱动机引起的振动	10	不清楚现象和原因扣10分				
4	安全及其他	按国家法规或企业规定		违规一次总分扣5分；严重违规停止操作			—	
		在规定时间内完成操作		每超时1min总分扣5分，超时3min停止操作			—	
合　计			100					

试题17：离心泵组的杂音辨别(现场模拟)

(考核时间：20min)

序号	考核内容	考核要点	配分	评分标准	检测结果	扣分	得分	备注
1	准备工作	穿戴劳保用品	3	穿戴不规范扣3分				
		工具、用具准备	2	工具选择不正确扣2分				
2	离心泵组的杂音辨别	水泵发出轰隆轰隆声，水泵出水压力突然大幅度下降	10	未判断出水泵抽空、吸水管漏入大量空气扣10分				
		水泵发出咯哒咯哒声，水泵出水压力显著下降	10	未判断出吸入真空高度过大使泵运行脱离正常特性曲线扣10分				
		水泵发出隆隆声，水泵压力下降	10	未判断出水泵过载运行扣10分				
		水泵发出轰轰声和噼里啪啦声，水泵出水压力突然大幅度下降	5	未判断附近管道破裂，流量增大引起水锤扣5分				
		石子甩到泵壳上的声音，水泵流量小	5	未判断出低流量噪声扣5分				
		水泵呈噼噼啪啪的爆裂声响，泵体震动，扬程及流量均降低	10	未判断出水泵发生气蚀现象扣5分				
		转子周期性地发出咯噔咯噔撞击声响	10	未判断出水泵叶轮轴套等部件松动扣5分				
		滚动轴承发出破裂的啪啪啦啦声或咕噜咕噜声，轴承盖烫手	10	未判断出水泵轴承损坏扣10分				
		滚动轴承发出均匀的哨声或丝丝声，轴承盖烫手	10	未判断出水泵油(脂)量不足扣10分				
		滚动轴承发出较大的唰唰声	5	未判断出滚珠与隔离架间隙过大扣10分				
		滚动轴承发出较低的嗡翁声，轴承温度过高	5	未判断出由于装配时径向紧力过大，滚珠转动吃力扣5分				
3	使用工具	使用工具	2	工具使用不正确扣2分				
		维护工具	3	工具乱摆乱放扣3分				
4	安全及其他	按国家法规或企业规定		违规一次总分扣5分；严重违规停止操作			—	
		在规定时间内完成操作		每超时1min总分扣5分，超时3min停止操作			—	
合计			100					

试题 18：离心泵产生汽蚀的原因分析（现场模拟）

（考核时间：10min）

序号	考核内容	考核要点	配分	评分标准	检测结果	扣分	得分	备注
1	准备工作	穿戴劳保用品	5	穿戴不规范扣 5 分				
2	吸入液原因	吸入池中液位过低	10	未指出扣 10 分				
		吸入压力降低	5	未指出扣 5 分				
		吸入液温度升高	10	未指出扣 10 分				
3	吸入管路原因	底阀、滤网、吸入阀、吸入管堵塞或失灵	20	分析漏项，每项扣 5 分				
		吸入管路过细、过长	20	分析漏项，每项扣 10 分				
4	泵的原因	叶轮入口堵塞	5	未指出扣 5 分				
		泵允许吸上真空高度过低	5	未指出扣 5 分				
5	流量原因	流量过低导致吸入液升温	10	未指出扣 10 分				
		流量过高导致吸入真空过大	10	未指出扣 10 分				
6	安全及其他	按国家法规或企业规定		违规一次总分扣 5 分；严重违规停止操作			—	
		在规定时间内完成操作		每超时 1min 总分扣 5 分，超时 3min 停止操作			—	
合　计			100					

试题 19：混床反洗分层不明显的原因分析（现场模拟）

（考核时间：15min）

序号	考核内容	考核要点	配分	评分标准	检测结果	扣分	得分	备注
1	准备工作	穿戴劳保用品	10	穿戴不规范扣 10 分				
2	树脂原因	树脂未完全失效，阴、阳树脂比重差小	15	未检查扣 15 分				
		阴、阳树脂互相黏结	15	未检查扣 15 分				
		阳树脂破碎较多	15	未检查扣 15 分				
		树脂选用不当，未使用混床专用树脂	15	未检查扣 15 分				
3	反洗原因	反洗时间过短	15	未检查扣 15 分				
		反洗流量过小，树脂未充分膨胀	15	未检查扣 15 分				

续表

序号	考核内容	考核要点	配分	评分标准	检测结果	扣分	得分	备注
4	安全及其他	按国家法规或企业规定		违规一次总分扣5分；严重违规停止操作			—	
		在规定时间内完成操作		每超时1min总分扣5分，超时3min停止操作			—	
合计			100					

试题20：化学水处理装置停电事故的处理（现场模拟）

（考核时间：15min）

序号	考核内容	考核要点	配分	评分标准	检测结果	扣分	得分	备注
1	准备工作	穿戴劳保用品	3	穿戴不规范扣3分				
		工具、用具准备	2	工具选择不正确扣2分				
2	停电判断	装置机泵全停	10	未说明停电现象、未及时判明停电不得分				
3	停电处理	立即向调度报告，联系电气处理	20	未报告调度扣10分				
				未联系电气扣10分				
		关闭二级泵出口门，立即重新启动，注意连接在不同化水变上的泵轮流启动。如果启动成功，按程序开车	10	未尝试启动二级泵，扣10分				
		检查再生、反洗、或者清洗状态的设备，停止再生、反洗、或清洗	10	未停止，扣10分				
		关闭系统酸碱罐出口门	10	未关闭出口门，扣10分				
		停止系统补水、排污	10	未停止不得分				
		关注水箱液位，做好恢复生产的准备工作	10	未关注水池液位，并做好恢复准备不得分				
		做好停车情况记录	10	未做停车记录不得分				
4	使用工具	使用工具	2	工具使用不正确扣2分				
		维护工具	3	工具乱摆乱放扣3分				
5	安全及其他	按国家法规或企业规定		违规一次总分扣5分；严重违规停止操作			—	
		在规定时间内完成操作		每超时1min总分扣5分，超时3min停止操作			—	
合计			100					

试题 21：往复式空压机排气量降低的处理（现场模拟）

（考核时间：20min）

序号	考核内容	考核要点	配分	评分标准	检测结果	扣分	得分	备注
1	准备工作	穿戴劳保用品	5	穿戴不规范扣 5 分				
2	消除漏气缺陷	检查气体管路及冷却器，有漏气缺陷的，检修消除	25	检查处理漏项扣 25 分				
3	检查进气门	检查进气门是否打开，未打开的修理正常	25	检查处理漏项扣 25 分				
4	修理气阀	检查阀片、阀座是否严密或损坏，损坏的检修处理	25	检查处理漏项扣 25 分				
5	修理活塞环	检查活塞环是否磨损或损坏，异常的应修理或更换	20	检查处理漏项扣 20 分				
6	安全及其他	按国家法规或企业规定		违规一次总分扣 5 分；严重违规停止操作			—	
		在规定时间内完成操作		每超时 1min 总分扣 5 分，超时 3min 停止操作			—	
合计			100					

试题 22：澄清器出水 OH^- 碱度严重超标的处理（现场模拟）

（考核时间：20min）

序号	考核内容	考核要点	配分	评分标准	检测结果	扣分	得分	备注
1	准备工作	穿戴劳保用品	5	穿戴不规范扣 5 分				
2	排去不合格水	若不合格水在 3# 取样管以下，可停止进水，并全开底部排污阀，将严重不合格的水排掉；若不合格水已到 3# 取样管以上，可减少加药量，关闭澄清器出口阀，让水溢流掉，与此同时开大泥渣浓缩器排污阀，加大排污	40	检查处理漏项，每项扣 20 分				
				处理不当，每项扣 10 分				
3	调整加药	减小加药泵的加药量	20	检查处理漏项扣 20 分				
		加水于石灰搅拌器中，以降低石灰浆浓度	20	检查处理漏项扣 10 分				
4	调整负荷	调整增大澄清器出力	15	检查处理漏项扣 15 分				
5	安全及其他	按国家法规或企业规定		违规一次总分扣 5 分；严重违规停止操作			—	
		在规定时间内完成操作		每超时 1min 总分扣 5 分，超时 3min 停止操作			—	
合计			100					

试题 23：除盐水箱水质劣化的处理(现场模拟)

(考核时间：20min)

序号	考核内容	考核要点	配分	评分标准	检测结果	扣分	得分	备注
1	准备工作	穿戴劳保用品	5	穿戴不规范扣 5 分				
2	检查阀门	立即停止再生工作，检查阴阳床或混床的出口阀、酸碱进口阀等的可靠性。若有泄露现象，立即加关或检修	30	检查处理漏项，每项扣 5 分				
3	检查运行床水质	检查正在运行阴阳床或混床的水质。发现失效的，立即停运	30	检查处理漏项，每项扣 10 分				
4	排除不合格水	根据需要与可能，解列除盐水箱，排除不合格的除盐水	10	检查处理漏项扣 10 分				
5	加强锅内水处理	不合格除盐水已送入锅炉，须针对情况，加强锅内水处理	15	检查处理漏项，每项扣 5 分				
6	监督再生过程	再生过程中密切注意床体内压力，若其压力大于交换器出口母管的压力时，立即开大排废酸碱的阀门或关小酸碱的进口阀	10	检查处理漏项，每项扣 5 分				
7	安全及其他	按国家法规或企业规定		违规一次总分扣 5 分；严重违规停止操作			—	
		在规定时间内完成操作		每超时 1min 总分扣 5 分，超时 3min 停止操作			—	
合计			100					

试题 24：阳床出水钠高的处理(现场模拟)

(考核时间：20min)

序号	考核内容	考核要点	配分	评分标准	检测结果	扣分	得分	备注
1	准备工作	穿戴劳保用品	5	穿戴不规范扣 5 分				
2	反洗树脂	阳床树脂层过脏的，进行彻底的大反洗	25	检查漏项扣 25 分				
3	检查再生剂质量	分析再生剂质量，使用符合标准的再生剂	15	检查漏项扣 15 分				

续表

序号	考核内容	考核要点	配分	评分标准	检测结果	扣分	得分	备注
4	调整再生参数	调整再生参数。再生剂量达到规定；再生液流速、浓度符合要求；顶压时维持适当的压力，再生过程中，避免树脂乱层	30	未调整再生参数扣30分				
				处理漏项，每项扣10分				
5	检查树脂高度	检查阳床树脂层高度应符合要求，不足的则补充至正常高度	15	检查漏项扣15分				
6	检修损坏设备	因阳床内设备损坏，造成再生液偏流，检修处理	10	检查漏项扣10分				
7	安全及其他	按国家法规或企业规定		违规一次总分扣5分；严重违规停止操作			—	
		在规定时间内完成操作		每超时1min总分扣5分，超时3min停止操作			—	
合计			100					

试题25：混床反洗分层不明显的处理(现场模拟)

(考核时间：25min)

序号	考核内容	考核要点	配分	评分标准	检测结果	扣分	得分	备注
1	准备工作	穿戴劳保用品	5	穿戴不规范扣5分				
2	充分反洗	反洗分层过程中，在不跑树脂的前提下，增大反洗强度，尽可能使树脂充分膨胀	30	操作不当，每项扣10分				
		反洗时间应充足	20	处理漏项扣20分				
3	氢氧化钠处理树脂	由于失效程度不深、抱团等原因，造成分层困难。可用氢氧化钠溶液自上而下通过树脂层，静置后再重新反洗分层	30	操作不当，每项扣10分				
4	选用树脂	应选用混床专用树脂，混床阴、阳树脂的湿真密度差应在15%～20%以上，粒径、均一系数符合要求	10	不清楚树脂要求，每项扣5分				
5	更换树脂	混床阳树脂颗粒破碎较多时，需考虑更换树脂	5	处理漏项扣5分				

续表

序号	考核内容	考核要点	配分	评分标准	检测结果	扣分	得分	备注
6	安全及其他	按国家法规或企业规定		违规一次总分扣5分；严重违规停止操作			—	
		在规定时间内完成操作		每超时1min总分扣5分，超时3min停止操作			—	
合　计			100					

试题26：汽包锅炉给水劣化的处理程序（现场模拟）

（考核时间：25min）

序号	考核内容	考核要点	配分	评分标准	检测结果	扣分	得分	备注
1	准备工作	穿戴劳保用品	5	穿戴不规范扣5分				
2	确认样品代表性	检查水、气样品是否正确	10	未检查，扣10分				
		必要时重新取样分析	10	未重新分析，扣20分				
3	检查实验方法	检查确认实验方法、实验设备、实验仪器是否正确，必要时重新化验	20	操作不当，每项扣10分				
4	检查取样器	检查取样器有无泄漏	10	未检查，扣10分				
5	汇报	汇报调度及有关部门、协助有关部门查找原因	10	没有汇报，扣10分				
6	处理	根据给水劣化的原因，联系相关单位消除故障，加强水质调整处理。	15	不清楚处理方法，扣15分				
7	记录	做好事故想象，查找过程，和处理过程的相关记录	20	记录不全，扣10分；未记录，扣10分				
8	安全及其他	按国家法规或企业规定		违规一次总分扣5分；严重违规停止操作			—	
		在规定时间内完成操作		每超时1min总分扣5分，超时3min停止操作			—	
合　计			100					

试题27：721型分光光度计的操作（现场模拟）

（考核时间：30min）

序号	考核内容	考核要点	配分	评分标准	检测结果	扣分	得分	备注
1	准备工作	穿戴劳保用品	5	穿戴不规范扣5分				

续表

序号	考核内容	考核要点	配分	评分标准	检测结果	扣分	得分	备注
2	零位校正	在仪器尚未接通电源时，电表的指针必须位于“0”刻线上，若不是这种情况，则可以用电表上的校正螺丝进行调节	15	接通电源前未检查“0”位扣15分				
				未校正调节扣10分				
		将仪器的电源开关接通（接220V交流电），打开比色槽暗箱盖，使电表指针处于“0”位，预热20min后，再选择须用的单色光波长和相应的放大灵敏度挡，用调“0”电位器校正电表“0”位	15	操作漏项，每项扣5分				
				操作不规范，每项扣3分				
3	满刻度校正	将仪器的比色槽暗箱合上，比色槽处于蒸馏水校正位置，使光电管见光，旋转光量调节器调节光电管输出的光电讯号使电表指针正确处于100%	15	操作漏项，每项扣5分				
				调节光电讯号不当扣10分				
4	重复校正	按上述方式连续几次调整“0”位和电表指针100%，仪器即可进行测定工作	10	操作漏项，每项扣5分				
				未重复调整扣10分				
5	选择灵敏度挡	放大器灵敏度挡的选择是根据不同的单色光波长，光能量不一致时分别选用，其各挡的灵敏度范围是：第一挡×1倍；第二挡×10倍；第三挡×20倍。选用的原则是能使空白挡良好的用光量调节器调整于100%处	15	各挡灵敏度范围不清楚的扣10分				
				选用原则不清楚的扣5分				
6	选择空白挡	空白挡可以采用空气空白、蒸馏水空白、其他有色溶液或中性吸光玻璃作陪衬。空白调节于100%，能提高吸光读数以适应溶液的高含量测定	15	操作漏项，每项扣5分				
				空白调节不对的扣10分				
7	选择比色皿	根据溶液中被测物含量的不同酌情选用不同规格光程长度的比色皿，使电表读数处于0.8消光之内	10	比色皿选用不当扣10分				

续表

序号	考核内容	考核要点	配分	评分标准	检测结果	扣分	得分	备注
8	安全及其他	按国家法规或企业规定		违规一次总分扣5分；严重违规停止操作			—	
		在规定时间内完成操作		每超时1min总分扣5分，超时3min停止操作			—	
合　计			100					

试题28：绘制双室双层浮动床离子交换器结构图(笔试)

（考核时间：30min）

序号	考核内容	考核要点	配分	评分标准	检测结果	扣分	得分	备注
1	准备工作	工具、用具准备	5	未自带工具扣5分				
2	图形绘制	图纸幅面选择正确	5	图纸幅面选择错误扣5分				
		绘图比例准确	5	绘图比例错误扣5分				
		图面布置完好	5	图面布置不匀称、美观扣5分				
		离子交换器结构图正确，排布合理，符合实际情况，各组成部分位置准确并整齐	30	排布不合理扣5分				
				各组成部分连接画错一处扣2分				
				漏画一处扣3分				
				结构错误一处扣3分				
3	绘图标注	标注各组成部分的名称，符合实际	15	名称标注错一处扣2分				
				漏标一处扣2分				
		标注交换器的结构尺寸，符合实际	15	尺寸标注错误一处扣2分				
				尺寸标注漏标一处扣2分				
4	图例	图例要求完整	10	缺图例扣10分				
				图例错一处扣2分				
5	标题栏	标题栏要求完整	5	缺标题栏扣5分				
				标题栏错一处扣2分				
6	卷面情况	绘图卷面清晰、整洁	5	卷面不整洁扣5分				
7	安全及其他	按国家法规或企业规定		违规一次总分扣5分；严重违规停止操作			—	
		在规定时间内完成操作		每超时1min总分扣5分，超时3min停止操作			—	
合　计			100					

第四部分

技　师

一、石油石化职业资格等级标准(技师工作要求)

职业功能	工作内容	技能要求	相关知识
一、工艺操作	(一)开车准备	1. 能完成开车流程的确认工作 2. 能组织完成水联运试车工作 3. 能组织完成装置开车介质的引入工作 4. 能组织完成装置检修项目的验收 5. 能组织完成各类交换器的装料 6. 能参与完成新建锅炉的化学清洗 7. 能编写吹扫、冲洗、水联运、开车方案及网络计划 8. 能组织确认装置开车条件	1. 开、停车网络计划及方案的编写、审核要求 2. 水处理系统方案的选择 3. 化学清洗原理 4. 热力系统水化学基本工况 5. 水处理设备调试内容和方法
	(二)开车操作	1. 能指挥新装置开车 2. 能指导同类装置的试车、投产工作 3. 能参与水处理设备的调试工作	
	(三)正常操作	1. 能解决同类装置的工艺技术难题 2. 能对生产工况进行指导优化	
	(四)停车操作	1. 能指导同类装置的停车检修工作 2. 能组织完成水处理装置的整体停车操作 3. 能完成停车后交付检修的条件确认	
二、设备使用与维护	(一)使用设备	1. 能处理复杂的设备故障 2. 能组织设备检修后的验收工作 3. 能提出设备大修和改进意见 4. 能落实设备的防冻防凝、防腐蚀等技术措施 5. 能分析各类设备的使用情况并提出操作改进意见 6. 能对设备的安装、调试提出建议 7. 能协助热力系统热化学实验	1. 设备验收标准 2. 设备检修内容、技术要求 3. 热化学实验基本知识 4. 水处理设备防腐技术
	(二)维护设备	1. 能根据设备运行中存在的问题和设备管理要求提出大、中修项目及改进措施，并参与编制设备大修计划 2. 能参与制定设备维护保养制度 3. 能完成水处理设备的防腐和维护保养	1. 水处理设备的防腐方式 2. 通用设备检修规程 3. 水处理设备检修规程
三、事故判断与处理	(一)判断事故	1. 能判断水处理系统复杂事故 2. 能组织复杂事故应急预案的演练 3. 能判断处理工艺、设备等疑难故障 4. 能对国内外同类装置的事故原因进行分析 5. 能判断反渗透系统工艺参数异常的原因 6. 能判断除盐水、炉水、给水、蒸汽、凝结水异常原因	反事故演习方案

续表

职业功能	工作内容	技能要求	相关知识
	(二)处理事故	1. 能针对装置发生的各类事故，分析原因，提出预防措施 2. 能在紧急情况下采取果断措施，防止事故扩大 3. 能处理因为原水水质变化或主要原材料质量波动引起的工艺、设备等疑难故障 4. 能制定夏季、冬季四防措施 5. 能处理离子交换树脂的变质和污染 6. 能根据污染状况制定反渗透系统的化学清洗方案	1. 离子交换树脂变质和污染的处理方法 2. 反渗透清洗原理 3. 事故预案
四、绘图与计算	(一)绘图	1. 能绘制水处理设备结构图 2. 能识读水处理设备装配图和安装图	1. 装置设计资料 2. 零件图知识
	(二)计算	能完成一般工艺设计的计算	水处理工艺设计规范
五、管理	(一)质量管理	1. 能组织 QC 小组开展质量攻关活动 2. 能按质量管理体系要求指导生产	1. 全面质量管理方法 2. 质量管理体系运行要求
	(二)生产管理	1. 能组织、指导班组进行经济核算和经济活动分析 2. 能应用统计技术对生产工况进行分析 3. 能参与装置的标定工作	1. 工艺技术管理规定 2. 统计基础知识
	(三)编写技术文件	1. 能撰写生产技术总结 2. 能撰写技术论文 3. 能参与制定各类生产方案 4. 能参与制定岗位操作法和工艺技术规程 5. 能参与编制装置开、停车方案 6. 能参与编制重大、复杂的事故处理预案	1. 技术总结撰写方法 2. 技术论文撰写方法 3. 技术规程等编写格式 4. 开、停车方案编写方法
	(四)技术改进	1. 能参与组织技术改造和技术革新 2. 能参与重大技术改造方案的审定 3. 能组织实施节能降耗措施 4. 能参与装置经济活动分析	国内同类装置常用技术应用信息
六、培训与指导	培训与指导	1. 能培训初、中、高级操作人员 2. 能传授特有的操作经验和技能	教案编写方法

二、理论知识鉴定要素细目表

行业通用理论知识鉴定要素细目表

鉴定范围						鉴定点		
一级		二级		三级		代码	名称	重要程度
代码	名称	代码	名称	代码	名称			
A	基本要求	B	基础知识	B	识图基础知识	001	设备布置图基础知识	X
						002	管道布置图基础知识	X
						003	化工设备图尺寸标注方法	X
						004	装配图内容	X
				D	质量基础知识	001	ISO 9000 族标准质量管理审核的依据	X
						002	ISO 9001 标准质量管理体系的总体思路	X
				E	计算机基础知识	001	数据库的概念	X
						002	数据表的建立	X
						003	PowerPoint 课件的制作	X
B	相关知识	E	管理知识	A	生产管理	001	生产的管理	X
						002	设备的管理	X
						003	现场的管理	X
				B	编写技术文件	001	生产总结报告的常用格式	X
						002	技术论文的结构内容	X
						003	技术论文标题拟订的基本原则	X
						004	技术论文摘要拟订的基本原则	X
						005	技术论文编写的基本要素	X
						006	装置标定报告主要内容	X
						007	装置验收报告主要内容	X
						008	工艺技术规程主要内容	X
						009	岗位操作法的主要内容	X
						010	检修方案的主要内容	X
						011	开工方案的主要内容	X
						012	停工方案的主要内容	X
				C	技术改进	001	技术改造的目的	X
						002	技术改造的程序	X
						003	技术改造方案的主要内容	X
						004	技术改造的有关步骤	X
						005	技术改造申请书的编写格式	X
						006	技术革新成果的鉴定知识	X
						007	技术改造的注意事项	X
						008	技术革新成果报告的主要内容	X

续表

鉴定范围						鉴定点		
一级		二级		三级		代码	名称	重要程度
代码	名称	代码	名称	代码	名称			
		F	培训与指导	A	培训与指导	001	专项培训方案制定的要求	X
						002	培训教学常用方法	X
						003	培训教案编写的要求	X
						004	培训教学的组织实施	X
						005	评估培训效果的意义	X

职业通用理论知识鉴定要素细目表(供水生产工)

鉴定范围						鉴定点		
一级		二级		三级		代码	名称	重要程度
代码	名称	代码	名称	代码	名称			
A	基本要求	B	基础知识	G	石油化工基本常识	001	加氢精制的工艺特点	Z
						002	加氢裂化的工艺特点	Z
						003	石油的热加工工艺特点	Z
				H	化学基础知识	001	烷烃的特性	Y
						002	烯烃的特性	Z
						003	炔烃的特性	Z
						004	苯的特性	Y
						005	卤烃的特性	X
						006	有机化学的相关计算	Y
				I	水力学基础知识	001	流体运动的动量方程式	X
						002	明渠水流的流态形式	Y
				J	机械设备基础知识	001	离心泵的相关计算	X
						002	设备可靠性的概念	X
						003	设备可靠性的常用度量	X
						004	常用腐蚀调查的方法	Y
						005	常见的腐蚀环境类型	Y
				K	电气基础知识	001	电磁感应的概念	Y
						002	同步电动机的工作原理	Z
						003	电功率及功率因数的分析计算	X
						004	三相交流电路的分析与计算	X
				L	仪表基础知识	001	电导率表的构造特点	X
						002	水处理常用测量仪表的特性	X
						003	PLC 系统的特点	Y
						004	先进控制的概念	Z
				M	计量基础知识	001	测量仪表准确度的概念	X
						002	测量结果的有效数字	X
						003	测量数据的修约规则	X

工种理论知识鉴定要素细目表

鉴定范围						鉴定点		
一级		二级		三级		代码	名称	重要程度
代码	名称	代码	名称	代码	名称			
B	相关知识（通用模块）	A	工艺操作	A	基本知识	001	沉淀滴定容量分析知识	X
						002	氧化还原滴定容量分析知识	X
						003	比色分析法知识	Y
						004	水中硅酸化合物组成	X
						005	电位分析法	Z
						006	离子交换动力学基础知识	X
		B	设备使用与维护	A	使用设备	001	水泵的选择原则	X
						002	泵吸水管路布置要求	X
						003	泵出水管路的布置要求	Z
						004	水泵安装后的验收标准	X
						005	衬胶设备特点	X
				B	维护设备	001	分光光度计的结构	Y
						002	计量泵的类型	X
						003	压力表的选用要求	X
						004	金属的腐蚀	Y
						005	水处理常用非金属材料种类	Y
		C	绘图与计算	A	绘图	001	剖视图的概念	X
						002	选择零件视图的原则	X
						003	标注尺寸的要求	X
				B	计算	001	水泵安装高度的计算	X
						002	树脂含水率的计算	X
						003	酸碱耗的计算	X
						004	除碳器的相关计算	Y
						005	喷射器的计算	X
						006	软化水处理的相关计算	Y
						007	流体的相关计算	Y
						008	离子交换器的设计计算	X
						009	碱度的分析计算	X
						010	滤池的运行计算	X

续表

鉴定范围						鉴定点		
一级		二级		三级		代码	名称	重要程度
代码	名称	代码	名称	代码	名称			
C	相关知识（预处理模块）	A	工艺操作	A	基本知识	001	滤池承托层的规格要求	Y
						002	滤料的标准	Y
						003	含铁地下水的水质特点	X
				B	专业知识	001	预处理流程选择要求	X
						002	除铁原理	X
						003	除铁方式的选择	Y
D	相关知识（膜法水处理模块）	A	工艺操作	A	原辅材料基础知识	001	膜元件的选型	X
						002	膜元件保存的方法	X
				B	专业知识	001	反渗透预处理方案的选择	X
						002	反渗透膜元件的排列组合选择原则	X
						003	超滤膜的工艺流程特点	X
						004	海水淡化系统的特点	Y
						005	膜渗透原理	X
						006	反渗透清洗原理	X
						007	反渗透清洗方案选择	X
		B	设备使用	A	使用设备	001	膜元件的安装要求	Y
						002	反渗透装置的调试	X
						003	膜元件选择的基本原则	Y
						004	反渗透系统材质的选择	Y
						005	反渗透系统的控制仪表选择	Y
						006	能量回收装置的基本形式	X
E	相关知识（离子交换水处理模块）	A	工艺操作	A	原辅材料基础知识	001	离子交换树脂的选用	X
						002	离子交换树脂的合成原理	X
						003	阳树脂和阴树脂的鉴别	X
						004	强酸性阳树脂和弱酸性阳树脂的鉴别	X
						005	强碱性阴树脂和弱碱性阴树脂的鉴别	X
						006	离子交换树脂的填装要求	X
						007	强酸、强碱树脂全交的测定	X
						008	离子交换树脂的标准要求	X
				B	离子交换除盐处理专业知识	001	中高压锅炉汽水品质控制要求	X
						002	水的除盐工艺方法和特点	X
						003	离子交换水处理系统的选择	X
						004	离子交换器中树脂的利用率	X
						005	分流再生固定床的工作特点	X
						006	双室床的工作特点	X
						007	双室浮床的工作特点	X
						008	变径双室浮床的工作特点	X
						009	满室床的工作特点	X
						010	炉外水处理与炉内水处理的关系	X
						011	离子交换树脂的体外清洗方法	X

续表

鉴定范围						鉴定点		
一级		二级		三级		代码	名称	重要程度
代码	名称	代码	名称	代码	名称			
		B	设备使用与维护	A	使用设备	001	活性炭过滤器的工艺特点	X
						002	防止离子交换树脂污染的措施	X
						003	浮动床离子交换器的结构	X
						004	离子交换软化系统的选择	X
				B	维护设备	001	离子交换树脂的结构特点	X
						002	除碳器多面空心球填料的特点	Y
						003	离子交换软化再生系统的特点	X
						004	活性炭过滤器的维护	X
						005	离子交换器的电火花检验的目的和方法	X
						006	延长离子交换树脂寿命的措施	X
		C	事故判断与处理	A	判断事故	001	硬水在锅炉内结垢的原因	X
						002	化学除氧的影响因素	X
						003	温度对离子交换的影响	X
						004	离子交换树脂钙污染的判断	X
						005	离子交换树脂铝污染的判断	X
						006	离子交换树脂硅污染的判断	X
						007	影响热力除氧的因素	X
						008	离子交换树脂有机物污染的判断	X
				B	处理事故	001	离子交换树脂的钙污染处理	X
						002	离子交换树脂的铝污染处理	X
						003	离子交换树脂的硅污染处理	Y
						004	离子交换树脂的铁污染处理	X
						005	离子交换树脂的油污染处理	X
						006	离子交换树脂的有机物污染处理	X
F	相关知识（冷凝液处理模块）	A	工艺操作	A	流程设计	001	凝结水工艺流程的设计原则	Y
				B	设备选型	001	凝结水三床式系统的设计选型	Z
G	相关知识（炉内水处理）	A	工艺操作	A	基本理论	001	给水氧化性水化学工况的特点	Z
						002	汽包锅炉热化学实验的目的	X
						003	汽包锅炉热化学实验方法	X
						004	直流锅炉水处理的特点	Z
						005	锅炉化学清洗的必要性	X
						006	化学清洗步骤	X
						007	锅炉停用后保护目的	X
						008	锅炉停用后的保护方法	X
						009	凝汽器铜管的化学清洗方法	X

三、理论知识试题

行业通用理论知识试题

判断题

1. 设备布置图是构思建筑图的前提，建筑图又是设备布置图的依据。（√）

2. 化工设备图中，如图管道立面图，其平面图为。（×）

正确答案：化工设备图中，如图管道立面图，其平面图为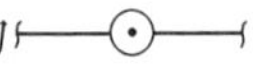。

3. 在化工设备图中，由于零件的制造精度不高，故允许在图上将同方向（轴向）的尺寸注成封闭形式。（√）

4. 装配图中，当序号的指引线通过剖面线时，指引线的方向必须与剖面线平行。（×）

正确答案：装配图中当序号的指引线通过剖面线时，指引线的方向必须与剖面线不平行。

5. 只有 ISO 9000 质量保证模式的标准才能作为质量审核的依据。（×）

正确答案：除 ISO 9000 族质量标准以外，还有其他一些国际标准可以作为质量审核的依据。

6. ISO 9000:2000 版标准减少了过多强制性文件化要求，使组织更能结合自己的实际，控制体系过程，发挥组织的自我能力。（√）

7. 数据库就是存储和管理数据的仓库。（×）

正确答案：数据库就是按一定结构存储和管理数据的仓库。

8. 在计算机应用软件中 VFP 数据表中日期字段的宽度一般为 10 个字符。（×）

正确答案：在计算机应用软件中 VFP 数据表中日期字段的宽度一般为 8 个字符。

9. 在应用软件 PowerPoint 中可以插入 WAV 文件、AVI 影片，但不能插入 CD 音乐。（×）

正确答案：在 PowerPoint 中可以插入 WAV 文件、AVI 影片，也能够插入 CD 音乐。

10. 在应用软件 PowerPoint 中播放演示文稿的同时，单击鼠标右键，选择“指针选项”中的“画笔”选项，此时指针会自动的变成一支画笔的形状，按住鼠标左键，就可以随意书写文字了。（√）

11. 基本生产过程在企业的全部生产活动中居主导地位。（√）

12. 企业的生产性质、生产结构、生产规模、设备工装条件、专业化协作和生产类型等因素都会影响企业的生产过程组织，其中影响最大的是生产规模。（×）

正确答案：企业的生产性质、生产结构、生产规模、设备工装条件、专业化协作和生产类型等因素都会影响企业的生产过程组织，其中影响最大的是生产类型。

13. 日常设备检查是指专职维修人员每天对设备进行的检查。（×）

正确答案：日常设备检查是指操作者每天对设备进行的检查。

14. 现场管理是综合性、全面性、全员性的管理。（√）

15. 通过对工艺指标分析和对比可以找出设备运行中存在的不足和问题，指导有目的地加以优化和改进。（√）

16. 关键词是为了文献标引工作，从论文中选取出来，用以表示全文主要内容信息款目的单词或术语，一般选用 3～8 个词作为关键词。（√）

17. 技术论文的摘要是对各部分内容的高度浓缩，可以用图表和化学结构式说明复杂的问题，并要求对论文进行自我评价。 (×)

正确答案：技术论文的摘要是对各部分内容的高度浓缩，在摘要中不可以用图表和化学结构式，不要对论文进行自我评价。

18. 理论性是技术论文的生命，是检验论文价值的基本尺度。 (×)

正确答案：创见性是技术论文的生命，是检验论文价值的基本尺度。

19. 生产准备应包括：组织机构(附组织机构图)、人员准备及培训、技术准备及编制《投料试车总体方案》(附投料试车统筹网络图)、物资准备、资金准备、外部条件准备和营销准备。 (√)

20. 工艺技术规程侧重于主要规定设备如何操作。 (×)

正确答案：工艺技术规程侧重于主要规定设备为何如此操作。

21. 岗位操作法应由车间技术人员根据现场实际情况编写，经车间主管审定，并组织有关专家进行审查后，由企业主管批准后执行。 (√)

22. 技术改造的过程中竣工验收时应以基础设计为依据。 (×)

正确答案：技术改造的过程中竣工验收的依据是批准的项目建议书、可行性研究报告、基础设计(初步设计)、有关修改文件及专业验收确认的文件。

23. 技术改造项目正式验收后要按照对技术经济指标进行考核标定，编写运行标定报告。 (×)

正确答案：技术改造项目正式验收前要按照对技术经济指标进行考核标定，编写运行标定报告。

24. 培训需求分析是培训方案设计和制定的基础和指南。 (√)

25. 案例教学因受到案例数量的限制，并不能满足每个问题都有相应案例的需求。(√)

26. 主题是培训教案的灵魂，提纲是教案的血脉，素材是培训教案的血肉。 (√)

27. 在培训活动中，学员不仅是学习资料的摄取者，同时也是一种可以开发利用的宝贵的学习资源。 (√)

28. 对内容、讲师、方法、材料、设施、场地、报名的程序等方面的评价属于结果层面的评价。 (×)

正确答案：对内容、讲师、方法、材料、设施、场地、报名的程序等方面的评价属于反应层面的评价。

单选题

1. 设备布置图中，用(B)线来表示设备安装基础。

A. 细实　　B. 粗实　　C. 虚　　D. 点划

2. 如图 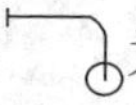 为一根管道空间走向的平面图，它的左视图是(B)。

A. 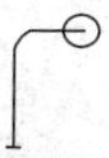　　B. 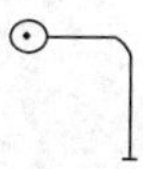　　C. 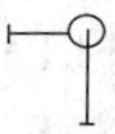　　D. 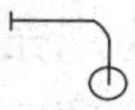

3. 在储罐的化工设备图中，储罐的筒体内径尺寸 $\phi2000$ 表示的是(A)尺寸。

A. 特性　　B. 装配　　C. 安装　　D. 总体

4. 关于零件图和装配图，下列说法不正确的是(C)。

A. 零件图表达零件的大小、形状及技术要求

B. 装配图是表示装配及其组成部分的连接、装配关系的图样

C. 零件图和装配图都用于指导零件的加工制造和检验

D. 零件图和装配图都是生产上的重要技术资料

5. 在 ISO 9000 族标准中，可以作为质量管理体系审核的依据是(A)。

A. GB/T 19001　　B. GB/T 19000　　C. GB/T 19021　　D. GB/T 19011

6. 按 ISO 9001:2000 标准建立质量管理体系，鼓励组织采用(A)方法。

A. 过程　　B. 管理的系统

C. 基于事实的决策　　D. 全员参与

7. 目前，比较流行的数据模型有三种，下列不属于这三种的是(D)结构模型。

A. 层次　　B. 网状　　C. 关系　　D. 星形

8. 在计算机应用软件中 VFP 数据库中浏览数据表的命令是(A)。

A. BROWS　　B. SET　　C. USE　　D. APPEND

9. 在应用软件 PowerPoint 中演示文稿的后缀名是(C)。

A. doc　　B. xls　　C. ppt　　D. ppl

10. 在生产过程中，由于操作不当造成原材料、半成品或产品损失的，属于(A)事故。

A. 生产　　B. 质量　　C. 破坏　　D. 操作

11. 对设备进行清洗、润滑、紧固易松动的螺丝、检查零部件的状况，这属于设备的(C)保养。

A. 一级　　B. 二级　　C. 例行　　D. 三级

12. 分层管理是现场 5S 管理中(C)常用的方法。

A. 常清洁　　B. 常整顿　　C. 常组织　　D. 常规范

13. 目视管理是现场 5S 管理中(D)常用的方法。

A. 常组织　　B. 常整顿　　C. 常自律　　D. 常规范

14. 按规定中、小型建设项目应在投料试车正常后(D)内完成竣工验收。

A. 两个月　　B. 一年　　C. 三个月　　D. 半年

15. 下列叙述中，(A)不是岗位操作法中必须包含的部分。

A. 生产原理　　B. 事故处理

C. 投、停运方法　　D. 运行参数

16. 下列选项中，不属于标准改造项目的是(A)。

A. 重要的技术改造项目　　B. 全面检查、清扫、修理

C. 消除设备缺陷，更换易损件　　D. 进行定期试验和鉴定

17. 在停车操作阶段不是技师所必须具备的是(D)。

A. 组织完成装置停车吹扫工作

B. 按进度组织完成停车盲板的拆装工作

C. 控制并降低停车过程中物耗、能耗

D. 指导同类型的装置停车检修

18. 下列选项中，属于技术改造的是(C)。

A. 原设计系统的恢复的项目　　B. 旧设备更新的项目

C. 工艺系统流程变化的项目　　D. 新设备的更新项目

19. 为使培训计划富有成效，一个重要的方法是(A)。

A. 建立集体目标

B. 编成训练班次讲授所需的技术和知识

C. 把关于雇员的作茧自缚情况的主要评价反馈给本人

D. 在实施培训计划后公布成绩

20. 在培训教学中，案例法有利于参加者(D)。

A. 提高创新意识　　B. 系统接受新知识

C. 获得感性知识　　D. 培养分析解决实际问题能力

21. 课程设计过程的实质性阶段是(C)。

A. 课程规划　　B. 课程安排　　C. 课程实施　　D. 课程评价

22. 正确评估培训效果要坚持一个原则，即培训效果应在(B)中得到检验。

A. 培训过程　　B. 实际工作　　C. 培训教学　　D. 培训评价

多选题

1. 设备布置图必须具有的内容是(A，B，D)。

A. 一组视图　　B. 尺寸及标注　　C. 技术要求　　D. 标题栏

2. 在化工设备图中，当控制元件位置与任一直角坐标轴平行时，可用(A，C，D)表示。

A. 

B. 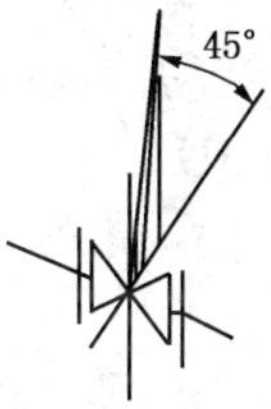

C. 

D. 

3. 在化工设备图中，可以作为尺寸基准的有(A，B，C，D)。

A. 设备筒体和封头的中心线　　B. 设备筒体和封头时的环焊缝

C. 设备法兰的密封面　　D. 设备支座的底面

4. 在化工设备图中，可以作为尺寸基准的有(A，B，D)。

A. 设备筒体和封头的中心线　　B. 设备筒体和封头时的环焊缝

C. 设备人孔的中心线　　D. 管口的轴线和壳体表面的交线

5. 下列叙述中，不正确的是(A，B，D)。

A. 根据零件加工、测量的要求而选定的基准为工艺基准。从工艺基准出发标注尺寸，能把尺寸标注与零件的加工制造联系起来，使零件便于制造、加工和测量

B. 装配图中，相邻零件的剖面线方向必须相反

C. 零件的每一个方向的定向尺寸一律从该方向主要基准出发标注

D. 零件图和装配图都用于指导零件的加工制造和检验

6. 在 ISO 9000 族标准中，内部质量体系审核的依据是(A，B，C，D)。

A. 合同要素　　B. 质量文件

C. ISO 9000 族标准　　D. 法律、法规要求

7. ISO 9001 标准具有广泛的适用性，适用于(B，D)。

A. 大中型企业

B. 各种类型规模及所有产品的生产组织

C. 制造业

D. 各种类型规模及所有产品的服务的组织

8. 在计算机应用软件中 VFP 能用来建立索引的字段是(C，D)字段。

A. 通用型(图文型)　B. 备注(文本型)　C. 日期　D. 逻辑

9. 关于幻灯片的背景，说法不正确的是(A，C，D)。

A. 只有一种背景　B. 可以是图片　C. 不能更改　D. 以上都错

10. 企业在安排产品生产进度计划时，对市场需求量大，而且比较稳定的产品，其全年任务可采取(A，B)。

A. 平均分配的方式　B. 分期递增方法

C. 抛物线形递增方式　D. 集中轮番方式

11. 设备的一级维护保养的主要内容是(A，B，C)。

A. 彻底清洗、擦拭外表　B. 检查设备的内脏

C. 检查油箱油质、油量　D. 局部解体检查

12. 现场目视管理的基本要求是(A，B，C，D)。

A. 统一　B. 简约　C. 鲜明　D. 实用

13. 在月度生产总结报告中对工艺指标完成情况的分析应包括(A，B，C，D)。

A. 去年同期工艺指标完成情况　B. 本月工艺指标完成情况

C. 计划本月工艺指标情况　D. 未达到工艺指标要求的原因

14. 技术论文标题拟订的基本要求是(B，C，D)。

A. 标新立异　B. 简短精练　C. 准确得体　D. 醒目

15. 技术论文摘要的内容有(A，C，D)。

A. 研究的主要内容　B. 研究的目的和自我评价

C. 获得的基本结论和研究成果　D. 结论或结果的意义

16. 技术论文的写作要求是(A，B，D)。

A. 选题恰当　B. 主旨突出　C. 叙述全面　D. 语言准确

17. 装置标定报告的目的是(A，B，D)。

A. 进行重大工艺改造前为改造设计提供技术依据

B. 技术改造后考核改造结果，总结经验

C. 完成定期工作

D. 了解装置运行状况，获得一手资料，及时发现问题，有针对性地加以解决

18. 下列选项中，属于竣工验收报告的内容有(A，B，C，D)。

A. 工程设计　B. 竣工决算与审计　C. 环境保护　D. 建设项目综合评价

19. “三级验收”是指(B，C，D)验收。

A. 个人　B. 班组　C. 车间　D. 厂部

20. 在技术改造过程中(A，B，C)的项目应该优先申报。

A. 解决重大安全隐患　B. 生产急需项目

C. 效益明显项目　D. 技术成熟项目

21. 在技术改造方案中(A, C, D)设施应按设计要求与主体工程同时建成使用。
A. 环境保护　B. 交通　C. 消防　D. 劳动安全卫生
22. 技术改造申请书应包括(A, B, C, D)。
A. 项目名称和立项依据　B. 项目内容和改造方案
C. 项目投资预算及进度安排　D. 预计经济效益分析
23. 进行技术革新成果鉴定必要的条件是(A, B, C, D)。
A. 技术革新确实取得了良好的效果
B. 申报单位编制好技术革新成果汇报
C. 确定鉴定小组人员、资格
D. 确定鉴定的时间、地点和参加人员，提供鉴定时所需各种要求
24. 培训方案应包括(A, B, C, D)等内容。
A. 培训目标　B. 培训内容　C. 培训指导者　D. 培训方法
25. 在职工培训活动中，培训的指导者可以是(A, B, C, D)。
A. 组织的领导　B. 具备特殊知识和技能的员工
C. 专业培训人员　D. 学术讲座
26. 在职工培训中，案例教学具有(A, B, C)等优点。
A. 提供了一个系统的思考模式
B. 有利于使受培训者参与企业实际问题的解决
C. 可得到有关管理方面的知识与原则
D. 有利于获得感性知识，加深对所学内容的印象
27. 在职工培训中，讲授法的缺点是(A, B, D)。
A. 讲授内容具有强制性　B. 学习效果易受教师讲授水平的影响
C. 适用的范围有限　D. 没有反馈
28. 培训教案一般包括(A, B, C, D)等内容。
A. 培训目标　B. 教学设计　C. 培训目的　D. 重点、难点
29. 编写培训教案的基本技巧是(A, B, C, D)。
A. 确立培训的主题　B. 构思培训提纲　C. 搜集素材　D. 整理素材
30. 培训项目即将实施之前需做好的准备工作包括(A, B, C, D)。
A. 通知学员　B. 后勤准备　C. 确认时间　D. 准备教材
31. 生产管理或计划部门对培训组织实施的(A, B)是否得当具有发言权。
A. 培训时机的选择　B. 培训目标的确定
C. 培训计划设计　D. 培训过程控制
32. 在评估培训效果时，行为层面的评估，主要包括(B, C, D)等内容。
A. 投资回报率　B. 客户的评价　C. 同事的评价　D. 主管的评价
33. 培训评估的作用主要有(B, D)等几个方面。
A. 提高员工的绩效和有利于实现组织的目标
B. 保证培训活动按照计划进行
C. 有利于提高员工的专业技能
D. 培训执行情况的反馈和培训计划的调整

简答题

1. 在 ISO 9000 族标准中质量体系审核的依据包括哪些内容?

答:①相关的质量保证模式标准(一般是 ISO 9001、9002、9003);②质量手册或质量管理手册或质量保证手册;③程序文件;④质量计划;⑤合同或协议;⑥有关的法律、法规。

2. 简述生产过程的基本内容。

答:①生产准备过程;②基本生产过程;③辅助生产过程;④生产服务过程。

3. 什么是设备检查?设备检查的目的是什么?

答:①设备检查是指对设备的运行状况、工作性能、磨损腐蚀程度等方面进行检查和校验;②设备检查能够及时查明和清除设备隐患,针对发现的问题提出解决的措施,有目的地做好维修前的准备工作,以缩短维修时间,提高维修质量。

4. 现场管理有哪些具体要求?

答:①组织均衡生产;②实现物流有序化;③设备状况良好;④纪律严明;⑤管理信息准确;⑥环境整洁,文明生产;⑦组织好安全生产,减少各种事故。

5. 经济指标分析时应注意什么?

答:①指标的准确性。指标的采集汇总必须准确,错误的数据缺乏参照和分析性,甚至产生错误的结论。②指标的可比性。在进行指标分析时通常要在相同运行的状况下进行比较,通常要参照上个月和去年同期的指标。如果运行的状况发生变化要对指标进行相应的修正,否则就失去了指标的可比性。③突出指标分析指导的作用。通过指标分析和对比要找出设备运行中存在的不足和问题,指导有目的地加以优化和改进。

6. 国家标准技术论文应该包括哪些内容?

答:技术论文应包括题目、作者、摘要、关键词、引言、正文、结论、致谢、参考文献、附录十个部分。

7. 通常情况下技术论文的结构是怎样的?

答:在通常情况下技术论文的正文结构应该是按提出问题——分析问题——提供对策来布置的。①要概括情况、阐述背景、说明意义、提出问题;②在分析问题时必须观点明确,既要抓住矛盾的主要方面,又不能忽视次要方面,析因探源,寻求出路;③要概括前文,肯定中心论点,提出工作对策。提供的对策要有针对性和必要的论证。

8. 技术论文摘要的要求是什么?

答:摘要文字必须十分简练,篇幅大小一般限制字数不超过论文字数的 5%。论文摘要不要列举例证,不讲研究过程,不用图表,不给化学结构式,也不要作自我评价。

9. 简述技术论文的写作步骤。

答:①选题,确定论文的主攻方向和阐述或解决的问题。选题时一般要选择自己感兴趣的和人们关心的"焦点"问题;②搜集材料,要坚持少而精的原则,做到必要、可靠、新颖,同时必须充分;③研究资料,确定论点,选出可供论文作依据的材料,支持论点;④列出详细的提纲,使想法和观点文字化、明晰化、系统化,从而可以确定论文的主调和重点。提纲拟订好后,可以遵循论文写作的规范和通常格式动笔拟初稿。

10. 在竣工验收报告中关于工程建设应包括哪些内容?

答:①工程建设概况;②工程建设组织及总体统筹计划;③工程进度控制;④工程质量

控制；⑤工程安全控制；⑥工程投资控制；⑦未完工程安排；⑧工程建设体会。

11. 工艺技术规程应包括哪些内容？

答：①总则；②原料、中间产品、产品的物、化性质以及产品单耗；③工艺流程；④生产原理；⑤设备状况及设备规范；⑥操作方法；⑦分析标准；⑧安全计划要求。

12. 岗位操作法应包括哪些内容？

答：①名称；②岗位职责和权限；③本岗位与上、下游的联系；④设备规范和技术特性，原料产品的物、化性质；⑤开工准备；⑥开工操作步骤；⑦典型状况下投、停运方法和步骤；⑧事故预防、判断及处理；⑨系统流程图；⑩运行参数正常范围和各种试验。

13. 检修方案应包括哪些内容？

答：①设备运行情况；②检修组织机构；③检修工期；④检修内容；⑤检修进度图；⑥检修的技术要求；⑦检修任务落实情况；⑧安全防范措施；⑨检修备品、备件；⑩检修验收内容和标准。

14. 在开车准备阶段技师应具备哪些技能要求？

答：①能完成开车流程的确认工作；②能完成开车化工原材料的准备工作；③ 能按进度组织完成开车盲板的拆装操作；④能组织做好装置开车介质的引入工作；⑤能组织完成装置自修项目的验收；⑥能按开车网络图计划要求，组织完成装置吹扫、试漏工作；⑦能参与装置开车条件的确认工作。

15. 开工方案应包括哪些内容？

答：①开工组织机构；②开工的条件确认；③开工前的准备条件；④开工的步骤及应注意的问题；⑤开工过程中事故预防和处理；⑥开工过程中安全分析及防范措施；⑦附录，重要的参数和控制点、网络图。

16. 停工方案应包括哪些内容？

答：①设备运行情况；②停工组织机构；③停工的条件确认；④停工前的准备条件；⑤停工的步骤及应注意的问题；⑥停工后的隔绝措施；⑦停工过程中事故预防和处理；⑧停工过程中安全分析及防范措施；⑨附录，重要的参数和控制点。

17. 技术改造的目的是什么？

答：通过采用新技术、新工艺，解决制约系统安、稳、优生产运行的问题，推动技术进步和技术创新，更好地提高企业经济效益。

18. 技术改造的前期准备是什么？

答：通过选题和论证确定技术改造的项目和内容，提出立项申请和改造方案。经领导和专家批准后，进行改造设计和设计审查。改造项目确定后，需及时落实资金，完成设备、材料的采购，落实施工单位，组织设计交底。

19. 技术改造方案的主要内容是什么？

答：①项目名称；②项目负责单位；③项目负责人；④建设立项理由和依据，包括原始状况、存在问题和改造依据；⑤改造主要内容，需要写明改造涉及装置设备及详细改造内容；⑥改造技术方案，需写明技术分析、技术要求、方案选择、设备选型及详细的技术方案，并注明动力消耗指标及公用工程配套情况；⑦预计改造效果及经济效益，包括改造后主要经济、技术指标及取得效果；经济效益(附计算式)及技术经济分析；⑧投资计划，包括主要设备材料清单和费用安排(设备询价、材料费用、安装施工费用等)；⑨计划进度安排；⑩安全环保措施。

20. 技术改造的步骤是什么?

答: ①前期准备，确定技术改造的项目和内容，经领导和专家批准后，进行改造设计和设计审查。改造项目确定后，需及时落实资金，完成设备、材料的采购，落实施工单位，组织设计交底；②实施阶段，根据改造设计的要求，施工单位应在规定工期内保质保量地完成改造的各项内容。在此过程中应对工程进度、工程质量、工程安全、工程投资进行重点控制；③验收阶段，改造项目完成后，应及时组织投用试车，进行性能考核，检验是否达到设计要求，在运行正常后组织进行竣工验收，并填写竣工验收报告；④后评估阶段，在设备稳定运行一段时间后，应组织对技术改造进行后评估，总结技术改造的效果和经验，根据生产运行实际情况提出建议。

21. 技术革新成果鉴定小组主要程序和主要内容是什么?

答: ①听取申报单位技术革新成果汇报情况；②实地查验技术革新成果完成情况，审阅技术革新成果申报资料；③讨论对技术革新成果验收意见，签署技术革新成果验收证书；④颁发技术革新成果验收证书。

22. 在技术改造过程中施工管理时应注意什么?

答: ①对改造工程施工全过程应进行组织和管理，及时发现并解决施工存在的问题，严格按照技术检修规程及施工图纸进行施工，确保工程质量和施工进度；②在施工过程中，应加强质量监督并进行实施阶段的设计协调工作，对检查发现的工程质量问题有权责令其停止施工并限期整改；③在施工过程中，应加强对施工现场安全、人身安全的监督，禁止“三违”现象的出现，对不符合要求的有权责令其停止施工并限期整改；④在施工过程中，应加强对施工周围环境的影响的监管，对施工过程中产生的废物要及时妥善处理。

23. 技术革新成果的主要内容是什么?

答: 技术革新成果的主要内容是：①项目编号、成果名称、完成单位、申报日期、项目负责人、主要完成人、工作起止时间；②系统原始状况和技术难点；③实施报告，包括方案、措施、完成时间、取得成果(附图纸、资料、技术说明)；④社会、经济效益；⑤申报车间审核意见、技术主管部门审核意见、专业评审小组意见和企业主管领导意见。

24. 培训方案由哪些要素组成?

答: 培训方案主要由培训目标、培训内容、培训指导者、受训者、培训日期和时间、培训场所与设备以及培训方法等要素组成。

25. 培训需求分析包括哪些内容?

答: 培训需求分析需从多维度来进行，包括组织、工作、个人三个方面：①组织分析指确定组织范围内的培训需求，以保证培训计划符合组织的整体目标与战略要求；②工作分析指员工达到理想的工作绩效所必须掌握的技能和知识；③个人分析是将员工现有的水平与预期未来对员工技能的要求进行比照，发现两者之间是否存在差距。

26. 什么是培训方案?

答: 培训方案是培训目标、培训内容、培训指导者、受训者、培训日期和时间、培训场所与设备以及培训方法的有机结合。

27. 什么是演示教学法?在教学中演示教学法具有哪些优点?

答: 演示法是运用一定的实物和教具，通过实地示范，使受训者明白某种事务是如何完成的。演示法优点为：①有助于激发受训者的学习兴趣；②可利用多种感官，做到看、听、想、问相结合；③有利于获得感性知识，加深对所学内容的印象。

28. 如何准备教案？

答：准备教案要从以下几个方面着手：

①做好培训需求分析；②教案的编写：确定教案的核心内容与结构；选择合适的教案模式。③培训方式的选择与应用。

29. 在培训教学的组织实施与管理的前期准备阶段，主要的工作有哪些？

答：①确认和通知参加培训的学员；②培训后勤准备；③确认培训时间；④教材的准备；⑤确认理想的讲师。

30. 培训评估具有什么意义？

答：①能为决策提供有关培训项目的系统信息，从而做出正确的判断。②可以促进培训管理水平的提升。③可使培训管理资源得到更广泛的推广和共享。

31. 应从哪些方面评价培训效果？

答：主要应从以下四个层面评估培训效果：①反应，即课程刚结束时，了解学员对培训项目的主观感觉；②学习，即学员在知识、技能或态度等方面学到了什么；③行为，即学员的工作行为方式有多大程度的改变；④结果，即通过诸如质量、数量、安全、销售额、成本、利润、投资回报率等可以量度的指标来考查，看最终产生了什么结果。

职业通用理论知识试题(供水生产工)

判断题

1. 加氢精制主要用于油品的精制，其主要目的是改善油品的使用性能。（✓）

2. 加氢裂化使重质油品轻质化，它同时提高了氢碳比和油品的相对分子质量。（×）

正确答案：加氢裂化使重质油品轻质化，它提高了氢碳比，使油品的相对分子质量减小。

3. 在热裂化、减黏裂化及焦化等热加工过程中，主要化学反应有裂解反应和缩合反应等两大类。（✓）

4. 烷烃中碳原子之间是以双键相连，其他的碳键全部被氢原子所饱和。（×）

正确答案：烷烃中碳原子之间是以单键相连，其他的碳键全部被氢原子所饱和。

5. 烯烃与卤代氢进行加成反应时，氢原子加在双键一端含氢较少的碳原子上，卤素则加在另一端含氢较多的碳原子上，这个规则叫做马尔柯夫尼可夫规则。（×）

正确答案：烯烃与卤代氢进行加成反应时，氢原子加在双键一端含氢较多的碳原子上，卤素则加在另一端含氢较少的碳原子上，这个规则叫做马尔柯夫尼可夫规则。

6. 苯不容易氧化，但较易起加成和取代反应。（×）

正确答案：苯不容易氧化和加成，但较易起取代反应。

7. 当明渠中水流由缓流状态过渡到急流状态时，会产生水跃现象。（×）

正确答案：当明渠中水流由急流状态过渡到缓流状态时，会产生水跃现象。

8. 固有可靠性是设备在设计、制造之后所具有的可靠性。（✓）

9. 目视检查是腐蚀调查最常用、最基本的方法。（✓）

10. 同步电动机是依据异性磁极相吸的原理，由旋转磁极吸引转子磁极并带动转子同步运转的。（✓）

11. 当电导池用交流电作电源时，电导池仪表现出电阻性质。（×）

正确答案：当电导池用交流电作电源时，电导池表现出电阻和电容性质。

12. 用量程为1.6MPa的1.0级压力表比用量程为1.0MPa的1.5级压力表测量0.8MPa压力的准确度高。（×）

正确答案：用量程为1.0MPa的1.5级压力表比用量程为1.6MPa的1.0级压力表测量0.8MPa压力的准确度高。

13. 测量值属于准确数。（×）

正确答案：由于测量值具有误差，仅与真值近似，所以它属于近似数。

14. 在检定数据修约时，通常规定修约间隔为被检计量器具允许误差。（×）

正确答案：在检定数据修约时，通常规定修约间隔为被检计量器具允许误差的1/10。

单选题

1. 加氢精制催化剂要周期性地进行更换，其原因为(A)会造成其活性下降，并导致床层压降升高。

A. 脱金属　B. 脱硫　C. 脱氮　D. 脱氧

2. 下列石油炼制方法中，(C)能够加工渣油。

A. 常压蒸馏工艺　B. 减压蒸馏工艺　C. 焦化工艺　D. 催化重整工艺

3. 石油炼制中，减黏裂化是一种(D)热裂化过程，其主要目的在于减小原料油的黏度，生产合格的重质燃料油和少量轻质油品，也可为其他工艺过程提供原料。

A. 浅度　B. 中度　C. 中深度　D. 深度

4. 最简单的饱和烃是(A)，它是天然气的主要成分。

A. CH_4　B. C_2H_2　C. CH_2　D. C_2H_4

5. 下列物质中，不能与水发生化学反应的是(D)。

A. CH_3Cl　B. C_2H_2　C. C_2H_4　D. C_2H_6

6. 烯烃很容易和卤代氢起反应，生成卤代物，该反应属于(A)。

A. 加成反应　B. 取代反应　C. 酯化反应　D. 加聚反应

7. 含有(D)的不饱和烃称为炔烃。

A. 单键　B. 双键　C. 两个双键　D. 叁键

8. 下列物质中，既能使$KMnO_4$褪色，又能使溴水褪色的是(C)。

A. 乙烷　B. 苯　C. 乙炔　D. 丙烷

9. 有机物分子中，不饱和的碳原子跟其他原子或原子团直接结合生成别的物质的反应叫做(B)。

A. 聚合反应　B. 加成反应　C. 取代反应　D. 酯化反应

10. 在日光或紫外线照射下，苯能与氯起加成反应，生成(D)，即俗称的杀虫剂“六六六”。

A. 二氯化苯　B. 三氯化苯　C. 四氯化苯　D. 六氯化苯

11. 3,4-苯并芘是一个(C)化合物，一般呈黄色针状或片状结晶，难溶于水，有致癌作用。

A. 三苯环　B. 四苯环　C. 五苯环　D. 六苯环

12. 三氯甲烷遇空气、日光和水分，容易分解生成氯化氢和(A)。

A. $COCl_2$　　B. CCl_4　　C. CO_2　　D. CHOCl

13. 四氯甲烷又称四氯化碳，其特性为(B)。

A. 易溶于水　　B. 不能燃烧　　C. 不易挥发　　D. 气化后比空气轻

14. 流体经过管道转弯处将产生一个离心力作用，为克服这个作用力，必须设置支墩加固，这个现象符合流体(D)。

A. 伯努利方程式　　B. 连续性方程式

C. 状态变化方程式　　D. 动量方程式

15. 某矩形断面明渠，流量为 $30m^3/s$，宽 8m，水深 3m，则其水流流态为(A)。

A. 缓流　　B. 临界流　　C. 层流　　D. 急流

16. 设备的可靠性是指设备在规定的时间内和规定的条件下完成(A)的可能性。

A. 规定功能　　B. 必要功能　　C. 一定功能　　D. 特定功能

17. 气体腐蚀是指金属在完全没有(B)在其表面的情况下所发生的腐蚀。

A. 湿气　　B. 湿气凝结　　C. 水气　　D. 水气凝结

18. 腐蚀疲劳是应力腐蚀开裂的特殊形式之一。在腐蚀介质和周期交变应力的相互作用下导致金属材料的(A)大大降低，因而过早地破裂。

A. 疲劳极限　　B. 强度极限　　C. 弹性极限　　D. 持久极限

19. 下列选项中，(D)属于电磁感应现象。

A. 通电导体周围产生磁场

B. 磁场对感应电流发生作用，阻碍导体运动

C. 由于导体自身电流发生变化，导体周围磁场发生变化

D. 穿过闭合线圈的磁感应线条数发生变化，一定能产生感应电流

20. 电导率表测量高纯水的电导率时，宜使用(A)。

A. 亮铂电极　　B. 铂黑电极　　C. 半导体电极　　D. 甘汞电极

21. 二氧化硅表的测量原理是光学分析法，具体为硅钼蓝法，其选用的波长为(C)nm。

A. 420~450　　B. 630~680　　C. 790~815　　D. 920~945

22. PLC 系统是(D)的简称。

A. 紧急停车系统　　B. 分散控制系统

C. 事件顺序记录　　D. 可编程控制器

23. PLC 系统主要用于(C)。

A. 控制机组的转速　　B. 连续量的模拟控制

C. 开关量的逻辑控制　　D. 与其他系统通讯

24. 下列控制方法中，(B)不属于先进控制。

A. 自适应控制　　B. 超弛控制　　C. 预测控制　　D. 神经元网络控制

25. 某 0.5 级电流表，其满量程值为 500mA，则该表的允许误差是(C)mA。

A. 0.25　　B. 0.5　　C. 2.5　　D. 5

26. 下列测量结果中，(B)为三位有效数字。

A. 1.350　　B. 0.0135　　C. 135.0　　D. 1.035

27. 按照数值修约规则，若要求数据修约至小数点后两位，正确的修约结果是(A)。

A. 0.8451 修约为 0.85　　B. 0.845 修约为 0.85

C. 0.855 修约为 0.85　　D. 0.856 修约为 0.85

多选题

1. 根据可靠性的形成过程，可靠性可分为(A，B)。

A. 固有可靠性　　B. 使用可靠性　　C. 功能可靠性　　D. 附加可靠性

2. 可靠性的特性值主要为(A，B，C，D)。

A. 可靠度　　B. 不可靠度

C. 故障率　　D. 平均故障间隔期和平均寿命

3. 常用的腐蚀调查方法为(A，B，C，D)。

A. 资料收集(包括内窥镜)　　B. 测厚

C. MT/PT/UT/RT　　D. 金相检查

4. 下列关于同步电动机的说法中，正确的是(B，D)。

A. 同步电动机的转速总是小于定于定子旋转磁场的转速

B. 同步电动机的定子通的是交流电，转子通的是直流电

C. 同步电动机的转子都是凸级的

D. 同步电动机的转速总是和定子旋转磁场的转速相等

5. 下列关于电功率概念的说法中，错误的是(C，D)。

A. 电功率是描述电流所做的功

B. 电功率是描述电能转化为导体内能的能力

C. 电功率是描述电流做功快慢的物理量

D. 电功率是描述电能转化为其他能量功率的物理量

6. 在三相交流电路中，关于相电压与线电压、相电流与线电流的关系，下面说法正确的是(B，C)。

A. 在△形连接时，负载上的线电流等于相电流

B. 在△形连接时，负载上的线电压等于相电压

C. 在 Y 形连接时，负载上的线电流等于相电流

D. 在 Y 形连接时，负载上的线电压等于相电压

7. 电导池电极极化分为(B，D)。

A. 压力极化　　B. 浓差极化　　C. 温度极化　　D. 化学极化

8. 光电式浊度计可分为(A，B，D)。

A. 透射光　　B. 散射光　　C. 红外线　　D. 积分球

简答题

1. 什么是平均故障间隔期与平均寿命时间?

答：平均故障间隔期是指发生故障后可修复的设备或零部件，在相邻两次故障间的平均工作时间，简称为 MTBF。平均寿命时间是指发生故障后不可修复的设备、零部件，从开始使用到发生故障的平均时间，简称为 MTTF。

2. 什么是局部腐蚀?

答：局部腐蚀就是不均匀腐蚀，它的阴极区和阳极区是截然分开的，阴极区面积较大，

阳极区面积较小，因而腐蚀高度集中在局部位置上，腐蚀强度大，危害严重。

3. 什么是点蚀？

答：金属表面上局限在点或孔穴这样小的面积上的腐蚀，叫做点蚀，或称孔蚀，又称小孔腐蚀。点蚀对不锈钢的危害极大。点蚀的原因类似于缝隙腐蚀，点蚀孔内为局部阳极，点蚀外大面积金属或氧化皮为阴极。

4. 简述 pH 计温度补偿原理。

答：pH 计温度补偿原理是通过二次仪表的电路设计将参比电极随温度的变化补偿到25℃时参比电极的电位值。pH 计的温度补偿不能补偿溶液实际 pH 随温度的变化，因为这种变化是由溶液中各种离子平衡随温度变化产生的，无法预知和补偿。

5. 什么是预测控制系统？最有代表性的预测控制算法是什么？

答：①预测控制系统实质上是指预测控制算法在工业过程控制上的成功应用，预测控制算法是一类特定的计算机控制算法的总称；②最有代表性的预测控制算法，是一种基于模型的预测控制算法，这种算法的基本思想是先预测后控制，即首先利用模型预测对象未来的输出状态，然后据此以某种优化指标来计算出当前应施加于过程的控制作用。

计算题

1. 燃烧某一气态有机化合物 1.5g，生成物是 1.2LCO_2(标准状况下)和 0.9g 水。已知该气态有机物对空气的相对密度为 1.04，求该物质的分子式。

解：因 1molCO_2 在标准状况下的体积为 22.4L，其中含碳 12g，故 1.12LCO_2 中含碳量为：

$$\frac{12\times1.12}{22.4}=0.6(\text{g})$$

又因 18g 水中含氢 2g，0.9g 水中含氢为：$\frac{2\times0.9}{18}=0.1(\text{g})$

碳和氢的总数为：0.1+0.6=0.7g<1.5g，所以断定该物质中还有氧，

其中氧的质量为：1.5−0.7=0.8g

则$\frac{0.6}{12}:\frac{0.1}{1}:\frac{0.8}{16}=0.05:0.1:0.05=1:2:1$

该物质的最简式为 CH_2O，相对分子质量为 12+2+16=30

已知其对空气的相对密度为 1.04，所以该物质的相对分子质量 $M=29\times1.04=30$

因此该物质的分子式是 CH_2O。

答：该物质分子式为 CH_2O。

2. 采用汞量法测定氯含量，现称取有机氯化物试样 1.0635g，溶解后在一定条件下将其转化为 Cl^-，然后用 $c\left[\frac{1}{2}Hg(NO_3)_2\right]=0.2000\text{mol/L}$ 的硝酸汞标准滴定溶液滴定，消耗 30.02mL，计算试样中氯含量的质量分数。已知 Cl 的相对原子质量为 35.45。

解：Cl^- 和 $Hg(NO_3)_2$ 的反应属于配位反应，其反应式为：

$$Cl^- + \frac{1}{2}Hg(NO_3)_2 = \frac{1}{2}HgCl_2 + NO_3^-$$

故

$$w_{Cl}=\frac{0.2000\times30.02\times0.03545}{1.0635}\times100\%=20.01\%$$

答：试样中氯含量的质量分数为20.01%。

3. 某水平变径输水管道（如图所示），已知 d_1 为800mm，d_2 为600mm，a－d 断面中心处动水压强 p_1 为0.25MPa，流量为 $0.6m^3/s$，如不计水头损失，试求该支墩所受的轴向作用力。

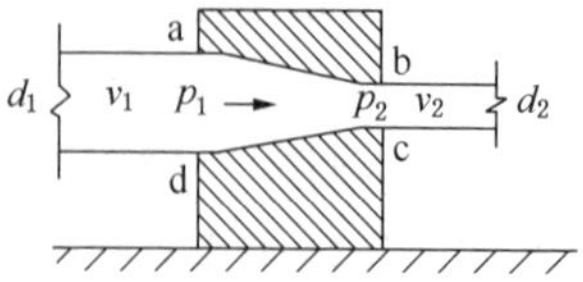

解：取abcd这一管流作为研究对象，设支墩对流体的轴向反作用力为 F，

由于 v_1、v_2 和 p_1 同向，F 和 p_2 同向，而与 p_1 反向，现沿水平轴方向建立动量方程式：

$$F+p_2A_2-p_1A_1=\rho Q(v_1-v_2)$$

因 $v_1=\dfrac{Q}{A_1}=\dfrac{0.6}{\pi\times0.4^2}=1.19(m/s)$，$v_2=\dfrac{Q}{A_2}=\dfrac{0.6}{\pi\times0.3^2}=2.12(m/s)$

根据伯努利方程 $z_1+\dfrac{p_1}{\rho g}+\dfrac{v_1^2}{2g}=z_2+\dfrac{p_2}{\rho g}+\dfrac{v_2^2}{2g}$，而 $z_1=z_2$

得出 $p_2=248460.85(Pa)$

所以 $F=1000\times0.6\times(1.19-2.12)+250000\times\pi\times0.4^2-248460.85\times\pi\times0.3^2$

$=54827(N)$

则支墩受到的轴向作用力为54827N

答：该支墩受到的轴向作用力为54827N。

4. 某台离心泵输送流体的密度为 $860kg/m^3$，已知其理论扬程为68m，实际扬程为60m，理论流量为 $180m^3/h$，实际流量为 $160m^3/h$，试求该离心泵的有效功率。

解：水力效率 $\eta_{hyd}=H/H_T=60/68=0.882$

容积效率 $\eta_v=Q/Q_T=160/180=0.9$

水力功率 $N_i=(\rho\times H_T\times Q_T)/102=(860\times68\times0.5)/102=287(kW)$

有效功率 $N_{eff}=N_i\times\eta_{hyd}\times\eta_v=287\times0.882\times0.9=307(kW)$

答：该离心泵的有效功率为307kW。

5. 设有10个灯泡投入使用，其中有5个使用了4个月后失效，2个使用了5个月，3个使用了10个月，求这些灯泡的平均故障率。

解：$\lambda=10/(45+52+103)=10/60=16.7\%$

答：这些灯泡的平均故障率为16.7%。

6. 某设备的平均故障间隔期为1000h，求其可靠度为0.9、0.95、0.368时的工作时间。假设设备的故障率与运转时间无关。

解：已知 $\lambda(t)$= 常量，$MTBF=1000h$

$\lambda=1/MTBF=1/1000$

$R(t)=e-\lambda t$，取对数 $\ln R(t)=-\lambda t$

$\ln0.9=-t_1/1000$

$\ln0.95=-t_2/1000$

$\ln0.368=-t_3/1000$

则 $t_1=105.4(h)$

$t_2=51.4(\text{h})$

$t_3=1000(\text{h})$

答：可靠度为0.9、0.95、0.368时的工作时间分别为105.4、51.4、1000h。

7. 某同步电动机的频率为50Hz，转速为300r/min，试求它的极数是多少？

解：根据 $n=\frac{60f}{p}$，则 $p=\frac{60f}{n}=\frac{3000}{300}=10(\text{对极})$

答：这台同步电机的极数是20极。

8. 一个额定值为“220V，100W”的灯泡，接入直流220V电源，试计算该灯泡的电流。

解：已知 $U=220\text{V}$，$P=100\text{W}$

根据电功率定义式 $P=UI$，则 $I=\frac{P}{U}=\frac{100}{220}=0.455(\text{A})$

答：该灯泡流过的电流为0.455A。

9. 某三相异步电动机的功率因数 $\cos\phi=0.86$，效率 $\eta=0.88$，额定电压380V，输出功率2.24kW，试计算此时电动机电流是多少？

解：（1）输入功率 $\frac{P_2}{P_1}=\eta$，则 $P_1=\frac{P_2}{\eta}=\frac{2.2}{0.88}=2.5(\text{kW})$

（2）根据功率公式得：$I=\frac{P_1}{\sqrt{3}U\cdot\cos\phi}=\frac{2500}{1.732\times380\times0.86}=4.4(\text{A})$

答：此时电机流过电流为4.4A。

10. 已知某三相异步电动机额定转速为1430r/min，电源的频率为50Hz，求该电动机的额定转差率和极对数。

解：$n_1=\frac{60f_1}{p}$，而 $n=1430\text{r/min}$，故极对数 $p=2$，$n_1=1500(\text{r/min})$

$$s=\frac{n_1-n}{n_1}\times100\%=\frac{1500-1430}{1500}\times100\%=4.67\%$$

答：该电动机的额定转差率为4.67%，其极对数为2。

11. 一台 JO_2-42-2型异步电动机，额定转速为2900r/min，电源频率为50Hz，额定输出功率为7.5kW，最大转矩为53.9N·m，求该电动机的过载能力。

解：

$$\lambda=\frac{M_{\text{man}}}{M_{\text{n}}}$$

其中，

$$M_{\text{n}}=9550\frac{P_2}{n_{\text{n}}}=\frac{9550\times7.5}{2900}=24.7(\text{N}\cdot\text{m})$$

则

$$\lambda=\frac{53.9}{24.7}=2.18$$

答：该电动机的过载能力为2.18。

工种理论知识试题

判断题

1. 氧化还原滴定法是以氧化还原反应为基础的滴定分析法。（√）

2. 在水的 pH 值不很高时，溶解水中的二氧化硅主要呈分子态的简单硅酸存在。 (√)

3. 电位分析法的特点是灵敏度、选择性和准确度都较高，被测组分的量最低接近 10^{-12} mol/L 的数量级。 (√)

4. 在水处理中，选离心泵的主要依据是根据用户所需要的水量、扬程及其变化规律。 (√)

5. 为了使水泵能及时排出吸水管内的空气，吸水管应有沿水流方向连续下降的坡度，一般大于 0.005，以免形成气囊。 (×)

正确答案：为了使水泵能及时排出吸水管内的空气，吸水管应有沿水流方向连续上升的坡度，一般大于 0.005，以免形成气囊。

6. 为了有利于检修，止回阀一般安装在水泵与出口阀之间。 (√)

7. 水泵机组的找正应在上紧螺栓状态下进行。 (√)

8. 一般橡胶衬里的使用压力≤6.0MPa。 (×)

正确答案：一般橡胶衬里的使用压力≤0.6MPa。

9. 柱塞进行一冲程，泵缸内只吸入一次和排出一次工作流体，这种泵为单动往复泵。 (×)

正确答案：柱塞往复一次(即两冲程)，泵缸内只吸入一次和排出一次工作介质，这种泵为单动往复泵。

10. 测定极低压力时，应采用液体压力表或弹簧管压力表，不能用膜盒压力表。 (×)

正确答案：测定极低压力时，应采用液体压力表或膜盒压力表，不能用弹簧管压力表。

11. 铁的腐蚀过程就是铁金属恢复到赤铁矿、磁铁矿的状态。 (√)

12. 零件图尺寸标注时，因加工误差的原因而不得出现封闭尺寸链。 (√)

13. 零件图中，坐标式标注的尺寸基准相同，各尺寸的误差互相影响。 (×)

正确答案：零件图中，坐标式标注的尺寸基准相同，各尺寸的误差互不影响。

14. 任何一个零件都至少三个尺寸基准。 (√)

15. 滤池承托层铺设不规范将直接影响快滤池的反冲洗效果。 (√)

16. 含铁地下水中不含溶解氧是二价铁离子能稳定存在的必要条件。 (√)

17. 选用悬浮澄清器(池)和水力循环澄清器(池)时，应注意进水温度波动对处理效果的影响。 (√)

18. 当设有生水加热器时，应装设温度自动调节装置，使温度变化不超过 1℃。 (√)

19. 当原水有机物含量较高时，可采用加氯、凝聚、澄清、过滤处理。当用以上处理仍不能满足下一级设备进水要求时，可同时采用活性炭过滤等有机物清除措施。 (√)

20. 过滤器(池)的反洗次数，可根据进出口水质、滤料的截污能力等因素考虑。每昼夜反洗次数宜按 1~2 次设计。 (√)

21. 地下水中的铁质常以二价铁的形式存在，通常采用曝气、过滤法除铁。 (√)

22. 加强含铁地下水的曝气过程，尽可能地散除水中的 CO_2，以提高水的 pH 值，是提高自然氧化除铁效果的重要措施。 (√)

23. 新铺的天然锰砂滤料的除铁效果一般较好。 (×)

正确答案：实践证实，新铺的天然锰砂滤料的除铁效果并不明显，只有在使用一定时间后，效果逐渐好转。

24. 除铁系统的曝气设备应根据原水水质及曝气程度的要求选定，可采用接触式曝气器或压缩空气装置。 (√)

25. 预处理中除铁系统的选择应根据原水中铁的形式和数量、处理后水质要求，并参照水质相似厂的运行经验，经技术经济比较后确定。 （√）

26. 自然氧化法除铁用的滤池，一般都采用较薄的滤层和较高的滤速。 （×）

正确答案：自然氧化法除铁用的滤池，一般都采用较厚的滤层（0.8～1.2m）和较低的滤速（6～10m/h），以便将水中的含铁浓度降至 0.3mg/L 以下。

27. 一般通过测量交换容量的大小来鉴别强酸性阳树脂与弱酸性阳树脂。 （×）

正确答案：一般通过化学性质的不同来鉴别强酸性阳树脂与弱酸性阳树脂。

28. 通过树脂在中性条件下电离 OH^- 能力的不同来鉴别强碱性与弱碱性阴树脂。 （√）

29. 当水中总阳离子浓度大于 200mg/L（以 $CaCO_3$ 计）时，可采用弱型树脂，或反渗透、电渗析预除盐等方法。 （√）

30. 分流再生固定床的结构和逆流再生离子交换器基本相似，只是中排装置在树脂表面下约 1000～1200mm 处，不设压脂层。 （×）

正确答案：分流再生固定床的结构和逆流再生离子交换器基本相似，只是中排装置在树脂表面下约 400～600mm 处，不设压脂层。

31. 双室床内离子交换树脂强型树脂置于上室，弱型树脂置于下室。 （×）

正确答案：双室床内离子交换树脂强型树脂置于下室，弱型树脂置于上室。

32. 双室床中上室基本装满树脂，须设体外清洗罐定期清洗树脂。 （×）

正确答案：双室床中下室基本装满树脂，须设体外清洗罐定期清洗树脂。

33. 变径双室浮床是指弱型树脂室的直径小于强型树脂的直径。 （×）

正确答案：变径双室浮床是指强型树脂室的直径小于弱型树脂的直径。

34. 满室床与一般固定床的区别在于前者交换器空间大部分充满树脂。 （×）

正确答案：满室床与一般固定床的区别在于前者交换器空间几乎充满树脂。

35. 若锅炉用水的杂质含量较低，则没有必要辅以锅内加药处理。 （×）

正确答案：即使锅炉用水的杂质控制得很低，仍有必要辅以锅内加药处理，才能保证锅炉的安全运行。

36. 给水带入锅炉内的杂质在锅内发生物理化学变化，是引起热力设备结垢、结盐和腐蚀的根源。 （√）

37. 由于浮动床的水垫层很低，其体内几乎全部空间装满树脂，因此无法在体内进行反洗树脂。 （√）

38. 活性炭对水中 Cl_2 的吸附过程是一种物理吸附。 （×）

正确答案：活性炭对水中 Cl_2 的吸附过程不仅是一种物理吸附，而且对过剩 Cl_2 的水解和产生新生态氧也起了一定的加速催化作用。

39. 大孔型离子交换树脂由于空隙占据一定的空间，骨架的实体部分就相应增多，离子交换基团的含量也相应增多，所以交换能力比凝胶型树脂高。 （×）

正确答案：大孔型离子交换树脂由于空隙占据一定的空间，骨架的实体部分就相应减少，离子交换基团的含量也相应减少，所以交换能力比凝胶型树脂低。

40. 对于新品种的胶板，在检验前，应选取一块同牌号同厚度的胶板进行试操作。（√）

41. 在衬胶层的电火花检测中，电火花探头与胶板的接缝成线接触。 （×）

正确答案：在衬胶层的电火花检测中，电火花探头与胶板的接缝成点接触。

42. 逆流再生的离子交换软化床气体顶压和水力顶压法相比，不易乱层，稳定性好，自用水耗比较小。 (√)

43. 活性炭过滤器在作为脱氯和除浊同时进行时，流速一般采用6~12m/h。 (√)

44. 检验清洁、干燥的衬胶层时，电火花探头可以在胶层上停留一段时间。 (×)

正确答案：检验清洁、干燥的衬胶层时，电火花探头不得在胶层上停留。

45. 当对橡胶衬里严密性有怀疑时，应使用电火花检测仪检查是否有漏电现象。 (√)

46. 长期停用的阴、阳离子交换树脂应该用盐酸溶液充分再生，转换成 Cl 型或 H 型。 (×)

正确答案：长期停用的阴、阳离子交换树脂应该用食盐溶液充分再生，转换成 Cl 型或 Na 型。

47. 锅炉水中盐类物质，可能成为水垢，也可能成为水渣，这完全取决于它的化学成分和结晶形态。 (×)

正确答案：锅炉水中盐类物质，可能成为水垢，也可能成为水渣，这不仅决定于它的化学成分和结晶形态，而且还与析出的条件有关。

48. 在运行锅炉水中，碳酸钙常以水垢形式析出。 (×)

正确答案：在运行锅炉水中，碳酸钙常以水渣形式析出。

49. 阳床运行时若大反洗入口阀未关，则阴床内会产生大量的氢氧化钙、氢氧化镁等沉淀物，严重污染阴树脂。 (√)

50. 一般铝的污染在除盐水系统中的阳树脂要比软化水系统中的阳树脂严重。 (×)

正确答案：一般铝的污染在软化水系统中的阳树脂要比除盐水系统中的阳树脂严重。

51. 汽轮机组的凝结水精处理设备宜布置在汽机房或其附近。 (√)

52. 凝结水三床式系统运行中要防止漏 Cl^-。 (√)

53. 凝结水三床式系统是指强酸性 H 阳床+强碱性 OH 阴床+强酸性 H 阳床相串联的凝结水处理系统。 (√)

54. 凝结水三床式系统运行中强碱性 OH 阴床树脂一般选择苯乙烯型阴树脂。 (×)

正确答案：为要防止漏 Cl^-，凝结水三床式系统运行中强碱性 OH 阴床树脂一般选择丙烯酸 I 型阴树脂。

55. 直流锅炉每次启动时，应将炉前系统以及锅炉本体的汽水系统用水进行清洗。(√)

56. 锅炉的化学清洗是用某些溶液来清除锅炉水、汽系统中的各种沉淀物，并使其表面形成良好的防腐保护膜。 (√)

单选题

1. 摩尔法测定 Cl^- 必须在 pH 值为(A)的溶液中进行。

A. 6.5~10.5　B. 1.0~4.3　C. 11~12　D. 1.2~1.3

2. 用摩尔法测定水中 Cl^-，配制的铬酸钾 K_2CrO_3 指示剂溶液浓度过稀，这样测定的结果将(A)。

A. 偏高　B. 偏低　C. 很准确　D. 不能确定

3. 在含有相等浓度的 Cl^-、Br^-、I^- 的溶液中，逐滴加入 $AgNO_3$，先沉淀的离子是(B)。

A. Cl^-　B. Br^-　C. I^-　D. 不能确定

4. 天然水中二氧化硅的测定采用钼酸做反应剂，使其生成硅钼蓝进行比色，测得的硅称为(A)。

A. 活性硅　　B. 非活性硅　　C. 全硅　　D. 胶体硅

5. 当水的 pH 值小于 7.0 时，水中的硅酸化合物主要以(A)状态存在。

A. H_2SiO_3　　B. $HSiO_3^-$

C. $HSiO_3^-+SiO_3^{2-}$　　D. SiO_3^{2-}

6. 在酸度过高的溶液中，pH 表测得 pH 值偏高，这种误差叫做(A)。

A. 酸差　　B. 碱差　　C. 方差　　D. 钠差

7. 在碱度过高的溶液中，pH 表测得 pH 值将出现碱差，结果要比实际(B)。

A. 偏高　　B. 偏低

C. 先偏低后偏高　　D. 先偏高后偏低

8. 在水处理离子交换树脂的再生过程中，水溶液中的离子浓度一般较大，当离子浓度在 0.1mol/L 以上时离子交换速度主要受(B)控制。

A. 膜扩散　　B. 内扩散

C. 离子间交换的化学反应　　D. 孔道扩散

9. 在水处理离子交换树脂的制水过程中，水溶液中的离子浓度一般较小，当离子浓度在 0.003mol/L 以下时离子交换速度主要受(A)控制。

A. 膜扩散　　B. 内扩散

C. 离子间交换的化学反应　　D. 孔道扩散

10. 如果要使离心泵既要单独运行又要并联运行，则在选泵时，应使它在并联时的工况点接近高效段的(A)。

A. 左边边界　　B. 额定效率点　　C. 右边边界　　D. 最高效率点

11. 在吸水管路和压水管路上，为了安装方便和避免管路上的应力传至水泵，通常设置(D)。

A. 焊接接口　　B. 法兰接口　　C. 承插接口　　D. 柔性接口

12. 为了防止腐蚀，隔绝酸以及酸性水同金属表面的接触，水处理的离子交换器、管道和酸贮罐内部一般都要采用(A)防腐。

A. 橡胶衬里　　B. 油漆防腐

C. 喷涂沥青　　D. 喷涂环氧树脂涂料

13. 硬橡胶衬里的使用温度是(B)℃。

A. 0~65　　B. −25~75　　C. 75~100　　D. −25~0

14. 计量泵亦称比例泵，属于(B)的一种。

A. 离心泵　　B. 往复泵　　C. 螺旋泵　　D. 射流泵

15. 若化工生产中要求压力达到规定上下限时发出讯号，则应选用(D)压力表。

A. 膜盒　　B. 弹簧管　　C. 远传　　D. 电接点

16. 通常选择压力表时，要求待测压力应在压力表上限刻度的(B)之间。

A. 1/4~2/3　　B. 1/3~3/4　　C. 1/2~4/5　　D. 3/4~1

17. 金属的全面腐蚀具有(B)的特点。

A. 阴阳极互相分离　　B. 阴极面积等于阳极面积

C. 阳极电位小于阴极电位　　D. 腐蚀产物无保护作用

18. 假想用剖切面剖开机件，将处在观察者和剖切面之间的部分移去，而将其余部分向投影面投影所得的图形称为(B)。

A. 剖切图　　B. 剖视图　　C. 剖面图　　D. 切面图

19. 下列视图中，(A)是零件图中最主要的视图。

A. 主视图　　B. 俯视图　　C. 左视图　　D. 局部放大图

20. 滤池中、小阻力配水系统的承托层厚度大约为(B)mm。

A. 150~200　　B. 200~250　　C. 300~350　　D. 450~500

21. 在常用的大阻力配水系统中，滤池承托层级配自上而下第二层的粒径范围为(C)mm。

A. 16~32　　B. 8~16　　C. 4~8　　D. 2~4

22. 按《水处理用石英砂滤料》(CJ 241—1988)规定，水处理用单层或双层滤池的石英砂滤料粒径范围一般为(B)mm。

A. 0.3~0.8　　B. 0.5~1.2　　C. 1.0~1.5　　D. 1.5~2.0

23. 按《水处理用无烟煤滤料》(CJ 242—1988)规定，水处理用双层快滤池的无烟煤滤料粒径范围一般为(B)mm。

A. 0.5~1.0　　B. 0.8~1.8　　C. 1.0~2.0　　D. 1.5~2.5

24. 我国生活饮用水卫生标准规定，含铁量不超过(C)mg/L。

A. 0.1　　B. 0.2　　C. 0.3　　D. 0.5

25. 氧化法除铁就是让含铁地下水与空气接触，空气中的 O_2 便迅速溶于水中，使 Fe^{2+} 氧化成 Fe^{3+} 进而水解生成(B)，然后沉淀和过滤将其去除。

A. $Fe_2(SO_4)_3$　　B. $Fe(OH)_3$　　C. $Fe_2(CO_3)_3$　　D. Fe_2O_3

26. 二价铁被水中溶解氧氧化生成 $Fe(OH)_3$ 的同时，产生等当量的 H^+。一般在地下水的碱度较小时，为保证水解反应顺利进行，需要向水中投加(B)。

A. 硫酸　　B. 石灰　　C. 氯气　　D. 铝盐混凝剂

27. 接触氧化法除铁主要是利用(C)的接触氧化作用，它吸附水中的二价铁在其催化作用下被溶解氧氧化。

A. 二氧化锰　　B. 锰砂　　C. 活性滤膜　　D. 石英砂

28. 反渗透用的复合膜元件和醋酸纤维膜元件相比，其优点是(A)。

A. 可以在较低的压力下运行　　B. 可以在较高的压力下运行

C. 耐游离氯侵蚀能力强　　D. 膜容易水解

29. 反渗透停用一周时，应使用(C)保护膜元件。

A. 水　　B. 次氯酸钠溶液

C. 福尔马林溶液　　D. 氯化钠溶液

30. 反渗透给水采用含铁量小于 0.3mg/L，悬浮物含量小于 20mg/L 的地下水，可采用的预处理方法是(A)。

A. 直接过滤　　B. 直流混凝

C. 混凝、澄清　　D. 除铁、混凝、澄清

31. 反渗透给水采用含铁量小于 0.3mg/L，悬浮物含量大于 20mg/L 的地下水，可采用的预处理方法是(B)。

A. 直接过滤　　B. 直流混凝

C. 混凝、澄清　　D. 除铁、混凝、澄清

32. 三段反渗透系统的水回收率(A)二段反渗透系统的回收率。

A. 高于　　B. 低于　　C. 等于　　D. 不确定

33. 设有中间水箱的二级反渗透系统中，通常向中间水箱加入(C)药品，调节二级反渗透给水的 pH 值。

A. 氨水　　B. 盐酸　　C. 氢氧化钠　　D. 碳酸钠

34. 超滤系统全量过滤流程的特点是(C)。

A. 水的回收率高，膜不易被污染　　B. 水的回收率低，膜容易被污染

C. 水的回收率高，膜容易被污染　　D. 水的回收率低，膜不易被污染

35. 适当提高处理海水的反渗透装置的回收率，对产品水成本的影响是(A)。

A. 降低成本　　B. 增加成本　　C. 没有影响　　D. 不确定

36. 为提高处理海水的反渗透装置的回收率，目前常用的方法是(C)。

A. 采用二段反渗透系统　　B. 采用浓水回流的工艺流程

C. 单一压力容器内增加膜元件　　D. 单一压力容器内减少膜元件

37. 反渗透膜的渗透特点是(A)。

A. 只透水，不透溶质　　B. 只透溶质，不透水

C. 水和溶质均可穿透　　D. 能选择透过少数几种离子

38. 不属于水分子透过反渗透膜的机理理论有(A)。

A. 离子交换理论　　B. 氢键理论

C. 选择性吸附—毛细流动理论　　D. 溶解扩散理论

39. 不可以用于复合反渗透膜酸洗的药剂有(C)。

A. 柠檬酸　　B. 硝酸　　C. 磷酸　　D. 盐酸

40. 关于反渗透膜元件装入压力容器的方法，以下说法正确的是(A)。

A. 始终从压力容器的进水端安装元件　　B. 始终从压力容器的出水端安装元件

C. 50%的元件从压力容器进水端安装　　D. 50%的元件从压力容器出水端安装

41. 关于反渗透膜元件安装时，盐水密封圈的方向，以下说法正确的是(B)。

A. 密封圈的开口要背向进水方向　　B. 密封圈的开口要面向进水方向

C. 安装时盐水密封圈无方向性要求　　D. 不能确定

42. 安装了干膜的反渗透装置，初次启动时，应该连续低压冲洗(D)h 以上。

A. 1　　B. 2　　C. 4　　D. 6

43. 反渗透装置的膜元件是否污染或结构，是通过检测(C)项目反映出来的。

A. 给水电导率和产水电导率　　B. 产水电导率和浓水电到率

C. 各段之间的压力或压差　　D. 给水 pH

44. 反渗透装置的给水中氧化性杀菌剂的残存量，是通过检测(C)项目反映出来的。

A. 给水 SDI　　B. 给水 pH 值

C. 给水电导率　　D. 氧化还原电位置

45. 海水反渗透系统使用的 PX 能量回收装置的最高效率可以达到(D)。

A. 40%　　B. 64%　　C. 84%　　D. 94%

46. 聚苯乙烯经过(A)处理，可制取强酸性阳树脂。

A. 磺化　　B. 氯甲基化　　C. 胺化　　D. 亚甲基化

47. 浮动床使用的树脂对(C)有较高要求。

A. 交换容量　　B. 圆球率　　C. 粒径　　D. 密度

48. 氢型强酸性阳树脂与10%硫酸铜(其中含1%硫酸)接触后树脂呈现浅绿色，这是因为阳树脂与铜离子发生(A)。

A. 离子交换反应　　B. 络合反应　　C. 中和反应　　D. 氧化还原反应

49. 阴阳树脂鉴别前，阳树脂需要转换成 H 型，阴树脂需要转换成 Cl 型，那么需要(B)进行处理。

A. 1.0mol/L 的 NaCl　　B. 1.0mol/L 的 HCl

C. 1.0mol/L 的 NaOH　　D. 1.0mol/L 的 H_2SO_4

50. H 型强酸性阳树脂吸着铜氨络离子后，树脂层将呈(C)。

A. 紫色　　B. 浅绿色　　C. 深蓝色　　D. 深黄色

51. H 型弱酸性阳树脂中络合的铜离子，加入 1mol/L 的 $NH_3 \cdot H_2O$ 后，能否专成铜氨络离子$[Cu(NH_3)_4]^{2+}$(B)。

A. 能　　B. 不能

C. 先形成后分解　　D. 不能确定

52. 某树脂用盐酸溶液再生处理，并清洗过剩盐酸残液，在加入甲基红后，树脂层呈桃红色，则该树脂不可能是(C)。

A. 强酸性阳树脂　　B. 弱酸性阳树脂

C. 强碱性阴树脂　　D. 弱碱性阴树脂

53. 经过酸化硫酸铜溶液处理后，不变色的树脂，再用 NaOH 溶液再生处理，并清洗过剩 NaOH 残液，再加入酚酞，树脂层呈红色，则该树脂不可能是(C)。

A. 强酸性阳树脂　　B. 弱酸性阳树脂

C. 强碱性阴树脂　　D. 弱碱性阴树脂

54. 离子交换器中树脂充填量按树脂的(C)来计算。

A. 干真密度　　B. 湿真密度　　C. 湿视密度　　D. 粒度

55. 下列树脂类型中，转型膨胀率最大的是(D)性树脂。

A. 强酸　　B. 弱酸　　C. 强碱　　D. 弱碱

56. 阴离子交换树脂中能与中性盐进行交换反应的活性基团的数量称为(A)。

A. 强碱基团交换容量　　B. 弱碱基团交换容量

C. 工作交换容量　　D. 质量全交换容量

57. 当氢氧型阴离子交换树脂与过量 HCl 溶液反应时，一般通过滴定(D)来计算阴离子交换树脂的最大再生容量。

A. 已反应的 Cl^- 量　　B. 未反应的 Cl^- 量

C. 已反应的酸量　　D. 未反应的酸量

58. 在氯型强碱性阴离子交换树脂全交换容量的测定过程中，是用(C)来洗脱非中性盐分解基团上的氯离子。

A. 盐酸溶液　　B. 氢氧化钠溶液

C. 氨水　　D. 硝酸钠溶液

59. 钠型 0017 新树脂的全交换容量应不小于(B)mmol/g。

A. 5.00　　B. 4.50　　C. 4.00　　D. 3.50

60. 氢氧型 D201 新树脂的全交换容量应不小于(B)mmol/g。

A. 4.20　　B. 4.00　　C. 3.80　　D. 3.60

61. 一般情况下，水处理使用的离子交换树脂的粒径范围为(A)mm。

A. 0.315~1.25　　B. 0.250~1.20　　C. 0.40~1.65　　D. 0.60~1.65

62. 5.9~12.6MPa 的汽包锅炉，一级化学除盐加混床的出水电导率应≤(B)μS/cm。

A. 0.2　　B. 0.3　　C. 0.4　　D. 0.5

63. 5.9~18.3MPa 的汽包锅炉，饱和蒸汽的钠离子≤(B)μg/L。

A. 20　　B. 10　　C. 30　　D. 15

64. 下列水处理方法中，(D)处理可使水的含盐量达到几乎不含离子的纯净程度，可作为深度的化学除盐方法。

A. 软化法　　B. 蒸馏法　　C. 电渗析法　　D. 离子交换除盐

65. 低压锅炉补给水采用离子交换软化处理时，要求水中悬浮物含量(A)mg/L。

A. ≤5　　B. ≤10　　C. ≤20　　D. ≤30

66. 提供低压锅炉用水的原水碱度(C)mmol/L 时，可选择强酸性 H-Na 离子交换或弱酸性 H-Na 离子软化，除去 CO_2 降低碱度。

A. >1　　B. >2　　C. >2.5　　D. >3

67. 在保证离子交换器的交换容量、出水水质的前提下，为了提高再生效率，节约再生剂用量，一般采用(C)。

A. 流动床　　B. 强酸、强碱和混床

C. 强、弱型树脂联合应用　　D. 浮动床

68. 下列离子交换器类型中，(C)树脂的利用率最高。

A. 固定床　　B. 浮动床　　C. 移动床　　D. 混合床

69. 分流再生固定床中中排以上的树脂运行失效后的层态与(B)基本相同。

A. 顺流再生床型　　B. 逆流再生床型

C. 对流再生床型　　D. 浮床式床型

70. 分流再生固定床用硫酸再生时，可以用两种不同浓度的再生液同时对上、下树脂层进行再生，这样的再生方式可以有效地防止(C)沉淀在树脂层中析出。

A. 硫酸钠　　B. 硫酸　　C. 硫酸钙　　D. 硫酸镁

71. 与双室床相比，双室浮床采取(A)。

A. 强型树脂置于上室，弱型树脂置于下室，采用上向流运行和下向流再生方式

B. 弱型树脂置于上室，强型树脂置于下室，采用上向流运行和下向流再生方式

C. 强型树脂置于上室，弱型树脂置于下室，采用下向流运行和上向流再生方式

D. 弱型树脂置于上室，强型树脂置于下室，采用上向流运行和下向流再生方式

72. 变径双室浮床工艺主要适用于处理(C)的水。

A. 高含盐量　　B. 低含盐量

C. 强酸阴离子含量高　　D. 弱酸阴离子含量高

73. 锅炉内金属腐蚀产物主要为(A)的氧化物。

A. 铁　　B. 铜　　C. 钙　　D. 镁

74. 下面不是离子交换树脂的体外清洗方法的是(D)。

A. 气-水清洗法　　B. 水力清洗法

C. 高位槽清洗法　　D. 气力清洗法

75. 活性炭过滤器用于化学水处理时，其主要作用为(B)。

A. 脱碳　　B. 脱氯和除去有机物

C. 除去悬浮物　　D. 除去胶体和有机物

76. 根据活性炭的本质和水中有机物的组成，对水中有机物的吸附率一般约为(A)。

A. 20%~80%　　B. 100%　　C. 5%~10%　　D. ≥99%

77. 当原水中有机物含量较多时，宜采用(B)除盐。

A. 凝胶树脂　　B. 大孔树脂　　C. 磺化煤　　D. 苯乙烯树脂

78. 浮动床集水装置的开孔总面积一般是来水管截面积的(D)倍以上。

A. 2　　B. 3　　C. 5　　D. 10

79. 在串联 H-Na 离子交换系统中，除碳器应安置在(C)。

A. H、Na 离子交换器之前

B. H、Na 离子交换器之后

C. H 离子交换器之后、Na 离子交换器之前

D. Na 离子交换器之后、H 离子交换器之前

80. 既需要除去水中硬度，又要降低水的碱度，而且要求不增加锅炉补给水的含盐量，则可采用(D)来处理。

A. 单级钠离子交换法　　B. 部分钠离子交换软化法

C. 双级钠离子交换法　　D. 部分氢离子交换法

81. 在衬胶层的电火花检测中，电火花探头与(D)成线接触。

A. 接缝　　B. 翻边　　C. 折叠处　　D. 板面

82. 电火花探头为直径(B)mm 的金属丝。

A. 1~1.5　　B. 1.5~2　　C. 2~2.5　　D. 2.5~3

83. 所检测的硬质胶的胶板厚度为 2mm 时，电火花探头火花长度应为(B)mm。

A. 10　　B. 20　　C. 30　　D. 40

84. 在衬胶层的电火花检测中，电火花探头行走速度应在(B)m/min 范围内。

A. 1~3　　B. 3~6　　C. 6~9　　D. 9~12

85. 逆流再生的离子交换软化床气体顶压法再生的步骤为(B)。

A. 顶压—小反洗—放水—再生—置换—正洗

B. 小反洗—放水—顶压—再生—置换—正洗

C. 放水—顶压—再生—置换—正洗—小反洗

D. 正洗—小反洗—放水—顶压—再生—置换

86. 离子交换树脂中毒(污染)后，下列叙述错误的是(C)。

A. 工作交换容量下降　　B. 制水量减少

C. 全交换容量下降　　D. 通过复苏可以恢复交换能力

87. 提高再生液温度能增加离子交换树脂的再生程度，主要是因为加快了(B)的速度。

A. 离子反应　　B. 内扩散和膜扩散

C. 再生液流动　　D. 反离子溶解

88. 在一定的温度范围内，水温愈高，离子交换的速度(B)。

A. 愈慢　　B. 愈快　　C. 不变　　D. 先慢后快

89. 阳树脂被硫酸钙污染后，导致运行中其出水(B)。

A. 酸度升高　　B. 钠离子过早泄漏

C. 钙离子过早泄漏　　D. 硫酸根离子过早泄漏

90. 用硫酸再生阳树脂时，开始就采取高浓度、低流速的方法，能够造成离子交换树脂的(B)污染。

A. 二氧化硅污染　　B. 硫酸钙污染　　C. 硫酸钠污染　　D. 铁污染

91. 阴树脂在使用中常被重金属离子及其氧化物污染，其中最常遇到的是(A)的化合物。

A. 铁　　B. 铝　　C. 钙　　D. 镁

92. 在弱型树脂与强型树脂联合应用的系统中，为防止硅污染树脂，要从设计上保证(B)。

A. 强型树脂先失效　　B. 弱型树脂先失效

C. 强型树脂厚度高　　D. 弱型树脂厚度高

93. 强碱阴树脂被胶体硅污染后，其交换器出水(D)有二氧化硅泄漏。

A. 在初始阶段　　B. 在接近失效阶段

C. 不会　　D. 连续

94. 某厂使用后的201×7阴树脂中的硅酸根含量达68mg/(g干树脂)，而新的树脂中的硅酸根含量只有0.3mg/(g干树脂)，这说明使用后的树脂发生了(A)污染。

A. 胶体硅酸　　B. 固体二氧化硅　　C. 有机物　　D. 铁

95. 喷雾填料式除氧器的运行负荷应维持在额定值的(C)以上。

A. 20%　　B. 30%　　C. 50%　　D. 80%

96. 真空除氧须使给水在运行真空下达到相对应的(D)温度。

A. 过热蒸汽　　B. 低压蒸汽　　C. 高压蒸汽　　D. 饱和蒸汽

97. 用除盐水清洗干净的阴树脂，用10%的食盐水，振荡5~10min后，观察盐水的颜色，如果呈现深棕或黑色，说明离子交换树脂发生了(D)。

A. 轻度有机物污染　　B. 中度有机物污染

C. 重度有机物污染　　D. 严重有机物污染

98. 强酸性阳树脂被氧化后的产物二乙烯苯以及阳树脂机械破碎而形成带负电基团的胶

状物，可以使阴离子交换树脂发生(B)。

A. 胶体硅污染　　B. 有机物污染　　C. 铁污染　　D. 铝污染

99. NaOH 正常再生的阴离子交换器，再生后清洗时间和清洗水量明显增加，出水 Na^{+}下降缓慢，可能是下列(A)造成。

A. 被含有大量羧基—COOH 基团的有机物污染树脂

B. 阳树脂的细小颗粒进入了阴树脂

C. 胶体硅污染

D. 铁污染

100. 用硫酸分步法再生阳床，再生液应(A)通过树脂层。

A. 先低浓度高流速、后高浓度低流速

B. 先低浓度低流速、后高浓度高流速

C. 先高浓度高流速、后低浓度低流速

D. 先高浓度低流速、后低浓度高流速

101. 分流再生式固定床用硫酸再生阳树脂时，再生液应按(A)控制。

A. 上层床低浓度高流速、下层床高浓度低流速

B. 上层床低浓度低流速、下层床高浓度高流速

C. 上层床高浓度高流速、下层床低浓度低流速

D. 上层床高浓度低流速、下层床低浓度高流速

102. 防止铝污染树脂的关键是(A)。

A. 提高水预处理的沉淀和过滤效率　　B. 提高再生溶液浓度

C. 提高再生溶液温度　　D. 增大反洗强度

103. 阳离子交换树脂被铝化合物污染，常用(C)进行复苏处理。

A. 10%氯化钠溶液　　B. 5%氢氧化钠溶液

C. 10%盐酸溶液　　D. 10%硫酸溶液

104. 强碱性阴树脂被胶体硅污染，常用加热的(B)进行复苏处理。

A. 碱性氯化钠溶液　　B. 氢氧化钠溶液

C. 盐酸溶液　　D. 氯化钠溶液

105. 被油污染的树脂，常用(D)溶液进行循环清洗处理。

A. 盐酸　　B. 硫酸　　C. 氧化钠　　D. 氢氧化钠

106. 溶液的 pH 值增高，强碱性阴树脂与腐植酸或富维酸结合的强度(C)。

A. 提高　　B. 不变　　C. 降低　　D. 无法确定

107. 弱碱性阴树脂不易为有机物污染，这主要是因为弱碱性阴树脂(C)。

A. 碱性弱　　B. 交联度高、孔隙大

C. 对有机物的吸着是可逆的　　D. 不易吸着有机物

108. 给水中性水规范，对给水 pH 值(25℃)的要求是(B)。

A. 6.5~7.0　　B. 7.0~7.5　　C. 7.5~8.0　　D. 8.0~8.5

109. 测定锅炉负荷变化速度对蒸汽汽质的影响时，试验应在锅炉额定压力、中间水位

和锅炉含盐量为最高允许含盐量的(C)的条件下进行。

A. 50% B. 60% C. 75% D. 90%

110. 直流锅炉的补给水水质要求极严，为减少胶态硅化合物进入锅炉，在对补给水的处理工艺中，(B)环节是必不可少的。

A. 反渗透 B. 混凝—过滤 C. 吸附 D. 加热

111. 直流锅炉需要对凝结水进行净化处理，以下说法正确的是(A)。

A. 必须全部处理 B. 可以部分处理

C. 可以不进行除盐处理 D. 可以不进行过滤处理

112. 部颁《化学清洗导则》(SD 135—1986)规定主蒸汽压力为 5.88~12.64MPa 的汽包炉，通常隔(B)年清洗一次。

A. 8~15 B. 10 C. 15 D. 8

113. 对新锅炉进行碱洗的目的是为了消除锅炉中的(C)。

A. 腐蚀产物 B. 泥砂 C. 油污 D. 水垢

114. 对锅炉进行氨洗的目的是(B)。

A. 除钙垢 B. 除铜垢 C. 除铁垢 D. 除硅垢

115. 锅炉用亚硝酸钠钝化法处理后，钢铁表面的保护膜的颜色是(D)。

A. 银白色 B. 黑色 C. 红褐色 D. 钢灰色

116. 碱液钝化法适用于(A)锅炉。

A. 中低压 B. 高压 C. 亚临界 D. 任何

117. 当停用锅炉的金属表面上还有沉积物或水渣时，停用时的腐蚀会进行的(B)。

A. 缓慢 B. 更快 C. 不受影响 D. 不确定

118. 锅炉停用时保护的目的是(A)。

A. 防止氧腐蚀，延长使用寿命 B. 防止二氧化碳腐蚀

C. 仅防止省煤器的氧腐蚀 D. 仅防止过热器的氧腐蚀

119. 含氨量大于(D)mg/L 的水中，钢铁具有不被氧腐蚀的性能。这是锅炉氨液法停用保护的依据。

A. 200 B. 400 C. 600 D. 800

120. 锅炉停运检修时，可以采用的停炉保护方式是(C)。

A. 联氨法 B. 氨液法 C. 烘干法 D. 充氮法

121. 利用海绵球对凝汽器进行化学清洗时，海绵球的直径应该比凝汽器的直径大(A)mm。

A. 1 B. 2 C. 0.1 D. 0.2

多选题

1. 用于沉淀滴定法的沉淀反应必须具备的条件有(A，B，C，D)等。

A. 生成的沉淀物质必须具有恒定的组成

B. 生成的沉淀物质的溶解度必须很小

C. 沉淀反应必须迅速、定量地进行

D. 能够用适当的指示剂或其他确定滴定的终点

2. 下列滴定分析方法中，属于氧化还原法的是(A，B，C)。

A. 高锰酸钾法　　B. 重铬酸钾法　　C. 碘法　　D. 摩尔法

3. 吸光光度法定量分析的依据是(A，B)。

A. 朗伯-比尔定律

B. 溶液的吸光度与溶液的浓度以及液层的厚度乘积成正比

C. 溶液的吸光度与溶液的浓度以及液层的厚度乘积成反比

D. 能斯特方程式

4. 在实际工作中，特别是在溶液浓度较高时，常会出现标准工作线不成直线，偏离朗伯-比尔定律的现象，这是因为(B，C)。

A. 朗伯-比尔定律不正确　　B. 仪器不能提供真正的单色光

C. 吸光物质性质的改变　　D. 仪器提供了的单色光

5. 选择离心泵遵循的原则为(A，B，C，D)。

A. 满足各时刻流量和扬程的需要　　B. 工况点运行在高效区内

C. 基建和设备费用少　　D. 考虑远期，留有余地

6. 下列关于水泵吸水管路布置的要求中，正确的是(B，C)。

A. 所有水泵吸水管上都应设阀门　　B. 每台水泵宜设置单独的吸水管

C. 吸水管应尽可能短　　D. 吸水管可以上弯越过障碍物

7. 国产 721 型分光光度计的基本组件有(A，B，C，D)。

A. 钨丝灯光源　　B. 单色器　　C. 吸收池　　D. 检测系统

8. 计量泵按驱动装置不同，可分为(A，B，C)驱动。

A. 电机　　B. 电磁　　C. 气体　　D. 液压

9. 金属的局部腐蚀具有(A，B，C，D)的特点。

A. 阴阳极互相分离　　B. 阴极面积大于阳极面积

C. 阳极电位小于阴极电位　　D. 腐蚀产物无保护作用

10. 在水中，金属腐蚀的影响因素有(A，B，C，D)。

A. 溶解氧　　B. 温度　　C. pH 值　　D. 水流速度

11. 水处理中，常用的非金属材料有(A，B，C，D)。

A. 橡胶衬里　　B. 玻璃钢

C. 聚氯乙烯塑料　　D. 聚四氟乙烯

12. 一张完整的零件图必须包括制造和检验该零件的全部技术资料，一般应具备(A，B，C，D)等内容。

A. 一组视图　　B. 足够的尺寸　　C. 技术要求　　D. 标题栏

13. 在零件图中，主视图位置的选择原则是(A，B，C)。

A. 明显反映零件的形状特征　　B. 尽量符合零件的主要加工位置

C. 尽量符合零件的工作位置　　D. 利于观察内部形状的位置

14. 影响二价铁氧化反应的主要因素为(A，B，C，D)。

A. 有机物　　B. 溶解性硅酸　　C. 溶解氧　　D. pH 值

15. 除铁系统采用接触式曝气器时，以下说法正确的是(A，B，C，D)。

A. 填料层层数可为 1~3 层

B. 填料采用塑料多面空心球

C. 填料采用粒径为30~50mm的焦炭

D. 每层填料厚度为300~400mm，层间净距不宜小于600mm。

16. 新反渗透膜元件的储运一般贮存于保护液中，保护液中含有(A，D)。

A. 1%$NaHSO_3$　　B. 1%Na_2SO_3　　C. 10%甘油　　D. 20%甘油

17. 可以用于反渗透给水预处理的方法是(A，B，C，D)。

A. 加酸　　B. 超滤　　C. 加阻垢剂　　D. 脱氯

18. 反渗透水处理用于(A，D)系统时，可以选用单段系统。

A. 海水淡化　　B. 低含盐量地下水除盐

C. 回收率高于80%　　D. 回收率小于50%

19. 超滤膜过滤半全量流程的特点是(A，B)。

A. 可以维持较高的回收率

B. 可以维持较高的膜通量

C. 可以维持较高的回收率，但膜通量较低

D. 可以维持较高的膜通量，但回收率较低

20. 与处理井水的反渗透装置比较，处理海水的反渗透装置的特点是(A，B，C，D)。

A. 反渗透给水压力较高　　B. 水的回收率较低

C. 能耗较高　　D. 一般设有能量回收装置

21. 水分子透过反渗透膜的机理理论有(B，C，D)。

A. 离子交换理论　　B. 氢键理论

C. 选择性吸附-毛细流动理论　　D. 解扩散理论

22. 根据反渗透膜的溶解扩散理论，下列叙述正确的是(A，B，C，D)。

A. 水可以吸附溶解在膜表面　　B. 溶质可以吸附溶解在膜表面

C. 水分子能在膜中扩散传播　　D. 溶质能在膜中扩散传播

23. 选择反渗透膜清洗方法时，必须考虑的因素有(A，B，D)。

A. 清洗废液对环境的影响　　B. 能最有效的去除污垢的药剂

C. 可以不考虑对膜的损害　　D. 能最低限度的减少对膜的损害

24. 反渗透膜元件装配前，必要的准备工作有(A，B)。

A. 冲洗干净压力容器内的尘土和污物　　B. 润滑O形密封圈

C. 准备化学清洗的药品　　D. 冲洗干净膜元件

25. 关于反渗透压力容器推力环的安装，以下说法正确的是(A，D)。

A. 压力容器的进水端不需要推力环　　B. 压力容器的进水端需要推力环

C. 压力容器的出水端不需要装推力环　　D. 压力容器的出水端需要装推力环

26. 反渗透装置调试时，需要记录数据的项目有(A，B，C，D)。

A. 温度　　B. 流量　　C. 压力　　D. 电导

27. 可用于制作反渗透系统低压给水管道的材质有(A，B，C，D)。

A. PVC　　B. UPVC　　C. ABS塑料　　D. 不锈钢

28. 原水含盐量高于5000mg/L时，可用于制作保安过滤器的材质为(C，D)。

A. 碳钢　B. 304 不锈钢　C. 3161 不锈钢　D. 9041 不锈钢

29. 反渗透系统的控制仪表中，能够实现在线检测的项目有(B，C，D)。

A. *SDI*　B. *ORP*　C. pH 值　D. 电导率

30. 反渗透能量回收装置的基本型式有(A，B，C)。

A. 冲击式涡轮机　B. 多级反转离心泵

C. 水压能直接转换器　D. 透平

31. 下列树脂类型中，抗有机物污染能力较强的是(C，D)树脂。

A. 凝胶型　B. 超凝胶型　C. 大孔型　D. 均孔型

32. 现有型号 201×7SC 离子交换树脂，其型号中“SC”表示(C)。

A. 混床专用　B. 浮床专用　C. 双层床专用　D. 三层床专用

33. 在一定条件下，当离子交换器树脂层高度增加时，则其(A，B)。

A. 树脂工作交换容量增大　B. 树脂层阻力增大

C. 再生频繁　D. 树脂利用率降低

34. 下列水处理方法中，(A，B，C，D)能够除盐。

A. 离子交换法　B. 电渗析法　C. 蒸馏法　D. 反渗透法

35. 当原水(A，B，C)时，做低压锅炉用水，可采用单级钠离子交换软化系统。

A. 含盐量<500mg/L　B. 硬度<5mmol/L

C. 碱度<2mmol/L　D. pH>7

36. 双室床的优点是(A，B)。

A. 对树脂性能无特殊要求　B. 无需顶压再生，操作简单

C. 不易乱层　D. 运行阻力小

37. 与双层床相比，双室浮床的优点为(A，B，C，D)。

A. 克服了树脂乱层　B. 提高运行流速

C. 简化再生操作　D. 节省再生剂

38. 炉水中的杂质来源于(A，B，C，D)。

A. 补给水带入的杂质　B. 凝结水带入的杂质

C. 金属腐蚀产物被水流带入　D. 供热用的返回水带入的杂质

39. 气-水清洗法的操作有几个工序组成(A，B，C，D)。

A. 输送树脂　B. 空气擦洗　C. 水力清洗　D. 输入树脂

40. 离子交换树脂贮存时，要避免与(A，C，D)直接接触。

A. 铁容器　B. 塑料容器　C. 氧化剂　D. 油

41. 浮动床本体装置中，床层上部为惰性树脂，其主要作用为(B，C，D)。

A. 提高再生效果

B. 防止碎树脂堵塞滤网

C. 提高水流分配的均匀性

D. 可以选用较大网目的滤网，以减少设备的运行阻力

42. 运行式浮动床中下部分配装置的作用为(A，D)。

A. 在运行或顺流时作为水流分配装置

B. 在运行或顺流时起支承和疏水作用

C. 在再生或清洗时作为分配装置

D. 在再生或清洗时起支承和疏水作用

43. 由H离子交换器、除碳器、Na离子交换器所组成的软化系统，适用于进水(A，B，D)的情况。

A. 硬度较高　　B. 含盐量较高

C. 碳酸盐硬度较高　　D. 碱度较低

44. 用普通聚合法制成的普通凝胶型离子交换树脂的缺点是(A，B，C)。

A. 抗氧化性差　　B. 机械强度差

C. 易受有机物污染　　D. 交换能力强

45. 离子交换树脂的内部结构可分(A，B，D)部分。

A. 高分子骨架　　B. 离子交换基团

C. 交换容量　　D. 孔道(毛细和凝胶孔)

46. 逆流再生的离子交换软化床大反洗的目的(A，B，C)。

A. 松动压实结块的树脂，防止偏流　　B. 清洗干净悬浮物

C. 清洗干净破碎的树脂　　D. 清洗干净再生时残存的再生液

47. 活性炭过滤器要求进水进水的悬浮物为(A)mg/L。

A. 3~5　　B. 5~10　　C. 10~15　　D. 15~20

48. 新的离子交换树脂在保管保存的时候应该(A，B，C)。

A. 保持树脂的水分，防止风干脱水

B. 防止受热和受冻

C. 避免与铁器、氧化剂和油等物质直接接触，防止树脂污染或氧化剂降解

D. 保存在50℃的水中

49. 强碱性阴树脂被铁污染，常呈现(A，B，C，D)。

A. 颜色变黑　　B. 性能降低

C. 再生效率降低　　D. 再生剂用量与清洗水耗增加

50. 为了提高混凝时除去菌、藻类等有机物的效果，常在澄清器入口水中加入(A，D)。

A. 臭氧　　B. 氢氧化钠溶液

C. 盐酸溶液　　D. 液氯

51. 汽轮机组的凝结水工艺流程的设计原则是根据(A，B，C，D)等因素，经技术经济比较及必要的核算后确定。

A. 冷却水质量　　B. 锅炉型式及参数

C. 汽水质量标准　　D. 凝汽器结构及其管材

52. 凝结水精处理系统应装设以下(A，B，C，D)设备，以保证系统安稳运行。

A. 装设能保证通过所需凝结水量的自动调节旁路阀

B. 凝结水精处理装置前后的管路排空阀

C. 离子交换器后的树脂捕捉器

D. 补充离子交换树脂的接入口

53. 若采用强酸性H阳床+强碱性OH阴床相串联的系统处理凝结水，不能保证出水水

质的原因是(A，C)

A. 阴床再生后虽经清洗，但总有微量的 NaOH 不断地洗脱下来

B. 技术经济效益差

C. 当因凝汽器泄漏，凝结水的含盐量增大，而使得阳床漏 Na^+时，在阴床出水中也会有 NaOH

D. 备用设备量设置太多

54. 通过锅炉的热化学试验，能够查明(A，B，C，D)等运行条件对蒸汽汽质的影响。

A. 锅炉水水质　　B. 锅炉负荷

C. 锅炉负荷变化速度　　D. 汽包水位

55. 汽包锅炉热化学试验不需要经常地进行，遇到下列(A，B，C)情况之一的，需要进行热化学试验。

A. 新安装的锅炉运行一段时间后　　B. 锅炉改装后

C. 发现过热器过汽轮机积盐　　D. 汽包水位改变

56. 测定锅炉水含盐量对蒸汽汽质的影响时，锅炉水的测定项目有(A，B，C)。

A. 含钠量　　B. 电导率　　C. 含硅量　　D. 磷酸根含量

57. 汽包锅炉的联氨保护法是用联氨和氨水配成保护性水溶液充满锅炉，它们的要使锅炉水达到(A，C)条件。

A. 联氨过剩量 200mg/L　　B. 联氨过剩量 50mg/L

C. pH 值大于 10　　D. pH 值大于 9

58. 能用于凝汽器铜管酸洗的有(A，C，D)。

A. 盐酸　　B. 硫酸　　C. 磷酸　　D. 醋酸

简答题

1. 以 H 型强酸性阳离子交换树脂对水中的 Na^+进行交换为例，叙述离子交换动力学的五个步骤。

答：①水中的 Na^+首先在水中扩散，透过树脂颗粒表面的边界水膜，到达树脂颗粒表面；②Na^+进入树脂颗粒内部的交联网孔，并进行扩散；③Na^+与树脂内的交换基团接触，并与交换基团上可交换的 H^+进行交换；④被交换下来的 H^+在树脂颗粒的内部交联网孔中向树脂表面扩散；⑤被交换下来的 H^+扩散透过树脂颗粒表面的边界水膜，进入水溶液中。

2. 提高离心泵理论扬程的途径有哪些？

答：①减小叶轮叶槽出口处绝对速度与圆周速度的夹角 α_2；②增加叶轮转速 n；③加大叶轮直径 D_2。

3. 简述曝气、过滤法除铁的选择条件。

答：①曝气、天然锰砂过滤，适用于原水中重碳酸型铁的含量小于 20mg/L、pH 值不小于 5.5 时。②曝气、石英砂过滤，适用于原水中重碳酸型铁的含量小于 4mg/L，曝气后 pH 值大于 7。

4. 如何鉴别阴阳离子交换树脂？

答：取树脂样品 2mL 左右，清水洗涤后，加入 5mL1mol/L HCl 溶液处理，在酸化后的树脂中加入 10%$CuSO_4$ 溶液，树脂呈浅绿色的为阳树脂，如树脂颜色不变则为阴树脂。

5. 鉴别阴阳离子交换树脂为什么要把 10%的 $CuSO_4$ 溶液中加入 1%H_2SO_4 酸化？

答：①弱碱性阴树脂也可以与 Cu^{2+} 络合，也成浅绿色；②但在酸性溶液中不能与 Cu^{2+} 络合；③将 $CuSO_4$ 溶液酸化，就是为了防止弱碱性阴树脂与铜离子络合，干扰阳树脂的鉴别。

6. 防止离子交换树脂的铁污染的方法有哪些？

答：①减少阳床进水的含铁量。对含铁量高的地下水，应采用曝气处理和锰砂过滤除铁；对含铁量高的地表水，应该加入一定量的碱性物质，提高水的 pH，从而提高混凝效果，防止铁离子进入阳床；②对输送高含盐量原水的管道和贮槽，应该采取防腐措施，减少水中的含铁量；③阴床再生用烧碱的贮槽及输送管道，应采用衬胶进行防腐，以减少再生碱液中的铁含量。

7. 简述新的离子交换树脂预处理的目的。

答：①清除树脂中含有的少量低聚物和未参与反应的单体物质；②清除树脂中含有的铁、铅、铜等无机杂质；③活化离子交换树脂，提高其交换容量。

8. 在锅炉水中，钙、镁盐类离子浓度积超过溶度积的主要原因有哪些？

答：①随着水温的升高，某些钙、镁盐类在水中的溶解度下降；②在水不断受热被蒸发时，水中盐类逐渐被浓缩；③在水被加热和蒸发的过程中，水中某些钙、镁盐类因发生化学反应，从易溶于水的物质变成了难溶的物质而析出。

9. 影响联氨和水中溶解氧反应速度的主要因素有哪些？

答：①水中联氨应维持合适的过剩量，联氨过剩量愈多，除氧反应速度相对更快；②水的 pH 值应在 8.5 以上，当 pH 值在 9~11 之间时，反应速度最快；③温度升高时，反应速度急剧增加。水温在 150℃以上，联氨和水中溶解氧反应速度很快。

10. 如何鉴别阴树脂被有机物污染？

答：鉴别方法：表面观察颜色变暗，也可能由透明变成不透明。运行过程中典型症状是：清洗用水量增大；工作交换容量降低。

11. 怎样清除树脂的油污？

答：对油污污堵得树脂可用 38~40℃的氢氧化钠溶液清洗，或用适当的溶剂和表面活性剂清洗。对于氢型阳树脂，在清洗前应先用食盐再生以除去床层中的酸，否则，酸会降低碱的活性。在极少数情况下，发生阴树脂被油污染，则可用表面活性剂清洗。

12. 热网补给水，一般采用由哪些方式供给？

答：①锅炉排污扩容器后的排污水；②当水量较小时，采用经过除氧的锅炉补给水；③当水量较大时，宜单独设置处理系统。此系统可采用钠离子交换处理，并经除氧。

13. 简述化学清洗的一般步骤和作用。

答：①水冲洗。冲去炉内杂质，如灰尘、焊渣、沉积物；②碱洗或碱煮。除去油脂和部分硅酸化合物；③酸洗。彻底清除锅炉的结垢和沉积物；④漂洗。除去酸洗过程中的铁锈和残留的铁离子；⑤钝化。用化学药剂处理酸洗后的活化了的金属表面，使其产生保护膜，防止锅炉发生再腐蚀。

14. 对停用的锅炉实行保护的基本原则是什么？

答：①不让空气进入停用锅炉的汽水系统内；②保证停用锅炉汽水系统的金属内表面的干燥；③在金属表面生成具有防腐蚀作用的薄膜；④使金属表面浸泡在含有除氧剂或其他保

护剂的水溶液中。

15. 用酸除垢的基本原理是什么？一般都用哪些酸？

答：用酸除垢是化学除垢中最常见的一种方法，其原理是酸直接与水垢作用，并将水垢溶解。用酸除垢时不必将水垢或氧化铁等全部溶解，而是靠酸溶解产生的气体，使垢剥落下来。常用酸有盐酸、硫酸、氢氟酸等无机酸，以及柠檬酸、醋酸等有机酸。

计算题

1. 某台 Sh 型离心泵，当流量为 220L/s 时，从水泵样本上查得水温 20℃允许吸上真空高度 $H_S=4.8$m，泵吸水口直径为 300mm，吸水管路水头损失为 1m。现需将该泵安装在海拔 1000m 的地方，当地夏季的水温为 30℃，试计算其最大安装高度 H_{SS}。已知海拔 1000m 的大气压力为 9.2mH_2O，水温 30℃时饱和蒸汽压力为 0.43mH_2O；水温 20℃时饱和蒸汽压力为 0.24mH_2O，20℃时大气压为 10.33mH_2O。

解：

$$H'_s = H_s - (10.33 - H_a) - (H_{va} - 0.24)$$
$$= 4.8 - (10.33 - 9.2) - (0.43 - 0.24) = 3.48(\text{m})$$
$$v_1 = \frac{4Q}{\pi d^2} = \frac{4 \times 0.22}{3.14 \times 0.3^2} = 3.11(\text{m/s})$$

则，
$$H_{ss} = H'_s - \frac{v_1^2}{2g} - \sum h_s = 3.48 - 0.49 - 1 = 1.99(\text{m})$$

答：其最大安装高度为 1.99m。

2. 某离心泵吸水口直径为 400mm，当流量为 350L/s 时，从水泵样本上查得允许吸上真空高度 $H_s=5.7$m。已知吸水管路水头损失为 1.5m，当地大气压力为 9.41×10^4Pa，试计算输送 60℃水时的安装高度。已知水温 60℃时饱和蒸汽压力为 19.8kPa。

解：

$$H'_s = H_s - (10.33 - H_a) - (H_{va} - 0.24)$$

由于 1kPa = 0.102m 水柱，所以 $H_a = 9.41 \times 10^4\text{Pa} = 9.6(\text{m})$，$H_{va} = 19.8\text{kPa} = 2.02(\text{m})$

$$H'_s = 5.7 - (10.33 - 9.6) - (2.02 - 0.24) = 3.19(\text{m})$$
$$v_1 = \frac{4Q}{\pi d^2} = \frac{4 \times 0.35}{3.14 \times 0.4^2} = 2.79(\text{m/s})$$

则，$H_{ss} = H'_s - \frac{v_1^2}{2g} - \sum h_s = 3.19 - 0.40 - 1.5 = 1.29(\text{m})$

答：其最大安装高度为 1.29m。

3. 已知某树脂吸收了平衡水量，现取样品 10g，用离心法除去颗粒外的水分后，称其质量为 7.45g；取其中 1.50g 作为样品，用烘干法除去内部水分后，称其质量为 0.66g，试计算该树脂的含水率。

解：

$$X = \frac{m_1 - m_2}{m_1} \times 100\% = \frac{1.50 - 0.66}{1.50} \times 100\% = 56\%$$

答：该树脂的含水率为 56%。

4. 某一级复床除盐系统中，阴床 NaOH 耗量为 70g/mol，阳床 HCl 耗量为 60g/mol，求它们的再生比耗。

解：

NaOH 的摩尔质量为 40，HCl 的摩尔质量为 36.5

(1) $B_1=\dfrac{R_1}{M_{NaOH}}=\dfrac{70}{40}=1.75$

(2) $B_2=\dfrac{R_2}{M_{HCl}}=\dfrac{60}{36.5}=1.64$

答： NaOH 和 HCl 的再生比耗分别为 1.75 和 1.64。

5. 一台阴离子交换器，内装树脂 17.5m^3，树脂的工作交换容量为 250mol/m^3，再生一台需含 NaOH 为 30%的工业烧碱 1000kg，求其再生碱耗。

解：

$$R=\frac{1000mw}{VE_G}=\frac{1000\times1000\times30\%}{17.5\times250}=68.6(\text{g/mol})$$

答： 再生碱耗为 68.6g/mol。

6. 有一除盐装置，其 OH 离子交换器的直径为 2.0m，树脂层高度为 2.0m，进水强酸酸度为 1.1mmol/L、Na^+浓度为 23μg/L、残留 CO_2 为 5mg/L，进出水中 $HSiO_3^-$(以 SiO_2 计)分别为 12mg/L 和 60μg/L。若 OH 离子交换器一次再生用 30%的工业 NaOH(密度 $\rho=1.33\text{g/cm}^3$) 0.38m^3，一个运行周期产水量为 1580m^3。试分别计算阴树脂的工作交换容量、碱耗和再生剂比耗各为多少？

解：

(1) 工作交换容量为

$$q=\{A+[CO_2]/44+[SiO_2]/60+[Na^+]/(23\times10^{-3})-[SiO_2]_C/(60\times10^{-3})\}V/[(D/2)^2\times\pi\times h]$$

$$=[1.1+5/44+12/60+23/(23\times10^{-3})-60/(60\times10^{-3})]\times1580/[(2.0/2)^2\times3.14\times2.0]$$

$$=355(\text{mol/m}^3)$$

(2) 碱耗为

$$W_{NaOH}=V_{NaOH}\rho C\{(A+[CO_2]/44+[SiO_2]/60+[Na^+]/23\times10^{-3}-[SiO_2]_C/60\times10^{-3})V\}$$

$$=0.38\times1.33\times30\%\times10^6/\{[1.1+5/44+12/60+23/(23\times10^{-3})-60/(60\times10^{-3})]\times1580\}$$

$$=68.0(\text{g/mol})$$

(3) 比耗为

$$R_{NaOH}=W_{NaOH}/M_{NaOH}=68.0/40=1.70$$

答： 阴树脂的工作交换容量为 355mol/m^3，碱耗为 68.0g/mol，再生剂比耗为 1.70。

7. 量取除碳器进水水样 100mL，用酚酞作指示剂，加 0.01mol/L 的 NaOH 溶液滴定至呈现浅红色，消耗 NaOH 标准溶液 8.53mL。量取除碳器出水水样 100mL，用同样方法滴定，消耗 NaOH 标准溶液 0.72mL。求除碳器的除碳效率和出水残余 CO_2 含量。

解：

(1) 除碳效率为

$$(a_1-a_2)/a_1\times100\%=(8.53-0.72)/8.53\times100\%=91.6\%$$

（2）出水残余 CO_2 含量为

$$CO_2 = a_2c \times (44/V) \times 1000 = 0.72 \times 0.01 \times (44/100) \times 1000 = 3.17(\mathrm{mg/L})$$

答：除碳器的除碳效率为 91.6%，出水残余 CO_2 含量为 3.17mg/L。

8. 某射流泵抽吸流量为 5L/s，扬程为 7m 水柱，已知喷嘴前压力为 30m 水柱，流量为 $15m^3/h$，试求该射流泵的效率。

解：

$$\eta = \frac{Q_2H_2}{Q_1(H_1 - H_2)} = \frac{5 \times 6}{\frac{15}{3.6} \times (30 - 6)} = 0.30$$

答：该射流泵的效率为 0.30。

9. 有一并列 H-Na 离子交换软化系统，H 型交换器以出现硬度为终点，已知生水没有过剩碱度，总硬度为 1.24mmol/L，非碳酸盐硬度为 0.52mmol/L，系统残留碱度0.4mmol/L，求进入 Na 型交换器的水占总水量的百分数应为多少？

解：

$$X = (H_F + A_C)/H \times 100\% = (0.52 + 0.4)/1.24 \times 100\% = 74.2\%$$

答：进入 Na 型交换器的水占总水量的百分数应为 74.2%。

10. 试求 10℃时水在直径 $d=200$mm 的管道中以流量 $q=100m^3/h$ 流动时，水的流动状态是层流还是紊流？（10℃水的运动黏度系数 $\gamma=1306\times10^{-6}m^2/s$。当雷诺系数大于 2300，水流动状态为紊流；计算雷诺数的公式为 $Re=cd/\gamma$，其中 c 为水在管道中的平均流速）

解：$c=q/[\pi\cdot(d/2)^2]=4\times100/(3600\times3.14\times0.2^2)=0.885(\mathrm{m/s})$

雷诺数　$Re=cd/\gamma=0.885\times0.2/1.306\times10^{-6}=135528$

因为　135528>2300 所以此流动为紊流。

答：水的流动状态是紊流。

11. 滤池冲洗时，30s 内水位上升 45cm，求冲洗强度 q。

解：冲洗强度即为上升流速：

$$q = (45 \div 30) = 1.5\mathrm{cm/s} = (1.5 \div 100) \times 1000 = 15\mathrm{L/(s \cdot m^2)}$$

答：冲洗强度为 $15L/(s\cdot m^2)$。

12. 某厂需供除盐水量 Q 为 $70m^3/h$，原水阳离子总量 $I=7$mmol/L，如果使用工作交换容量 $E_i=800mol/m^3$ 的阳树脂，树脂层高 $H=2$m，选取交换器运行周期 26h(24h 运行，2h 再生)，计算交换器的直径 d。

解：$(\pi d^2/4)\cdot H\cdot E_i=Q\cdot I\cdot t$

即　$0.785\times d^2\times2\times800=70\times7\times24$

$d^2=11760/1256=9.36$

$d\approx3.0(\mathrm{m})$

答：交换器的直径取 3.0m。

13. 一台氢型强酸阳离了交换器的直径为 2.5m，采用浓度为 1%的硫酸溶液再生，每次再生耗用 96%的硫酸 400kg，再生时间为 1h，求此交换器再生流速为多少？

解：再生液体积

$$V = 400 \times 96\%/1\% = 38.4(m^3)$$

交换器截面积 $A=\pi d^2/4=0.785\times2.5^2=4.9(m^2)$

再生流速 $V=V/(A\cdot t)=38.4/4.9=7.84(m/h)$

答：此交换器再生流速为 7.84m/h。

14. 取水样 50mL，用 0.0500mol/LHCl 溶液滴定测碱度，当酚酞由红色转为无色时，消耗滴定液 0.65mL，用甲基橙作指示剂继续滴定，当溶液由黄色转为红色时，又消耗滴定液 4.19mL，试计算判断该水样中的碱度成分含量及总碱度值。

解：令 P 为酚酞碱度，M 为甲基橙碱度。

$P=(0.05\times0.65\times10^3)/50=0.65(mmol/L)$

$M-P=(4.19\times0.05\times10^3)/50=4.19(mmol/L)$

因为 $M-P>P$，所以水样中仅有 CO_3^{2-} 和 HCO_3^- 两种碱度成分。

$C(1/2CO_3^{2-})=2P=2\times0.65=1.3(mmol/L)$

$C(HCO_3^-)=(M-P)-P=4.19-0.65=3.54(mmol/L)$

即 $M=4.19+0.65=4.84(mmol/L)$

答：水样中仅有 CO_3^{2-} 和 HCO_3^- 两种碱度成分，浓度分别为 1.3mmol/L，3.54mmol/L，总碱度为 4.84mmol/L。

15. 有 5 台滤池，每台平面尺寸均为 7.5×4m，现 4 台运行，一台备用，如进水总流量为 600m^3/h，求平均滤速为多少？

解：$600/(7.5\times4\times4)=5(m/h)$

答：平均滤速为 5m/h。

四、技能操作鉴定要素细目表

鉴定范围						鉴定点	
一级		二级		三级		代码	名称
代码	名称	代码	名称	代码	名称		
A	技能要求	A	工艺操作	A	开车准备	001	离子交换系统开车条件检查确认
						002	阳树脂和阴树脂的鉴别操作
						003	反渗透膜元件的安装
				B	开车操作	001	离子交换除盐系统开车操作步骤
				C	正常操作	001	固定床再生参数调整试验
						002	澄清池的调整试验
						003	凝汽器的化学清洗操作
						004	高速混床失效后的树脂输出操作
				D	停车操作	001	水处理系统停车操作步骤

续表

鉴定范围						鉴定点	
一级		二级		三级		代码	名称
代码	名称	代码	名称	代码	名称		
		B	设备使用与维护	A	使用设备	001	重力式无阀滤池反洗效果差的处理
						002	浊度仪的校验
				B	维护设备	001	离心泵安装验收及调试内容
						002	无阀滤池的滤料更换
						003	无阀滤池出水水质变差的处理
						004	机械密封的维护
						005	填料密封的维护
		C	事故判断与处理	A	判断事故	001	离子交换树脂污染的原因分析
						002	二级除盐水电导突然升高的原因分析
						003	离子交换树脂污染的特征分析
						004	反渗透脱盐率下降的原因分析
						005	反渗透装置脱盐率下降膜元件的查找
						006	阴树脂工作交换容量下降的原因分析
				B	处理事故	001	在用蒸汽管线的水击处理
						002	中毒人员的现场施救
						003	离子交换树脂污染的预防
						004	阳树脂工交下降的处理
						005	阴树脂工交下降的处理
						006	混床再生不合格的处理
						007	阴树脂被铁及其氧化物污染的处理
						008	阴树脂被有机物污染的处理
						009	盐酸储罐发生泄漏的模拟事故演练预案的编制
		D	绘图	A	绘图	001	绘制填料函构造示意图
						002	识读简单的电气控制图

五、技能操作试题

试题1：离子交换除盐系统开车条件的检查确认(现场模拟)

(考核时间：60min)

序号	考核内容	考核要点	配分	评分标准	检测结果	扣分	得分	备注
1	准备工作	穿戴劳保用品	3	劳保用品穿戴不规范扣3分				
		工具、用具准备	2	工具选择不正确扣2分				

续表

序号	考核内容	考核要点	配分	评分标准	检测结果	扣分	得分	备注
2	调试预处理设备	检查预处理设备，澄清池、滤池、加药系统、机泵等经调试正常，能保证清水供应	10	未检查预处理设备扣10分				
				未调试预处理设备扣5分				
				检查漏项，每项扣2分				
3	检查静设备	全部静设备经水压试验合格。阀门动作良好。整个系统已进行吹扫或清洗。除盐系统所需滤料、交换剂，应符合设计规定，数量能满足运行需要。交换器内树脂已经预处理合格	20	承压容器未经水压试验合格扣5分				
				压力水管路未经水压试验合格扣5分				
				系统未吹扫或清洗干净扣5分				
				未检查阀开关可靠性扣5分				
				未检查树脂扣5分				
4	转动设备试运转	转动设备经试运转合格。压缩空气系统经试运转合格	20	检查漏项，每项扣5分				
				转动设备未试运转扣10分				
				压缩空气系统未试运转扣10分				
5	调试再生系统	再生系统已经调试合格，再生剂已备好	15	再生系统未调试扣10分				
				未检查再生剂扣5分				
6	检查分析用具	手工分析器皿、药剂、仪器已齐备	10	检查漏项，每项扣2分				
7	检查有关设备	与除盐系统有关的电气、热工、化学仪表及操作盘，均应安装完毕，指示正确，操作灵活并能投入使用	15	未检查控制盘、操作盘电源，每项扣5分				
				未检查在线仪表扣5分				
				检查漏项，每项扣3分				
8	使用工具	使用工具	2	工具使用不正确扣2分				
		维护工具	3	工具乱摆乱放扣3分				
9	安全及其他	按国家法规或企业规定		违规一次总分扣5分；严重违规停止操作			—	
		在规定时间内完成操作		每超时1min总分扣5分，超时3min停止操作			—	
合计			100					

试题2：阳树脂和阴树脂的鉴别操作(现场模拟)

（考核时间：20min）

序号	考核内容	考核要点	配分	评分标准	检测结果	扣分	得分	备注
1	准备工作	穿戴劳保用品	3	劳保用品穿戴不规范扣3分				
		用具准备	2	用具选择不正确扣2分				

续表

序号	考核内容	考核要点	配分	评分标准	检测结果	扣分	得分	备注
2	取样	取树脂样品 2mL，置于30mL的试管中，用吸管吸去树脂层上部的水	15	操作内容不符要求，每项扣5分				
				操作漏项，每项扣10分				
3	加稀盐酸	加入1mol/L HCl溶液5mL，摇动1~2min，将上部清液吸去，这样重复操作2~3次	25	加入溶液浓度、体积不符要求，每项扣10分				
				操作漏项，每项扣10分				
4	清洗	加入纯水摇动清洗后，将上部清液吸去，这样重复操作2~3次	15	操作内容不符要求，每项扣5分				
				操作漏项，每项扣10分				
5	显色	加入已酸化的10% $CuSO_4$（其中含1% H_2SO_4）5mL，摇动1min，放置5min。如树脂呈浅绿色，即为阳树脂；如树脂不变色，则为阴树脂	35	加入溶液浓度、体积不符要求，每项扣10分				
				其他操作内容不符要求，每项扣5分				
				操作漏项，每项扣10分				
				树脂鉴别结果判断错误扣20分				
6	使用工具	使用工具	2	工具使用不正确扣2分				
		维护工具	3	工具乱摆乱放扣3分				
7	安全及其他	按国家法规或企业规定		违规一次总分扣5分；严重违规停止操作			—	
		在规定时间内完成操作		每超时1min总分扣5分，超时3min停止操作			—	
合计			100					

试题3：反渗透膜元件的安装（现场模拟）

（考核时间：30min）

序号	考核内容	考核要点	配分	评分标准	检测结果	扣分	得分	备注
1	准备工作	穿戴劳保用品	3	劳保用品穿戴不规范扣3分				
		工具、用具准备	2	工具选择不正确扣2分				
2	安装步骤	清洗压力容器内部杂物	5	未清洗扣5分				
3		用海绵或毛巾浸甘油将容器内壁润滑	5	不操作不得分				
				操作不到位扣3分				
4		确认膜元件外部清洁	5	未确认扣5分				
5		检查膜元件的浓水密封环，对浓水密封环加甘油润滑	5	未检查密封环扣5分				
				未加甘油润滑扣3分				

续表

<table>
<tr><th>序号</th><th>考核内容</th><th>考核要点</th><th>配分</th><th>评分标准</th><th>检测结果</th><th>扣分</th><th>得分</th><th>备注</th></tr>
<tr><td rowspan="2">6</td><td rowspan="28">安装步骤</td><td rowspan="2">自给水端将膜元件插入2/3，浓水密封环必须在暴露端，密封环的唇必须面向外部</td><td rowspan="2">5</td><td>不操作不得分</td><td></td><td></td><td rowspan="28"></td><td></td></tr>
<tr><td>操作不到位扣3分</td><td></td><td></td><td></td></tr>
<tr><td rowspan="2">7</td><td rowspan="2">记录膜元件的序列号、在压力容器内的位置和系统中压力容器的位置</td><td rowspan="2">5</td><td>未记录扣5分</td><td></td><td></td><td></td></tr>
<tr><td>记录缺一项扣3分</td><td></td><td></td><td></td></tr>
<tr><td rowspan="2">8</td><td rowspan="2">向连接件的O形密封环加甘油润滑</td><td rowspan="2">5</td><td>未加甘油润滑扣5分</td><td></td><td></td><td></td></tr>
<tr><td>操作不到位扣3分</td><td></td><td></td><td></td></tr>
<tr><td rowspan="2">9</td><td rowspan="2">将连接件全部插入产品水管内</td><td rowspan="2">5</td><td>不操作不得分</td><td></td><td></td><td></td></tr>
<tr><td>操作不到位扣3分</td><td></td><td></td><td></td></tr>
<tr><td rowspan="2">10</td><td rowspan="2">插入下一个膜元件</td><td rowspan="2">5</td><td>不操作不得分</td><td></td><td></td><td></td></tr>
<tr><td>操作不到位扣3分</td><td></td><td></td><td></td></tr>
<tr><td rowspan="2">11</td><td rowspan="2">重复第4步、第5步</td><td rowspan="2">5</td><td>未重复操作扣5分</td><td></td><td></td><td></td></tr>
<tr><td>操作不到位扣3分</td><td></td><td></td><td></td></tr>
<tr><td rowspan="2">12</td><td rowspan="2">将膜元件对准连接件，慢慢的推膜元件的浓水端直至元件互相接触，这一步必须在容器外完成</td><td rowspan="2">5</td><td>不操作不得分</td><td></td><td></td><td></td></tr>
<tr><td>操作不到位扣3分</td><td></td><td></td><td></td></tr>
<tr><td rowspan="2">13</td><td rowspan="2">重复第6步~第9步</td><td rowspan="2">5</td><td>未重复操作扣5分</td><td></td><td></td><td></td></tr>
<tr><td>操作不到位扣3分</td><td></td><td></td><td></td></tr>
<tr><td rowspan="2">14</td><td rowspan="2">重复第10步直至最后一个膜元件</td><td rowspan="2">5</td><td>未重复操作扣5分</td><td></td><td></td><td></td></tr>
<tr><td>操作不到位扣3分</td><td></td><td></td><td></td></tr>
<tr><td rowspan="2">15</td><td rowspan="2">组装好端板</td><td rowspan="2">5</td><td>未组装端板扣5分</td><td></td><td></td><td></td></tr>
<tr><td>操作不到位扣3分</td><td></td><td></td><td></td></tr>
<tr><td rowspan="2">16</td><td rowspan="2">把压力容器的防膜卷伸出装置放入压力容器末端，在浓水端装上组装好的端板</td><td rowspan="2">5</td><td>不操作不得分</td><td></td><td></td><td></td></tr>
<tr><td>操作不到位扣3分</td><td></td><td></td><td></td></tr>
<tr><td rowspan="2">17</td><td rowspan="2">对端板U形密封环涂油润滑，然后套在端板上</td><td rowspan="2">5</td><td>未涂油润滑扣5分</td><td></td><td></td><td></td></tr>
<tr><td>操作不到位扣3分</td><td></td><td></td><td></td></tr>
<tr><td rowspan="2">18</td><td rowspan="2">装入一定量的垫片后小心将端板上的连接座对准并插入最后膜元件的连接件，慢慢推入压力容器内，直至端板外表面刚好过压力容器的环槽</td><td rowspan="2">5</td><td>不操作不得分</td><td></td><td></td><td></td></tr>
<tr><td>操作不到位扣3分</td><td></td><td></td><td></td></tr>
<tr><td rowspan="2">19</td><td rowspan="2">将卡环插入环槽内，装好给水端板，安装完毕</td><td rowspan="2">5</td><td>不操作不得分</td><td></td><td></td><td></td></tr>
<tr><td>操作不到位扣3分</td><td></td><td></td><td></td></tr>
</table>

续表

序号	考核内容	考核要点	配分	评分标准	检测结果	扣分	得分	备注
20	使用工具	使用工具	2	工具使用不正确扣 2 分				
		维护工具	3	工具乱摆乱放扣 3 分				
21	安全及其他	按国家法规或企业规定		违规一次总分扣 5 分；严重违规停止操作			—	
		在规定时间内完成操作		每超时 1min 总分扣 5 分，超时 3min 停止操作			—	
合　计			100					

试题 4：离子交换除盐系统开车操作步骤(现场模拟)

（考核时间：90min）

序号	考核内容	考核要点	配分	评分标准	检测结果	扣分	得分	备注
1	准备工作	穿戴劳保用品	3	劳保用品穿戴不规范扣 3 分				
		工具、用具准备	2	工具选择不正确扣 2 分				
2	投运预处理设备	投运预处理设备，向清水池供合格的清水	10	操作漏项，每项扣 5 分				
				不清楚浊度指标扣 5 分				
3	投运压缩空气系统	投运压缩空气系统，待贮气罐压力升至 0.4～0.6MPa，向除盐装置送气	10	操作漏项，每项扣 5 分				
				不清楚压力要求扣 5 分				
4	投运阳床	用两倍正常量再生剂再生阳床，若无除盐水，可用清水做再生用水。直至阳床再生合格后，投除碳器、阳床运行。用阳床出水清洗中间水箱后，投用中间水箱蓄水	30	阳床未再生扣 15 分				
				操作漏项，每项扣 5 分				
				中间水箱未清洗扣 5 分				
5	投运阴床	用两倍正常量再生剂再生阴床，若无除盐水，可用阳床出水做再生用水。再生合格后，投阴床运行。用阴床出水清洗除盐水箱后，投用除盐水箱蓄水	20	阴床未再生扣 15 分				
				操作漏项，每项扣 5 分				
				除盐水箱未清洗扣 5 分				
6	一级除盐正常运转	用一级除盐水再生其他阳床、阴床，至一级除盐能正常运转	10	操作漏项，每项扣 5 分				
7	投运混床	用一级除盐水再生混床，混床再生合格后投运，改由混床向除盐水箱送水	10	混床未再生扣 5 分				
				操作漏项，每项扣 5 分				
8	使用工具	使用工具	2	工具使用不正确扣 2 分				
		维护工具	3	工具乱摆乱放扣 3 分				

续表

序号	考核内容	考核要点	配分	评分标准	检测结果	扣分	得分	备注
9	安全及其他	按国家法规或企业规定		违规一次总分扣5分；严重违规停止操作			—	
		在规定时间内完成操作		每超时1min总分扣5分，超时3min停止操作			—	
合计			100					

试题5：固定床再生参数的调整试验(现场模拟)

(考核时间：90min)

序号	考核内容	考核要点	配分	评分标准	检测结果	扣分	得分	备注
1	准备工作	穿戴劳保用品	3	劳保用品穿戴不规范扣3分				
		工具、用具准备	2	工具选择不正确扣2分				
2	再生液流量调整试验	根据交换器内再生液的流速范围，选取几个适当的再生液流量值，进行试验。此时其他再生参数按已有的经验控制。检测不同再生液流量值下的交换器出水水质和周期制水量	25	不清楚再生液的流速范围扣5分				
				不清楚相关再生参数扣5分				
				未检测水质或制水量，每项扣5分				
				调整操作漏项，每项扣5分				
3	再生液浓度调整试验	选取几个适当的再生液浓度值，进行试验。此时其他再生参数按已有的经验控制。检测不同再生液浓度值下的交换器出水水质和周期制水量	25	选取浓度试验值不恰当扣10分				
				未在最优条件下调试扣5分				
				未检测水质或制水量，每项扣5分				
				调整操作漏项，每项扣5分				
4	再生剂用量调整试验	根据再生剂比耗范围，选取几个适当的再生剂用量值，进行试验。此时其他再生参数按已有的经验控制。检测不同再生剂用量值下的出水水质和周期制水量，进行经济性比较	25	不清楚比耗范围扣5分				
				未在最优条件下调试扣5分				
				未检测水质或制水量，每项扣5分				
				调整操作漏项，每项扣5分				
5	再生液温度调整试验	根据树脂适应的温度范围，选取几个适当的再生液温度值，进行试验。此时其他再生参数按已有的经验控制。检测不同再生液温度值下的交换器出水水质和周期制水量	15	选取温度试验值不恰当扣10分				
				未在最优条件下调试扣5分				
				未检测水质或制水量，每项扣5分				
				调整操作漏项，每项扣5分				

续表

序号	考核内容	考核要点	配分	评分标准	检测结果	扣分	得分	备注
6	使用工具	使用工具	2	工具使用不正确扣 2 分				
		维护工具	3	工具乱摆乱放扣 3 分				
7	安全及其他	按国家法规或企业规定		违规一次总分扣 5 分；严重违规停止操作			—	
		在规定时间内完成操作		每超时 1min 总分扣 5 分，超时 3min 停止操作			—	
合计			100					

试题 6：水处理系统停车操作步骤(现场模拟)

（考核时间：90min）

序号	考核内容	考核要点	配分	评分标准	检测结果	扣分	得分	备注
1	准备工作	穿戴劳保用品	3	劳保用品穿戴不规范扣 3 分				
		工具、用具准备	2	工具选择不正确扣 2 分				
2	停运一级除盐系统	有程控的设备，可按一级除盐系统停车按钮。没有程控的设备，现场停运清水泵、中间泵；关闭运行交换器出入口阀；停运脱碳风机	20	操作漏项，每项扣 5 分				
3	停运预处理系统	关闭工业水总阀，澄清池入口阀，滤池入口阀；停运加药系统	20	操作漏项，每项扣 5 分				
4	停运混床	停运一级泵；关闭混床出入口阀；停运二级泵	20	操作漏项，每项扣 5 分				
5	排空中和池	中和池存水中和合格，启泵排空；关闭酸碱罐出口阀	10	操作漏项，每项扣 5 分				
6	停运仪表风系统	停运空压机、干燥器、关闭储气罐出口阀，关闭冷却水阀	10	操作漏项，每项扣 5 分				
7	检查与汇报	仔细检查停运设备状态，如无异常，做好记录；汇报调度	10	操作漏项，每项扣 5 分				
8	使用工具	使用工具	2	工具使用不正确扣 2 分				
		维护工具	3	工具乱摆乱放扣 3 分				
9	安全及其他	按国家法规或企业规定		违规一次总分扣 5 分；严重违规停止操作			—	
		在规定时间内完成操作		每超时 1min 总分扣 5 分，超时 3min 停止操作			—	
合计			100					

试题7：重力式无阀滤池反洗效果差的处理(现场模拟)

（考核时间：25min）

序号	考核内容	考核要点	配分	评分标准	检测结果	扣分	得分	备注
1	准备工作	穿戴劳保用品	3	劳保用品穿戴不规范扣3分				
		工具、用具准备	2	工具选择不正确2分				
2	检查滤池反洗效果差的影响因素	检查滤池反洗流量	10	未检查滤池反洗流量是否偏小不得分				
		检查反洗时的时间	5	未检查反洗时的时间是否偏短不得分				
		检查滤池滤料污染情况	5	未检查滤池滤料是否被污染不得分				
		检查滤池过滤时的阻力	10	未检查滤池过滤时的阻力是否偏大不得分				
		检查滤池运行周期	10	未检查滤池运行周期是否过长不得分				
3	无阀滤池反洗效果差的处理	提高旁滤池反洗强度	10	若滤池反洗流量偏小，未增大不得分				
		延长反洗时的时间	10	若旁滤反洗时的时间偏短，未延长不得分				
		对滤池滤料进行清洗	10	若滤池滤料被污染，未清洗处理不得分				
		减小滤池过滤时的阻力	10	若滤料过细未筛分扣5分，若滤料层太高或托架堵未处理扣5分				
		对滤池进行强制反冲洗	10	若运行周期过长，未强制反冲洗不得分				
4	使用工具	使用工具	2	工具使用不正确扣2分				
		维护工具	3	工具乱摆乱放扣3分				
5	安全及其他	按国家法规或企业规定		违规一次总分扣5分；严重违规停止操作			—	
		在规定时间内完成操作		每超时1min总分扣5分，超时3min停止操作			—	
合计			100					

试题 8：水泵安装后的验收(现场模拟)

（考核时间：15min）

序号	考核内容	考核要点	配分	评分标准	检测结果	扣分	得分	备注
1	准备工作	穿戴劳保用品	3	劳保用品穿戴不规范扣 3 分				
		工具、用具准备	2	工具选择不正确扣 2 分				
2	资料验收	资料验收	10	未验收资料扣 10 分，每缺少一件扣 5 分				
3	检查设备	水泵机组是否完全安装好	5	未查泵机组安装扣 5 分				
		润滑系统是否完好	5	未检查润滑系统扣 5 分				
		冷却水系统是否畅通无泄漏	5	未查冷却水系统扣 5 分				
		检查水泵水密情况	5	未检查水泵水密不得分				
		检查水泵现场是否整洁	5	未检查水泵现场不得分				
		检查压力表是否正确、完好	5	未查压力表量程扣 3 分				
				未查压力表根部扣 2 分				
4	试车检查	正向盘车是否灵活	10	未盘车扣 10 分				
		点试水泵	10	未点试观察转向扣 5 分				
				未判断是否有杂音扣 5 分				
		带负荷运行 24h	10	未指明带负荷运行扣 10 分				
		检查机泵电流、压力、流量是否正常及轴承等情况	10	未检查轴承温度、振动、密封、润滑，每项扣 5 分				
				未检查机泵电流、压力、流量是否正常，每项扣 5 分				
		做好试车记录	10	未做试车记录扣 2 分				
5	使用工具	使用工具	2	工具使用不正确扣 2 分				
		维护工具	3	工具乱摆乱放扣 3 分				
6	安全及其他	按国家法规或企业规定		违规一次总分扣 5 分；严重违规停止操作			—	
		在规定时间内完成操作		每超时 1min 总分扣 5 分，超时 3min 停止操作			—	
合　计			100					

试题 9：重力式无阀滤池出水水质变差的处理(现场模拟)

（考核时间：25min）

序号	考核内容	考核要点	配分	评分标准	检测结果	扣分	得分	备注
1	准备工作	穿戴劳保用品	3	劳保用品穿戴不规范扣 3 分				
		工具、用具准备	2	工具选择不正确 2 分				

续表

序号	考核内容	考核要点	配分	评分标准	检测结果	扣分	得分	备注
2	检查滤池出水水质变差的影响因素	检查滤池进水浊度	10	未检查滤池进水浊度不得分				
		检查滤池反洗情况	10	未检查滤池反冲洗情况不得分				
		检查滤池滤料是否有损坏现象	10	未检查滤料情况不得分				
		检查化验分析是否有误差		未检查化验分析是否有误差不得分			—	
		检查滤池的配水挡板、托架等设备状况	10	未检查滤池的配水挡板、托架等设备状况不得分				
3	重力式无阀滤池出水水质变差的处理	保证合适的进水浊度	10	若滤池进水浊度偏高，未处理不得分				
		保证足够的反洗强度和反洗时间	20	若滤池反洗强度偏小，未增大扣10分				
				若运行周期过长，未强制反冲洗扣10分				
		确保滤池滤料正常	10	若滤池滤料被污染，未清洗处理扣5分				
				若滤池滤料偏少，未适量补加扣5分				
				若滤料层有不平现象，未处理扣5分				
		消除化验分析误差		若化验分析有误差，未消除误差扣5分				
		确保滤池设备完好	10	若滤池配水挡板、承托架等设备损坏，未处理扣5分				
4	使用工具	使用工具	2	工具使用不正确扣2分				
		维护工具	3	工具乱摆乱放扣3分				
5	安全及其他	按国家法规或企业规定		违规一次总分扣5分；严重违规停止操作			—	
		在规定时间内完成操作		每超时1min总分扣5分，超时3min停止操作			—	
合计			100					

试题10：填料密封的维护(现场模拟)

(考核时间：20min)

序号	考核内容	考核要点	配分	评分标准	检测结果	扣分	得分	备注
1	准备工作	穿戴劳保用品	3	劳保用品穿戴不规范扣3分				
		工具、用具准备	2	工具选择不正确扣2分				

续表

序号	考核内容	考核要点	配分	评分标准	检测结果	扣分	得分	备注
2	操作程序	检查填料是否压得过紧	15	未检查扣15分				
		检查泄漏量是否符合要求	15	未检查扣15分				
		检查填料压盖是否水平	15	未检查扣15分				
		检查填料函与填料压盖之间有无调整空间	15	未检查扣15分				
		检查填料是否老化	15	未检查扣15分				
		检查填料函表面是否过热	15	未检查扣15分				
3	使用工具	使用工具	2	工具使用不正确扣2分				
		维护工具	3	工具乱摆乱放扣3分				
4	安全及其他	按国家法规或企业规定		违规一次总分扣5分；严重违规停止操作			—	
		在规定时间内完成操作		每超时1min总分扣5分，超时3min停止操作			—	
合计			100					

试题11：离子交换树脂污染的原因分析(现场模拟)

(考核时间：25min)

序号	考核内容	考核要点	配分	评分标准	检测结果	扣分	得分	备注
1	准备工作	穿戴劳保用品	5	劳保用品穿戴不规范扣5分				
2	有机物原因	有机物是污染树脂，特别是强碱性树脂的主要物质。污染形式，一种是有机物的羧基和树脂活性基团的结合；第二种是有机物依靠分子间的引力吸附在树脂上	20	未指出有机物污染扣20分				
				不清楚污染形式扣10分				
3	油类原因	油脂类杂质堵塞树脂微孔。油脂大多来源于操作失误或设备漏油	10	未指出油脂污染扣10分				
				不清楚污染来源扣5分				
4	悬浮物原因	阳床树脂易受进水悬浮物污染，悬浮物微粒包围在树脂表面，隔绝树脂的离子交换	15	未指出悬浮物污染扣15分				
				不清楚污染形式扣10分				
5	高价金属离子原因	由于混凝不当或设备腐蚀产生的高价金属离子随水进入交换器	10	未指出高价金属离子污染扣10分				
				不清楚污染来源扣5分				

续表

序号	考核内容	考核要点	配分	评分标准	检测结果	扣分	得分	备注
6	再生剂不纯原因	再生剂混有杂质对树脂会产生污染，如酸中铁离子、碱中氯离子、食盐中钙离子等	20	未指出扣20分				
				不清楚主要杂质成分扣10分				
7	再生产物原因	由于再生条件限制和控制不当，再生产物也会对树脂产生污染。如用硫酸再生阳树脂有产生硫酸钙污染可能；用碱再生阴树脂有产生胶体硅污染可能	20	未指出再生产物污染扣20分				
				不清楚主要污染形式扣10分				
8	安全及其他	按国家法规或企业规定		违规一次总分扣5分；严重违规停止操作			—	
		在规定时间内完成操作		每超时1min总分扣5分，超时3min停止操作			—	
		合　　计	100					

试题12：二级除盐水电导率突然升高的原因分析(现场模拟)

（考核时间：20min）

序号	考核内容	考核要点	配分	评分标准	检测结果	扣分	得分	备注
1	准备工作	穿戴劳保用品	5	劳保用品穿戴不规范扣5分				
2	混床原因	运行混床进碱阀漏入再生剂	15	未检查扣15分				
		运行混床进酸阀漏入再生剂	15	未检查扣15分				
		运行混床反洗进水阀内漏	10	未检查扣10分				
		再生混床出水阀内漏	15	未检查扣15分				
		投运混床清洗不彻底或再生不合格	10	未检查扣10分				
3	阳床原因	运行阳床失效	10	未检查扣10分				
4	阴床原因	再生阴床出水阀内漏	10	未检查扣10分				
		运行阴床进碱阀漏入再生剂	10	未检查扣10分				
5	安全及其他	按国家法规或企业规定		违规一次总分扣5分；严重违规停止操作			—	
		在规定时间内完成操作		每超时1min总分扣5分，超时3min停止操作			—	
		合　　计	100					

试题 13：离子交换树脂污染的特征分析(现场模拟)

(考核时间：25min)

序号	考核内容	考核要点	配分	评分标准	检测结果	扣分	得分	备注
1	准备工作	穿戴劳保用品	5	劳保用品穿戴不规范扣5分				
2	铁污染的特征	颜色明显变深，甚至呈黑色；会使树脂层压降增加和可能导致偏流；严重降低交换容量和再生效率；会使树脂含水量增加；会使阴树脂加速降解	20	未指出，每项扣4分				
3	铝污染的特征	在交换器内，有铝化物的絮凝体覆盖在树脂表面，致使树脂交换容量降低	10	未指出，每项扣5分				
4	钙污染的特征	离子交换器流出的水中发生 Ca^{2+} 和 SO_4^{2-} 过早泄漏	10	未指出，每项扣5分				
5	胶体硅污染的特征	离子交换器出水连续有二氧化硅泄漏，除硅效率降低	15	未指出扣10分				
6	油脂污染的特征	树脂外部颜色由棕变黑，树脂表面形成一层油膜，树脂粘在一起，导致交换容量下降、树脂水流不均匀，周期制水量明显减少	15	未指出，每项扣3分				
7	有机物污染的特征	强碱阴树脂污染后颜色变深，从淡黄色变为深棕色，直至黑色；树脂工作交换容量降低；出水 pH 值降低和电导率增大；出水二氧化硅含量增大；清洗时间增加	25	未指出，每项扣5分				
8	安全及其他	按国家法规或企业规定		违规一次总分扣5分；严重违规停止操作			—	
		在规定时间内完成操作		每超时1min总分扣5分，超时3min停止操作			—	
合计			100					

试题 14：反渗透脱盐率下降的原因分析(现场模拟)

(考核时间：25min)

序号	考核内容	考核要点	配分	评分标准	检测结果	扣分	得分	备注
1	准备工作	穿戴劳保用品	5	劳保用品穿戴不规范扣5分				

续表

序号	考核内容	考核要点	配分	评分标准	检测结果	扣分	得分	备注
2	O 形圈泄漏	O 形圈受化学作用或机械磨损损坏；装配不得当；启停水锤造成膜元件移动，均是造成其损坏泄漏的原因	30	未指出 O 型圈泄漏，扣 20 分				
				不清楚泄漏原因，扣 10 分				
3	膜卷窜动	造成膜的机械损坏，导致泄漏	20	未指出，扣 20 分				
4	膜表面磨损	前端膜元件受水中尖锐悬浮物颗粒摩擦，导致膜表面损伤	20	未指出扣 15 分				
5	产品水背压过高	造成膜袋受压过高，导致膜袋破裂	25	未指出扣 10 分				
6	安全及其他	按国家法规或企业规定		违规一次总分扣 5 分；严重违规停止操作			—	
		在规定时间内完成操作		每超时 1min 总分扣 5 分，超时 3min 停止操作			—	
		合　　计	100					

试题 15：阴树脂工作交换容量下降的原因分析（现场模拟）

（考核时间：25min）

序号	考核内容	考核要点	配分	评分标准	检测结果	扣分	得分	备注
1	准备工作	穿戴劳保用品	5	劳保用品穿戴不规范扣 5 分				
2	树脂原因	反洗不彻底使树脂板结	5	未检查扣 5 分				
		树脂被有机物污染	10	未检查扣 10 分				
		树脂被胶体硅污染	10	未检查扣 10 分				
		树脂被铁、铜等重金属污染	10	未检查扣 10 分				
		树脂老化或氧化降解	5	未检查扣 5 分				
3	再生剂原因	再生剂含杂质过多	20	未检查扣 20 分				
4	再生参数原因	再生剂用量不足	5	不清楚再生剂用量扣 5 分				
		再生伴热不够	10	不清楚再生液应控制温度扣 10 分				
		再生液浓度不当	5	不清楚再生液浓度扣 5 分				
		再生液流速不当	10	不清楚再生液流速扣 10 分				
5	水流不均原因	排水系统损坏使水流不均匀	5	未检查扣 5 分				

续表

序号	考核内容	考核要点	配分	评分标准	检测结果	扣分	得分	备注
6	安全及其他	按国家法规或企业规定		违规一次总分扣5分；严重违规停止操作			—	
		在规定时间内完成操作		每超时1min总分扣5分，超时3min停止操作			—	
合　计			100					

试题16：离子交换树脂污染的预防(现场模拟)

(考核时间：25min)

序号	考核内容	考核要点	配分	评分标准	检测结果	扣分	得分	备注
1	准备工作	穿戴劳保用品	5	劳保用品穿戴不规范扣5分				
2	做好预处理工作	正确的选择和使用混凝剂，应由试验确定混凝的最佳条件，严格操作，防止铝盐、铁盐中高价金属离子后移	20	未指出预处理工作扣20分				
				把关漏项，每项扣10分				
3	严格控制进水质量	严格控制进入阳床水浊度，防止有机物对树脂的污染作用	20	未指出控制进水扣20分				
				不清楚进水标准，每项扣10分				
4	加强再生剂管理	再生剂采购中严把质量关，输送、储存中防止受到污染	15	未指出再生剂把关扣15分				
				把关漏项，每项扣5分				
5	压缩风净化	对于可能接触树脂的压缩风，必须采取净化措施，要求无水、无油	15	未指出压缩风质量扣15分				
				不清楚要求，每项扣5分				
6	严格控制再生条件	严格控制再生条件。如用硫酸再生阳树脂时应控制好再生液浓度、流速，避免生成硫酸钙沉淀；用碱再生阴树脂时应控制好再生液浓度、流速、温度，避免产生胶体硅污染	25	未指出控制再生条件扣25分				
				不清楚控制要点，每项扣5分				
7	安全及其他	按国家法规或企业规定		违规一次总分扣5分；严重违规停止操作			—	
		在规定时间内完成操作		每超时1min总分扣5分，超时3min停止操作			—	
合　计			100					

试题17：阳树脂工作交换容量下降的处理(现场模拟)

(考核时间：40min)

序号	考核内容	考核要点	配分	评分标准	检测结果	扣分	得分	备注
1	准备工作	穿戴劳保用品	5	劳保用品穿戴不规范扣5分				
2	控制进水质量	化验水源中铁锰等重金属的含量、浊度等，加强预处理的控制监督工作	15	处理漏项，每项扣5分				
3	彻底反洗	树脂层过脏的，进行彻底的大反洗	10	处理漏项扣10分				
4	处理硫酸钙沉淀	用硫酸再生，树脂层产生硫酸钙沉淀，用盐酸溶液处理	15	处理漏项，每项扣5分				
				不清楚处理药剂种类扣15分				
				不清楚处理药剂浓度扣5分				
5	使用高质量再生剂	分析再生剂质量，使用高质量再生剂	15	未检查再生剂质量扣15分				
				不清楚再生剂质量要求扣5分				
6	调整再生参数	调整再生参数。再生剂量达到规定；再生液流速、浓度符合要求，用硫酸再生时须防止生成沉淀	20	未调整再生参数扣20分				
				不清楚再生参数，每项扣5分				
				处理漏项，每项扣5分				
7	更换树脂	化验树脂成分和含水量，测定其交换容量。若含水量超过60%以上时更换树脂；交换容量下降每年不超过5%	10	分析漏项，每项扣5分				
				不清楚老化指标扣5分				
8	活化处理	用于钠离子交换的阳树脂，定期进行活化处理	10	不清楚何时需活化处理扣5分				
				不清楚活化处理方法扣5分				
9	安全及其他	按国家法规或企业规定		违规一次总分扣5分；严重违规停止操作			—	
		在规定时间内完成操作		每超时1min总分扣5分，超时3min停止操作			—	
		合计	100					

试题18：混床再生不合格的处理(现场模拟)

(考核时间：40min)

序号	考核内容	考核要点	配分	评分标准	检测结果	扣分	得分	备注
1	准备工作	穿戴劳保用品	5	劳保用品穿戴不规范扣5分				
2	分层明显	重新再生，反洗分层后，中排处应能看清阴、阳树脂明显的分界面	25	处理漏项，每项扣10分				
				操作不规范，每项扣5分				

续表

序号	考核内容	考核要点	配分	评分标准	检测结果	扣分	得分	备注
3	保证再生液质量	再生剂质量符合要求，再生过程中防止再生液受到污染	20	检查漏项，每项扣10分				
4	调整进碱操作	在低温季节再生混床，碱液最好加热，否则应增加用碱量，延长进碱时间	20	处理漏项，每项扣15分				
5	调整再生参数	调整再生参数，使之符合要求	25	处理漏项，每项扣5分				
				再生参数不清楚，每项扣3分				
6	混合均匀	树脂混合应均匀	5	操作不规范，每项扣3分				
7	安全及其他	按国家法规或企业规定		违规一次总分扣5分；严重违规停止操作			—	
		在规定时间内完成操作		每超时1min总分扣5分，超时3min停止操作			—	
合计			100					

试题19：阴树脂被铁及其氧化物污染的处理(现场模拟)

（考核时间：30min）

序号	考核内容	考核要点	配分	评分标准	检测结果	扣分	得分	备注
1	准备工作	穿戴劳保用品	5	劳保用品穿戴不规范扣5分				
2	大反洗	阴树脂运行失效后，先进行充分的大反洗	30	在树脂处于再生型进行处理扣15分				
				未大反洗扣15分				
3	盐酸处理树脂	接临时管道，用10%～15%的盐酸溶液自下而上流经树脂层，并浸泡12h以上。也可配用其他络合剂协同复苏处理	40	处理漏项，每项扣10分				
				处理不规范，每项扣5分				
				不清楚处理药剂名称扣40分				
				不清楚处理药剂浓度扣20分				
4	清洗树脂	浸泡结束后，充分清洗树脂	10	处理漏项扣10分				
5	再生	恢复管道，用多量的碱再生	15	未恢复管道扣5分				
				未用多量的碱再生扣10分				
6	安全及其他	按国家法规或企业规定		违规一次总分扣5分；严重违规停止操作			—	
		在规定时间内完成操作		每超时1min总分扣5分，超时3min停止操作			—	
合计			100					

试题 20：识读简单电路原理图

（考核时间：25min）

序号	考核内容	考核要点	配分	评分标准	检测结果	扣分	得分	备注
1	根据原理图说明各元件符号名称	说明主回路部分各元件符号名称	20	少说明主回路部分各元件符号名称一处扣1分				
				不能说明主回路部分各元件符号名称各扣10分				
		说明控制回路部分各元件符号名称	20	少说明控制回路部分各元件符号名称扣1分				
				不能说明控制回路部分各元件符号名称扣10分				
2	说明主回路工作原理	根据原理图说明主回路工作原理	30	不能根据原理图说明主回路工作原理扣15分				
				说明主回路工作原理时有错误扣5分				
				说明主回路工作原理时无逻辑性扣10分				
3	说明控制回路工作原理	根据原理图说明控制回路工作原理	30	不能根据原理图说明控制回路工作原理扣15分				
				说明控制回路工作原理时有错误扣5分				
				说明控制回路工作原理时无逻辑性扣10分				
合　计			100					